易源 eyuan www.EOEDRD.com

地址：浙江省义乌市丹溪北路711号
Address:No.711 Danxi North Road, Yiwu, Zhejiang, China
网址(Website):www.EOEDRD.com
电话(Tel):0579—85260886 85260881

内贸(Domestic market):0579—85260882 85260883 85260885
邮箱(Email):yxb@EOEDRD.com
传真(Fax):0579—85260888
外贸(Export):86—579—85260887 85260889
邮箱(Email):scb@EOEDRD.com

P 产品目录 Product Catalog

圆盖系列产品 Round Ends

盖型 Size	空罐内径 Inside diameter	备注 Remark
Y200	Φ49.5	全开口
Y202	Φ52.3	全开口
WY202	Φ52.35	全开口
Y209	Φ62.5	全开口
Y211	Φ65.3	全开口
Y214	Φ69.9	300缩颈
Y300	Φ72.9	全开口
Y300SC	Φ72.9	小开口
Y300A	Φ72.9	网球专用盖
Y305	Φ80.3	307缩颈
Y307	Φ83.3	全开口
Y309	Φ86.76	307扩颈
Y315	Φ95.5	401缩颈
Y401	Φ98.9	全开口
Y401S	Φ98.9	小开口
Y403	Φ102.4	401扩颈
Y404	Φ105.1	全开口
Y502	Φ126.5	全开口
Y603	Φ153.4	全开口
AY202		铝盖
AY206		铝盖

异型盖系列产品 Irregular Ends

盖型 Size	
T501-2	145.3×70.7
T501-2A	145.1×70.7
T601-2	159.8×106.8
T604	125.7×83.0
F304-1	96.8×50.8
F311	103.85×59.85
F312	140.1×76.1
F313	140.0×109.9
F316	104.7×75.7
C901	147.2×80.2
C902	148.0×81.0
M812	120.0×85.0
M813	140.5×98.5
TD501	145.4×70.7
FD304-1	92.7×46.7

饮料盖系列产品 Beverage ends

盖型 Size	尺寸 Dimension
200	Φ49.5
202	Φ52.3
209	Φ62.5

二片罐系列产品 DRD Cans

罐型 Type	备注 Remark
G732300	圆罐 Round
G740300	圆罐 Round
G838307	圆罐 Round
G846307	圆罐 Round
KG950403	圆罐 Round
TG146501	椭圆罐Oval
TG136501	椭圆罐Oval
TG128501	椭圆罐Oval
FK228311	方罐Rectangular
FKG230311	方罐Rectangular
FKG235312	方罐Rectangular
MKG235812	马蹄型罐Pear-shanped

旋开盖系列产品 Ropp ends

盖型 Size	尺寸 Dimension
Ap2818	Φ28.5
Ap3818	Φ38.3
Ap4619	Φ46.1

义乌市易开盖实业公司
Easy Open Lid Industry Corp Yiwu

易源 eyuan
www.EOEDRD.com
地址：浙江省义乌市丹溪北路711号
Address：No.711 Danxi North Road，Yiwu，Zhejiang，China
邮箱(Email):ylgxs@eoedrd.com(domestic sales) ylgxs4@eoedrd.com(export sales)
电话(Tel):0579-85260872
网址(Website):www.eoedrd.com
传真(Fax)：0579-85260550

202RL large opening beverage ends

202RL大开口铝质饮料易开盖

202RL大开口铝质饮料易开盖，适用于啤酒、碳酸饮料和充气饮料等高耐压的饮料包装。盖子涂膜及盖面字样，可根据客户要求定制。

202RL large opening beverage ends apply to beverage packaging with high requirement of pressurization, such as beer, carbonated drinks etc.. The coatings and characters can be customized.

202RL大开口铝质饮料易开盖
202RL large opening beverage ends

钩边外径 Outside Diameter	钩边高度 Curl Height	埋头度 Countersink Depth	钩边开度 Curl Opening
59.44±0.25	2.03±0.20	6.86±0.13	≥2.72
密封胶干膜量 mg Dry Film Weight	耐压强度 psi Buckle Pressure	启破力 N Pop	全开力 N Tear
20～40	≥90	≤31	≤45

适用空罐内径为φ52.40mm；
Applying to I.D. 52.40mm cans;
内、外涂（默认）：Valsper92X205B;
Internal & external coating: Valspar 92X205B;
包装规格（默认）：18层x 17条/层x 570只/条=174420片/托盘。
Packaging dimension:
One pallet= 18 (layer) x 17 (stick/layer) x 570 (end/stick) = 174420 ends.

产品&封罐压头
sample & seaming chuck

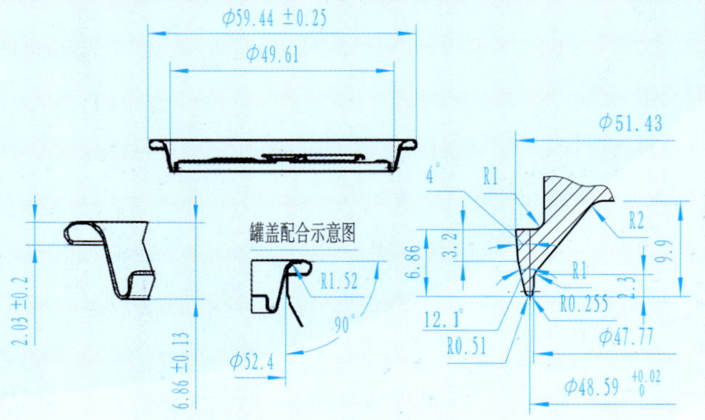

义乌市易开盖实业公司
Easy Open Lid Industry Corp Yiwu

易源 eyuan
www.EOEDRD.com
地址：浙江省义乌市丹溪北路711号
Address:No.711 Danxi North Road, Yiwu, Zhejiang, China
网址(Website):www.EOEDRD.com
电话(Tel):0579-85260886 85260881
内贸(Domestic market):0579-85260882 85260883 85260885
邮箱(Email):yxb@EOEDRD.com
传真(Fax):0579-85260888
外贸(Export):86-579-85260887 85260889
邮箱(Email):scb@EOEDRD.com

Y300 full aperture tinplate EOE
Y300全开口马口铁易开盖

本公司Y300全开口马口铁易开盖采用德国Cantec GmbH和瑞士BRUDERER高速易开盖专用生产线生产，保证了产品质量的稳定性。采用刻线喷涂加电泳补涂，最大程度保证了涂膜的耐蚀性能和完整性，涂料可根据客户的不同要求或内容物的不同而定，适合各种高酸、高硫等罐头，目前市场上主要用于番茄酱、炼乳、水果、芦笋、蘑菇、肉类、鱼类等的包装。本公司产品在不断改进和完善之中，如有变化以实样为准。

In order to guarantee the stable quality of Y300 full-aperture tinplate easy open ends, our corporation adopts the high-speed special production line of Cantec's and Bruderer's equipment to produce the ends. Meanwhile, adopting spraying equipment and electro coating equipment can guarantee the anti-corrosion performance and integrity performance. The compound used can be based on customers' different requirements and relied on different contents. The compound can be suitable to different peracid and high-sulfur cannery foods. At present, Y300 full-aperture tinplate easy open ends are used in tomato sauce, condensed milk, fruits, asparagus, mushroom, meat, fish packaging. The products are in the process of improvement and perfection. If there are any changes, please see the actual samples.

Y300全开口马口铁易开盖
Y300 full aperture tinplate EOE

钩边外径 Outside Diameter	钩边高度 Curl Height	埋头度 Countersink Depth	盖面深度 Plane Depth
82.20±0.12	1.95±0.10	4.20±0.10	3.10±0.10
密封胶干膜量 Seaming Compound Weight	耐压强度 Compressive Strength	启破力N Pop	全开力N Tear
50±7	≥240	18~28	50~70

尺寸：配合空罐内径为ϕ72.9
Size: Inside diameter of empty can is 72.9 mm
涂料：可根据不同内容物而定
Coating:Depend on filled content

封罐压头图
Seaming Chuck

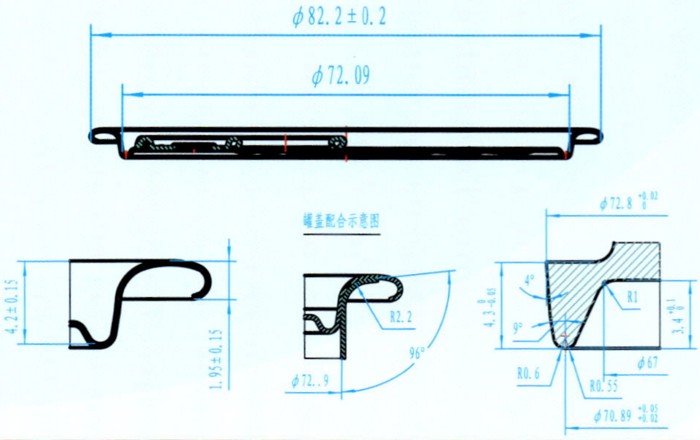

易源 eyuan www.EOEDRD.com

C公司简介 COMPANY INTRODUCTION

义乌市易开盖实业公司，创建于1988年，专业从事易开技术研究、易开装备开发、易开产品制造，经过二十几年的发展，已成为中国马口铁易开盖和两片罐龙头企业，浙江省高新技术企业、省级技术中心、专利示范企业，浙江名牌产品。

公司主导产品：圆形、方形和椭圆形马口铁或铬铁易开盖、食品罐、底盖和饮料盖；食品易开盖年产能60亿只、食品罐年产能10亿罐、底盖年产能30亿只、饮料易开盖年产能50亿只。

公司一直围绕"企业发展依靠企业科技创新能力，产品垄断依靠产品科技领先水平"的战略思想，把发展科技力量和技术创新放在企业发展的首位，投资一流的研发装备，研究具有自主知识产权的易开技术，开发国际先进水平的易开装备，制造一流的易开产品。

Easy Open Lid Industry Corp Yiwu has been established in 1988. It professionally engages in the research of easy-open technology, in the exploitation of easy-open equipment and in the manufacture of easy-open products. Along with more than 20 years' development, the corporation has been honored as the leading manufacturer of tinplate EOEs and food cans in China, Zhejiang provincial Hi-tech enterprise, Zhejiang provincial technical center, patent demonstration enterprise and Zhejiang famous brand product enterprise.

Main products: Tinplate or TFS EOEs, food cans, bottom ends and beverage ends; Annual capacity: 6 billion foods EOEs, 1 billion food cans, 3 billion bottom ends and 5 billion beverage easy open ends.

The corporation has been centered on strategic thinking: "corporation development depends on technological innovation capacity, products monopoly depends on technological leading level". It makes technological strength development and technological innovation first, innovates personnel mechanism, introduces first-class talent, invests first-class R &D equipment, researches intellectual property rights of the easy open technology, develops international advanced level of easy open equipment and manufactures the first-rate easy open products.

义乌市易开盖实业公司
Easy Open Lid Industry Corp Yiwu

• 国产优质两片罐生产线

Production line of two-piece can

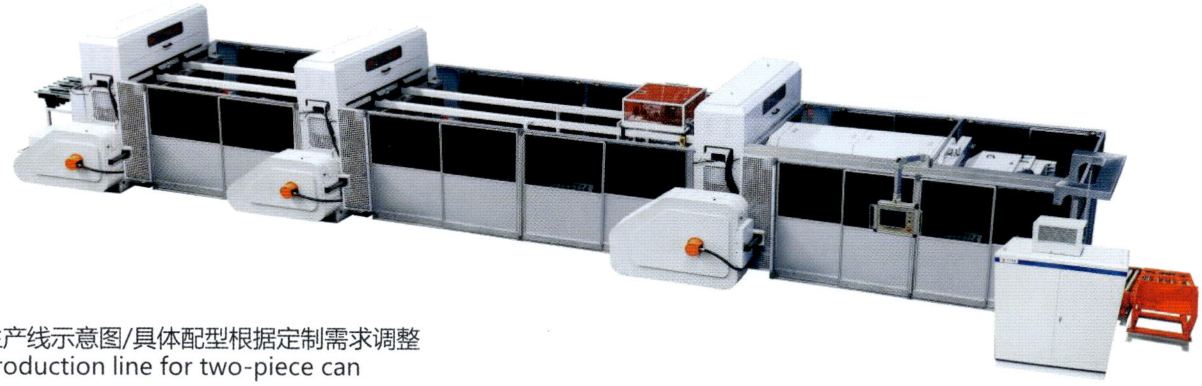

生产线示意图/具体配型根据定制需求调整
Production line for two-piece can

产量可达：20万~100万罐/天

• 覆膜铁两片罐优势分析

Advantages

节能环保

- 采用覆膜铁生产，无需使用涂料和涂布烘烤，更加突出节能减排。具有绿色环保的优点。符合国家政策和社会发展大趋势。

安全/稳定/卫生

- 杜绝渗漏——无焊缝、无卷封，消除了渗漏的可能性。
- 高阻隔性——采用覆膜铁包装，将金属表层与内容物完全隔离，提高了食品在存储过程中的安全性。

可耐高温/高压

- 产品可适应正负压灌装的内容物，罐体强度高，灌装不需要充氮气，应用范围更广。

高性价比

- 品质保障，价格优势。对比海外同质产品具有显著价格优势。韩江机械深耕制罐领域30年。长期，稳定，可靠，品质与售后均有保证。

• 可应用领域广泛

Applications

- 旋口罐可应用（但不限于）
  果汁；碳酸饮料；酒类，如啤酒、清酒；奶类，如酸奶、牛奶、果粒奶；功能性饮料；咖啡、茶

- 碗形罐可应用（但不限于）
  丰富内含物食品，如八宝粥、海鲜粥、水果酸奶、各式罐头、各式调料

- 矮罐可应用（但不限于）
  罐头或便携量小产品，如鱼罐头等各式罐头、小罐茶、小罐米、各式酱料

食品金属包装质量检验

漳州市食品科技应用研究院 组织编写
范亚珍 主 编
骆 铁 黄锐龙 副主编

中国轻工业出版社

图书在版编目（CIP）数据

食品金属包装质量检验/漳州市食品科技应用研究院组织编写. —北京：中国轻工业出版社，2019.12
ISBN 978-7-5184-2196-1

Ⅰ.①食… Ⅱ.①漳… Ⅲ.①金属材料—食品包装—质量检验 Ⅳ.①TS206

中国版本图书馆 CIP 数据核字（2018）第 271154 号

责任编辑：贾　磊
策划编辑：李亦兵　贾　磊　　责任终审：劳国强　　封面设计：锋尚设计
版式设计：王超男　　责任校对：晋　洁　　责任监印：张　可

出版发行：中国轻工业出版社（北京东长安街 6 号，邮编：100740）
印　　刷：三河市万龙印装有限公司
经　　销：各地新华书店
版　　次：2019 年 12 月第 1 版第 1 次印刷
开　　本：889×1194　1/16　印张：25
字　　数：670 千字　插页：7
书　　号：ISBN 978-7-5184-2196-1　定价：240.00 元
邮购电话：010-65241695
发行电话：010-85119835　传真：85113293
网　　址：http://www.chlip.com.cn
Email：club@chlip.com.cn
如发现图书残缺请与我社邮购联系调换
181109K1X101ZBW

本书编委会

主　　任： 林焜辉（中国食品工业协会罐藏食品专业委员会）

主　　编： 范亚珍（中国食品工业协会罐藏食品专业委员会）

副 主 编： 骆　铁（义乌市易开盖实业公司）

黄锐龙（广东韩江轻工机械有限公司）

参　　编：（按姓氏拼音排序）

白仲文　陈　飞　樊　健　顾　俊　洪小云　黄伟红
林平惠　倪俊义　邱　逊　隋艳红　王竟竟　王小华
许承爱　严小健　杨家荣　虞建卫　张庆春　张作全
周保欣

组织编写： 漳州市食品科技应用研究院

序

副主编　骆轶

自200多年前法国面包师阿佩尔发明了食品罐藏方法以来，历经多个时代的技术革新，罐藏食品至今兴盛不衰。纵观其中的各种技术应用，罐藏食品在金属包装上的技术创新最为显著。从锡焊到电阻焊，从手工半自动制罐到连续快速生产线，从开罐刀到易开盖，从涂料铁到覆膜铁，从焊缝液体补涂到粉末补涂，从三片罐到两片罐，从马口铁不断减薄到镀铬铁应用，从贴标到彩印……一系列围绕罐藏食品金属包装的技术创新不断被应用到实际生产中，为罐藏食品产业的发展注入新的动能。

中国的罐藏食品拥有100多年的生产历史。新中国成立以后，历经抗美援朝、对苏还款以及对西方出口，计划经济时代的中国已经建立了相对完整的罐藏食品产业基础。改革开放之后，罐藏食品金属包装逐步从罐头加工企业独立出来并形成了空罐制造产业。专业化生产和市场化运作的结果是各种国外先进的制造装备不断被引进、消化、吸收和再创新，各种新技术的应用极大地提升了中国食品金属包装的制造水平。改革开放40年来，中国的食品金属包装无论在原辅料加工制造上，还是在制罐装备制造上，抑或是在新技术研发应用上，已经彻底告别计划经济时代依靠引进国外制造装备的历史。国产马口铁、制罐及制盖生产装备等正源源不断地走出国门参与国际市场竞争，马口铁易开盖等技术含量较高的产品更是一马当先，成为中国食品金属包装出口的主力军。毫无疑问，中国罐藏食品金属包装的整体技术水平在这40年间突飞猛进，完成了跨越式发展并跻身国际前列。

伴随着中国食品金属包装产业的发展，中国在该领域的技术人才队伍不断壮大，既有计划经济时代培育的老一辈技术权威，也有市场经济下涌现出来的时代新秀。本书正是在中国食品工业协会罐藏食品专业委员会及其下辖的漳州市食品科技应用研究院的组织协调下，邀请国内众多技术专家分工合作、历时数年不断修订而成。

作为中国最大的马口铁全开盖制造企业，义乌市易开盖实业公司自20世纪80年代末设立以来就从未停止过技术创新，并深刻认识到，所有技术创新的根本目的在于提高产品的质量和生产效率。一只马口铁全开盖，涉及的技术领域上至马口铁制造、涂料及涂印技术、密封胶等，下至制罐技术、实罐封口技术、杀菌技术等。由于在食品金属包装的质量检验检测方面一直缺乏一本技术指导书来促进业内达成技术共识，上下游企业之间往往为一些质量问题产生争执。编撰行业技术书籍本来就是利国利企之举，而编撰一本填补空白的食品金属包装质量检验技术书籍，更是业内期盼已久的善举。正是因为如此，义乌市易开盖实业公司愉快地接受了中国食品工业协会罐藏食品专业委员会委托，成为本书的副主编单位之一。

由中国食品工业协会罐藏食品专业委员会组织编撰的《马口铁食品三片罐工艺技术》《食品热力杀菌理论与实践》两本书已经由中国轻工业出版社出版。这两本书的出版均填补了中国在该技术领域的空白，受到了业内人士的好评。义乌市易开盖实业公司的技术人员参与了这两本技术书籍的编撰工作，并通过参与编撰工作，提升了本公司在这两个专业领域的技术水平，受益匪浅。本人很荣幸地作为义乌市易开盖实业公司指派的代表参与本书的编撰，通过与包括范亚珍老师在内的各有关专家的研讨，进一步深刻领会到“学海无涯苦作舟”和“众人拾柴火焰高”的内涵。

本书的出版，对于中国罐藏食品金属包装产品质量的持续提升将起到积极的推动作用。

2019 年 10 月

前　言

产品质量检验是生产过程中的重要工作之一，是产品质量的保障手段。在产品质量和食品安全日益受到社会高度重视的今天，作为罐藏食品金属包装制造企业，必须健全质量检验系统，加强企业自身检测手段。然而，有关罐藏食品金属包装质量检验的技术书籍迄今为止仍是空白，相关企业的检验人员只能依靠“传、帮、带”的传统方式掌握一定的检验技能，多数从事产品质量检验的技术人员缺乏系统的理论基础，对空罐检验的基本原理和基础技术缺乏系统的了解和掌握，最终导致在实际工作中出现偏差，继而影响到正常的质量控制活动，严重者甚至给企业带来不必要的经济损失。为了提高食品金属包装行业的检验技术水平，中国食品工业协会罐藏食品专业委员会早在2007年就组织业内专家编写了《马口铁三片罐质量检验》培训教材，经过三次修订编成《食品金属罐质量检验》。本书正是在《食品金属罐质量检验》基础之上增加了食品两片罐、覆膜铁以及粉末补涂等内容修订而成。

副主编　黄锐龙

本书围绕食品金属包装质量检验这一核心内容，以系统性和实用性作为编撰方针，内容涉及食品金属包装制造的原辅材料质量检验、生产工序质量检验、成品出库检验。为了增强读者的阅读理解能力以及便于读者融会贯通，本书设专门章节讲解食品金属包装腐蚀机理和常见问题分析及质量控制要点，力求让读者较为全面地掌握正确的质量问题分析方法。

为了便于读者查阅，本书收录了部分常用的相关国家标准。

产品的质量与原辅材料质量、生产工艺管理、制造装备质量等息息相关。其中，生产线上各工序的制造装备运行前的调试与运行期间维护，都会体现在最终产品质量上。因此，产品质量检验对于生产线各工序设备的调整和维护同样十分重要。作为一家制罐生产线制造企业，广东韩江轻工机械有限公司（简称：韩江机械）从产品研发阶段就为避免出现相关的质量问题做了大量的工作。应中国食品工业协会罐藏食品专业委员会的委托，结合本公司所积累的相关质量问题经验教训，韩江机械作为本书的副主编单位参与了本书的编撰工作。

本书由中国食品工业协会罐藏食品专业委员会下辖的漳州市食品科技应用研究院组织编撰，并得到义乌市易开盖实业公司、广东韩江轻工机械有限公司、苏州市三新包装材料科技有限公司、广东嘉仪仪器集团有限公司、首钢凯西钢铁有限公司、常州荣创包装材料有限公司的大力支持。在范亚珍主编的统一规划以及骆铁、黄锐龙两位副主编的组织协调下，白仲文、陈飞、樊健、顾俊、洪小云、黄伟红、林平惠、倪俊义、邱逊、隋艳红、王竟竟、王小华、许承爱、严小健、杨家荣、虞建卫、张庆春、张作全、周保欣参与了本书的编撰和审校工作。特别是在本书的最早版本——《马口铁三片罐质量检验》培训教材的编写过程中，张作全做了大量工作。谨此，受本书编委会委托，向上述参与本书编写的企业和个人表示衷心的感谢！

由于编者知识水平有限，书中难免有不足之处，敬请指正。

2019年10月

目　　录

1　制罐材料检验

1.1　冷轧电镀锡薄钢板检验

冷轧电镀锡薄钢板（简称镀锡板）具有良好的抗腐蚀性能，有一定的强度和硬度，成型性好又易焊接，锡层无毒、无味，能防止铁溶进被包装物，且表面光亮，印制图案可以美化商品。主要用于食品罐头工业，其次用于化工油漆、油类、医药等包装材料。

镀锡板的检验方法可以分为两大类，一类是客观性的质量检验，另一类是主观性的性能检验。其中前一类检验是在生产过程中和用户验收时作为质量管理程序的一个部分而进行的常规检验，其他比较复杂的实验则是用于研究工作或用于对镀锡板使用中所出现的问题进行调查研究。本书主要侧重前一类检验。

GB/T 2520—2017《冷轧电镀锡钢板及钢带》中关于镀锡板的检验包括了尺寸外形检测、厚度检测、外观检测、拉伸试验和硬度试验、化学成分检测、镀锡量检测、表面铬含量检测、酸洗时滞值检测、锡晶粒度检测、铁溶出值检测、合金-锡电偶和检测、镀层（Pb）含量检测。另外镀锡板的过程质量控制检测还包括粗糙度检测、涂油量检测和氧化膜检测。

1.1.1　表面及外形缺陷检查

1.1.1.1　取样

GB/T 2520—2017《冷轧电镀锡钢板及钢带》中规定钢板及钢带应按批检验，每个检验批应由不大于30t的同一牌号、同一规格、同一镀锡量代号及同一表面状态的钢板或钢带组成。实际镀锡产品生产过程中都是以卷或包为单位进行表面质量检查和判定。

1.1.1.2　镀锡卷、板外形判定规则

（1）镀锡卷主要涉及溢出边缺陷，分为内卷溢出边、外圈溢出边和带中溢出边，各生产厂判定标准不同，基本原则都是在后续包装和调运过程中不出现夹伤。

不满足溢出边判定标准的，记录卷号、标识，隔离存放。

（2）镀锡板的外形判定主要是堆垛质量，堆垛不齐的降级。

1.1.1.3　镀锡卷、板表面判定规则

GB/T 2520—2017《冷轧电镀锡钢板及钢带》中规定镀锡层表面不应有针孔、伤痕、凹坑、皱折、锈蚀等对使用上有影响的缺陷，但轻微的夹杂、刮伤、压痕、油迹等不影响使用的缺欠则允许存在。但是对于钢带，由于没有机会切除钢带缺陷部分，因此钢带允许带缺陷交货，但有缺陷部分的长度不应超过每卷总长度的8%。

（1）孔洞　镀锡板针孔、孔洞缺陷如果没有及时发现并分选出，灌装后会造成严重漏罐异议，不但会造成数倍于成本的连带赔偿，而且会对生产厂产生较大的信誉上的损害。

对于针孔、孔洞缺陷，各生产厂根据产品评级规定每卷允许的孔洞的大小和数量，并在交货时附孔洞报告，标记针孔的数量和具体位置。方便客户在使用过程中将孔洞切除。以盒板形式交货的产品在横切产线会分选出带孔洞缺陷的钢板。

（2）黑灰

① 取样：按照生产厂的规定取样，一般直接用生产线切下来的样板直接检测。

② 试验装置：直径75mm质量1kg的金属饼、纸巾或滤纸。

③ 试验过程：将纸巾或者滤纸放在镀锡板表面，再将直径 75mm、质量 1kg 的金属饼压在纸巾上，拖动纸巾在镀锡板表面匀速滑动 50cm，之后取下纸巾或滤纸，对比标准卡来判断黑灰等级。

④ 合格判定：见图 1.1。

等级	等级 Ⅰ	等级 Ⅱ	等级 Ⅲ	等级 Ⅳ	等级 Ⅴ
合格品基准	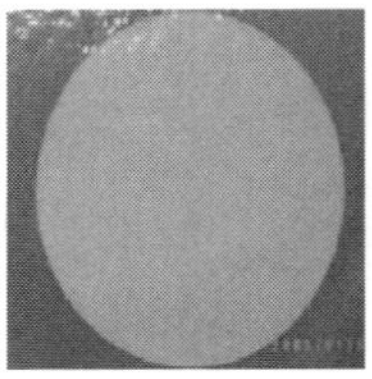	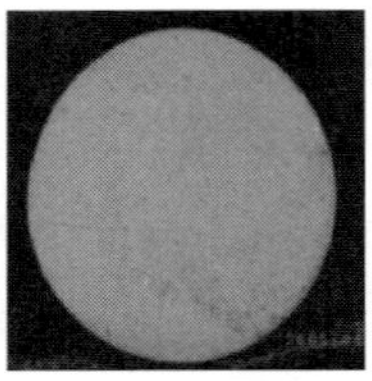	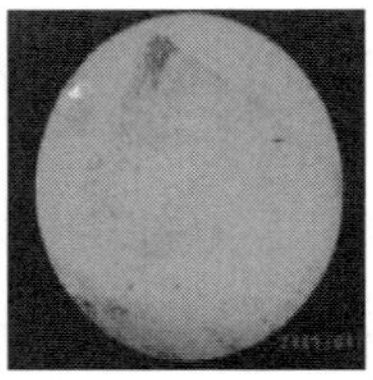	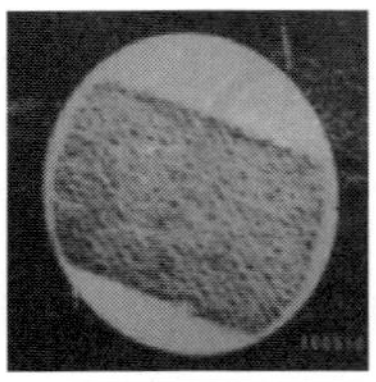	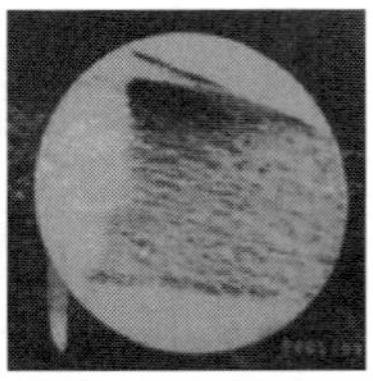

图 1.1　镀锡板黑灰等级标准卡

（3）其他缺陷检查及质量要求　镀锡板的表面质量检查分为在线表面质量检查和取样板表面质量检查。带钢运行中和停止后，质检工检查带钢上、下表面质量情况，尤其是带头带尾的质量情况，运用光线条件变换不同角度仔细查看板面缺陷情况并对缺陷进行确认。

取样板表面质量检查是在照明良好的条件下，变换不同角度对每卷取样板的表面缺陷情况进行仔细检查。对于重点产品需要按照规定频次取 3m 样板到检查平台确认缺陷。对于下线后每卷的钢卷外形及内外圈的质量进行检查。

镀锡板的表面质量等级按照外观和形状来定级。其中外观包括水迹、污迹、色差、划伤、烧点、夹杂等缺陷，形状包括浪型和翘曲。镀锡板一般分为标准级和二级品，标准级代表在电镀锡生产线内应用一般的检验和分选操作所生产的正常产品，它的整个表面都能进行涂漆和印刷。二级品镀锡板代表在分选中不能归于标准级的选余部分板材产品中最好的板材，其中可包含一些有表面缺陷、镀锡缺陷以及板形和其他方面小缺陷的板材。但是二级品中不含厚度超差的材料，也不容许板材上有针孔。实际生产过程中，各生产厂都对镀锡板表面质量等级进行了细分，将具体的缺陷量化便于控制。镀锡板的缺陷一览表见表 1.1。

表 1.1　　镀锡板的缺陷一览表

1	表面夹杂	16	毛刺	31	脏污
2	分层	17	折叠	32	肋排印
3	翘皮	18	折皱	33	牛排印
4	氧化铁皮	19	轮胎印	34	刀花印
5	鳞状剥落	20	压印	35	热瓢曲
6	针孔	21	辊印	36	粘锡
7	震动痕	22	原板油斑	37	木纹
8	色差	23	油斑	38	白边
9	塔形	24	锈斑	39	过软熔
10	溢出边	25	原板划伤	40	欠软熔
11	松卷	26	卷取擦伤	41	未软熔
12	塌卷	27	边部起筋	42	淬水斑
13	边损	28	中部起筋	43	烧点
14	边裂	29	停车斑	44	镀锡污迹
15	锯齿边	30	平整花	45	锡层擦划伤

1.1.2 厚度测量

1.1.2.1 在线测量

镀锡板生产线都配备了在线测厚装置，不接触带钢表面，精度高，数据采集速度快并能实施上传。

1.1.2.2 取样测量

镀锡板的厚度可用千分尺测量，也有采用称量法测量，对样品进行称量，通过计算得出厚度。一般以卷为单位在卷中位置取样测量。

（1）千分尺法

① 仪器：千分尺，测量精度为 0.001mm。

② 操作步骤：

a. 千分尺归零。松开锁紧装置，检查测砧和测微螺杆间接触面是否干净。在归零时所用的力需和测量时尽量保持一致。

b. 测量钢板厚度以边、中、边为原则选取宽度方向距边部不小于 10mm 三点不同位置处测量。

c. 厚度测量通常用千分尺法，当对测量结果发生异议时，以称量法为准。

d. 薄边是钢板及钢带沿宽度方向上厚度的变化，其特征是在靠近钢板及钢带的边缘发生厚度减薄。距钢板及钢带两侧边部 6mm 处测得的厚度，与沿钢板及钢带宽度方向中间位置测得的实际厚度的偏差，应不大于中间位置测得的实际厚度的 8.0%。

③ 仪器使用注意事项及检验结果的影响因素：

a. 千分尺放置时，测量杆与测砧不可接触。

b. 测量时，应注意操作的速度和力度。

c. 严禁单手操作。

（2）称量法

① 原理：由测得的样品重量和尺寸，依据密度、体积、质量与厚度关系的计算方法，得出钢板的厚度。

② 仪器：

a. 分析天平，称量精度 0.0001g。

b. 卡尺，测量精度±0.02mm。

③ 操作步骤：

a. 用卡尺测量钢板长度、宽度，并记录。

b. 用天平称量钢板质量，并记录。

c. 计算。

$$\text{厚度(mm)}=\frac{\text{质量(g)}}{\text{面积}(m^2)\times 0.00785(g/mm^3)}$$

其中，钢板厚度的计算精确到 0.001mm；对所有钢板测得的厚度取平均值，即得到货批的平均厚度。

1.1.2.3 厚度偏差

（1）厚度允许偏差　GB/T 2520—2017《冷轧电镀锡钢板及钢带》中规定钢板及钢带的厚度允许偏差应不大于公称厚度的±7%。

（2）同板差　对于同一个货批，它们的厚度不超出这张钢板平均厚度的 4%。

1.1.2.4 合格判定

测量三点值，如果任一点出现不合则判定此卷厚度不合格，三点全部合格才能判定合格。

1.1.3 尺寸、形状测量

1.1.3.1 宽度、长度

GB/T 2520—2017《冷轧电镀锡钢板及钢带》中规定钢板及钢带的宽度和长度的允许偏差都为0～3mm。

（1）在线测量　镀锡板生产线都配备了在线测宽装置，不接触带钢表面，精度高，数据采集速度快并能实施上传。

（2）取样测量

① 取样：从一批中统计性地在规定位置取样，对样品的宽度和长度进行测量。宽度一般以卷为单位在卷中位置取样测量。盒板的长度都是取样测量，样品尺寸与产品规格要求相同，一般以卷为单位选取剪切后盒板一张进行测量。

② 仪器：测量精度为0.2mm的不锈钢直尺，或采用测量精度适宜的料片测量仪，见图1.2。

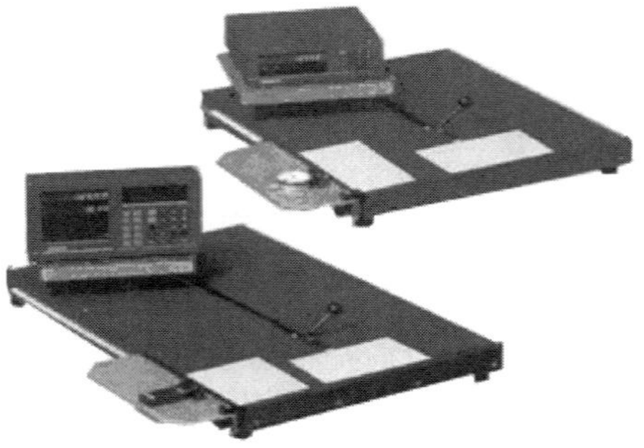

图1.2　料片测量仪

③ 步骤：测量板卷的长度和宽度时，将板卷剪切成张的钢板放在平坦面上，用不锈钢直尺横跨钢板中心进行测量，测量精确到0.2mm。或者直接用料片测量仪测量。

1.1.3.2 切斜

制罐工业用的现代高速制罐机要求原料板材必须正确地对准，以保证制造上的精确性。因此保证镀锡板的直角度在精确的公差范围之内是很重要的。对此，通常所规定的两个参数是“切斜度”和“镰刀弯”。

GB/T 2520—2017《冷轧电镀锡钢板及钢带》中规定切斜度应不大于钢板宽度的0.15%。切斜度为钢板宽边（宽度）向钢板纵边（长度）的垂直投影长度，见图1.3。

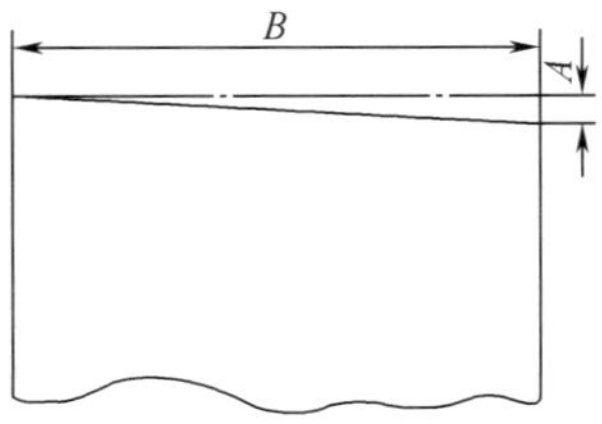

图1.3　切斜度

切斜度 $= \frac{A}{B} \times 100$；

A—偏差　B—钢板宽度

① 取样：样品尺寸与产品规格要求相同，一般以卷为单位选取剪切后盒板一张进行测量。

② 仪器：测量精度0.2mm的不锈钢直尺，带直角固定边的平面台。

③ 操作步骤：

a. 把钢板放在平坦面上，靠好直角固定边放置，用直尺测量截面到直角固定边的长度A。

b. 用直尺/料片测量仪测量钢板的长度或宽度B。

c. 将测量的数据进行公式计算出切斜度。

1.1.3.3 镰刀弯

GB/T 2520—2017《冷轧电镀锡钢板及钢带》中规定每任意1000mm长度上，镰刀弯应不大于1mm。镰刀弯是从板材一边的两角连接一直线形成此边的一个弦，此边同这一直线之间的最大偏差距离即为镰刀弯，见图1.4。镰刀弯在板材的平面上测量，它是此边的直线性的一个量度。

（1）取样　样品尺寸与产品规格要求相同，一般以卷为单位选取剪切后盒板一张进行测量。

（2）仪器　测量精度0.2mm的不锈钢直尺，带直角固定边的平面台。

(3) 操作步骤　把钢板放在平坦面上，靠好直角固定边放置，用直尺测量弯截面到直角固定边的长度。

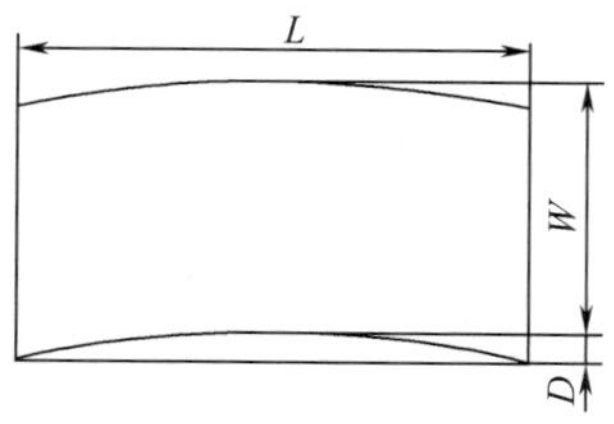

图 1.4　镰刀弯

L—钢板长度　*W*—钢板宽度　*D*—镰刀弯

1.1.3.4　不平度

GB/T 2520—2017《冷轧电镀锡钢板及钢带》中规定不平度仅适用于钢板。在钢板任意 1000mm 长度上的不平度应不大于 3mm。但是镀锡板最终都是切片使用，所以镀锡卷和镀锡板都要求进行不平度的测量。

因为镀锡板是一种很薄的材料，所以从带钢切成的板材可能并不是完全平坦的。它同完美的平面之间的偏差有几种类型，它的起因取决于板材内的残余应力。将钢板垂直悬挂，对于沿轧制方向的翘曲称为 L 翘，垂直轧制方向的翘曲成为 C 翘。将钢板放在平坦面上，板材边缘的翘曲称为平台翘，板材边缘断续的垂直位移是边浪，除边缘以外其他部分断续的垂直位移是中间浪。

(1) 取样　样品尺寸与产品规格要求相同，一般以卷为单位选取剪切后盒板一张进行测量。有的镀锡卷产品也剪切成 800～1000mm 长的样板进行测量。

(2) 仪器　测量精度 0.2mm 的不锈钢直尺，带直角固定边的平面台。

(3) 操作步骤　把钢板放在平坦面上，用直尺测量不平部位的高度。在标准 GB/T 2520—2008《冷轧电镀锡钢板及钢带》中没有规定测量方法，也没有规定允许界限，允许界限是随买方所用设备而有所不同。

1.1.3.5　毛刺

毛刺产生于板材的最外侧边缘，由剪切的动作造成。它可以描述为“金属发生位移至越出板材表面的平面”。

(1) 取样　样品尺寸与产品规格要求相同，一般以卷为单位选取剪切后盒板一张进行测量。有的镀锡卷产品也剪切成 800～1000mm 长的样板进行测量。

(2) 仪器　测量精度 0.001mm 的千分尺，带直角固定边的平面台。

(3) 操作步骤　按规定对剪切面毛刺进行测量。

1.1.4　表面特性评价

镀锡板表面有五层结构，分别为：0.002μm 的油膜厚度→0.002μm 的氧化膜＋钝化膜厚度→0.35μm 的锡层厚度→0.15μm 的 Fe-Sn 合金层厚度→基板厚度，见图 1.5。研究镀锡板的表面特性过程就是分析各层结构的厚度和组成。

1.1.4.1　镀锡量

镀锡板的镀层由游离锡和合金锡组成。电镀锡后通过加热方式（软熔）使镀锡层与基体间生成适当的锡铁合金，未与基体发生反应的表层锡称为游离锡。按照标准规定，要测量的是总锡量（即游离锡量加上合金层中的锡量）。然而由于镀锡板的某些特性（例如锡焊性和耐腐蚀性）同这两层中的锡的相对含量有关，所以通常要对这两层分别进行测定，再将所得结果相加得到总锡量。

GB/T 1838—2008《电镀锡钢板镀锡量试验方法》介绍了库仑法、容量法和荧光 X 射线法三种检测镀锡量的试验方法。目前各大生产厂常用的是库仑法和荧光 X 射线法。

(1) 库仑法（仪器法）

① 原理：以试样为阳极在盐酸电解液中通过恒定电流使镀锡层溶解，由于纯锡层、合金层相对于参考电极的电位不同，因此通过记录溶解过程中试样电位随时间的变化，可以分别得到纯锡层和合金层完全溶解所用的时间，计算出各自完全溶解所消耗的电量；根据法拉第定律求出纯锡量和合金锡量。镀锡层溶解的电位时间曲线见图 1.6。

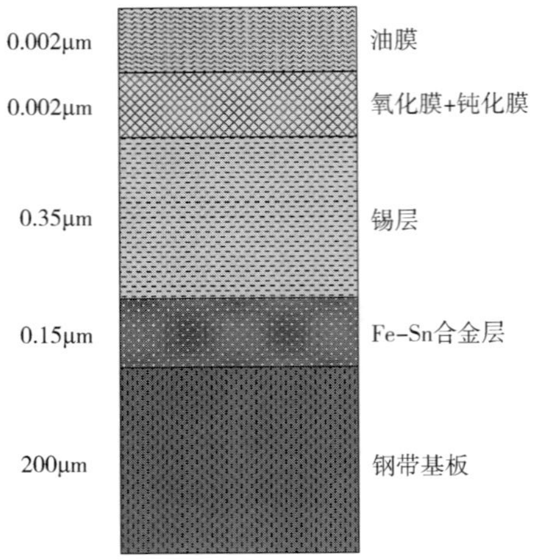

图 1.5　镀锡板截面示意图

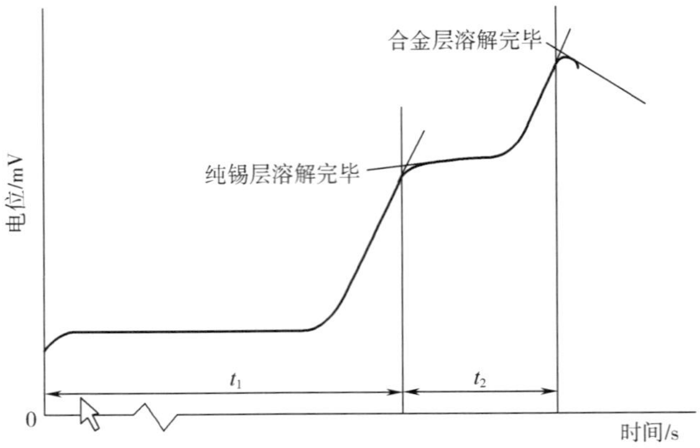

图 1.6　镀锡层溶解的电位时间曲线

② 取样：以原料卷为单位，在带中分卷位置取样片，如图 1.7 所示，取边、中、边三个圆片，边部样片离边线距离不小于 25mm。

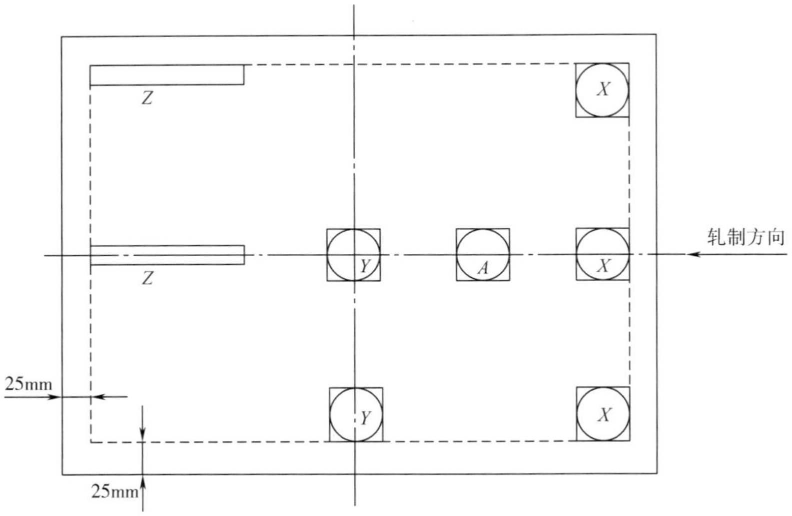

图 1.7　试样部位图

X—镀锡量、锡晶粒度（TCS）试验试样　*Y*—硬度、酸洗时滞值（PLV）试验试样　*Z*—拉伸试验试样

A—表面铬含量、铁溶出值（ISV）、合金-锡电偶合（ATC）试验试样、镀层 Pb 含量

③ 仪器和药品：常用的测镀锡量的自动检测仪有以色列测锡仪 Quality By Vision Ltd，型号 STANNOMetal 9000，多功能仪，型号 Telesen-BGM1000（M3）。

电解液是 1.8mol/L 的盐酸。

④ 操作步骤：

a. 制样。用圆片冲床冲取直径不小于 57mm 的圆片，也可以为边长 50mm×50mm 或更大的方形试样。用丙酮脱脂，晾干。

b. 溶液配制。配制 1.8mol/L 盐酸，量取 165mL 浓度为 35% HCl（d=1.18g/mL），缓慢加入 1L 水中。将配好的电解液倒入设备的电解液贮存装置中。

c. 测量步骤（以以色列测锡仪为例）。

检查连接盒上的黑色指针指示“Sn”或“Cr”。“Sn”表示测锡量，“Cr”表示测铬量。

接通计算机、CPMU 盒电源。

首次操作该系统建议按如下步骤进行：设置和参数→标准→维护，校正和自检→检测→数据→退出。

启动计算机，打开 STANNOMETAL9000（CHROMETAL900）软件，点击“设置”键，填上操作者姓名及大标题的主要内容。

标准，维护，校正和自检（略）。

点击“测量”键，选取待取马口铁的镀锡规格，操作者姓名，正、反两面的测量速度（25＃铁以下用慢速）及大标题的主要内容。正常情况下，都用 3 点进行测量；如有特殊情况，可用单点或单面测量（测量的第一个值不可用）。

将清洗后的样品放在电解槽内，注意不要损坏高精度的胶圈，对于差厚马口铁，锡层较厚的那一面必须对着固定槽（正面）。按下扳手，打开活塞向电解槽注入溶液，直至溶液开始从上面的管子溢流时关闭活塞，多余的溶液会通过引力作用从排水口流入收集罐。按“确定”键开始测量；按“继续”键进行下一点测量；按“完成”键表示一个报告完成。进行下一报告点击“测量”栏中的“新报告”键。

测量完成后点击“报告”键，选中要打印的报告进行打印。也可以在“参数”选项中选定“完成后打印报告”键，测量结束后按“完成”键报告将自动打印。

测量结果不需要保存时，点击“快速测量”键进行测量，图像可打印，报告不可打印。退出 STANNOMETAL9000（CHROMETAL900）软件。

测量结束后打开电解槽，关闭主溶液罐的龙头，用自来水冲洗电解槽。

d. 库仑法注意事项。

被检测试样的表面必须清洁。

插入电解槽之前试样必须干燥。

观察样品的剥离表面，如果镀层电解不完全，检测结果应该放弃并重做。

库仑法检测的是某一部位镀层的厚度，单个检测结果不能代表整个表面的镀层厚度。如沿着马口铁轧制方向取一条样品，做几次检测，其结果具代表性。

试样必须平坦。

e. 镀锡量合格范围。

公称镀锡量（GB/T 2520—2017《冷轧电镀锡钢板及钢带》）

钢板及钢带的镀锡量代号、公称镀锡量及最小平均镀锡量应符合表 1.2 的规定。

对表 1.2 规定以外的其他镀锡量，可在订货时商定。

表 1.2　　公称镀锡量及最小平均镀锡量

镀锡方式	镀锡量代号	公称镀锡量/（g/m^2）	最小平均镀锡量/（g/m^2）
等厚镀锡	1.1/1.1	1.1/1.1	0.90/0.90
	2.2/2.2	2.2/2.2	1.80/1.80
	2.8/2.8	2.8/2.8	2.45/2.45
	5.6/5.6	5.6/5.6	5.05/5.05
	8.4/8.4	8.4/8.4	7.55/7.55
	11.2/11.2	11.2/11.2	10.1/10.1

续表

镀锡方式	镀锡量代号	公称镀锡量/（g/m^2）	最小平均镀锡量/（g/m^2）
差厚镀锡	2.8/1.1	2.8/1.1	2.45/0.90
	1.1/2.8	1.1/2.8	0.90/2.45
	2.8/2.2	2.8/2.2	2.45/1.80
	2.2/2.8	2.2/2.8	1.80/2.45
	5.6/1.1	5.6/1.1	5.05/0.90
	1.1/5.6	1.1/5.6	0.90/5.05
	5.6/2.8	5.6/2.8	5.05/2.45
	2.8/5.6	2.8/5.6	2.45/5.05
	8.4/2.8	8.4/2.8	7.55/2.45
	2.8/8.4	2.8/8.4	2.45/7.55
	8.4/5.6	8.4/5.6	7.55/5.05
	5.6/8.4	5.6/8.4	5.05/7.55
	11.2/2.8	11.2/2.8	10.1/2.45
	2.8/11.2	2.8/11.2	2.45/10.1
	11.2/5.6	11.2/5.6	10.1/5.05
	5.6/11.2	5.6/11.2	5.05/10.1
	11.2/8.4	11.2/8.4	10.01/7.55
	8.4/11.2	8.4/11.2	7.55/10.1
	15.1/2.8	15.1/2.8	13.6/2.45
	2.8/15.1	2.8/15.1	2.45/13.6
	15.1/5.6	15.1/5.6	13.6//5.05
	5.6/15.1	5.6/15.1	5.05/13.6

单面镀锡量的允许偏差应符合表 1.3 的规定。

表 1.3　　单面镀锡量

单面镀锡量（m）的范围/（g/m^2）	最小平均镀锡量相对于公称镀锡量的百分比/%
$1.0 \leqslant m < 2.8$	80
$2.8 \leqslant m < 5.6$	87
$5.6 \leqslant m$	90

合格判定

对于日常质量控制，可以采用任何一种公认的适用方法测量镀锡量。在发生异议的情况下应采用 GB/T 1838—2008《电镀锡钢板锡镀量试验方法》标准中的容量法。

一个货批的镀锡量是所有单个样片镀锡量的平均值。单个样片镀锡量的测量值不能代表一个货批的镀锡量，可低至最小平均镀锡量的 80%。最小平均镀锡量按相对于公称镀锡量的百分比（%）计算时，修约到 0.05g/m^2。

当检验不合格时，则重新取双倍试样进行复验。如果复验的结果满足要求，则认为该货批符合要求。

（2）国标库仑法（GB/T 1838—2008《电镀锡钢板锡镀量试验方法》）

① 取样：同仪器法。

② 化学试剂：

a. 脱脂溶液。1%碳酸钠溶液。

b. 脱锡溶液。1mol/L 盐酸溶液。

③ 试验装置及玻璃器皿：

a. 电解脱脂装置。由塑料脱脂槽（或烧杯）、不锈钢电极板、试样夹和直流电源组成。

b. 镀锡量测量仪。由塑料脱锡槽、碳电极、参考电极、试样夹、恒电流直流电源和函数记录仪组成。碳电极直径为 10mm、长为 110mm 的碳棒；参考电极为饱和甘汞电极或经氢化处理的银棒，直径为 5mm、长为 150mm。

c. 玻璃器皿和用具。100mL 量筒，1000mL 烧杯，玻璃棒，水瓶，裁铁剪刀。

④ 试验步骤：

a. 溶液配制。

脱脂溶液

1%碳酸钠溶液：称取 10g 碳酸钠于 1000mL 烧杯中，加水溶解并定容至 1000mL，放置在塑料脱脂槽中。

脱锡溶液

1mol/L 盐酸：量取 83.3mL 浓度为 36% 盐酸（d=1.18g/mL）加入水中，定容至 1000mL。将盐酸溶液倒入塑料脱锡槽。

b. 电解脱脂。

用导线将不锈钢板与直流电源正极连接，放入脱脂槽溶液中。

将试样固定在试样夹上，用导线与直流电源负极连接，将试样夹具放入脱脂槽，试样完全浸没在脱脂液中，使试样正对不锈钢电极并保持平行，相距为 10～20mm。

接通脱脂电流，电流强度约为 1A，通电约 30s，使试样表面不出现水珠为止。关断电流，取出试样夹，在流水中把脱脂溶液冲洗干净、晾干。

c. 测量。

记录仪的电位量程调定在 25mV/cm，走纸速度调定在 30mm/min。

将脱脂试样固定在试样夹放入脱锡槽，完全浸没在脱锡溶液中，使试样片中心对准碳电极，相距为 10mm。

用电线将试样与记录仪、直流电源正极连接，碳电极与直流电源负极连接，参考电极与记录仪负极连接。

电解电流可在 50～250mA 范围内选取。

接通脱锡电流和记录仪走纸开关，开始电解并记录。

当镀锡层达到完全溶解后，打印结果。

关断脱锡电流和走纸开关，取出试样夹，冲洗干净。

若要测量试样的另一面，则从试样夹中取出试样片，翻面重新夹入后，按上述步骤脱脂、脱锡。

⑤ 注意事项：

a. 被检测试样的表面必须清洁。

b. 试样必须平坦。

(3) 容量法（仲裁法）

① 原理：将试样表面的镀锡层溶解于盐酸中，用金属铝将全部锡还原成二价态，接着在二氧化碳气体保护下用碘酸钾标准溶液进行滴定。根据消耗的标准溶液的体积和试样面积，计算得出单位面积的镀锡量。

容量法的有效测量范围是 2.5～50g/m^2，重现性为±0.1g/m^2。

参照 GB/T 1838—2008《电镀锡钢板镀锡量试验方法》。

② 试剂和材料：化学试剂均采用分析纯级。配制溶液及测定过程中所用的水必须为当天煮沸过的蒸馏水。

a. 盐酸溶液。取 750mL 盐酸（密度 1.16g/mL）用蒸馏水稀释至 1000mL。

b. 三氯化铁溶液。将 100g 水合三氯化铁溶解于 100mL 盐酸（密度 1.16g/mL）中，用蒸馏水稀释至 1000mL。

c. 碘酸钾标准溶液［$c(1/6KIO_3)$ ＝0.05mol/L］。先称取 0.5g 氢氧化钠和 19g 碘化钾溶解于水中，将碘酸钾在 180℃干燥至质量恒定后称取 1.7835g 溶入该溶液，待完全溶解后移入容量瓶中，用蒸馏水稀释至 1000mL。

d. 碘酸钾标准溶液［$c(1/6KIO_3)$ ＝0.025mol/L］。先称取 0.5g 氢氧化钠和 1g 碘化钾溶解于水中；将碘酸钾在 180℃干燥至质量恒定后称取 0.9018g 再溶入该溶液，待完全溶解后移入容量瓶中，用蒸馏水稀释至 1000mL。

e. 淀粉溶液。将 1g 可溶性淀粉加入 10mL 蒸馏水中制成悬浊液，加入蒸馏水至 100mL，煮沸 2～3min 后冷却。

f. 铝箔。纯度 99.99%，不含锡，厚度约 0.25mm。

g. 铂丝。直径为 0.6mm 长约为 750mm，卷成直径约为 125mm 的双股螺旋圈。

h. 二氧化碳。不含氧。

i. 乙醚。ρ=0.72g/mL，工业纯。

j. 漆。在空气中容易干燥的纤维素漆。

k. 丙酮。分析纯。

③ 试验装置及玻璃器皿：

a. 脱锡装置见图 1.8。

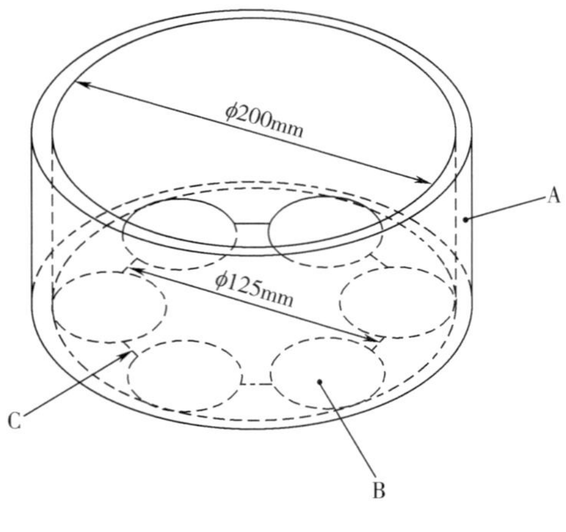

图 1.8 脱锡装置

A—玻璃皿 B—镀锡板试样 C—铂丝

在直径约为 200mm 的玻璃皿内放入铂丝圈。

b. 锡还原装置见图 1.9。

容量 500mL 的广口锥形瓶，在 200mL 处有一标线，瓶颈装有三孔橡皮塞，一孔插入利比西冷凝器，一孔插入二氧化碳导管，另一孔插一段短管作为滴定入口，用橡皮塞封住。

④ 试验步骤：

a. 等厚镀层镀锡量（≥2.5g/m^2）的测定。

取六片直径不小于 57mm 的试样用乙醚脱脂后，放在脱锡装置的铂丝圈上，注入 150mL 盐酸溶液，待试样两面镀锡层完全溶解，裸露出光洁的钢基表面后，将锡溶液移入 1000mL 容量瓶中，用约 25mL 蒸馏水洗涤试样和脱锡装置两次，将洗涤水并入容量瓶中。

再用另外六片试样重复上述步骤，将锡溶液和冲洗水移入同一容量瓶中，最后用蒸馏水稀释至 1000mL。

用移液管移取100mL锡溶液于锥形瓶中，加入75mL盐酸溶液和10mL三氯化铁溶液，用蒸馏水稀释至标线。加入2g剪成小块的铝箔，装上三孔橡皮塞，通入二氧化碳和冷却水，封住滴定管入口。

通入二氧化碳约5min后，将锥形瓶置于电热板上，注意避免剧烈沸腾。待铝完全溶解后，再轻微煮沸5～10min，在持续通入二氧化碳的条件下，让锥形瓶在流水中冷却到20℃以下，去掉滴定管入口的橡皮塞加入5mL淀粉溶液，立即用0.05mol/L碘酸钾标准溶液滴定，直至出现不褪色的蓝色为止。

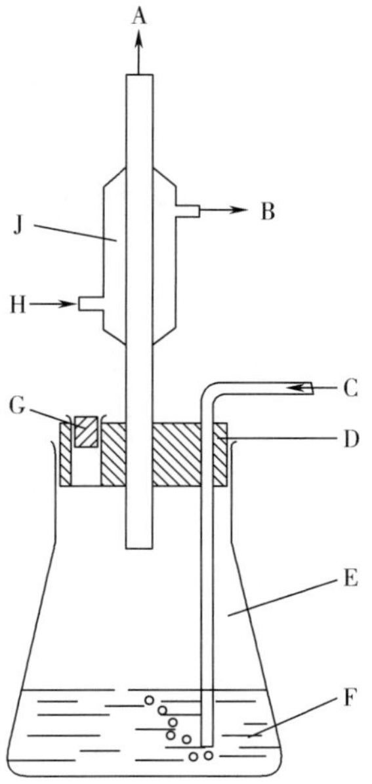

图1.9 锡还原装置

A—气体出口 B—出水 C—二氧化碳入口

D—三孔橡皮塞 E—500mL广口锥形瓶

F—锡溶液 G—橡皮塞和玻璃管

H—进水 J—冷凝器

b. 等厚镀层镀锡量（<2.5g/m²）的测定。

按照容量法（仲裁法）中的步骤进行脱锡和锡还原操作，但是滴定时用0.025mol/L的碘酸钾标准溶液。

c. 电镀锡差厚镀层镀锡量的测定。

取6片试样用乙醚脱脂后。将镀锡量较大的一面涂上纤维素漆，自然干燥15min后再次涂漆并干燥1h。

脱锡操作分两次进行，每次6片试样。将试样放入脱锡装置的铂丝圈上，未涂漆的一面与铂丝接触。按照容量法（仲裁法）中的脱锡和锡还原步骤操作直至完成滴定，滴定时用0.025mol/L的碘酸钾标准溶液。

测定第二面的镀锡量，将冲洗过的试样立即用乙醚脱水进行干燥，用丙酮把漆膜清除干净后，放入脱锡装置的铂丝圈上，让钢基裸露面与铂丝接触。重复上述操作，直至完成滴定。

⑤ 试验结果计算：

$$M=\frac{V\times c\times 5.935\times 10^5}{A}$$

式中 M——单位面积上的镀锡量（若为差厚镀锡板应注明所测定的面），g/m²

V——消耗碘酸钾标准溶液的体积，mL

c——碘酸钾标准溶液的浓度，mol/L

A——试样的总面积，mm²

(4) X射线法

① 原理：用X射线照射于试样表面，它穿透镀锡层而在钢表面上激发出二次X荧光射线，激发出的荧光射线强度取决于它所穿过的镀锡层厚度，用适当的计数器测定此射线的强度，即可换算成镀锡层厚度。X荧光射线示意图见图1.10。

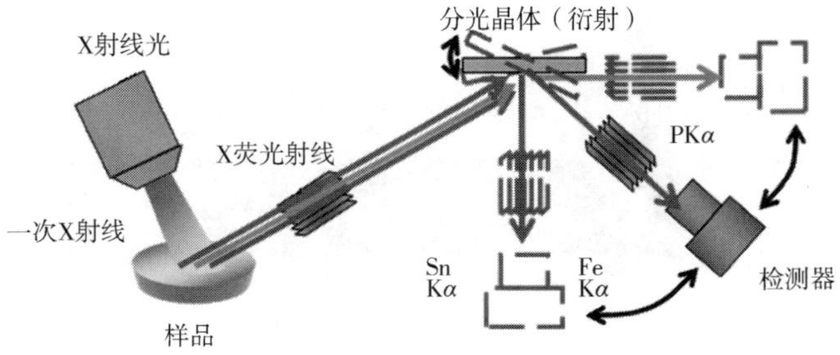

图1.10 X荧光射线示意图

② 取样：取样位置和数量同图 1.7。

③ 仪器和药品：试验用金属镀层 X 射线测厚仪或 γ 射线测厚仪。射线源是产生一次射线的 X 射线管或放射性同位素。一次射线在试样中激发出二次射线；检测单元接收来自试样的二次射线(荧光 X 射线)；电子系统将接受的射线转化为镀层重量。

④ 操作步骤：

a. 测量操作步骤。

按照标准取三块圆片样品，试样应平坦、洁净，形状大小适合测量仪器的要求。为防止污染检测室，样品测量前建议用酒精清洗检测面。

检查仪器的环境，测量窗口区域应无灰尘，室温应稳定，防止金属粉尘和温度波动对 X 射线信号的干扰。

根据操作程序设定试验条件，确认待测荧光 X 射线的波长。

用标准试样对仪器进行校准，绘制特征荧光 X 射线强度与镀锡量的定量关系曲线。

放置试样于测量窗口处，保证出自射线源的射线辐照试验面积。

根据标准曲线将测得的荧光 X 射线强度换算成镀锡量（g/m^2）。

b. 校准操作步骤。

测量仪器应当用标准样品进行校准，建立特征荧光 X 射线强度与镀锡量之间的精确定量关系。

标准样品的镀锡量一般用国标库仑法准确测定。

标准样品的钢基与待测试样的钢基应为相同钢种和经过相同的镀覆工艺，相同的 X 射线发射、吸收特性。

1.1.4.2 涂油量

在电镀锡机组后部设置涂油工序，使镀锡板表面附着一层极薄的均匀的油膜。涂油种类可以是 CSO、DOS、DOS-A、DOS-P 或 ATBC。除非另有协议规定，通常采用 DOS 油。

镀锡板涂油的目的有两个：一是使镀锡板成品在堆垛、制罐的过程中具有润滑作用，保护镀锡板的表面以减少机械损伤，及防止在运输途中因震动而引起的表面磨损变黑的缺陷；二是隔绝镀锡板表面与空气接触，可以防止钝化膜的破坏进而防止锡的氧化而引起镀锡板的变色，同时防止储存过程中生锈。油膜厚度要适当，太薄无法起到保护作用，太厚又影响它的涂饰性。

GB/T 28291—2012《电镀锡钢板表面涂油量试验方法》介绍了溶剂萃取法、亲水天平法和椭圆偏振光法三种测试方法。镀锡板生产过程检测一般采用亲水天平法和椭圆偏振光法，溶剂萃取法为仲裁法。

(1) 亲水天平法　亲水天平实样见图 1.11。

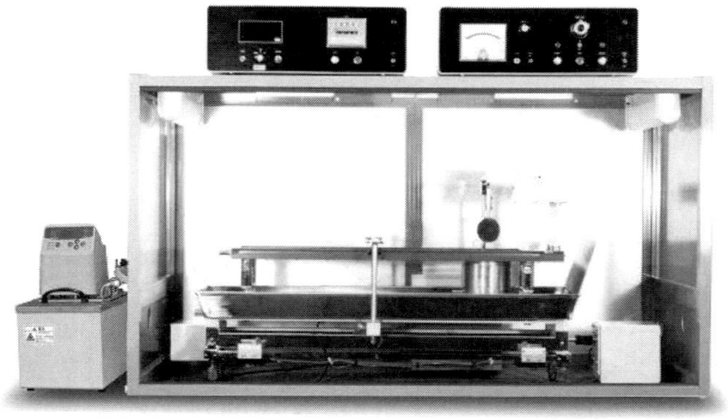

图 1.11　亲水天平实样

① 原理：将电镀锡钢板样品的表面油膜移至水面上，使成为无孔隙连续排列的单分子油膜，测定该油膜的长度，根据单位面积上的油膜质量，计算出电镀锡板表面油膜的质量（图 1.12）。

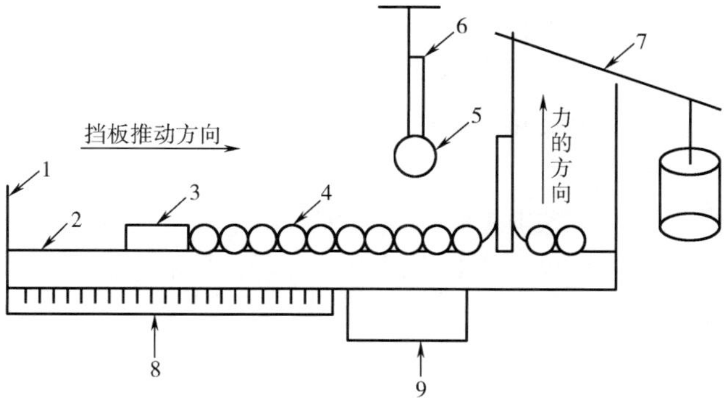

图 1.12 亲水天平原理

1—水盘 2—水面 3—挡板 4—油分子 5—试样 6—试样浸渍装置 7—测力装置 8—标尺 9—水槽

油易于在水面上呈单分子膜展开，展开面积和油量成正比例关系。展开面积比较时的必要条件：第一，油的展开密度（单位面积所拥有的分子数）必须为一定；第二，该展开密度为一定时，预先对一定面积的油膜进行油量测定，求得相关关系后，通过测定同样展开密度下的其他油膜的面积即可求得油量。

② 取样：

a. 从生产线取出的样品表面应无指印、油污、粉尘等污染物。取出样品应立即测量，如果需要运输或者过一段时间再测量需要将试样夹在两张镀锡板之间，将边部封好，防止试样在运输过程中受到污染，或避免待测时间长发生油膜挥发。

b. 建议在样板宽度方向中部取样。

c. 制取圆形试样，直径约为 60mm。

③ 仪器和药品：

a. 油脂。与待测表面油膜相同的油脂。

b. 正己烷［$CH_9(CH_2)_4CH_3$］、三氯甲烷、苯等溶剂。

c. 去离子水。

④ 操作步骤：

a. 测量操作。

将试样吸附在浸渍装置上，在水槽中反复浸渍，直至将油膜完全转移到水面。用挡板推动油膜，直到力的检测装置测出的力值达到该种油膜的固有值时，停止推动挡板，读取油膜长度，根据校准曲线读取涂油量。

每次测量完后，排除水盘中的水并用去离子水清洗水盘和装置，排除清洗水。注入去离子水，进行下一次的测量。

如果是测量试样单面的油量，测量前先用有机漆、树脂、医用蜡等合适的方法覆盖试样的一面，再按上述方法进行检测。

b. 校准操作。

用天平称取 1.5g 油脂，移入 100mL 容量瓶中，用有机溶剂稀释至 100mL，取出其中 1mL 注入相同的有机溶剂中并稀释至 100mL，配制成 0.15μg/μL 校准用溶液。

依次取出 50μL，100μL、150μL、200μL、250μL、300μL 标准溶液，对应的油含量分别为 7.5μg、15μg、22.5μg、30μg、37.5μg、45μg，先后分 6 次注入水盘，油膜散布在水面上。

水温控制在 35～40℃，每次注入后，推动挡板使油膜聚集成无孔隙连续排列的单分子层，当测力装置检出的力值达到该油膜固有的力值时，停止推动挡板，读取油膜长度，作为油膜面积的量度。

每次测量完后，排除水盘中的水并用去离子水清洗水盘和装置的浸渍部位，排除清洗水。注入去离子水，进行下一次的测量。

以油膜长度为横坐标、油膜为纵坐标绘制校准曲线（表 1.4）。同种类的油脂，每月校准一次，不同种类的油脂绘制不同的校准曲线。待测样品上的油量范围有显著变化时，应调整标准溶液的含油量分布。

表 1.4　　亲水天平校准曲线

A	稀释油料样品展开量/μL	50	100	150	200	250	300
B	实际展开油量/μg	7.5	15	22.5	30	37.5	45
C	比例尺的刻度/mm	105	190	275	360	445	530

⑤ 试验结果计算：

电镀锡板表面的油量按下式计算：

$$M = m/A \times 10^3$$

式中　M——电镀锡板表面单位面积涂油量，mg/m^2

m——电镀锡板试样表面积上的涂油量，μg

A——电镀锡板试样的表面积，mm^2

（2）椭圆偏振光法　椭圆仪见图 1.13。

① 原理：这种方法是对一种用于测定金属表面薄膜的光学测定法加以修改而成的。当偏振光从一个表面上反射时，平行于入射平面和垂直于入射平面的两部分光在相位和幅度上会产生相对的变化。若表面上覆有透明的膜，上述每一项变化的程度都会受到这种膜的厚度和其折射系数的影响，若入射光是平面偏光，反射光就成为椭圆偏光，通过测量其椭圆率就能测出膜的厚度（图 1.14）。

② 取样：取样方法同亲水天平法中的取样方法。

③ 仪器和药品：三氯乙烯或不产生残留物的相当试剂、测量电镀锡板表面油的专用型椭圆偏振光计。

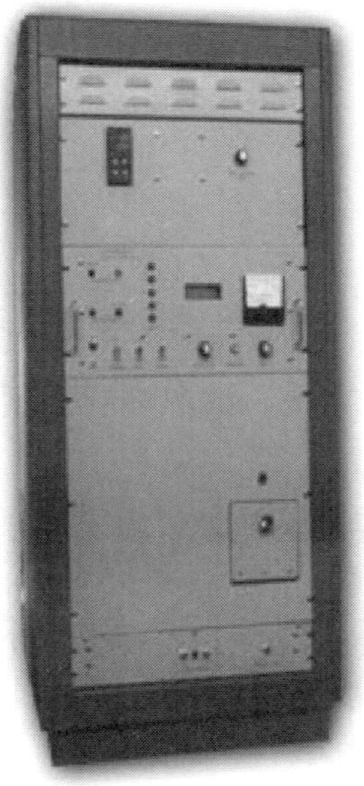

图 1.13　DONART 椭圆仪实样

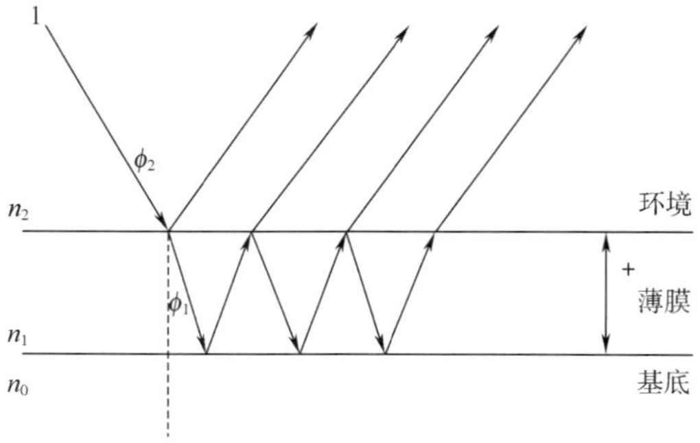

图 1.14　椭圆仪测量原理

④ 操作步骤：

a. 将制好的样片放入检测室，待检测面朝向清洗剂喷出的方向，位置固定。

b. 点击开始运行，设备先测出涂油状态下的椭圆偏光。

c. 设备自动喷出清洗剂，快速清洗掉试样表面的油膜。

d. 设备测出脱脂后的椭圆偏光。

e. 计算得出脱脂前后的椭圆偏光相位差。设备自动计算出表面涂油量，mg/m^2。

⑤ 计算原理：tan(φ)表示为电场反射分量的振幅比，Δ 表示电场反射分量的相位差，由下面公式可以看出，椭圆偏振测量可以用于确定薄膜厚度 t。

$$\tan(\varphi)e^{\Delta}=\frac{r_{12}^{p}+r_{01}^{p}e^{-2i\delta}}{r_{12}^{s}+r_{01}^{s}e^{-2i\delta}}-\frac{1+r_{12}^{s}r_{01}^{s}e^{-2i\delta}}{1+r_{12}^{p}+r_{01}^{p}e^{-2i\delta}}$$

$$r_{jk}^{p}=\frac{\tilde{n}_{k}\cos\varphi_{j}-\tilde{n}_{j}\cos\varphi_{k}}{\tilde{n}_{k}\cos\varphi_{j}+\tilde{n}_{j}\cos\varphi_{k}},\quad r_{jk}^{s}=\frac{\tilde{n}_{j}\cos\varphi_{j}-\tilde{n}_{k}\cos\varphi_{k}}{\tilde{n}_{j}\cos\varphi_{j}+\tilde{n}_{k}\cos\varphi_{k}},$$

$$\delta=2\pi\left(\frac{t}{\lambda}\right)\tilde{n}_{1}\cos\left|\sin^{-1}\left(\frac{\tilde{n}_{2}}{\tilde{n}_{1}}\sin\varphi_{2}\right)\right|$$

1.1.4.3 钝化膜

为了防止镀锡板变黄或使用时产生黑色的硫化斑，镀锡板通常都进行钝化处理。钝化膜的形成结构研究不清楚，基本结论：Cr_2O_3 和 CrO_3 及金属铬。钝化膜能抑制锡的氧化膜的生长，所以钝化膜对涂膜的附着性有间接的影响。

GB/T 28290—2012《电镀锡钢板表面铬量的试验方法》规定了比色法和电解法两种测量镀锡板表面铬量的试验方法。比色法作为仲裁方法。电解法作为快速测定方法推荐用于不小于 2mg/m^2 表面铬含量的测定。

（1）比色法

① 原理：用氢氧化钠和磷酸钠混合溶液使电镀锡钢板表面的钝化膜溶解；用高锰酸钾溶液使钝化膜中的铬氧化；用二苯卡巴肼溶液显色，用比色法测出铬量，除以试样表面积，即得出单位面积上的铬量。

② 取样：直径约 60mm 的圆片，冲取位置在试验板宽度方向的中部，试样无划伤、污染。

③ 仪器和药品：

a. 氢氧化钠-磷酸钠溶液：称取 40.0g 氢氧化钠和 50.0g 磷酸钠溶入水中，稀释至 1.0L。

b. 硫酸溶液（1+3）：取 100mL 浓硫酸（ρ=1.84g/mL）缓慢加入 300mL 水中，摇匀。

c. 高锰酸钾饱和溶液。

d. 盐酸（ρ=1.19g/mL）。

e. 二苯基碳酰二肼溶液：称取 0.2g 二苯基碳酰二肼，溶入 10.0mL 丙酮，10.0mL 乙醇（95%），10.0mL 磷酸（85%），10mL 水的混合液中。临用前配制，一旦变色应重新配制。

f. 铬标准溶液 A（含铬量 0.5mg/mL）：称取 1.4140g 重铬酸钾溶入水中，稀释到 1.0L。

g. 铬标准溶液 B（含铬量 0.01mg/mL）：用移液管吸取 20mL 标准溶液 A 移入容量瓶中，用水稀释至 1.0L。

h. 紫外-可见光分光光度计。

④ 操作步骤：

a. 钝化膜溶解。

将圆片试样沿任一直径轻微弯曲，放入盛有沸腾的 25mL 氢氧化钠-磷酸钠溶液的烧杯中，煮沸 1.5min，取出样片至烧杯口正上方，用少量蒸馏水冲洗，然后将冲洗后的样片放入另一只已盛有沸腾的 25mL 硫酸溶液的烧杯中，煮沸时间严格控制在 1min，取出样片至烧杯口正上方，用少量蒸馏水冲洗，最后将第二只烧杯中的试验液倒入第一只烧杯中，用少量蒸馏水冲洗第二只烧杯壁至少 3 次，将冲洗液倒入第一只烧杯中，溶液煮沸过程中应防止溶液溅出。

如果测量单面铬含量，需要将试样的另一面封住再按照上述步骤操作溶解单面钝化膜。

b. 铬的氧化。

加热试样溶液至沸腾，加入 1～2 滴高锰酸钾饱和溶液，高锰酸钾溶液的加入量应能保持溶液为粉红色；煮沸 3～4min，使铬完全氧化。

加入 5 滴盐酸继续煮沸 3～5min，直至粉红色消散为止。如不褪色可以增加盐酸的加入量。

c. 试样显色。

将试样溶液转入 100mL 容量瓶，在水中冷却至室温。加入二苯基碳酰二肼溶液 3mL，用水稀释至刻度。

在对每一片试样进行试验的同时，应配备一份空白溶液，空白溶液的成分、每种成分的加入顺序和加入量、加热和冷却过程应与试样溶液相同，不同的是空白溶液没有处理过试样。

d. 吸光度测定。

将溶液用分光光度计，波长为 540nm，比色皿为 2cm，以试剂空白为参比，测吸光度。二苯基碳酰二肼溶液加入试验溶液后 30min 内完成测量。

e. 标准曲线建立。

分别吸取铬标准溶液 B 0.5、1.0、1.5、2.0、3.0、4.0、5.0mL 加入 7 个烧杯中，不加试样，重复做样品的操作，测定吸光度。

同时配制空白溶液测定吸光度。

以标准溶液吸光度与空白溶液吸光度之差为纵坐标，溶液浓度为横坐标绘制标准曲线。

⑤ 结果计算：

$$\text{表面铬含量 } M = \frac{m \times 10000}{A}$$

式中 M——镀锡钢板（带）表面的铬，mg/m^2

A——面积，cm^2

m——试样溶液中的含铬量，mg

（2）电解法

① 原理：在磷酸盐缓冲溶液中，试样作为阳极，通过恒定电流电解，使试样表面的铬氧化成六价铬，测量电解曲线，利用校准系数计算铬的量，用以表征电镀锡板的表面铬量。

钝化膜中的一种组分以及另一种组分的一小部分可以被阳极电流氧化成可溶性的六价铬。由于同时还有其他氧化反应发生，因此不能按照 $G_r{}^0$ 氧化成 $G_r{}^6$ 的氧化反应根据通过的电流计算铬的理论含量，但是可同化学分析法对照标定出换算用的对应关系。

铬的氧化反应所占时间是从第一个尖点起到最后转变至直线关系之时为止。对于所述的溶液和试验条件，代表性的换算等效值为 $1mC/cm^2$ 相当于 0.1μg/cm 表面铬量。这是一种近似的测定值，其准确性取决于同化学分析结果相对照进行标定。

② 取样：直径约 60mm 的圆片，冲取位置在试验板宽度方向的中部，试样无划伤、污染。

③ 仪器和药品：配制磷酸盐缓冲溶液，15.3g $Na_2HPO_4 \cdot 12H_2O$＋1.85g $Na_2HPO_4 \cdot 2H_2O$ 溶于 1L 纯水中，7.6g $Na_2HPO_4 \cdot 2H_2O$＋1.85g $Na_2HPO4 \cdot 2H_2O$ 溶于 1L 纯水中。

常用的有以色列测锡仪 Quality By Vision Ltd，型号 STANNOMetal 9000 和多功能仪，型号 Telesen-BGM1000（M3），都能实现双面同时测量。

④ 操作步骤：

a. 测量。

将试样放入电解槽内，夹紧，点击开始测量。

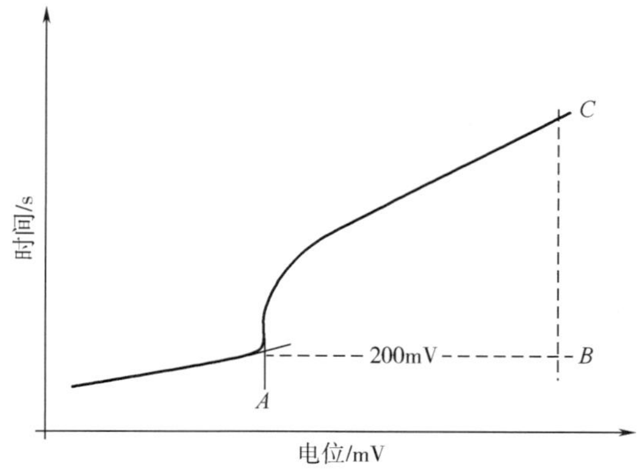

图 1.15　测量铬量电解曲线示意图

调整电解曲线的取两点，读出表面铬含量。如下图所示，从电解曲线的第一个尖点 A 开始取 200mV 的水平距离，得到 B 点（图 1.15）。

b. 校准（图 1.16）。

沿镀锡板轧制方向的同一部位依次制取试样，分为奇数组和偶数组。其中一组的每片试样用比色法测定表面铬量，另一组的每片试验用电解法记录电解曲线，测量 BC 的长度，每组求平均值。

至少得到表面铬量不同的 3 组试验结果；所取试样的表面铬量应覆盖试样表面铬量的范围。

计算校准系数。

$$M = C \times L$$

式中　M——表面铬量，mg/m^2

C——校准系数，$mg/(m^2/mm)$

L——线段 BC 的长度，mm

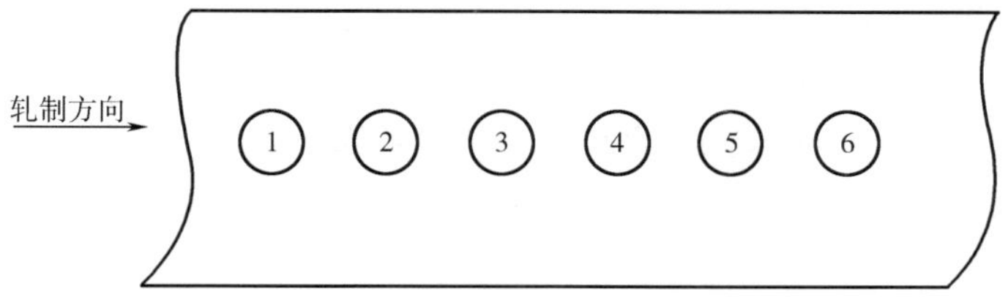

图 1.16　校准系数取样示意图

1.1.4.4　氧化膜

镀锡板表面存在着氧化膜，其组成为 SnO 和 SnO_2，它能对镀锡板的表面性能产生各种各样的影响。镀锡板室温储存过程中生成的是 SnO_2，SnO 是锡高温氧化物主要形成于电镀锡工艺中软熔工艺段，如果形成大量 SnO 镀锡板质量将会受到较大的影响。研究表明氧化膜成长的数量和性质对涂料的附着力都有很大的影响。

（1）原理　在一种不含氧并且同锡氧化物不反应的溶液中，用控制于一定数值的微小电流使镀锡板试片表面的锡氧化物还原，氧化物还原进程用测量电位的方法观察，表面上锡氧化物的数量用氧化物完全还原所通过的电量来度量。鉴于锡氧化物的组成不是固定的，所以在实用上通常是将氧化物量记录为以 mC/cm^2 表示的还原电量值。此值相当于从开始通电时起到在电位-时间曲线上达到裸露锡的电位之前的那个转折点处的时间为止这段时间内所通过的电量（图 1.17）。

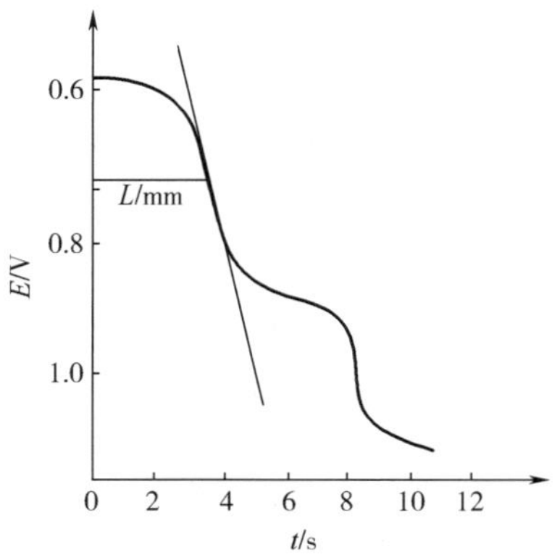

图 1.17　氧化膜电解曲线

（2）取样　直径约 60mm 的圆片，冲取位置在试验板宽度方向的中部，试样无划伤、污染。

（3）仪器和药品　配制氢溴酸溶液，0.1mL HBr（AR 47%）溶于 470mL 纯水中；高纯氮气；常用的设备是多功能仪，型号 Telesen-BGM1000（M3）。

(4) 操作步骤

① 溶液脱氧。

② 点击开始，电解槽通电还原氧化锡和氧化亚锡，电位到达裸露锡的电位后停止检测，如下图所示。

③ 结果计算：

$$\text{氧化膜}(mC/cm^2)=\frac{\text{还原时间}(s)\times\text{电流}(mA)\times 1(cm^2)}{\text{试样片面积}(cm^2)}$$

1.1.5 力学性能测定

1.1.5.1 硬度试验

洛氏表面硬度试验用于评定镀锡板的调质度等级。

GB/T 2520—2017《冷轧电镀锡钢板及钢带》中规定，镀锡板硬度试验一个试样通常测定 3 点。当 3 点的极差值大于 1.0 时，应再追加测定 2 点，然后，去掉 5 点中的最大值和最小值，再求出 3 点的平均值作为试验值。当对测定结果提出异议时，应除去锡层后再测定，如因表面粗糙度的影响而对测定值提出异议时，应将试样表面研磨后再测定。

镀锡板洛氏硬度采用 HR30Tm 的标尺测定，当钢板及钢带公称厚度小于 0.2mm 时，硬度测定采用 HR15Tm，然后按照规定换算成 HR30Tm。由于镀锡板很薄，其洛氏表面硬度试验 HR30T 对于砧座效应很敏感，也就是说所测得的表观硬度值会受试片厚度的影响，因此厚度小于 0.2mm 镀锡板可以采用 15kg 的试验载荷。

(1) 原理　在规定条件下，将压头（钢球）分两个步骤压入试样表面。经规定保持时间后，卸除主试验力，测量在初试验力下的压痕残余深度 h。以压痕残余深度 h 代表硬度的高低。洛氏硬度试验原理如图 1.18 所示。

参照标准 GB/T 230.1—2009《金属材料洛氏硬度试验　第 1 部分：试验方法（A、B、C、D、E、F、G、H、K、N、T 标尺）》。

(2) 试样　取样部位见图 1.7，距边不小于 25mm，试片大小为 125mm×125mm。对于仲裁试验，试样应先脱除锡层，然后测定。

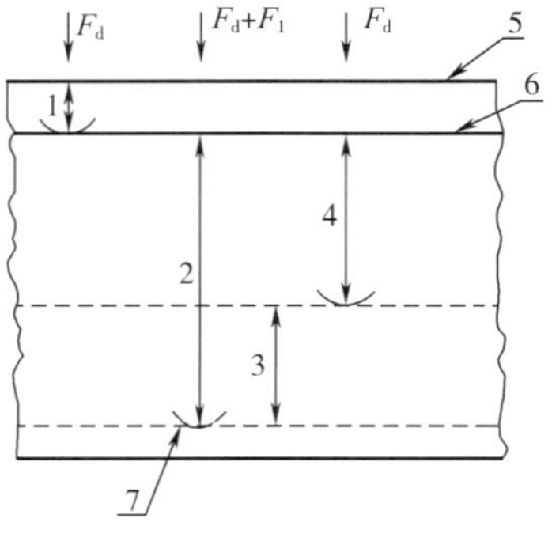

图 1.18　洛氏硬度试验原理图

1—在初始试验力 F_0 下的压入深度

2—在主试验力 F_1 下的压入深度

3—卸除主试验力 F_1 后的弹性回复深度

4—残余压入深度 h　5—试样表面

6—测量基准面　7—压头位置

(3) 仪器和药品　酒精，直径为 1.588mm 的硬质合金钢球，金刚石底座，洛氏硬度计用得较多的是 FUTURE-TECH CORP 的 LC-200R。

(4) 操作步骤

① 测量操作：

a. 开机，按下硬度计背面的开关按钮。

b. 选择洛氏硬度标尺，点击选择 15T 或 30T。

c. 用酒精擦拭试样检测面，将试样平稳地放在刚性支承物上，并使压头轴线与试样表面垂直，以避免试样产生位移。

d. 点击起动，至测量结束后读取硬度值。

e. 如无其他规定，每个试样上的试验点不少于 4 点，第 1 点不计（每个试样一般要给出 3 个点的洛氏硬度），通常第一个点测得的数据不准。

f. 当三点的极差值（即：最大值-最小值）大于 1.0 时，应再追加测定 2 点，然后去掉 5 点中的最大值和最小值，再求出三点的平均值，作为试验值。

② 标定操作：

a. 洛氏硬度计不使用时需要关闭。当设备再次开启时，或在使用过程中需要更换测量标尺时就需要对洛氏硬度计进行标定。

b. 将标块平稳地放在刚性支承物上，并使压头轴线与试样表面垂直。

c. 点击起动，待测量结束后读取硬度值。

d. 将读数与表面洛氏硬度标块表示的硬度值进行对比，若相差超出规定范围，则需要进行补正。

③ 注意事项：

a. 试样两端要平行，表面要平整，不得有油污或氧化皮等。

b. 试验过程中，硬度计应避免受到冲击和振动。

c. 测量时应避开试片的边缘部位防止悬臂梁效应。若需测量该试样离中心点较远或边部时可以手扶该试样但必须保持测量点与压台面接触完整。

d. 两相邻压痕中心之间的距离至少应为压痕直径的 4 倍，并且不应小于 2mm。

e. 测定完成、卸掉载荷后，试样必须在压头完全离开后再取下，避免试验摩擦压头的钢球。

f. 如若测量数值之间相差较大，检查仪器是否水平面，压头以及压台是否干净整洁。排除一切外部的环境因素干扰后数值测量依旧不准确，选择与测量标尺一致的标块进行标定。标块在测量标定之前必须擦拭，保持干净。

g. 当对测定结果仍有异议时，应除去镀锡层并人工时效后再测定。如因表面粗糙度的影响而对测定值提出异议时，应将试样表面研磨后再测定。

(5) 硬度范围（GB/T 2520—2017《冷轧电镀锡钢板及钢带》） 一次冷轧钢板及钢带的硬度（HR30Tm）应符合表 1.5 的规定。二次冷轧钢板及钢带的硬度（HR30Tm）应符合表 1.6 的规定。钢板及钢带的调质度用洛氏硬度（HR30Tm）的值来表示。

表 1.5　　一次冷轧钢板及钢带的硬度值

调质度代号	表面硬度 HR30Tm*	调质度代号	表面硬度 HR30Tm*
T-1	49±4	T-3	57±4
T-1.5	51±4	T-3.5	59±4
T-2	53±4	T-4	61±4
T-2.5	55±4	T-5	65±4

注：* 硬度为 2 个试样的平均值，允许其中 1 个试验值超出规定允许范围 1 个单位。

表 1.6　　二次冷轧钢板及钢带的硬度值

调质度代号	表面硬度 HR30Tm*	调质度代号	表面硬度 HR30Tm*
DR-7M	71±5	DR-9	76±5
DR-8	73±5	DR-9M	77±5
DR-8M	73±5	DR-10	80±5

注：* 硬度为 2 个试样的平均值，允许其中 1 个试验值超出规定允许范围 1 个单位。

(6) 合格判定　当检验中有不合格时，则按规定重新取双倍试样进行复验。如果复验的结果满足要求，则认为该货批符合要求。

1.1.5.2　拉伸试验

对于普通的一次冷轧板，通常只规定洛氏硬度检验，对于二次冷轧镀锡板还得加上拉伸性能检测。GB/T 2520—2017《冷轧电镀锡钢板及钢带》中对于二次冷轧镀锡板各调质度代号的屈服强度目标的参考值，并且指出对于不同的退火方式，即使钢板和钢带的洛氏硬度值相等，除硬度以外的其他力学性能指标也不一定相同，如屈服强度、抗拉强度、断后伸长率等指标。

（1）原理　当镀锡板受到拉伸时，它发生延伸，开始阶段的延伸同所加的载荷成比例。在某一点（即弹性极限）时，延伸就加快进行。屈服点（σ_p）的定义是在所发生的非比例伸长等于试片上原始标距的某一百分率时的应力数值。对于镀锡板试验，通常是测定此百分率为 0.2%时的应力值（$\sigma_{p0.2}$）。

（2）取样制样

① 取样：以原料卷为单位，在带中分卷位置取样板，如图 1.7 所示取边部、中部两条矩形样片，样片离边线距离不小于 25mm。样片尺寸应保留足够的加工余量用于加工拉伸样。

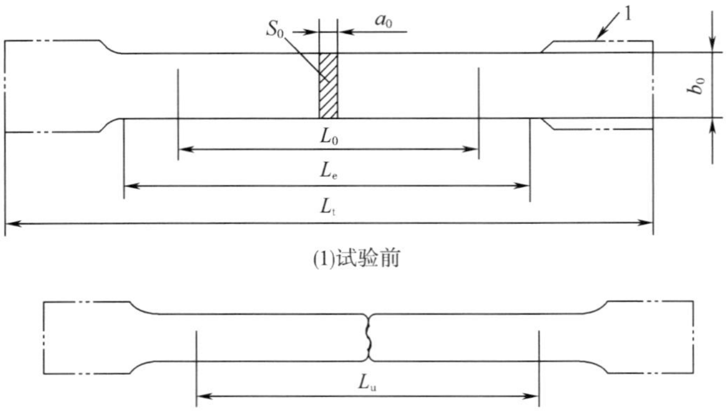

(1)试验前

(2)试验后

图 1.19　机加工拉伸试样截面图

a_0—板试样原始厚度或管壁原始厚度　b_0—板试样平行长度的原始宽度　L_0—原始标距　L_e—平行长度　L_t—试样总长度　L_u—断后标距　S_0—平行长度的原始横截面积　1—夹持头部

② 制样：

a. GB/T 228.1—2010《金属材料　拉伸试验　第 1 部分：室温试验方法》附录 B 中提到，对于冲切制备的试样，在材料性能方面会发生明显变化，尤其是屈服强度或规定延伸强度，会由于加工硬化而发生明显变化，对于呈现明显加工硬化的材料，通常通过铣和磨削等手段加工。

b. 对于镀锡板这种十分薄的材料，建议将取的矩形等宽度薄片叠成一片，薄片之间用油纸隔开，每叠两侧夹以较厚薄片，然后将整叠机加工至试样尺寸。

c. GB/T 2520—2017《冷轧电镀锡钢板及钢带》中规定对于拉伸试验，试样采用 GB/T 228.1—2010《金属材料　拉伸试验　第 1 部分：室温试验方法》中的 P7 试样（标距 L_0＝50mm，b=25mm)，但试样平行部分的长度最小值为 60mm。机加工试样的尺寸公差和形状公差应符合 GB/T 228.1—2010《金属材料　拉伸试验　第 1 部分：室温试验方法》表 B.3 的要求。

d. 试验前试样应在 200℃人工时效 20min。

（3）试验机　主机，交流伺服电机及伺服系统，传感器，引伸计，气动拉伸夹具，测控系统一套，计算机，试验软件。

（4）操作步骤（以 Zwick z050 拉伸试验机为例）

① 核对试样信息。

② 试样应在 200℃人工时效 20min。

③ 打开试验机主机电源、启动软件。

④ 选择试验方案。

⑤ 测量试样尺寸。

⑥ 输入试样尺寸、试样标距及相关试验参数。

⑦ 夹持试样。

⑧ 引伸计清零。

⑨ 开始试验。软件自动切换到试验界面。

⑩ 试验结束，在试验结果栏中，程序将自动计算出的结果显示在其中。

(5) 仪器使用注意及检验结果的影响因素

① 制备的试样尺寸应准确，切口无明显毛刺；试样完好，无凹坑、缺损等。

② 试样夹持要在夹具中心轴线位置。

③ 引伸计刃口不要划伤，无变形；装夹电子引伸计时，一定要保证上下两个刃口和试样垂直。

(6) 二次冷轧钢板及钢带的屈服强度（GB/T 2520—2017《冷轧电镀锡钢板及钢带》），见表 1.7。

表 1.7　二次冷轧钢板及钢带的屈服强度

调质度代号	规定塑性延伸强度（$R_{p0.2}$）目标值/MPa	调质度代号	规定塑性延伸强度（$R_{p0.2}$）目标值/MPa
DR-7M	520	DR-9	620
DR-8	550	DR-9M	660
DR-8M	580	DR-10	690

(7) 合格判定

① 一个货批的屈服强度是所有单个样片屈服强度的平均值。

② 当检验不合格时，则规定重新取双倍试样进行复验。如果复验的结果满足要求，则认为该货批符合要求。

1.1.5.3　回弹试验

回弹试验仪是专门设计用于方便地测定镀锡板的屈服点。

(1) 原理　试验时，将长 150mm 宽 25mm 和已知厚度的镀锡板试片一端夹紧在仪器上，把试片的自由端绕着一个直径 25mm 的芯轴弯曲 180°，借助于装在枢轴上的一个成形辊使试片弯曲时紧贴芯轴，然后将试片自由端放开，在刻度盘上直接读出回弹的角度（图 1.20）。以回弹角度的大小来表示材料的机械性能。参照标准 GB/T 2520—2017《冷轧电镀锡钢板及钢带》。

(2) 试样仪器　回弹试验仪。

(3) 试样的制备　从待检试样的边部和中部沿轧制方向切取两条 200mm×25mm 的试样，边部试样离边线的距离不小于 25mm。试验前在 200℃条件下人工时效 20min。

(4) 试验方法

① 测量试样厚度，精确到 0.001mm。

② 把试样插入回弹试验仪，用螺丝以适度压力夹紧、固定在试验位置。

③ 平稳摆动成形臂，使试样绕过心轴弯曲 180°。

④ 将成形臂回复到起始位置，读取、记录试样回弹后的指示值，卸去试样。

⑤ 规定塑性延伸强度与试样厚度和回弹角的关系式

$$\frac{\theta}{180}=3\left[\frac{R_e\times r}{E\times t}\right]-4\left[\frac{R_e\times r}{E\times t}\right]^3$$

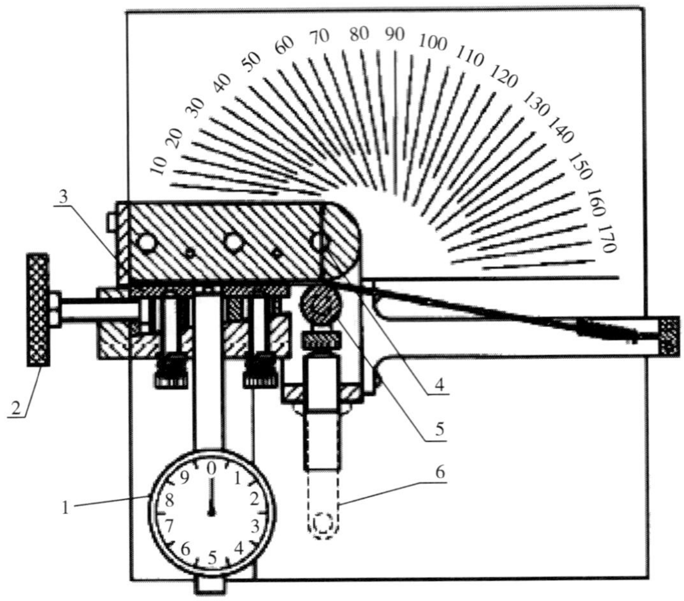

图 1.20　回弹试验仪示意

1—测厚千分表　2—夹紧螺丝　3—夹具　4—弯心轴（ϕ25.4mm）　5—弯曲辊　6—成形臂

式中　R_e——规定塑形延伸强度（即 $R_{p0.2}$），MPa

E——纵向弹性模量（杨氏模量），MPa

θ——回弹角度，°

r——弯曲的曲率半径，mm

t——试样厚度，mm

（5）注意事项

① 试样尺寸应准确，尤其是宽度方向的平行差异应尽量小。

② 操作时，成形臂速度、螺丝夹紧力度及弯曲保持时间要与基准片的一致。

③ 仪器在每次试验前后应予校准。

④ 客户要求回弹角时可以用本方法测量。

1.1.6　耐腐蚀性能

耐腐蚀性是镀锡板最重要的性能，镀锡板大量用于制作食品罐头容器，如水果罐、乳粉罐、午餐肉罐等，由于盛装的食品种类繁多，其腐蚀也有不同特点，因此要求镀锡板具有适应于内装物特点的耐蚀性。以下这组试验是针对用不涂漆的素面罐头容器装柑橘类水果产品而专门设计的，用来测定能影响这类罐头储藏寿命的几项特殊性能。

1.1.6.1　酸洗时滞值（PLV）

将镀锡原板浸于盐酸中，就会和酸起反应置换出氢气，如果钢基表面比较纯净，很少含有杂质，则置换出的氢气的速率是相同的，反之，钢基表面不干净与酸作用时，开始和最终析出的氢气速率也不相同，开始时氢的析出率小，继之逐渐增大，最后达到一个固定值。所含杂质越多达到这一固定值的时间越长。这种时间上的滞后现象称酸洗时滞现象，而达到这一固定值所需的时间成为酸洗时滞值。

用酸洗时滞长的钢基板制成的镀锡板制造的罐头（指内面不涂漆的罐头，主要是酸性食品罐头），据统计，其贮存寿命比较短。即能迅速达到一定的酸洗速度的钢基板，其耐蚀性好。

（1）原理　将电镀锡钢板进行脱锡，然后浸入90℃的6mol/L的盐酸溶液中，测定其达到稳定的铁溶解速度（或氢气析出速度）之前所经过的时间。本方法参考GB/T 22316—2008《电镀锡钢板耐腐蚀性试验方法》。

（2）取样　在每张待检钢板上垂直于轧制方向取出边部、中部、2块样片，尺寸为8mm×65mm，边部样片离边线距离不小于25mm。取样部位见图1.7。

（3）试验装置和化学试剂

① 化学试剂：

a. 盐酸，6mol/L。

b. 丙酮。

c. 三氯化锑溶液，120g/L，将120g三氯化锑溶解于1L浓盐酸中。

d. 碳酸钠溶液，0.5%。

e. 氢氧化钠溶液，10%。

f. 过氧化氢溶液，30%。

g. 脱脂棉。

② 试验装置：

a. 反应容器，一个特制的125mL圆底烧瓶。

b. 恒温水槽，足够容纳反应容器并且保持温度在（90±1)℃。

c. 压力检测装置，用于测量反应容器中气压的变化。

d. 磁铁棒，用于吸取试样避免污染酸溶液。

e. 记录仪，用于记录反应容器中气压随时间的变化。

（4）试验步骤

① 试样制备：

a. 按照1.2制取8mm×65mm试样2支。

b. 用蘸取丙酮的脱脂棉清洁试样表面。

c. 将试样浸入碳酸钠溶液中，试样作为阴极电解清洗之后用蒸馏水冲洗干净。

d. 将试样放在常温三氯化锑溶液中浸泡、脱锡，当不再产生气泡时，静置10～20s取出，用脱脂棉在流水情况下擦洗，除去锑的析出物。

e. 将试样加入到90℃ 10%的氢氧化钠溶液中，并缓慢滴入30%过氧化氢溶液，产生气泡1min，以除去试样表面残余的锑和在脱锡时没有脱尽的锡铁合金。

f. 用水冲洗试样，用蘸有丙酮的脱脂棉擦洗试样并冷风吹干。

g. 如果直接测定镀锡基板的酸洗时滞值，则可取消以上步骤。

② 仪器准备：

a. 恒温水槽内加水，温度设定90℃。

b. 将6mol/L HCl溶液加入特制圆底烧瓶内至125mL刻度处，将圆底烧瓶放置于90℃恒温水槽内，磨口塞处于打开状态。

c. 检查系统气密性，向反应容器内鼓气，使气体压力上升到大约7kPa，关闭活塞保持系统内的压力并打开记录仪，如果系统是密闭的，则得到的曲线将是一条直线。

③ 操作步骤：

a. 确认盐酸的温度达到（90±1)℃。

b. 连通反应装置与记录仪，使记录仪开始走纸，确认反应容器内压力变化为零，关闭磨口塞，此时曲线应平缓。

c. 用镊子拿取试样，放入圆底烧瓶瓶颈，旋开磨口塞使样品掉入烧瓶内，并迅速关上，记录

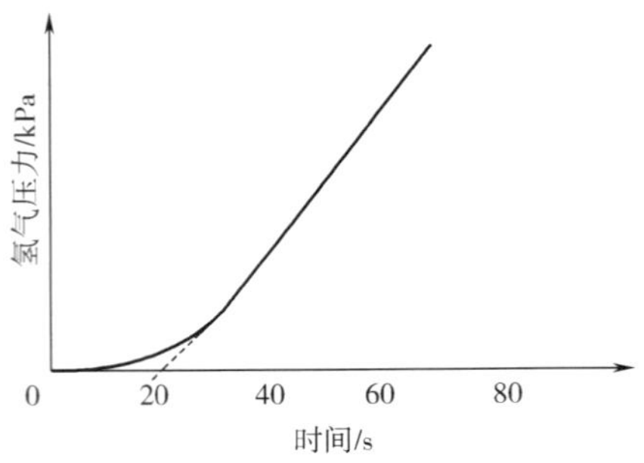

图 1.21　酸洗时滞曲线

仪开始记录由压力检测装置检测的气压变化即酸洗时滞曲线。

d. 观察酸洗时滞曲线，当曲线过拐点且斜率恒定时停止试验，打开磨口塞，取出烧瓶并用磁铁沿着烧瓶壁依靠磁铁吸力取出试样，然后重新将烧瓶放入恒温水槽。

e. 在记录仪上曲线图示大致为如图 1.21 所示，将曲线上部直线部分延长到曲线的横轴，延长线和横轴交点到始点之间的时间就是酸洗时滞值，试验结果以两根试样结果的平均值表示，修约到小数点后两位。

（5）注意事项

① 试验全程要求戴手套，从酸、碱取放样品时必须用镊子操作，以防手指接触影响试验结果。

② 每测试 10 支试样，更换一次盐酸。

③ 试验需在通风橱内进行。

④ 记录仪无压力显示后，立即打开旋塞，防止压力过大，损坏试验装置。

⑤ 向烧瓶中加酸不得超过 125mL，防止酸液反应后流入导管，导管进酸后，需更换导管。

（6）合格判定

① 验收标准，K 板要求酸洗时滞值（PLV）应≤10s，参照 GB/T 2520—2017《冷轧电镀锡钢板及钢带》。

② 当检验不合格时，则重新取双倍试样进行复验。如果复验的结果满足要求，则认为该货批符合要求。

1.1.6.2　锡晶粒度（TCS）

（1）原理　锡晶粒的大小与镀锡板的耐蚀性有关，一般晶粒大的镀锡板耐蚀性能较好。锡层晶粒度的大小主要取决于镀锡板生产过程中的软熔工艺。锡层晶粒度肉眼不易观察，试验利用三氯化铁、硫化钠溶液浸蚀镀锡板，能清晰地显示锡层晶粒的原理，来比较镀锡板晶粒度。

GB/T 22316—2008《电镀锡钢板耐腐蚀性试验方法》介绍了三种显示晶粒度的方法，本文主要介绍三氯化铁浸蚀法。

（2）取样　在每张待检钢板上垂直于轧制方向取出边、中、边 3 块样片（同镀锡量试样），边部样片离边线距离不小于 25mm。取样部位见图 1.7，样品面积不小于 25.8cm^2。

本方法适用于单面规格不低于 2.8g/m^2的电镀锡钢板。

（3）化学试剂

① 三氯化铁。

② 盐酸，1mol/L。

③ 硫化钠或亚硫酸氢钠。

④ 碳酸钠溶液，0.5%。

以上试剂要求化学纯及以上等级。

（4）试验步骤

① 浸蚀液的准备：将 100g 三氯化铁和 1g 硫化钠或亚硫酸氢钠溶解在 1000mL1mol/L 的盐酸中。浸蚀液可以重复使用，但若一片正确制备的试样浸蚀所需时间超过 30s，则需更换浸蚀液。

② 用棉布或软布轻轻地不断擦拭试样表面以去除试样表面的钝化膜，使浸蚀液较容易地腐蚀到锡层。将试样浸入浸蚀液 5～15s 或者浸蚀到晶体形貌出现，取出试样，用水冲洗并干燥。

③ 如果使用电解设备，可以将试样浸入 0.5%碳酸钠溶液中，将试样作为阴极清洗约 30s，然

后将试样作为阳极清洗 1s 以除去表面的钝化膜，再用水冲洗试样并干燥。

④ 也可以直接取完成铁溶出试验后的试样。

⑤ 晶粒显示：将处理好的试样浸入试验溶液中，在室温下经 5～15s 后，当晶粒显示出来后，取出试样，洗净与标准样板对照评定晶粒度的等级。标准板晶粒度等级根据 GB/T 6394—2017《金属平均晶粒度测定方法》评定。

(5) 注意事项　试样经电解脱脂后应保持整个表面都清洁，试验溶液才能与锡层产生均匀的侵蚀，否则在油污处的锡层不能充分作用、晶粒不会显示，就不易评定其等级。

(6) 锡晶粒度等级　典型的晶粒度等级见图 1.22。

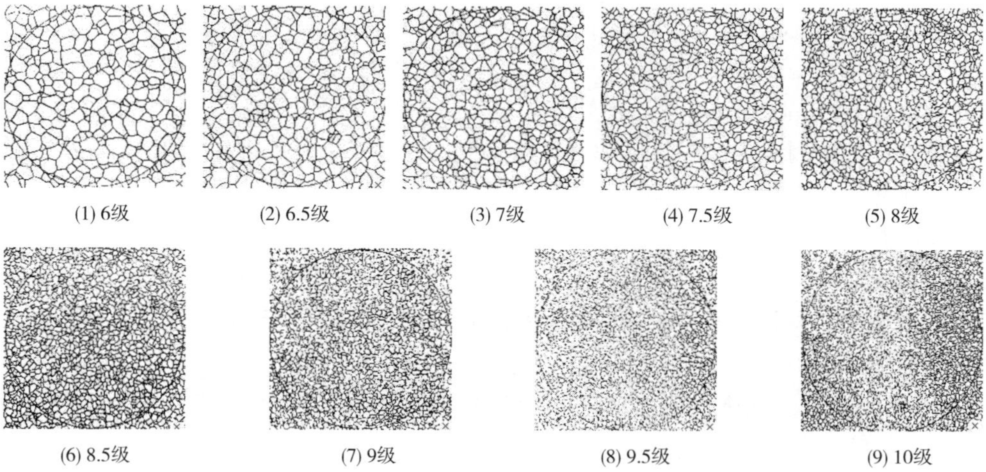

图 1.22　典型的晶粒度等级（6～10 级）

(7) 合格判定

① 验收标准，K 板要求晶粒度（TCS）≤9 级，参照 GB/T 2520—2017《冷轧电镀锡钢板及钢带》。

② 当检验不合格时，则重新取双倍试样进行复验。如果复验的结果满足要求，则认为该货批符合要求。

1.1.6.3　铁溶出值（ISV）

(1) 原理　在模拟罐头内部少氧的条件下，镀锡层暴露的铁与硫氰酸铵作用，生成血红色的硫氰酸铁铵，颜色的深浅与溶出的铁离子浓度成正比关系。通过与铁标准溶液的颜色进行比色定量测定。ISV 反映镀锡板锡层的均匀性，即露铁的程度。ISV 值越高露铁点越多。本方法参考 GB/T 22316—2008《电镀锡钢板耐腐蚀性试验方法》。

(2) 取样　在每张待检钢板上垂直于轧制方向带钢中部制取一块直径为 57.3mm 的样片，样品面积为 25.8cm^2。试样表面应没有意外刮伤和其他会导致试验结果不能反映镀锡板特征的表面问题。

本方法适用于单面规格不低于 2.8g/m^2 的电镀锡钢板。

(3) 试验装置和化学试剂

① 试验装置及用具：

a. 电解脱脂装置。由塑料脱脂槽（或烧杯）、不锈钢电极板、试样夹和直流电源（输出电压 0～30V，输出电流 0～3A，可调）组成。

b. 分光光度计和比色皿。

c. 恒温水槽。能保持温度（27±0.5℃）

d. 反应容器。推荐使用倒置的 200mL 并配有塑料盖的螺纹口玻璃瓶，其塑料盖内径为 61.5mm。

e. 垫圈。由乙烯材料制作，尺寸为内径 51mm，外径 61.5mm，厚度约 1.6mm。保证试样的腐蚀面积是 20.4cm^2。

f. 25mL 自动定量加液滴定管。

② 化学试剂：除非另有说明，本方法配制试液应采用分析纯试剂，配制用水应采用蒸馏水或纯度相当的去离子水。

a. 丙酮。

b. 碳酸钠溶液，0.5%。

c. 硫氰酸铵溶液（不含铁），40g/L。

d. 过氧化氢液溶液，30%。

e. 硫酸溶液，1.09mol/L。

f. 硫酸溶液，5mol/L。

g. 纯铁，纯度≥99.9%。

（4）试验步骤

① 试验溶液配制：

a. 硫氰酸铵溶液。称取 20.0g 硫氰酸铵溶于 500mL 水中，于 500mL 容量瓶中定容，存储于 500mL 磨石药瓶中。

b. 3%过氧化氢溶液。准确量取 5mL30%过氧化氢，用水稀释至 50mL，用 50mL 容量瓶定容后，存储于 50mL 棕色药瓶中。

c. 0.5%碳酸钠溶液。称取 5g 碳酸钠溶于 1000mL 水中，于电解槽或 1000mL 烧杯中备用。

d. 铁标准溶液 100mg/L。将 0.100g 纯铁溶解在 100mL 的 5mol/L 硫酸溶液中，溶解后转移到 1000mL 容量瓶中，用蒸馏水或去离子水定容，制成铁标准溶液。

e. 铁标准溶液（1mg/L、5mg/L、10mg/L、20mg/L）。分别取 1mL、5mL、10mL 和 20mL 浓度为 100mg/L 的铁标准溶液于 100mL 容量瓶中，用蒸馏水或去离子水定容，其浓度分别是 1mg/L、5mg/L、10mg/L、20mg/L。

f. 硫酸-过氧化氢溶液。将 23mL（1.09mol/L）硫酸和 2mL 过氧化氢溶液（3%）混合，这个混合溶液能稳定保存几周。

② 样品处理：

a. 将试样浸入碳酸钠溶液中，试样作为阴极清洗约 30s，试样作为阳极清洗 1s，这 1s 的清洗能除去试样表面的氧化物。

b. 用水冲洗试样，再用蘸有丙酮的脱脂棉擦拭试样表面并吹干。避免用手触摸试样表面。

③ 浸蚀操作：

a. 使用 25mL 自动定量加液滴定管在螺纹口玻璃瓶中加入 25mL 硫酸-过氧化氢溶液和 25mL 硫氰酸铵溶液并摇匀。

b. 将垫圈放在玻璃瓶口上，将清洗过的试样放在垫圈上，使测试面朝向瓶内。

c. 将装有垫圈的塑料盖盖在螺纹口玻璃瓶上，拧紧后立即倒置，并依次放置在（27±0.5）℃的恒温水槽中，保持 2h，避免震动或搅动反应容器。

d. 每一批试样做一个空白实验。即在螺纹口玻璃瓶中加入 25mL 硫酸-过氧化氢溶液和 25mL 硫氰酸铵溶液，盖上塑料盖。

e. 2h 后，依次取出装有试样和空白试验的反应容器，摇晃一次反应容器后，将其倒置（塑料盖朝上），迅速取下塑料盖，拿出垫圈和试样。

f. 立即在每个螺纹口玻璃瓶内加入 1mL 3%过氧化氢溶液，并摇匀。

g. 将分光光度计设定到测定铁的波长处（推荐波长为 485nm）。用蒸馏水或去离子水将分光光度计调零。

h. 依次将空白溶液、试样溶液倒入比色皿中，测定其吸光度。

i. 试验结束后尽快用自来水、蒸馏水或去离子水依次冲洗反应容器，迅速洗掉产生的黄色硫黄沉淀物。定期用硫酸清洗反应容器以除去残余沉淀物。

j. 为除去附着在垫圈上的铁化合物，并保持垫圈弹性，将垫圈放入大约 66℃的 1.09mol/L 硫酸中浸泡数分钟，再用蒸馏水或去离子水冲洗和自然干燥。

④ 标准曲线建立：

a. 在 5 个干燥的 200mL 玻璃烧杯中，分别加入 25mL 硫酸-过氧化氢溶液和 25mL 硫氰酸铵溶液，并在其中 4 个烧杯中分别加入 1mL 质量浓度为 1mg/L、5mg/L、10mg/L、20mg/L 铁标准溶液。这 5 个标准溶液的铁含量分别为 0μg、1μg、5μg、10μg、20μg。

b. 按测定铁的波长分别测定 5 个铁标准溶液的吸光度，建立铁溶出量与吸光度的标准曲线。

⑤ 检测结果：将试样溶液的吸光度减去空白溶液的吸光度，根据标准曲线计算出试样的铁溶出量，单位为 μg。此测量值是基于面积为 20.4cm^2镀锡板的铁溶出值。如果使用其他测量面积则必须换算到面积为 20.4cm^2的镀锡板的铁溶出值。

（5）合格判定

① 结果判定：K 板要求 ISV≤20μg（面积 20.4cm^2）。

② 当检验不合格时，则重新取双倍试样进行复验。如果复验的结果满足要求，则认为该货批符合要求。

1.1.6.4 合金-锡电偶合（ATC）

（1）原理　ATC 用于测定能影响罐头内壁耐腐蚀性能的一项镀锡板特殊性能。合金-锡电偶试验是一个电化学过程。脱去镀锡板试样的纯锡层，以试样的合金层作为一电极，纯锡电极作为另一电极，两电极浸在一恒温并除去空气的葡萄柚汁中，经过 20h 后测量两电极之间的电流。

ATC 电流低，致密性越好，表示镀锡板对酸性食品的耐蚀性好。

本方法参考 GB/T 22316—2008《电镀锡钢板耐腐蚀性试验方法》。

（2）取样　在每张待检钢板上垂直于轧制方向带钢中部制取 12.7mm×114.3mm 的镀锡板。

一次试验的试样需要同时制备，本方法适用于单面规格不低于 5.6g/m^2的电镀锡钢板。

（3）试验装置和化学试剂

① 试验装置：

a. 恒温水槽［温度稳定控制在（27±0.5）℃］。

b. 腐蚀试验反应器皿（带胶塞）。

c. 脱脂、脱锡装置（自制）。

d. 电源（带正负极切换，数显电流和电压，分辨率 0.1mA、0.1V）。

e. 微安检流器（分辨率至少 0.01μA）。

f. 医用氧气吸入器（流量 1～15L/min）。

g. 封面聚乙烯塑料带；吹风机；电热板；pH 计；尖嘴冲洗瓶（500mL）；温度计；大烧杯（2000mL）；玻璃洗气瓶。

② 试剂：

a. 冷冻的浓缩葡萄柚汁。

b. 纯锡线（缠绕成表面积 100cm^2）。

c. 氮气（纯度>99.99%）。

d. 山梨酸钾（纯度＞99%）。

e. 无水乙醇。

f. 氢氧化钠溶液（5%）。

g. 碳酸钠溶液（0.5%）。

h. 丙酮。

i. 石蜡。

j. 氯化亚锡。

（4）试验步骤

① 器皿清洁：

a. 将玻璃器皿、温度计、纯锡阳极彻底清洗，并用二次蒸馏水润洗，备用。

b. 将胶塞在10%氢氧化钠溶液中煮沸5min，然后用二次蒸馏水润洗，备用。

c. 充分清洗试验槽及其部件，使用前用乙醇润洗，以防真菌和霉菌生长。

② 试验介质准备：

a. 提前将1瓶浓缩葡萄柚汁提前解冻，加入大烧杯，蒸馏水和浓缩葡萄柚汁的比例为3∶1，同时加入山梨酸钾使其质量浓度为0.5g/L，在电热板加热煮沸15min。冷却至室温，在混合溶液中加入氯化亚锡，使其质量浓度为0.19g/L，使得Sn^{2+}质量浓度为100mg/L，再将溶液转移至试验槽，顶部空出高约6.4mm的空间。

b. 将氮气通入洗气瓶，调节氮气流量至能够使溶液大量冒泡，煮沸同时将氮气通入番茄汁，除去氧气，同时达到搅拌目的。为减小试验介质的蒸发，在氮气进入试验槽之前先通过蒸馏水鼓泡。

c. 纯锡线做阳极，用pH计测量电极电位并调节至（−615±50）mV，低时加蒸馏水，高时加氯化亚锡（不同批次、不同品牌的果汁电位不同，需要根据实测值调节，没有固定加入比例，pH的差异将影响测定结果）。

d. 将试验槽放入恒温水槽（27±0.5℃）中，盖好上盖及胶塞，在边部插入温度计，测试果汁实际温度。

e. 调节氮气流量，使产生连续气泡即可，整个试验过程保持氮气通入。试验介质至少放置2d后才能使用。

③ 样品制备：

a. ATC试验样品为12.7mm×114.3mm的镀锡板（样品尺寸没有严格要求，结果取决于胶带封面区域面积），试验面为锡层较厚的一面（若等厚锡层，任意面为试验面）。

b. 脱脂。先用丙酮除去油脂，再配制0.5%碳酸钠溶液（定期更换），在电流密度约25mA/cm^2的条件下，在碳酸钠溶液中试样做阴极，不锈钢做阳极，进行清洗。2s阴极，0.1s阳极，2s阴极，0.1s阳极，进行两个短暂的阳极闪烁加强清洗能力。依次在蒸馏水和丙酮中润洗试样并用吹风机吹干（注意不得擦拭、不得手碰试样表面）。

c. 脱锡。配制5%氢氧化钠溶液（定期更换），试样正对阴极不锈钢，脱锡电压设置0.4V，距离约80mm，当电流显示70mA时，将电压调节到0.2V，当电流显示40mA时，将电压调节至0.1V，直至电流为0（若电流停滞在某一值超过30s，认为脱锡结束）。在电源接通状态下，将试样从脱锡溶液中取出，以防止电流的逆转和由于电池效应引起锡的焊接。

用蒸馏水冲洗试样表面，再用丙酮冲洗试样表面，吹风机吹干；然后将样片插在试样架上，整个过程不得擦拭，防止破坏合金层，不得接触试样表面，防止污染试验区域。

为了使阳极获得较高电流密度以加快脱锡过程，不锈钢片的面积至少是试样脱锡面积的5～10倍。

d. 封面。推荐试样面积为 230mm^2。封闭方法是先在塑料带中心区域对应试验长度方向冲剪出一块长方形的孔，此孔面积为 230mm^2，再用人工刷等方式采用热的石蜡对试样边缘和除了测试面以外区域进行涂蜡封闭，操作时保证测试面不被破坏或污染。

e. 放样、腐蚀、测试。将试样测试区域正对纯锡阳极，用胶塞夹住插入反应介质，塞紧胶塞，放样过程要快速，防止空气混入。

在通氮气保护和温度为（27±0.5）℃的条件下，反应 20h 后测试电流大小。

f. 胶带测试区域面积为 230mm^2 = 2.30cm^2，ATC 值 = 电流/2.30，单位 μA/cm^2，修约到 0.01μA。

（5）注意事项

① 试样脱脂必须充分，这样才能保证试样能均匀脱锡至合金层。

② 调节好通入试验池中氮气的压力，通氮量以看到试验溶液中有气泡缓慢冒出即可。

③ 在一批试样试验过程中，至少有一个已知 ATC 值的试样作为监控样。最好有两个已知 ATC 值的低值和高值的监控样。

④ 试验用的果汁可在 3～4 周内反复使用，当果汁出现真菌或霉菌时需要重新配制。

⑤ 试验槽中维持无氧的条件很重要，因此在整个试验过程中应避免试样频繁的插入和取出，同时也应避免试验受到振动。

（6）合格判定

① 结果判定，ATC≤0.12μA/cm^2（GB/T 2520—2017《冷轧电镀锡钢板及钢带》）。

② 当检验不合格时，则重新取双倍试样进行复验。如果复验的结果满足要求，则认为该货批符合要求。

1.2 涂料检验

1.2.1 涂料类型

不同类型的涂料或同种类型不同配方的涂料，因本身结构差异决定其涂膜的致密性及耐机械加工性能不同。目前用于罐头内涂料的类型主要有环氧酚醛涂料、环氧氨基涂料、有机溶胶涂料、磁漆（仿瓷、铝膏、氧化锌等）、聚酯涂料、乙烯基涂料（全喷涂料）以及粉末涂料等。

1.2.1.1 环氧酚醛涂料

环氧酚醛涂料是以环氧树脂和酚醛树脂为主体树脂按照一定比例配制而成，在食品容器中使用最广，约占 70%以上，尤其以食品罐和饮料罐内壁为主。该涂料采用高分子质量环氧树脂为原料、以酚醛树脂固化。其特点是低收缩、结构致密，具有优良的耐腐蚀性；它既能抗酸又能抗硫，并具有良好的柔韧性、加工性；经过不同配方调整，该涂料性能适用于饮料、食品罐的顶、底盖、罐身外涂包括杂罐内外涂等多种需求。

环氧酚醛一般单次烘烤需要（200±5）℃ 10min 固化完全，较低温度下多次烘烤也能达到同样的固化效果。部分环氧酚醛涂料在烘烤时颜色越烘越深，附着力容易出现急剧下降，严重影响涂膜质量，因此印涂厂需要对基材、涂料及施工工艺有深入的了解。

该涂料在马口铁、镀铬铁以及铝板等基材上涂布有较好的润湿性和流平性，一般不易产生常见的表面缺陷。但当基材的表面状况不良时，如表面有灰尘、水汽，或过多的油、氧化膜时则易在涂膜上产生孔眼；在涂布过程中要注意施工黏度，黏度太高影响流平效果甚至产生表面缺陷，太低容易流挂，在实际操作中一般涂料厂商均会配有专用稀释剂；另外，一般涂料体系中均存在一定的助剂，因此涂料在使用前需要充分搅拌，以保证涂料均匀。

1.2.1.2 环氧氨基涂料

环氧氨基涂料是以环氧树脂和氨基树脂为主的涂料体系，一般用于罐盖、罐身、皇冠盖、旋盖、杂罐等外壁保护涂料。该涂料的特点为无色涂膜，耐烘烤且具有良好的色牢度，不易变色；附着力较为稳定，多道的烘烤对附着力影响少；具有良好的耐蒸煮性，耐化学性一般；加工性能较好。

环氧氨基涂料，特别是使用苯代三聚氰胺为原料的树脂时，对 pH9～10 的碱性水有优异的抵抗力，因此环氧氨基涂料常用于乳胶漆内涂。

环氧氨基涂料耐杀菌蒸煮，也应用于内涂，常见于乳制品、饮料等腐蚀较轻的内容物。使用时需要关注膜厚及烘烤等施工工艺，随着食品接触法规的完善，环氧氨基涂料容易引起甲醛、三聚氰胺等特定物质迁移量的风险，涂料使用时需向涂料供方多咨询相关信息。

1.2.1.3 聚氯乙烯有机溶胶

聚氯乙烯有机溶胶，是聚氯乙烯固体粉末颗粒在有机溶剂中高速分散成糊状液体，添加聚酯或丙烯酸树脂，辅以酚醛或氨基等固化树脂和其他蜡、热稳定等助剂，并经有机溶剂稀释而成的涂料。该涂料的最大优点是固体含量高，用单道胶辊涂布，干膜量就可达 $10g/m^2$ 以上，接近环氧酚醛内涂料单道涂布量的 2 倍，故节能和经济效果显著。此外，聚氯乙烯有机溶胶涂膜还有突出的柔韧性、附着力，耐冲压变形、加工性优良，涂膜经冲压、刻线或多次拉伸冲压后，仍能保持涂膜的完整性，故常用作食品饮料罐的易拉盖内涂料、两片食品罐（采用多次冲拉工艺）的罐身内涂料。同时该涂料具有耐高温杀菌及良好的抗酸性和抗硫性，对基材的附着力牢固，但是使用较多的还是有机溶胶用作内涂罩面涂料，通常会采用环氧酚醛或聚酯涂料打底。

有机溶胶涂料由于聚氯乙烯树脂的特殊性，其生产工艺有别于一般溶剂型涂料（需高速分散），涂料经高温烘烤后熔融固化成膜。在使用时需要注意以下问题：涂料每次使用要充分搅拌均匀；设置合适的烘烤参数，避免过度烘烤（聚氯乙烯高温易分解）；使用专用稀释剂；最好放在最后一道涂布。

除了上述用途外，聚氯乙烯有机溶胶涂料还可用作皇冠盖（皇冠盖主要市场已使用配合聚烯烃垫片涂料）、旋盖内黏合剂及三片罐的焊缝内补涂，因此是用途十分广泛的内涂料。

1.2.1.4 磁漆

磁漆是指添加金属功能颜料的涂料。在食品罐内涂中由于性能的需求会在涂料中加入钛白粉、铁黄粉、铝银浆、氧化锌等颜料。加入钛白粉、铁黄粉的涂料表面平滑有光泽，有类似陶瓷表面的效果，俗称仿瓷涂料。该类涂料有固含量高、涂膜致密性好、遮盖好、美观等特点。适用于作番茄酱、海产品、蘑菇、芦笋等强腐蚀性食品的包装，其涂膜能阻止内容物透过并掩蔽可能产生的腐蚀斑。使用时需要注意涂膜容易产生切边掉丝现象。

铝银浆和氧化锌的加入给涂料带来良好的抗硫性能。铝膏涂料的作用有两方面：一是阻止硫化氢透过，避免产生硫化腐蚀，二是掩蔽可能产生的硫化腐蚀斑，因此适用于午餐肉、鱼类、芦笋等含硫食品的包装；氧化锌涂料的特点是：它能吸收含硫食品杀菌时产生的硫化氢而生成白色硫化锌，起到防止硫化腐蚀的作用，适合作午餐肉罐的顶、底盖。但该两类涂料不宜用于 pH 小于 5 的食品，否则填料易在酸性介质中溶出而降低其耐蚀性。

1.2.1.5 聚酯涂料

聚酯树脂俗称无油醇酸树脂，是多官能醇和多官能酸结合的产物，和氨基树脂或异氰酸酯树脂配合生产涂料，具有高柔韧性、良好的附着力、良好的涂膜色牢度、高固含量等特点，在饮料食品罐、旋开盖、皇冠盖、杂罐等各种外涂应用较为广泛。

由于合成聚酯的醇单体和酸单体种类较多，树脂生产商可以设计出不同硬度、柔韧性、耐化性的聚酯树脂。聚酯对钛白粉的润湿性非常优异，可以有效增强涂料的遮盖力、光泽等，适合用于白可丁和光油。直链高分子聚酯的拉伸性比其他类型树脂更高，因此铝防盗盖基本使用高拉伸聚酯涂料。

随着近年来各国对双酚 A 的管控要求越来越高，聚酯配合酚醛树脂、氨基树脂的涂料在内涂上的应用已成为趋势，但是耐化学性与环氧酚醛类涂料相比还略差，目前主要在轻腐蚀性食品应用中受到了限制。

1.2.1.6 乙烯基涂料

乙烯基涂料的主要成分是氯醋三元树脂，是氯乙烯和醋酸乙烯以及含羟基或羧基单体共聚物的统称，是聚氯乙烯结构内增塑改性品种。因此氯醋既有聚氯乙烯树脂的部分特性，并且含有羟基和羧基基团，和固化树脂有一定的反应活性。加上聚合分子量比聚氯乙烯小很多，易溶于有机溶剂，极大的方便使用。

氯醋树脂在食品金属包装领域主要用于饮料罐成型后的内修补和印铁底油涂料，还有部分油墨、密封胶黏剂等领域。因为含有氯乙烯链段，氯醋树脂涂料也和聚氯乙烯一样需要辅以热稳定、交联剂等其他成分。乙烯基涂料的显著优点是它不会对内容物产生风味问题，并具有良好的附着力、耐弯折性。但该涂料对内容物的抗性及耐高温杀菌性不好，过度烘烤时涂膜会有焦化现象。

金属包装三片罐的内修补喷涂是高质量需求的制罐厂不可或缺的工序，一般采用高压无气喷涂系统，涂料经 185℃约 3min 固化，对内壁擦伤暴露金属基材以及焊缝补涂区的金属暴露部位有优异的效果，完善空罐的抗蚀性能。

涂料施工时因固含量较低，需确保喷涂量达标；烘烤温度及时间需要到位；氯醋树脂的溶解性有限，需用专用稀释剂。涂料溶剂含量较高，环保压力大；含有氯乙烯成分，食品安全等和聚氯乙烯树脂一样，国际上很多相关研究机构一直有争议。目前法规是允许使用。

1.2.1.7 粉末涂料

粉末涂料主要用于三片罐的内侧焊缝补涂，在食品饮料三片罐上基本已经完全取代聚氯乙烯为主成分的液体焊缝修补涂料。其主要由热塑性高分子聚酯树脂、环氧树脂、钛白粉、助剂等构成，相较于液体型焊缝补涂，粉末涂料 100%固体、不含任何 VOC，具有安全环保性能上的优势；粉末涂料利用率高，喷逸粉末可回收循环使用；涂膜厚度容易控制，对焊缝处遮盖效果好，无流挂等弊病；耐化性好。

粉末涂料一般需要 230～260℃维持 8～10s，粉末颗粒熔化形成均匀连续涂膜，生产一线观察一般以静电涂膜表面熔化有光泽为佳。当然粉末涂料也有它的不足，底材的润湿力附着力均不如液体补涂，涂层过厚容易影响翻边和封口。

粉末涂料通常为白色，为了适应市场需求，也有灰色和透明粉末可选。另外如果内涂采用 BPA NI 体系，选择粉末涂料时也必须考虑选用 BPA-NI 类型的粉末。

1.2.2 涂料检验方法

1.2.2.1 涂料性能

涂料的性能决定了涂料的质量和用途，而性能又是多方面的。为了从不同角度对涂料性能进行评价，业内开发制定了多种试验方法，用于涂料的分析与检测。通常对涂料的性能进行检查与质量控制，主要包括对涂料本身性能的检测和涂膜性能检测，因为金属包装涂料有很多产品需要直接接触食品，还需要增加对应的食品安全相关性检测（可交由第三方专业机构分析测试）。

1.2.2.2 检验依据

（1）涂膜性能的检测主要依据 QB/T 2763—2006《涂覆镀锡（或铬）薄钢板》相关内容实施，

食品接触检测的要求主要遵守 GB 9685—2016《食品接触材料及制品用添加剂使用标准》和 GB 4806.1—2016《食品安全国家标准　食品接触材料及制品通用安全要求》系列法规、美国食品与药物管理局（FDA）和欧盟 EU 10/2011《食品塑料接触法规》等，总之需要遵守最终产品目的地国的相关法规要求。

（2）我们主要对涂料本身性能所需做的检测内容进行介绍，这些内容是涂料产品技术指标的主要依据，是用来评价涂料性能和质量稳定性的直观方法。另外涂膜性能的检测 QB/T 2763—2006《涂覆镀锡（或铬）薄钢板》内容以外的也在此稍做补充。

（3）涂料的本身性能是指涂料在使用前和使用时应具备的性能。使用前所具备的性能又称涂料原始状态性能，主要包括涂料外观、固含量、黏度、细度、密度等指标；使用时所具备的性能又称涂料施工性能，主要包括流平、干燥时间、遮盖力等指标；涂膜性能所需的检测项目有涂膜外观、光泽、干膜厚度、附着力、抗冲击、抗酸、抗硫、耐蒸煮、耐蚀力、导电、硬度、柔韧性、耐碱性等。检验项目及标准见表 1.8。

表 1.8　　涂料检验项目及标准

检验对象	检验项目	检验标准及名称
涂料原始性能	取样	GB/T 3186—2006 色漆、清漆和色漆与清漆用原材料取样
	外观	GB/T 1721—2008 清漆、清油稀释剂外观与透明度测定方法
	颜色	GB/T 1722—1992 清漆、清油及稀释剂颜色测定法
	固含量	GB 1725—2007 色漆、清漆和塑料　不挥发物含量的测定
	黏度	GB/T 1723—1993 涂料黏度测定法
	细度	GB/T 1724—2019 色漆、清漆和印刷油墨　研磨细度的测定
	密度	GB/T 6750—2007 色漆和清漆　密度的测定　比重瓶法
涂料施工性能	干燥时间	GB 1728—1979 漆膜、腻子膜干燥时间测定法
	遮盖力	GB 1726—1979 涂料遮盖力测定法
涂膜板材性能	光泽	GB 9754—2007 不含金属颜料的色漆漆膜的镜面光泽的测定
	干膜厚	QB/T 2763—2006 涂覆镀锡（或铬）薄钢板
	附着力	
	抗冲击	
	抗酸	
	抗硫	
	耐蒸煮	
	耐蚀力	
	完整性	GB/T 17590—2008 包装容器　铝易开盖三片罐
	硬度	GB/T 6739—2006 色漆和清漆　铅笔法测定漆膜硬度
	柔韧性	GB/T 1731—1993 漆膜柔韧性测定法

以上的涂料检测内容，可以根据检验人员、公司需求及条件进行选取。

1.2.2.3 检验方法

(1) 固含量

① 仪器及用具：烘箱，天平（精确到 0.0001g），干燥器，铝箔。

② 防护用具：防毒口罩，防护眼镜，耐溶剂手套，棉手套。

③ 操作步骤：

a. 将铝箔制成直径约 7.5cm 高约 1cm 的圆盘，称量，得质量 X (g)。

b. 戴上防毒口罩、防护眼镜和耐溶剂手套。

c. 取 1.0g 左右湿样，使其均匀分布于铝箔盘中，快速称得圆盘与样品总质量 Y (g)。

d. 将盛样圆盘放到铁架上，置于烘箱中按指定温度和时间进行烘烤，然后取下防毒口罩、防护眼镜和耐溶剂手套。

e. 烘烤完毕，取出样品，放入干燥器中冷却至室温。

f. 将烘烤并冷却后的样品称量，得圆盘与干样的总质量 Z (g)。

④ 结果计算：

$$\text{固含量} = \frac{Z-X}{Y-X} \times 100\%$$

⑤ 注意事项：

a. 为取得准确结果，应取 2～3 个样品同时测量，取其结果平均值。

b. 如果样品黏度太高或流动性差，可在称量后加入少量稀释剂，以使样品均匀分布在铝箔盘中。

(2) 黏度

① 试验用具：涂 4# 福特杯，秒表，温度计。

② 防护用具：防毒口罩，防护眼镜，耐溶剂手套。

③ 操作步骤：

a. 将样品倒入 250mL 容器中，如气泡较多，静置数分钟以待消除。

b. 加热或冷却涂料样品，搅拌使温度均匀达到 25℃。

c. 将洁净的 4# 杯调到水平位置，用手指顶住 4# 杯底孔，将上述样品倒入杯中，调节液面与 4# 杯上缘平齐。

d. 放开手指，同时按秒表计时，让样品流回容器中，当流出样品在底孔处由线状中断出现第一个滴状时，停止计时。

e. 记录样品流完所耗时间的总秒数。

f. 洗净擦干涂 4# 杯与温度计。

④ 结果判定：涂料流完所耗时间的总秒数即为黏度。

(3) 密度

① 仪器及用具：天平（精确到 0.001g），100mL 密度杯，温度计。

② 防护用具：防毒口罩，防护眼镜，耐溶剂手套。

③ 操作步骤：

a. 将无气泡的涂料样品加热或冷却均匀到 20℃。

b. 称量密度杯质量 X (g)。

c. 将样品倒满密度杯，盖实杯盖，擦除从盖孔中冒出的多余样品，称量总质量 Y (g)。

d. 清洗密度杯与温度计。

④ 结果计算：总质量 Y 减去杯重 X 即为样品质量，算出每 1mL 样品重即得密度。

$$\text{密度} = (Y-X) \times 0.01$$

（4）刮伤硬度

① 仪器：SHEEN 刮伤硬度仪。

② 防护用具：防护眼镜，帆布手套和劳保鞋。

③ 操作步骤：

a. 将涂有涂料的马口铁片确认干膜重合格后，用裁板机裁成大小约 12.5cm×10cm 的样片。

b. 提起针杆，将样片放到刮伤硬度仪平台上，涂膜朝上，拧紧两螺丝锁住样片，并在针杆上加上一定量的砝码。

c. 接通电源，将电源开关置于“ON”，将“AUTO”开关打到“SCRATCH”，针头在漆膜上开始匀速刮动，直到刮动自动停止，将“AUTO”开关打到“RETURN”，仪器自动复位。

d. 加减砝码，改变样片位置，重复上述 b、c 操作，并注意刮痕是否透到底材和电流表是否逆时钟跳动。

e. 涂膜被刮破时电流表有电流指示，记录此时的临界砝码质量。

f. 改变样品位置，重复上述测试 2～3 次，以确认临界砝码质量。

g. 记录砝码质量，旋钮转到“RETURN”使仪器复位，开关打到“OFF”，拔下电源插头。

④ 结果判定：最后确认的砝码质量即代表漆膜的刮伤硬度。

（5）耐溶剂性

① 溶剂及用具：丙酮/丁酮，锤子，脱脂棉花。

② 防护用具：防毒口罩，防护眼镜，耐溶剂手套。

③ 操作步骤：

a. 用包有棉花的 1kg 锤子饱蘸丙酮/丁酮（MEK）或其他指定溶剂，在涂布、烘烤后的样片上来回擦拭，每一个来回算一次，擦拭过程的用力与速度应尽量一致，擦拭过程中为保持棉花被溶剂润湿，可不断补加溶剂。

b. 当涂膜被擦除，底材连续露出、前后贯穿时停止计数。

④ 结果判定：涂膜被擦除时的擦拭次数即为耐溶剂性。

（6）铅笔硬度

① 仪器及用具：铅笔划痕硬度仪，三菱铅笔（红色），砂纸。

② 防护用具：防护眼镜，帆布手套和劳保鞋。

③ 操作步骤：

a. 试验用铅笔芯的制备：用削笔刀削去木杆部分使铅芯呈圆柱状露出约 3mm。

b. 在坚硬的平面上放置砂纸，将铅笔芯垂直置于砂纸上画圆圈，慢慢地研磨直至铅笔芯前端磨成边缘锐利的平面为止。

c. 将样片水平放置在试验机的持样台上，涂膜面向上并固定。

d. 将铅笔固定在铅笔夹具上。

e. 试验机的重锤通过重心的垂直线使涂膜面接触到铅笔芯平面的边缘。

f. 调节平衡重锤使试验样片上加载的铅笔荷重处于不正不负的状态，然后将固定螺丝拧紧，使铅笔离开涂膜面，固定连杆，在重物放置台上加 1000g 的砝码，放松固定螺丝，使铅笔芯的边缘接触到涂膜面，荷重加到铅笔芯的边缘上。

g. 恒速地摇动手轮，试验样板向着铅笔芯反方向水平移动 3mm，使笔芯刮划涂膜表面，移动的速度约为 0.5mm/s，移动样片，到其他位置，再在涂膜上刮划五道 3mm 的长度，每道刮划后要重新磨平铅笔芯再使用。

h. 在五道刮划试验中，如果有二道或二道以上未刮破到样板的底材或底层涂膜时，则换用后一个硬度标号较高的铅笔进行同样试验，直至确定涂膜被刮破二道或二道以上的铅笔标号。

④ 结果判定：涂膜被刮破时铅笔标号的前一个硬度较低的铅笔标号，即为该样品的铅笔硬度。

（7）弯折冲击

① 仪器用具：ERICHSEN 弯折冲击仪，直尺。

② 防护用具：防护眼镜，帆布手套，塑料手套，耳塞。

③ 试验溶液：20%硫酸铜、10%盐酸溶液。

④ 操作步骤：

a. 用裁板机将涂有涂料的马口铁片裁成大小约为 100mm×40mm 的样片。

b. 将样片沿长轴方向在弯折冲击仪底座侧旁小圆杆上对折成 U 形，涂膜朝外。

c. 提起冲锤至指定高度，将 U 型铁片置于冲击平台上，一端顶住平台后挡板，放下冲锤，让其自由落下。

d. 抬起冲锤，取出样片，放入硫酸铜试验溶液中浸泡 2min，取出样片，用自来水洗净擦干。

e. 用直尺量出在弯折轴向涂膜上破裂变黑的线状和连续、不连续的点状腐蚀长度。

f. 每个样品需同时测定 3～4 个样片。

⑤ 结果判定：100mm 减去破裂长度（包括非连续破裂点），再除以总长（100mm）的百分数即为弯折冲击的结果。

1.3 涂覆镀锡（或铬）薄钢板检验

1.3.1 涂覆镀锡（或铬）薄钢板的质量要求

1.3.1.1 涂覆镀锡（或铬）薄钢板在食品饮料包装中的应用

涂覆镀锡（或铬）薄钢板（简称涂料铁）是指在镀锡板（简称马口铁）或镀铬板（简称镀铬铁）上覆有高分子有机涂层的包装材料，它的作用是阻隔内容物与马口铁接触，防止或减缓罐壁腐蚀。除了浅色水果及个别蔬菜品种外，深色水果（含花青素），酸度高、硝酸根含量高的水果，对铁离子敏感的食品，含硫食品及需成型的食品，均需采用涂料铁包装。

1.3.1.2 涂料铁的质量要求

涂料铁作为食品饮料空罐的制罐材料，必须符合食品卫生要求，同时还应有良好的耐腐蚀性及耐机械加工性及耐杀菌性。

（1）符合食品卫生要求　涂膜中残留有机物的迁移不仅给食品带来异味，更重要的是对人体健康造成危害。目前关于整板涂布的涂料卫生标准主要有：GB 4806.1—2016《食品安全国家标准　食品接触材料及制品通用安全要求》，GB 4806.10—2016《食品安全国家标准　食品接触用涂料及涂层》。

此外，食品接触材料及制品用添加剂使用卫生标准 GB 9685—2016《食品接触材料及制品用添加剂使用标准》，对食品接触材料及制品用添加剂的使用原则、允许使用的添加剂品种、使用范围、最大使用量、特定迁移量或最大残留量、特定迁移总量限量及其他限制性要求。这使涂料生产企业选用原材料时有了可依照的卫生规范。

国际上对涂料的卫生要求都有各自的规定，如欧洲法规 1895/2005/EC 规定：双酚 A 缩水甘油醚及其衍生物（BADGE）BADGE＋BADGE・H_2O＋$(BADGE)_2$・H_2O 应小于 9mg/kg、BADGE＋BADGE・HCl＋$(BADGE)_2$・HCl 应小于 1mg/kg；酚醛清漆缩水甘油醚（NOGE）、双酚 F 缩水甘油醚（BFDGE）禁止使用。对于该类指标，我国尚无国标，但使用的涂料也应符合罐头进口国的相关规定。

（2）耐腐蚀性　为能阻止罐头内容物渗透到马口铁锡层表面产生作用，涂膜必须有良好的致密性，即涂膜应均匀、微孔少，耐腐蚀性就好。而事实上，涂料结构本身就存在微孔，又受涂料铁在加工过程中受涂布、烘烤工艺等诸多因素的影响，涂膜上总或多或少会有微孔，但要求越少越好。

（3）耐机械加工性　在制罐过程中涂膜因受到各种机械操作会被拉伸、挤压，故涂料铁应具有良好的柔韧性、附着力，即在正常的制罐条件下，涂膜不应出现皱裂现象，因涂膜的缺陷处有金属暴露，正是装罐后罐壁腐蚀潜在的起始部位，因此涂料铁的耐机械加工性又直接影响到它的耐腐蚀性。

（4）耐杀菌性　涂膜能否经受高温杀菌，与涂料的烘烤、固化程度密切相关。涂料固化不充分不仅会影响涂膜的致密性及耐机械加工性能，而且还会因残留有机物的迁移而带来食品安全的隐患，故涂料铁的耐杀菌性是一项重要的质量指标。

综上所述，涂料铁的质量是各项性能综合的结果，而各项性能又是相互关联的。当涂料铁的某项性能不能达到要求时，尤其当固化不足、耐杀菌性不良时，必然会影响罐装食品饮料的卫生安全性，而其他各项性能不良的最终结果也都会反映在涂膜的耐腐蚀性能上，从而最终影响罐头的保质期。

1.3.2 抽样方法

1.3.2.1 货批

将同时交货、同一规格的产品定为一个货批。

1.3.2.2 货组

将同一货批的产品按每 20 件定为一个货组。不足 20 件的余数也作为一个货组。

1.3.2.3 样件

从每一货组中随机抽取 1 件作为样件。货批不足 20 件的产品应抽取 2 件作为样件。

1.3.2.4 样品

在样件的上、中、下三个部位，分别、随机抽取 7 张、共 21 张样品。其中 1 张用于理化性能检验，其余 20 张用于外观检查。

1.3.3 外　　观

1.3.3.1 检查方法

目视检查。

1.3.3.2 光源

（1）至少两支 40W 日光灯。

（2）光源与样品的距离为 750～800mm，检验者的眼睛与样品的距离为 350～400mm 进行目视检查。

1.3.3.3 外观要求

（1）涂膜应光滑平整，色泽基本一致，无熔锡、无焦化。

（2）涂膜上不应有影响使用的杂质、气泡、砂眼等缺陷。

（3）涂膜上不应有穿透涂膜的擦伤。

（4）素铁面上不应有露铁的支架伤及带料。

（5）留空带的位置和宽度的误差均应小于±1.0mm，留空部位不应带料。

1.3.3.4 合格判定

如不合格样张数大于或等于 4 张时，应从同一货组中加倍量抽取样品，进行复验。若复验结果的不合格张数仍大于 4 张时，则判该货组的外观不合格。

1.3.3.5 注意事项

（1）抽取样品时应轻拿轻放，避免对涂膜造成二次损伤。

（2）当发现不合格时，必须做好记录、标识、隔离存放。

1.3.3.6 常见外观缺陷及产生原因

具体见表 1.9。

表 1.9 常见外观缺陷及产生原因

缺陷	产生原因
反面带料	刮刀磨损或没有安装好 输送皮带脏 烘烤温度不足或烘房口冷却不充分 涂料黏度小
划花	输送装置动作不协调或脏 支架表面不光滑，驱动不平稳；支架转动与马口铁入烘房不同步 收料吹风风量不够；收料槽表面不光滑 烘烤温度低或过高 搬拿马口铁造成划伤
橘皮	涂料黏度过高 稀释剂选择不当
眼孔 （小气泡）	胶辊破损 马口铁面上有油、水或灰尘 涂料含有杂质或水分；溶剂过多或成分不当 马口铁表面带静电 涂料成分与马口铁表面状况不适应
支架印	马口铁弯曲变形 支架变形 热风太强 支架驱动不平稳
漏涂	马口铁表面有油污、露点（水珠） 马口铁表面性能不一；涂油过多或不均匀
熔锡	马口铁表面性能存在缺陷 烘烤温度过高
脏污	生产环境欠佳 烘房中有炉灰 支架上的残留物脱落 涂料或马口铁表面脏污

1.3.4 涂膜厚度

1.3.4.1 原理

由测得的样品重量和尺寸，依据体积、质量与厚度关系的计算方法，得出涂膜的厚度。

（1）脱膜称量法

① 样片的制备。在待检样张上用切刀裁取检验试样，取样部位和尺寸见图 1.23。

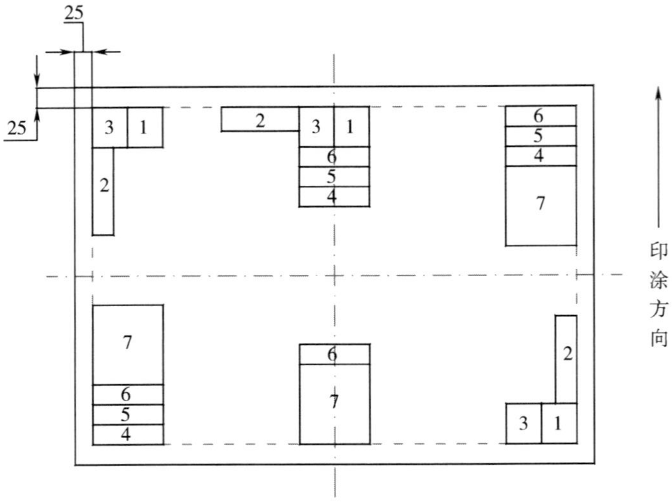

图 1.23　取样部位和尺寸示意

1—测涂膜厚度（50mm×50mm）　2—测附着力（120mm×30mm）
3—测耐蚀力（50mm×50mm）　4—测抗酸性（100mm×25mm）
5—测抗硫性（100mm×25mm）　6—测耐蒸煮性（100mm×25mm）
7—测抗冲击性（100mm×100mm）

② 化学试剂及用品：

a. 试验溶液（3%～5%碳酸钠溶液）：称取无水碳酸钠 30～50g，用水溶解并稀释至 1000mL。

b. 丙酮。

c. 方糖。

③ 仪器装置：

a. 分析天平。称量精度 0.0001g。

b. 脱膜装置。由塑料脱膜槽（或烧杯）、不锈钢薄板、试样夹和直流电源组成。

c. 数显游标卡尺。测量精度±0.02mm。

④ 试验步骤：

a. 样片经丙酮清洁、自然干燥后，用分析天平称量（m_1）。测值精确至 0.1mg。

b. 将涂覆镀锡薄钢板样片置于 90～95℃的碳酸钠溶液中，以样片为阴极，不锈钢薄板为阳极，在 4～6V 直流电压下脱膜。待涂膜完全脱净后，取出样片，迅速水洗、干燥。此时镀锡薄钢板表面不应有黑变。

c. 将涂覆镀铬薄钢板样片平置，用浸过丙酮的方糖块在涂膜上反复擦拭。当涂膜基本擦除时，再用蘸有丙酮的棉花擦净表面碎屑，自然干燥。

d. 将脱膜后的镀锡（或铬）薄钢板样片再次称量（m_2）。测值精确至 0.1mg。

e. 用数显卡尺测量样片的长度和宽度，计算样片实际面积。

⑤ 结果计算：涂膜厚度 X 以单位面积的涂膜量表示，g/m^2，按下式计算。

$$X(\mathrm{g/m^2}) = \frac{m_1 - m_2}{S} \times 10^6$$

式中　m_1——样片脱膜前的称量值，g

m_2——样片脱膜后的称量值，g

S——样片面积，mm^2

计算结果表示至小数点后一位，样品的涂膜厚度应是三个样片测值的算术平均值。

⑥ 注意事项：

a. 样片裁切平整、涂膜完好。

b. 正确连接样片和不锈钢电极的极性。样片为负极，不锈钢电极为正极。

c. 控制好电压和温度。如脱膜时间过长，镀锡薄钢板表面会有黑变而影响测定结果。

d. 准确测量样片面积。

(2) 仪器法

① 试验装置：用精度为0.5g/m^2的电子测厚仪（图1.24）进行测定。

图1.24

② 试验步骤：

a. 开启电源。

b. 选择测量涂膜厚度的范围，用标准涂膜板，按仪器要求进行校准。

c. 将待检涂膜样片平整放置，按测量键测量。

d. 测量完毕，关闭电源，还原仪器。

③ 注意事项：

a. 被测部位的涂膜不得有任何擦伤划痕。

b. 探头及基板导线，必须可靠连接。

c. 仪器宜水平放置，不能在强电磁场和振动的环境下使用。

d. 仪表和探头应保持清洁，橡皮触头必须小心保护，不得有任何污物及金属微屑黏附其上，不得经受40℃以上高温。

1.3.4.2 涂膜厚度要求

涂膜厚度以单位面积的涂膜量表示，涂膜量及同板差应符合表1.10的规定。

表1.10 涂膜量及同板差要求

项目	产品类别		
	A	B	C
涂膜量/（g/m^2）	10.0～12.0	6.1～8.0	4.0～6.0
同板差/（g/m^2）≤	1.0	0.8	0.6

注：(1) 涂膜厚度不在标准之内的产品，同板差按涂膜薄的一类产品的规定执行；(2) 对涂膜厚度有特定要求时，应由供需双方商定，并列入合同。

1.3.5 附着力

1.3.5.1 划圈法

(1) 原理　通过胶带黏结力破坏涂膜与钢板间附着所需的力。

(2) 试验装置　附着力划痕仪。

（3）试验步骤

① 样片的制备：在待检样张上用切刀裁取试验试样，取样部位和尺寸见图 1.23。

② 将试样固定在螺距为 1.5mm 的划痕仪上，用 90～100r/min 的速度，划出长度为 60～80mm、直径为 10mm 的螺纹线。划线应以穿透涂膜为度。

③ 用毛笔刷去划掉的涂膜。将宽度为 25.4mm 的 3M610 粘胶带，粘贴在螺纹线上，用食指腹平移压紧，并留出 15～20mm 粘胶带作为握持。

④ 在桌面上用手指压住试样的一端，将粘胶带以斜上方向快速从涂膜上撕下。见图 1.25。

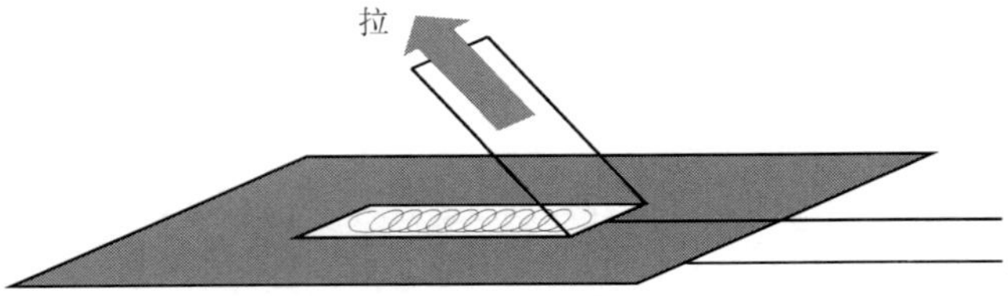

图 1.25　撕拉方向示意

⑤ 观察划圈内涂膜被撕下的程度。

⑥ 表面涂有合成蜡的防粘镀锡（或铬）薄钢板，应去除蜡层后按 1.3.5.1 进行试验。

（4）结果评定

① 样品的附着力应是三个试样测值的算术平均值。

② 按表 1.11 评定附着力。

表 1.11　　附着力评定

附着力/级	涂膜被撕下的面积/%	附着力/级	涂膜被撕下的面积/%
1	0	3　≤	25
2　≤	10	4　≤	50

③ 附着力应符合表 1.12 的规定。

表 1.12　　附着力要求

项目	产品类别		
	A	B	C
附着力/级　不劣于	3	2	1

注：涂膜厚度不在标准之内的产品，附着力按涂膜薄的一类产品的规定执行。

（5）注意事项

① 试样涂膜应完好。

② 试样固定在划痕仪上要平整。

③ 划针应锋利，添加的砝码量应以穿透涂膜而不伤及锡层为度。

④ 仪器润滑良好，划圈速度应适当、均匀、平稳。

1.3.5.2　拉开法（定量测定用）

（1）原理　用胶黏剂将涂料铁试样黏结在两个试柱之间，待胶黏剂充分固化后，将黏结试样后的试柱固定在拉力试验机上施加拉力，测出破坏涂膜/钢板间附着所需的拉力。

该方法参照标准 GB/T 5210—2006《色漆和清漆　拉开法附着力试验》，测定结果能定量比较不同涂层的附着力优劣。

（2）试验装置

① 拉力试验机：最大试验力 10kN。

② 试柱：钢或镀铝圆柱，直径为 20mm。

③ 定中心装置：确保两个试柱黏结时在同一轴心。

④ 锐利的刀子：用于沿试柱的周线，切去多余的经固化的胶粘黏和涂膜直至底材。

⑤ 胶黏剂：按制造商的说明准备及使用胶黏剂。

（3）试验步骤

① 样片的制备：待检样张在温度（23±2）℃、相对湿度（50±5）%的条件下存放 16h 后，用切刀裁取试验样片 6 个，取样部位见图 1.7。试样直径至少 30mm 的圆片或边长至少 30mm 的正方形试样。测量进行 6 次。

② 环境条件：除非另外商定，应在温度（23±2）℃、相对湿度（50±5）%的条件下进行试验。

③ 黏合：将胶黏剂均匀地涂在两个清理干净且直径相同的试柱的表面上，将试样放在两个表面涂有胶黏剂的试柱的中间，将试验组合置于定中心装置中，在胶黏剂固化期内保持同轴心排列。固化后，使用锐利的刀子沿试柱的周线切齐。

④ 测量：

a. 破坏强度。

胶黏剂固化后，立即把试验组合置于拉力试验机上，小心放置试柱。在与涂膜底板平面垂直的方向上施加拉伸应力，该应力以不超过 1MPa/s 的速度稳步增加，试验组合的破坏应从施加应力起 90s 内完成。记录破坏试验组合的拉力。

将准备好的每个试验组合重复进行拉力试验。

b. 破坏性质。

通过目测破坏表面来确定破坏性质，按以下方式评定破坏类型。

A——底材内聚破坏；

A/B——第一层涂层与底材间的附着破坏；

B——第一层涂层的内聚破坏；

B/C——第一层涂层与第二层涂层间的附着破坏；

N——复合涂层的第 n 层涂层的内聚破坏；

n/m——复合涂层的第 n 层涂层与复合涂层的第 m 层涂层间的附着破坏；

—/Y——最后一层涂层与胶黏剂间的附着破坏；

Y——胶黏剂的内聚破坏；

Y/Z——胶黏剂与试柱间的胶结破坏。

对每种破坏类型，估计破坏面积的百分数，精确至 10%。

当破坏不一致时，应重复试样的处理，重新进行试验。

（4）试验结果表示　如果涂膜体系在平均 3MPa 的拉力下破坏，检查表明第一层涂层的内聚破坏面积平均大约为 20%，第一层涂层与第二层涂层间的附着破坏面积大约为 80%，这样拉开法试验的结果可表示为：3MPa（2.5～2.9MPa），20% B，80% B/C。

（5）注意事项

① 试验组合同轴心，各部件间有牢固、连续的胶粘合。

② 试样必须平整。

③ 试样在测定前应按规定的条件放置一段时间。

（6）合格判定　试验结果指标不合格时，应从同一样件中加倍量抽取样品，进行复验。若复验结果不合格时，则判该货组的涂膜附着力不合格。

1.3.6 抗 酸 性

1.3.6.1 原理

涂料铁在模拟酸性食品的试验溶液中杀菌后，观察试液透过涂膜微孔与马口铁产生快速反应的结果，反映涂膜的耐酸性能。

1.3.6.2 试验溶液

（1）醋酸溶液（3%） 量取冰醋酸 30mL，用水稀释至 1000mL。

（2）柠檬酸溶液（20g/L） 称取柠檬酸（$C_6H_8O_7 \cdot H_2O$）20g，用水溶解并稀释至 1000mL。

1.3.6.3 仪器

（1）立式压力蒸汽灭菌器。

（2）实验室型封口机。

（3）惰性容器 不锈钢金属罐。

1.3.6.4 试验步骤

（1）试样的制备 在待检样张上用切刀裁取试验试样，取样部位和尺寸见图 1.23。

（2）将涂覆镀锡薄钢板样片反复折叠成间距 3mm 的方块，浸没于盛有试验溶液（1）的惰性容器中，加盖密封；或浸没于盛有试验溶液（2）的涂料铁空罐中，用实验室封口机卷试。试验溶液距容器的盖内面应在 5～7mm。

（3）将涂覆镀铬薄钢板样片反复折叠成间距为 3mm 的方块，浸没于盛有试验溶液（1）的惰性容器中，加盖密封；或浸没于盛有试验溶液（2）的惰性容器中，加盖密封。试验溶液距容器的盖内面应在 5～7mm。

（4）将试验容器置于灭菌器内，加热至 121℃并保持 30min，自然降压、冷却后，取出试样，洗净、干燥。观察涂膜状况。

1.3.6.5 结果判定

经试验后涂膜无气泡、无脱落、无变色、无泛白。

1.3.6.6 合格判定

试验结果指标不合格时，应从同一样件中加倍量抽取样品，进行复验。若复验结果不合格时，则判该货组的涂膜抗酸性不合格。

1.3.6.7 注意事项

（1）涂覆镀铬薄钢板不能用醋酸溶液进行试验，否则试样会变色，其结果不能反映抗酸性。

（2）惰性容器或空罐的封口应保证无泄漏。

（3）灭菌器应在排完气（常压）后才能打开盖取出惰性容器。惰性容器应在冷却至适当温度后才能开启、观察试样。

1.3.7 抗 硫 性

1.3.7.1 原理

涂料铁在模拟蛋白质食品的试验溶液中杀菌后，观察试液透过涂膜微孔与马口铁产生快速反应的结果，反映涂膜的耐硫性能。

1.3.7.2 试验溶液

L 型半胱氨酸盐酸盐（0.5g/L）、磷酸二氢钾（3.6g/L）、磷酸氢二钠（7.2g/L）的混合溶液：称取 L 型半胱氨酸盐酸盐（$C_3H_8NO_2SCl$）0.50g 或 L 型半胱氨酸盐酸盐（$C_3H_8NO_2SCl \cdot H_2O$）0.56g、磷酸二氢钾 3.60g、磷酸氢二钠（$Na_2HPO_4 \cdot 12H_2O$）7.20g，分别用水溶解后，混合并稀释至 1000mL。混合溶液应在配制后 4h 内使用。

1.3.7.3 试验装置

（1）立式压力蒸汽灭菌器。

（2）实验室型封口机。

（3）惰性容器　不锈钢金属罐。

1.3.7.4 试验步骤

（1）试样的制备　在待检样张上用切刀裁取试验试样，取样部位和尺寸见图 1.23，将试样反复折叠成间距为 3mm 的方块。

（2）将试样浸没于盛有试验溶液的惰性容器中，加盖密封；或浸没于盛有试验溶液的涂料铁空罐中，用实验室封口机卷封。试验溶液距容器的盖内面应在 5～7mm。

（3）将试验容器置于高压锅内，加热至 121℃并保持 60min，自然降压、冷却后，取出样片，洗净、干燥。观察涂膜状况。

1.3.7.5 结果判定

经试验后涂膜无明显硫斑、无脱落。

1.3.7.6 合格判定

试验结果指标不合格时，应从同一样件中加倍量抽取样品，进行复验。若复验结果不合格时，则判该货组的涂膜抗硫性不合格。

1.3.7.7 注意事项

（1）抗硫溶液配制后应在 4h 内使用，否则将影响试验溶液的有效性而不能反映涂料铁实际的抗硫性。

（2）惰性容器或空罐的封口应保证无泄漏。

（3）高压锅应在排完气（常压）后才能打开盖、取出惰性容器。惰性容器应在冷却至适当温度后才能开启、观察试样。

1.3.8 耐蒸煮性

1.3.8.1 原理

模拟涂料铁在高温加热后，观察水透过涂膜微孔与马口铁产生快速作用，以及涂膜是否有吸水现象，反映涂膜的固化状况。

1.3.8.2 试剂

蒸馏水。

1.3.8.3 试验装置

（1）立式压力蒸汽灭菌器：控温范围 109～135℃。

（2）实验室型封口机。

（3）惰性容器：不锈钢金属罐。

1.3.8.4 试验步骤

（1）试样的制备　在待检样张上用切刀裁取试验试样，取样部位和尺寸见图 1.23。

（2）将样片反复折叠成间距为 3mm 的方块，将 2 个样片浸没于盛有蒸馏水的惰性容器中，或浸没于盛有蒸馏水的涂料铁空罐中；另两个样片置于不加水的惰性容器中。

（3）将试验容器置于高压锅内，加热至 121℃并保持 30min，自然降压、冷却后，取出样片。观察涂膜状况。

1.3.8.5 结果判定

经试验后涂膜无气泡、无脱落、无变色、无泛白。

1.3.8.6 合格判定

试验结果指标不合格时，应从同一样件中加倍量抽取样品，进行复验。若复验结果不合格时，则判该货组的涂膜耐蒸煮性不合格。

1.3.8.7 注意事项

高压锅应在排完气（常压）后才能打开盖、取出惰性容器、观察试样。

1.3.9 耐 蚀 力

1.3.9.1 原理

试验通过一外加电压，促使溶液离子加速透过涂膜微孔与马口铁产生快速腐蚀，当涂膜微孔多、大时腐蚀斑就多、就大，反之则轻；而腐蚀斑的扩散程度又与涂膜附着力的优劣、涂膜的厚薄、固化程度等因素有关，故试验结果反映的是涂料铁的综合性能。

1.3.9.2 试验溶液

模拟腐蚀溶液：柠檬酸（50g/L）、硝酸钠（0.14g/L）、抗坏血酸（0.5g/L）的混合溶液。

称取柠檬酸（$C_6H_8O_7 \cdot H_2O$）50g、硝酸钠 0.14g、抗坏血酸 0.50g，分别用水溶解后，混合并稀释至 1000mL。试验溶液应在配制后 4h 内使用。

1.3.9.3 试验装置

塑料槽（或烧杯），不锈钢棒，试样夹，直流电源（输出电压 0～30V，输出电流 0～3A，可调），电烙铁，导线，坩埚，蜂蜡，毛笔，可调电阻电炉。

1.3.9.4 试验步骤

（1）试样的制备　在待检样张上用切刀裁取试验试样，取样部位和尺寸见图 1.23。在试样的背面焊上导线，并在背面和边角均匀涂上一层蜂蜡。

（2）将试样浸入试验溶液中。以直径为 4mm、长度为 10mm 的不锈钢棒为阴极、样片为阳极，接入 15 伏直流电源，造成阳极腐蚀。1h 后取出样片，洗净、干燥。观察腐蚀斑的大小和数量。

（3）对某些特定产品，经双方同意，可以采用其他腐蚀介质。

1.3.9.5 结果判定

（1）试样的耐蚀力按表 1.13 评定。

表 1.13　　耐蚀力评定

耐蚀力/级	腐蚀程度
0	无腐蚀斑
1	10 个以下长度 1mm 的腐蚀斑；5 个以下长度为 1～2mm 的腐蚀斑
2	30 个以下长度 1mm 的腐蚀斑；10 个以下长度为 1～2mm 的腐蚀斑
3	30 个以上长度 1mm 的腐蚀斑；10 个以上长度为 1～2mm 的腐蚀斑；有长度＞2mm 的腐蚀斑

（2）试样的耐蚀力应是三个样片测值的算术平均值。

（3）耐蚀力应符合表 1.14 的规定。

表 1.14　　耐蚀力要求

项目	产品类别	
	A	B
耐蚀力/级　　不劣于	1	2

注：用于抗硫的磁漆产品、C 类产品及外壁涂覆的产品，此项指标不作要求。

1.3.9.6　合格判定

试验结果指标不合格时，应从同一样件中加倍量抽取样品，进行复验。若复验结果不合格时，则判该货组的涂膜耐蚀力不合格。

1.3.9.7　注意事项

（1）蜂蜡应放在坩埚中用电炉小火加热熔化，以蜂蜡刚冒烟为度；试样的边角处应涂蜡 2～3 次，以确保没有金属暴露，否则该部位会产生腐蚀，而影响待测涂膜面的腐蚀状况。

（2）模拟液应在使用时配制，为方便操作，对硝酸钠可先配制成高浓度溶液置冰箱保存，使用时再稀释。

（3）模拟液不可反复使用。

1.3.10　抗 冲 击 性

1.3.10.1　原理

模拟涂膜铁生产时涂膜因受到各种机械操作会被拉伸、挤压的耐加工性能。

1.3.10.2　试验溶液

硫酸铜溶液（50g/L）：称取硫酸铜（$CuSO_4 \cdot 5H_2O$）50g，用水溶解并稀释至 1000mL。

1.3.10.3　试验装置

（1）冲盖装置。

（2）冲击仪。

1.3.10.4　试验步骤

（1）试样的制备　在待检样张上用切刀裁取试验试样，取样部位和尺寸见图 1.23。

（2）将试样的被测面向下插入冲击仪，以 1kg 重锤从 1m 高度冲下；或将试样冲成直径为 60～90mm 的罐盖。

（3）将冲击样或罐盖浸入硫酸铜溶液中，30min 后取出样片，洗净、干燥。观察冲击样的半球面或罐盖的腐蚀状况。

1.3.10.5　结果判定

经硫酸铜浸泡后，涂膜应无密集腐蚀点。

1.3.10.6　合格判定

试验结果指标不合格时，应从同一样件中加倍量抽取样品，进行复验。若复验结果不合格时，则判该货组的涂膜抗冲击性不合格。

1.3.10.7　注意事项

（1）冲制过程中不应损伤钢基板，即不能把钢基板冲裂。

（2）冲击仪的冲头应直接冲在试样上，而不是间接冲击。

（3）冲头的钢球表面或冲盖模具必须光洁平滑，不得有异物污染。

（4）硫酸铜溶液可重复使用，但当溶液颜色变浅、沉淀物过多时应重新配制。

（5）试样切面暴露的铁与硫酸铜反应生成的金属铜会贴附在涂膜面上，应予区分。

1.4　包装装潢镀锡（铬）薄板钢板印刷品检验

1.4.1　抽 样 方 法

1.4.1.1　将同时交货、同一规格的产品定为一个货批。

1.4.1.2　将同一货批的产品按每 20 件定为一个货组。不足 20 件的余数也作为一个货组。

1.4.1.3 从每一货组中随机抽取一件作为样件。货批不足20件的产品应抽取2件作为样件。

1.4.1.4 在样件的上、中、下三个部位，分别、随机抽取7张、共21张样品。其中1张用于理化性能检验，其余20张用于外观检查。

1.4.2 外　　观

1.4.2.1 检查方法

目视检查。

1.4.2.2 光源

(1) 至少两支40W日光灯。

(2) 光源与样品的距离为750～800mm，检验者的眼睛与样品的距离为350～400mm进行目视检查。

(3) 网点观察　将试样置于1.4.2.2的条件下，用10倍放大镜鉴定。

1.4.2.3 外观要求

(1) 正反面无明显脏污、皱纹。

(2) 主要部位无划伤，次要部位轻微划伤不超过三处。

(3) 文字线条清晰、完整，不变形。条形码应符合国家有关规定。

(4) 主题图案网点清晰、完整、层次分明。

(5) 留空带的位置和宽度的误差均应小于±1.0mm，留空部位不应带料。

1.4.2.4 注意事项

抽取样品时，应避免对印刷面造成二次损伤。

1.4.2.5 合格判定

如不合格样张数大于或等于4张时，应从同一货组中加倍量抽取样品，进行复验。若复验结果的不合格张数仍大于4张时，则判该货组的外观不合格。

当发现不合格时，必须做好记录、标识、隔离存放。

1.4.2.6 常见外观缺陷产生的主要原因

具体见表1.15。

表1.15　常见外观缺陷产生的主要原因

缺陷	产生原因
脏版	水墨不平衡，水量少 水斗药水酸性太强或太弱 设备调整不良 版面凹凸不平 油墨干 橡皮布松
水印	水斗供水偏多 水辊压力过大或过小 输墨量过小 版的砂眼过细，蓄水量较少 版面太光滑
糊版（图文模糊）	油墨过硬；黏度过大或过小；墨量少 设备调整不良 水分过大

续表

缺陷	产生原因
堆墨	墨量过多 油墨颜料分子重

1.4.3 漆膜耐冲击

1.4.3.1 原理

模拟彩印铁生产时漆膜因受到各种机械操作会被拉伸、挤压的耐加工性能。

1.4.3.2 试验装置

（1）QJC 漆膜冲击器。

（2）4 倍放大镜。

1.4.3.3 试验步骤

（1）试样的制备　在待检样张上用切刀裁取试验试样，尺寸为 65mm×150mm。

（2）将试样分别紧贴于冲击枕凹孔处，漆膜朝下，提起冲锤（1kg）至相应高度，使其自由下落。冲击过程不应损伤钢基板，否则测试结果无效。

（3）用 4 倍放大镜观察试样被冲击处漆膜变化情况。

1.4.3.4 结果判定

4 倍放大镜观察，以试样被冲击处漆膜不出现裂纹为合格。

1.4.3.5 合格判定

试验结果指标不合格时，应从同一样件中加倍量抽取样品，进行复验。若复验结果不合格时，则判该货组的漆膜耐冲击性不合格。

1.4.3.6 注意事项

（1）钢球表面必须光洁平滑。

（2）试样受冲击部分距边缘不少于 15mm，每个冲击点的边缘相距不得少于 15mm。

1.4.4 漆膜附着力

1.4.4.1 原理

通过胶带黏结力破坏漆膜与钢板间附着所需的力。

1.4.4.2 试验方法

划痕法。

1.4.4.3 试验装置

划圈法附着力划痕仪。

1.4.4.4 试验步骤

（1）样片的制备　在待检样张上用切刀裁取试验试样，尺寸为 120mm×30mm。

（2）将试样固定在螺距为 1.5mm 的划痕仪上，用 90～100r/min 的速度，划出长度为60～80mm、直径为 10mm 的螺纹线。划线应以穿透涂膜为度。

（3）用毛笔刷去划掉的漆膜。将宽度为 25.4mm 的 3M610 粘胶带，粘贴在螺纹线上，用食指腹平移压紧，并留出 15～20mm 粘胶带作为握持。

（4）在桌面上用手指压住试样的一端，将粘胶带以斜上方向快速从漆膜上撕下。见图 1.25。

（5）观察划圈内漆膜被撕下的程度，按表 1.16 评定附着力。

（6）样品的附着力应是三个试样测值的算术平均值。

表 1.16 附着力评定

附着力/级	涂膜被撕下的面积/%
Ⅰ	0
Ⅱ ≤	10
Ⅲ ≤	25

1.4.4.5 漆膜附着力应不劣于Ⅱ级。

1.4.4.6 合格判定

试验结果指标不合格时，应从同一样件中加倍量抽取样品，进行复验。若复验结果不合格时，则判该货组的漆膜附着力不合格。

1.4.4.7 注意事项

（1）试样应平整，漆膜应完好。

（2）划针锋利，试验时添加的砝码量应以穿透漆膜而不伤及锡层为度。

（3）仪器润滑良好，划圈速度平稳、均匀。

1.4.5 漆膜抗划伤

1.4.5.1 方法一：针型硬度计法

（1）原理 将试样夹持在一滑板上，通过滑板载着试样移动，测定滑板上方的划针划破试样漆膜时所施加的最低负荷量。

（2）试验装置 针型硬度计（分机械型和手工型）。

（3）试验步骤

① 样片的制备：在待检样张上用切刀裁取试验试样，尺寸为 120mm×30mm 或按装置要求。

② 将试样夹在滑板上，将针型硬度计的弹簧压力调至 240g，使针型硬度计垂直于试样，让试样匀速来回划动，观察划痕。以漆膜表面未被划破为合格。

③ 或将试样夹在滑板上，匀速缓慢移动滑板的同时，逐渐加大针型硬度计的弹簧压力，观察划痕。测出刺穿漆膜的最小负荷量。

（4）结果判定 漆膜抗划伤的负荷量不应小于 600g。

（5）合格判定 试验结果指标不合格时，应从同一样件中加倍量抽取样品，进行复验。若复验结果不合格时，则判该货组的漆膜抗划伤不合格。

（6）注意事项

① 试样固定在滑板上要平整，不打滑。

② 滑板移动顺畅。

1.4.5.2 方法二：摆杆硬度计法

（1）原理 摆杆接触漆膜表面并以一定周期摆动，测量阻尼时间。如表面越软，则摆杆的摆幅衰减越快。反之，衰减速越慢。

（2）试验装置 有单摆杆和双摆杆阻尼硬度计两种，装置由单/双摆杆、仪器座、标尺、秒表组成。下面以双摆杆阻尼硬度计介绍试验方法。

（3）试样制备

① 在待检样张上用切刀裁取试验试样，尺寸为 90mm×120mm。

② 试样状态调节：除另有规定外，应将试样在（23±2）℃、相对湿度（50±5）%条件下至少放置 16h。

（4）试验步骤

① 试验条件：除另有规定外，应将试样在（23±2）℃、相对湿度（50±5）%条件下进行。使用仪器时，应避免气流和振动，如无外罩，建议使用一个保护外罩。

② 将试样放于仪器工作台上，用一个酒精水平仪置于玻璃板上，调节仪器底座的垫脚螺丝，使板呈水平。

③ 用乙醚湿润了的软绸布（或绵纸），擦净支承钢珠，将摆杆处于试样相同的环境条件下放置 10min。

④ 将被测试样漆膜面朝上，放置在水平工作台上，然后使摆杆慢慢降落到试样上。摆杆的支点距漆膜边缘应不少于 20mm。

⑤ 核对标尺零点与静止位置时的摆尖是否处于同一垂直位置，如不一致则应予以调节。

⑥ 在支轴没横向位移的情况下，将摆杆偏转，停在 5.5°处。

⑦ 松开摆杆，当摆至 5°时，开动秒表。记录摆幅由 5°到 2°的时间，以秒计。

⑧ 在同一试样的三个不同位置进行测量，记录每次测量的结果及测量的平均值。

（5）漆膜抗划伤的结果与计算

① 漆膜抗划伤按下式计算：

$$X = t/t_0$$

式中　t——摆杆在漆膜上从 50～20 的摆动时间，s

t_0——摆杆在玻璃板上从 50～20 的摆动时间，s

② 漆膜抗划伤应以同一块试样上两次测量值的平均值表示。两次测量值之差不应大于平均值的 5%。

（6）注意事项

① 试验应在控制温、湿度的条件下，处于无气流影响的情况下进行。

② 装置摆放必须水平。

③ 不同漆膜厚度对阻尼时间影响较大。

④ 试验前，试样应在规定的温度、时间下调整状态。

1.4.5.3　方法三：铅笔硬度法

（1）原理　通过以一定硬度标号的铅笔在漆膜表面上划痕，以划破漆膜前的那支铅笔的硬度标号来表示漆膜的硬度。

（2）试验装置用品　铅笔硬度计，一套中华牌铅笔，400# 砂纸，软布或脱脂棉。

（3）试样制备

① 在待检样张上用切刀裁取试样，尺寸为 120mm×30mm。

② 试样状态调节：除另有规定外，应将试样在（23±2）℃、相对湿度（50±5）%条件下至少放置 16h。

（4）试验步骤

① 试验条件：除另有规定外，应将试样在（23±2）℃、相对湿度（50±5）%条件下进行。

② 用特殊的机械削笔刀小心削去每支铅笔的一端（5～6mm），露出未划伤、光滑的圆柱形铅笔笔芯。

③ 垂直握持铅笔，与砂纸保持 90°角在砂纸上作圆周移动，直至铅笔笔芯的前端磨成一个平整光滑的圆形横截面，且边缘没有碎屑和缺口。每次测定前需重复这个步骤。

④ 将试样置于测定装置的持样板上。将铅笔插入装置并用夹子固定，使铅笔芯的圆周边斜着放在漆膜表面。

⑤ 当铅笔芯的圆柱边接触到漆膜后，立即推动试样，以 0.5～1mm/s 的速度推动至少 7mm 的距离。

⑥ 清理表面碎屑后目视检查漆膜状况，经商定，可以使用放大倍数为6～10倍放大镜来评定漆膜破坏。看是否出现以下缺陷：

a. 塑性变形。漆膜表面永久的压痕，但没有内聚破坏。

b. 内聚破坏。漆膜表面存在可见的擦伤或刮破。

c. 以上情况的组合。

⑦ 如果漆膜未划破，在未进行过试验的区域按③～⑥重复试验，更换较高硬度的铅笔直到出现至少3mm长的划破为止。

⑧ 如果漆膜已经出现超过3mm的划破，则降低铅笔的硬度按③～⑥重复试验，直到超过3mm的划破不再出现为止。

（5）试验结果

① 以漆膜未出现3mm及以上划破前的铅笔标号，表示漆膜的铅笔硬度。

② 平行测定两次。如果两次测定结果不一致，应重新试验。

③ 结果重复性：同一试验的两个不同操作者使用相同的铅笔和试样获得的结果之差大于一个铅笔硬度单位，则认为结果可疑。

④ 结果再现性：不同实验室的不同操作者使用相同的铅笔和试样，或者是不同的铅笔和相同的试样获得的两个结果（每个结果均为至少两次平行测定的结果）之差大于一个铅笔硬度单位，则认为结果可疑。

⑤ 结果偏差：由于没有标准材料，所以偏差不能测定。

1.4.6 套印误差

1.4.6.1 仪器

20倍读数显微镜，精度为0.01mm。

1.4.6.2 光源

同1.4.2.2。

1.4.6.3 试验步骤

用20倍读数显微镜在光源下分别测量试样主要部位和次要部位任两色间的套印误差，分别取其平均值，为主要部位和次要部位的套印误差值。

1.4.6.4 结果判定

套印误差要求：印刷品主要部位的套印误差不大于0.2mm，次要部位的套印误差不大于0.5mm。

1.4.6.5 合格判定

检验结果指标不合格时，应从同一样件中加倍量抽取样品，进行复验。若复验结果不合格时，则判该货组的套印误差不合格。

1.4.6.6 注意事项

抽取样品的过程时应避免对印刷面造成二次损伤。

1.4.6.7 套印不准的主要原因

（1）马口铁尺寸不一，不平整，凹凸弓形。

（2）印铁机调整不良。

（3）橡皮布质量欠佳，弹性不好，受压后变形。

1.4.7 色　　差

1.4.7.1 试验装置

色度计。

1.4.7.2 试验步骤

仪器校正后，首先以标准样张为基准测出其 CIE—$L \cdot a \cdot b$ 均匀色空间的 $L \cdot a \cdot b$ 值，然后测量试样与基准的同色同部位的色差（$\Delta E_{ab}°$）。

1.4.7.3 结果判定

（1）同批同色色差要求　当 $L°$ 大于 50.0 时，色差值应小于 5.0；当 $L°$ 不大于 50.0 时，色差值应小于 4.0。

（2）同张同色色差要求　当 $L°$ 大于 50.0 时，色差值应小于 4.0；当 $L°$ 不大于 50.0 时，色差值应小于 3.0。

1.4.7.4 合格判定

试验结果指标不合格时，应从同一样件中加倍量抽取样品，进行复验。若复验结果不合格时，则判该货组的色差不合格。

1.4.8 耐　蒸　煮

1.4.8.1 原理

模拟彩印铁在高温加热后，观察水透过漆膜微孔与马口铁产生快速作用的结果，以及漆膜是否有吸水现象，反映漆膜的固化状况。

1.4.8.2 试剂

蒸馏水。

1.4.8.3 试验装置

立式压力蒸汽灭菌器：控温范围 109～135℃。

1.4.8.4 试验步骤

将试样裁成 50mm×50mm 的试片 12 片，每 2 片为一组，并将每一组的试片漆膜面叠在一起，取 3 组试样置于杀菌锅内的水中，另 3 组置于水面上，然后密闭升温至 121℃，保持 30min 后，自然冷却至室温，取出试片观察漆膜变化情况。

1.4.8.5 结果判定

耐高温要求：经蒸煮后漆膜应不褪色，不渗色，不脱落，无明显失光。

1.4.8.6 合格判定

试验结果指标不合格时，应从同一样件中加倍量抽取样品，进行复验。若复验结果不合格时，则判该货组的耐蒸煮不合格。

1.4.9 光　泽　度

1.4.9.1 试验装置

光泽度计。

1.4.9.2 光源

采用 CIE 标准 C 光源或 D65 光源，60°入射角。

1.4.9.3 试验步骤

仪器经校正后，分别测试试样上 5 个不同点的光泽度值，取其平均值。

1.4.9.4 结果判定

光泽度要求：不小于 80°。对于使用哑光油、消光油、皱纹油的产品光泽度指标按用户规定执行。

1.4.9.5 合格判定

试验结果指标不合格时，应从同一样件中加倍量抽取样品，进行复验。若复验结果不合格时，则判该货组的光泽度不合格。

1.4.9.6 注意事项

选择正确的光源和入射角。

1.4.9.7 光泽度差的主要原因

(1) 湿罩湿上光。

(2) 光油的黏度过低；种类不同；太薄。

(3) 油墨混用。

(4) 烘房出口的排气不流畅。

1.4.10 白　　度

1.4.10.1 试验装置

SC-80 型色差计。

1.4.10.2 试验步骤

在有印白或涂白的印刷品上，裁取其白色部位 50mm×50mm。仪器经校正后，测试试样的白度值。

1.4.10.3 结果判定

白度值要求印白工艺的印刷品白度值不小于 50%，涂白工艺的印刷品白度值不小于 70%。

1.4.10.4 合格判定

试验结果指标不合格时，应从同一样件中加倍量抽取样品，进行复验。若复验结果不合格时，则判该货组的白度不合格。

1.4.10.5 注意事项

(1) 测量不同试样的部位要相同。

(2) 试样表面必须清洁平整。

1.4.10.6 说明

白磁涂膜色相有差异时可检查白磁膜的厚度、颜料及增色剂的含量，以及马口铁表面镀锡量。

1.5 易开盖和底盖检验

1.5.1 抽　　样

1.5.1.1 抽样方法

将同时到达同一批次中同规格的若干件产品称为一个检验批。检验批中任抽一板（不同字模应按字模各抽一板），取上、中、下三个部位抽样（每一字模均抽到）进行外观检验及尺寸和理化检验。

1.5.1.2 易开盖外观不合格分类

(1) 铁质易开盖外观不合格分类见表 1.17。

表 1.17　　铁质易开盖外观不合格分类

名称	不合格分类	不合格内容
铁质易开盖	A类不合格	无拉环，未涂密封胶，涂膜严重脱落，钩边严重皱折，盖内明显污染
	B类不合格	钩边明显变形，堆胶或断胶、有明显气泡，表面锈蚀
	C类不合格	内外涂膜划痕、擦伤但金属不暴露，钩边轻度皱折和变形

注：炼乳包装用易开盖可以不涂密封胶。

（2）铝质易开盖、底盖外观不合格分类见表 1.18。

表 1.18　　铝质易开盖、底盖外观不合格分类

名称	不合格分类	不合格内容
铝质易开盖	A 类不合格	破损，盖内侧明显油污、污染，未涂封口胶，涂层起层或脱落，钩边严重皱折，无拉环（片）
	B 类不合格	封口胶粘连，局部漏涂大于 $2mm^2$，明显的钩边变形
	C 类不合格	内外涂层划痕、擦伤但金属不裸露，钩边轻度皱折和变形，封口胶搭接不均匀

1.5.1.3　铁质易开盖抽样检验方案

（1）铁质易开盖的内涂膜固化、耐蚀性按表 1.19 进行检验。

表 1.19　　内涂膜固化、耐蚀性抽样检验方案及判定

检验水平	不合格分类	批量范围	接收质量限 AQL	样本数	判定数组 Ac　Re
S-1	A 类不合格	≥35000	1.0	13	0　1

（2）铁质易开盖其他项目按表 1.20、表 1.21 进行检验。

表 1.20　　检验水平和接收质量限

检验项目	检查水平	不合格分类	接收质量限 AQL
外观	S-4	A 类不合格	0.65
		B 类不合格	2.5
		C 类不合格	4.0
尺寸	S-3	C 类不合格	4.0
密封胶干膜性能	S-1	B 类不合格	2.5
耐压强度、密封性	S-1	A 类不合格	1.0
启破力	S-1	B 类不合格	2.5
全开力	S-1	B 类不合格	2.5
开启可靠性	S-1	A 类不合格	1.0
内涂膜完整性	S-1	A 类不合格	1.0
抗冲击性	S-1	A 类不合格	1.0

表 1.21　　正常检验二次抽样方案

检查水平	批量范围	接收质量限 AQL	样本数	判定数组 Ac　Re
S-1	≥35000	1.0	13	0　1
		2.5	5	0　1

续表

检查水平	批量范围	接收质量限 AQL	样本数	判定数组 Ac　Re
S-3	35001～500000	4.0	20 20	1　3 4　5
	≥500001	4.0	32 32	2　5 6　7
S-4	35001～500000	0.65	50 50	0　2 1　2
		2.5	50 50	2　5 6　7
		4.0	50 50	3　6 9　10
	≥500001	0.65	80 80	0　3 3　4
		2.5	80 80	3　6 9　10
		4.0	80 80	5　9 12　13

1.5.1.4 铝质易开盖、底盖抽样检验方案

(1) 用于三片罐、包装非充气饮料等内容物的铝质易开盖、底盖，按表 1.22、表 1.23 和表 1.24 进行检验。

表 1.22　　内涂膜固化、耐蚀性检验抽样方案及判定

检验项目	不合格分类	批量范围	样本数	判定数组
内涂膜固化	A 类不合格	≥35001	3	[0　1]
耐蚀性				

表 1.23　　检验水平和接收质量限

检验项目	批检查水平	不合格分类	接收质量限 AQL
外观	S-4	A 类不合格	0.65
		B 类不合格	2.5
		C 类不合格	4.0
尺寸	S-3	C 类不合格	4.0
内涂膜完整性	S-1	A 类不合格	1.0
启破力	S-1	B 类不合格	2.5
全开力	S-1	B 类不合格	2.5
开启可靠性	S-1	B 类不合格	1.0
耐压强度	S-1	A 类不合格	1.0
密封性	S-1	A 类不合格	1.0

表 1.24　　正常检验二次抽样方案

检查水平	批量范围	接收质量限 AQL	样本数	判定数组
S-1	≥35001	1.0	13	[0　1]
		2.5	5	[0　1]
S-3	35001～500000	4.0	20 20	┌1　3┐ └4　5┘
	≥500001	4.0	32 32	┌2　5┐ └6　7┘
S-4	35001～500000	0.65	50 50	┌0　2┐ └1　2┘
		2.5	50 50	┌2　5┐ └6　7┘
		4.0	50 50	┌3　6┐ └9　10┘
	≥500001	0.65	80 80	┌0　3┐ └3　4┘
		2.5	80 80	┌3　6┐ └9　10┘
		4.0	80 80	┌5　9┐ └12　13┘

（2）用于两片罐、盛装啤酒/充碳酸气及充氮软饮料的铝质易开盖，按表 1.25、表 1.26 进行检验。

表 1.25　　检验水平和接收质量限

检验项目	批检查水平（IL）	不合格分类	合格质量水平（AQL）
外观	S-4	A 类不合格	0.65
		B 类不合格	2.5
		C 类不合格	4.0
尺寸	S-3	C 类不合格	4.0
耐压强度	S-1	B 类不合格	2.5
密封性	S-1	A 类不合格	2.5
内涂膜完整性	S-1	A 类不合格	0.65
启破力	S-1	B 类不合格	2.5
全开力	S-1	B 类不合格	2.5
开启可靠性	S-1	A 类不合格	2.5
密封胶干膜质量	S-1	C 类不合格	4.0
涂层质量	S-1	A 类不合格	2.5

表 1.26　正常检验二次抽样方案

检查水平	批量范围	合格质量水平（AQL）	样本数	判定数组 [A_1，A_2，R_1，R_2]
S-1	≥35001	0.65	20	[0，1]
		2.5	5	[0，1]
		4.0	8 8	[0，2] [1，2]
S-3	35001～500000	4.0	20 20	[1，3] [4，5]
	≥500001	4.0	32 32	[2，5] [6，7]
S-4	≥35001～500000	0.65	50 50	[0，2] [1，2]
		2.5		[2，5] [6，7]
		4.0		[3，6] [9，10]
	≥500001	0.65	80 80	[0，3] [3，4]
		2.5		[3，6] [9，10]
		4.0		[5，9] [12，13]

1.5.2　外观质量

1.5.2.1　试验方法

采用目视检查。在光线适宜的环境中进行。

1.5.2.2　外观质量要求

（1）盖面膨胀圈纹清晰，不得有明显的冲伤痕迹。易开盖拉环无毛刺现象。

（2）整个圆边应光滑均匀，无皱纹，无锡层剥落；边缘上无齿状缺口，无显著毛边和宽窄不一现象。

（3）盖内外涂膜无金属暴露的损伤，涂膜无剥离、脱落；无明显油污、异物污染。

（4）密封胶应均匀分布在盖沟与盖肩之间的圆周上，无堆胶、漏涂、起泡现象，不得溢出盖边或溅在盖面上。

（5）盖面的字体清晰，印刷图案、颜色符合签样版。

（6）易开盖、底盖的外观不合格分类见表 1.17、表 1.18。

1.5.2.3　合格判定

（1）表面质量由各类不良引起的不合格数超过表 1.24、表 1.26 中 AQL 规定的合格判定数时，判定为不合格。

（2）允许剔除或整理不合格产品后，或直接重新抽样进行复检，如仍不合格，则判该检验批的外观质量不合格。

1.5.2.4 常见不合格及主要原因

具体见表 1.27。

表 1.27　　常见不合格及主要原因

缺陷		材料因素	设备因素
破损盖		波形板尺寸偏差大	进料推爪设定不良 脱料或打盖不顺畅 模具不清洁 出废料压轮及速度设定不良
皱边		胚盖厚度偏小或不均匀 胚盖调质度不均 涂膜涂平性差	压料环设定不当
飞溅		密封胶黏度太小 密封胶固含量过小	注胶压力过大 喷嘴孔径太小或位置过高 压头旋转速度太快
断胶		密封胶黏度太大 密封胶固含量过大	注胶压力过小 喷嘴孔径太大或与胶膜有接触
气泡	注胶	密封胶搅拌速度过快 密封胶内混入空气	注胶压力过大 喷嘴孔径太小
	固化	密封胶太厚 密封胶分布不匀	烘房温度太高 温度曲线不良
拖尾		密封胶拉丝	顶针弹簧强度不够 喷嘴压力过低 顶针喷嘴不匹配 喷嘴位置过高 后旋转不够

1.5.3 尺　　寸

1.5.3.1 试验装置

(1) 用专用或通用量具测量　量具的最小读数值不大于 0.01mm。

(2) 钩边外径、钩边开度　卡尺/专用钩边外径测定仪。

(3) 埋（头）度　专用埋头度测定仪。

(4) 钩边高度　卡尺/专用钩边高度测定仪。

1.5.3.2 易开盖、底盖的主要尺寸和极限偏差

具体见图 1.26、图 1.27、图 1.28 和表 1.28、表 1.29、表 1.30。

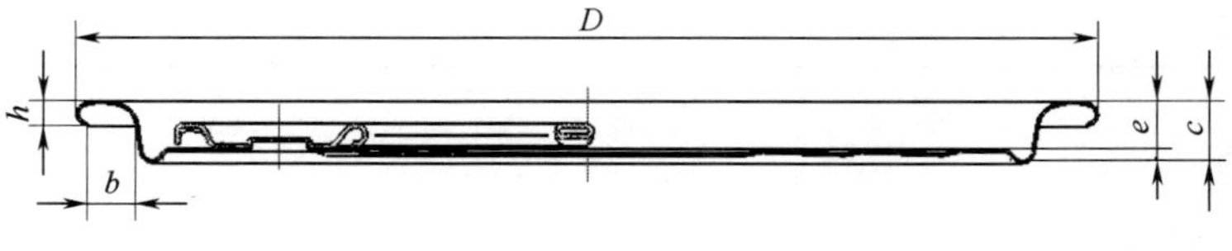

图 1.26　铁质易开盖主要尺寸示意

D—钩边外径　*h*—钩边高度　*b*—钩边开度　*e*—盖面深度　*c*—埋头深度

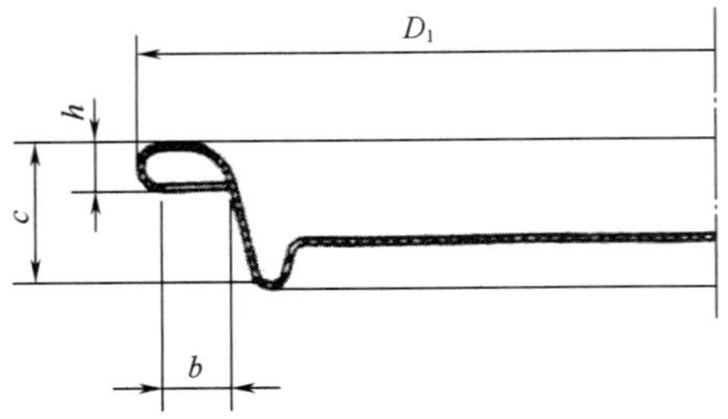

图 1.27　铝质易开盖主要尺寸示意

D_1—钩边外径　h—钩边高度

c—埋头深度　b—钩边开度

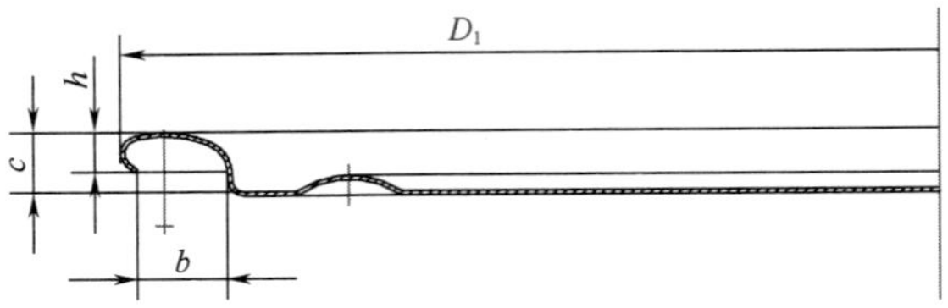

图 1.28　底盖主要尺寸示意

D_1—钩边外径　h—钩边高度

c—埋头深度　b—钩边开度

表 1.28　　铁质易开盖外形尺寸的允许偏差要求

项目	圆形易开盖允许偏差/mm	异形易开盖允许偏差/mm
钩边外径 D	±0.10	±0.15
钩边高度 h	±0.10	±0.15
埋头深度 c	±0.10	±0.15
盖面深度 e	±0.10	/

表 1.29　　铝质易开盖主要尺寸要求

代号		钩边外径 D_1/mm		钩边开度 b/mm	埋头度 c/mm		钩边高度 h/mm		50.80mm 盖的个数
拉环式	113	54.40		≥2.50	5.40		2.00		24～27
	200	59.10		≥3.07	6.00		2.20		22～25
	202	61.24		≥3.07	6.00		2.20		22～25
	206	64.77	±0.25	≥2.72	6.35	±0.13	2.00	±0.20	24～27
留片式	200	59.10		≥3.07	6.00		2.20		22～25
	206	64.72		≥2.72	6.40		2.00		22～27
全开式	209	72.14		≥3.07	4.80		2.00		24～27

表 1.30　　底盖主要尺寸要求

代号	钩边外径 D_1/mm		钩边开度 b/mm	埋头度 c/mm	钩边高度 h/mm	50.80mm 盖的个数
200	59.20					
202	61.50	±0.20	≥3.07	3.10±0.13	2.00±0.20	24～27
209	72.10					

1.5.3.3　注意事项

（1）周期检定量具。

（2）量具在使用前、中、后均应多次校准归零。

（3）同一个点测量不少于两次。

1.5.4 内涂膜完整性

1.5.4.1 方法一：电流法

（1）原理 在装有导电液的测试仪上外加一电压，若被测样盖内涂膜不完整（内涂膜不致密或者破损），会产生电流值。读取第 4 秒时电流值，表示样盖内涂膜的完整程度。

（2）试验装置和导电液

① 内涂膜完整性测试仪：广东嘉仪仪器集团有限公司，直流电压 6.3V，最小读数值不大于 0.1mA。

② 导电液：2%（体积质量）硫酸钠溶液，1%（体积质量）氯化钠溶液。导电溶液采用分析纯试剂、蒸馏水配制。

（3）试验步骤

① 接通电源，启动仪器，指针归零。

② 将盖放置测定座之上，开启真空泵，使盖紧吸在测定座上。

③ 将盖完全浸入导电液中，铝合金薄板盖用 1%（体积质量）氯化钠溶液进行测试，镀锡（铬）薄钢板盖用 2%（体积质量）的硫酸钠溶液进行测试。

④ 接通测试电路，此时电解液应同时浸没测定电极，读取第 4 秒的内涂膜缺陷电流值。

⑤ 测试完闭，关闭真空泵，取下盖，关闭电源。

（4）结果判定 内涂膜完整性应符合表 1.31、表 1.32 和表 1.33 的规定。

表 1.31　　铁质易开盖主要性能

盖型	启破力最大允许值/N	全开力最大允许值/N	耐压强度/kPa	密封性	内涂膜完整性	开启可靠性
Y300 及以下圆形易开盖	30	80	⩾240	200kPa，恒压 1min，不泄漏。	缺陷电流平均值⩽5mA，单个最大值⩽8mA	正常开启时，拉环不脱落
Y305-Y307 圆盖	30	90	⩾200	180kPa，恒压 1min，不泄漏。		
Y309-Y401 圆盖	30	90	⩾180	150kPa，恒压 1min，不泄漏。		
Y403 及以上圆盖	35	120	⩾120	100kPa，恒压 1min，不泄漏。		
方形易开盖	28	80	⩾50	120kPa，恒压 1min，不泄漏。		
椭圆形易开盖	28	80	⩾120	100kPa，恒压 1min，不泄漏。		
其他异形易开盖	30	100	⩾120	100kPa，恒压 1min，不泄漏。		

表 1.32　　三片罐非充气饮料用铝易开盖、底盖主要性能

项目	铝易开盖					底盖		
	113	200	202	206	209 全开式	200	202	209
密封胶干膜质量/mg	30～55				40～65	30～55		40～65

续表

<table>
<tr><td colspan="2" rowspan="2">项目</td><td colspan="5">铝易开盖</td><td colspan="3">底盖</td></tr>
<tr><td>113</td><td>200</td><td>202</td><td>206</td><td>209
全开式</td><td>200</td><td>202</td><td>209</td></tr>
<tr><td rowspan="2">启破力/N</td><td>拉环式</td><td colspan="4">6.7～15</td><td rowspan="2">10～20</td><td colspan="3" rowspan="2">—</td></tr>
<tr><td>留片式</td><td colspan="4">6.7～20</td></tr>
<tr><td rowspan="2">全开力/N</td><td>拉环式</td><td colspan="4">15～40</td><td rowspan="2">25～45</td><td colspan="3" rowspan="2">—</td></tr>
<tr><td>留片式</td><td colspan="4">15～30</td></tr>
<tr><td colspan="2">开启可靠性</td><td colspan="4">开启时拉环（片）不脱落并完全开启</td><td colspan="4">—</td></tr>
<tr><td rowspan="2">内外涂膜性能</td><td>内外涂膜固化</td><td colspan="8">经 100℃涂膜固化试验后，内涂膜无泛白、剥离、脱落，外涂膜无明显失光、剥离、脱落，印刷图案无明显褪色</td></tr>
<tr><td>内涂膜耐蚀性</td><td colspan="8">根据内容物特性及杀菌工艺要求，盖经 100℃或 121℃耐蚀试验后，其内涂膜无剥离、脱落和明显腐蚀</td></tr>
<tr><td colspan="2">内涂膜完整性/mA</td><td colspan="8">单个值≤15，平均值≤8</td></tr>
<tr><td colspan="2">耐压强度</td><td colspan="8">在 180kPa 气压下保压 1min，无永久变形</td></tr>
<tr><td colspan="2">密封性</td><td colspan="8">在 180kPa 气压下保压 1min，不允许泄漏</td></tr>
</table>

注：以上性能参照《铝易开盖三片罐》。

表 1.33　两片罐啤酒、充气饮料用铝易开盖主要性能

<table>
<tr><td colspan="2">项目名称</td><td>性能指标</td></tr>
<tr><td colspan="2">耐压强度/kPa</td><td>≥610</td></tr>
<tr><td colspan="2">密封性</td><td>不允许泄漏</td></tr>
<tr><td rowspan="2">内涂膜完整性/mA</td><td>啤酒盖</td><td>单个≤50，平均≤15</td></tr>
<tr><td>软饮料盖</td><td>单个≤10，平均≤3</td></tr>
<tr><td colspan="2">启破力/N</td><td>≤31，平均≤20</td></tr>
<tr><td colspan="2">全开力/N</td><td>≤45，平均≤36</td></tr>
<tr><td colspan="2">开启可靠性</td><td>开启时拉环（片）不脱落及完全开启</td></tr>
<tr><td colspan="2">密封胶干膜质量/mg</td><td>25～50</td></tr>
</table>

注：以上性能参照《包装容器　铝易开盖两片罐》。

（5）合格判定

① 电流值不合格数超过表 1.21 或表 1.24、表 1.26 中 AQL 规定的合格判定数时，判定为不合格。

② 允许剔除或整理不合格产品后，或直接重新抽样进行复检，如仍不合格，则判该检验批的内涂膜完整性不合格。

1.5.4.2　方法二：硫酸铜法（简）

将盖子浸入 5%硫酸铜溶液（体积质量）中 30min 后取出试样，或浸入 20%（体积质量）硫酸铜和 10%（体积分数）盐酸的混合溶液中 2min 后取出试样，目视检查，内涂膜不应有密集腐蚀。

1.5.4.3　注意事项

（1）工作台干净，无灰尘，无震动。

（2）依照装置规定的方法，定期校正。

（3）压缩空气滤清控制器的气压应保持稳定，不应超过测量所需范围。

1.5.4.4 内涂膜完整性不良的主要原因

具体见表1.34。

表1.34 内涂膜完整性不良主要原因

缺陷	材料因素	设备因素
内涂膜损伤	涂膜柔韧性不良 涂膜表面硬度不良 无油膜或油膜太薄	模具磨损或设定不当 送料系统间隙过小 模具不清洁

1.5.5 密封胶干膜质量

1.5.5.1 试验装置

分析天平：称量精度0.001g。

1.5.5.2 试验步骤

（1）调整水平度。

（2）接通电源。

（3）按ZERO键，消零。

（4）将注胶烘干的试样称量为m_1。

（5）去除胶膜后的试样称量为m_2。

（6）密封胶干膜质量$m=m_1-m_2$。

1.5.5.3 结果判定

密封胶干膜质量应符合表1.32或表1.33的规定。

1.5.5.4 合格判定

（1）按表1.21或表1.24、表1.26样本数中，密封胶干膜质量不合格数超过表中AQL规定的合格判定数时，判定为不合格。

（2）允许剔除或整理缺陷产品后，或直接重新抽样进行复检，如仍不合格，则判该检验批的密封胶干膜质量不合格。

1.5.5.5 注意事项

（1）使用前一定要检查天平是否在水平状态。

（2）定期进行周期检定。

（3）去除密封胶干膜要干净。

（4）天平不能放在磁性环境中。室内温度应避免多变，保持在40℃以下、15℃以上。

（5）称量时无振动，无影响称量的风流动。

1.5.5.6 密封胶量不稳定的主要原因

具体见表1.35。

表1.35 密封胶量不稳定主要原因

缺陷	材料因素	设备因素
胶量不够或过量	密封胶黏度太小或太大 密封胶固含量过小或过大	喷嘴磨损 压力波动 滤网有堵塞

1.5.6 易开盖启破力、全开力

1.5.6.1 试验装置

启破力、全开力测试仪：CanNeed 广东嘉仪仪器集团有限公司，读数值不大于 1N。

1.5.6.2 试验步骤

(1) 选用适宜试样直径的模具安装好，将试样放置在模具中，用钩子钩住拉环。

(2) 接通主机电源，启动检测系统。

(3) 按检测钮，系统自动检测并显示拉环开启瞬间和拉环完全脱离时的拉力值。

1.5.6.3 结果判定

易开盖启破力、全开力应符合表 1.31 或表 1.32、表 1.33 的规定。

1.5.6.4 合格判定

(1) 按表 1.21 或表 1.24、表 1.26 样本数中，易开盖启破力、全开力不合格数超过表中 AQL 规定的合格判定数时，判定为不合格。

(2) 允许剔除或整理缺陷产品后，或直接重新抽样进行复检，如仍不合格，则判该检验批的易开盖启破力、全开力不合格。

1.5.6.5 注意事项

(1) 试样放置角度应适宜。

(2) 气缸活动要平稳，启开过程的速度应均匀。

1.5.6.6 启破力、全开力不良的主要原因

具体见表 1.36。

表 1.36　　启破力、全开力不良主要原因

缺陷	材料因素	设备因素
启破力、全开力大	拉环不符合规格范围 基板厚度偏厚 刻线留板厚度偏大	设备调整不当 模具磨损

1.5.7 易开盖开启可靠性

1.5.7.1 铁质易开盖

取试样用手或简单工具以正确方式开启。

1.5.7.2 铝质易开盖

(1) 试验装置　立式压力蒸汽灭菌器：控温范围 109～135℃。

(2) 试验步骤　将试样置于灭菌器内加热至 100℃/121℃，水煮 30min，自然降压、冷却后，取出试样，用手或简单工具开启试样。

1.5.7.3 结果判定

易开盖开启可靠性应符合表 1.31 或表 1.32、表 1.33 的规定。

1.5.7.4 注意事项

(1) 只有在灭菌器排完气（常压）后才能打开盖取出试样。

(2) 开启角度应和开启方向保持一致。

1.5.8 耐压强度

1.5.8.1 铁质易开盖

（1）试验装置　盖耐压强度测试仪，分度值不大于10kPa。

（2）试验步骤　用盖耐压强度测试仪测试，缓慢升压，读取样盖爆破时压力指示值，即为耐压强度值。

1.5.8.2 铝质易开盖

（1）试验装置　盖耐压强度测试仪：CanNeed 广东嘉仪仪器集团有限公司，读数值不大于10kPa。

（2）试验步骤

① 将仪器与压缩空气连接好。

② 试样放置在仪器上，并固定夹紧。

③ 打开压缩空气阀，缓慢升压至150kPa（表压），保压1min，卸压后观察盖有否永久变形。

④ 也可以在缓慢升压至150kPa（表压）后继续升压，测试试样变形时的最大压力值。

1.5.8.3 结果判定

耐压强度应符合表1.31或表1.32、表1.33的规定。

1.5.8.4 合格判定

按表1.21或表1.24、表1.26样本数中，耐压强度不合格数超过表中AQL规定的合格判定数时，判定为不合格。

1.5.8.5 注意事项

（1）一定要缓慢加压。

（2）保证加压过程无泄气。

（3）试样钩边完好，无变形。

1.5.8.6 耐压强度不良原因

主要与材料的厚度和牌号有关。

1.5.9 密封性

1.5.9.1 方法一：加压法

（1）仪器　盖耐压强度测试仪：CanNeed 广东嘉仪仪器集团有限公司，读数值不大于10kPa。

（2）试验步骤　在进行1.5.8.1（2）或1.5.8.2（2）的耐压试验时，在相应压力下保持1min，观察试样有无泄漏现象。

1.5.9.2 方法二：真空法

（1）试验装置　抽真空装置。

（2）试验步骤

① 接通电源，预热仪器。

② 在空罐内加入约2/3水并封盖，固定夹紧。

③ 开启抽真空装置的电源开关，通过旋钮调节，缓慢减压至68kPa（表压），保压1min，观察罐内是否有气泡产生。

④ 试验完毕后，关闭电源开关。

1.5.9.3 方法三：荧光法（微漏测试）

（1）试验装置和化学试剂

① 紫色荧光灯。

② 荧光剂。

(2) 试验步骤

① 将待检样盖的内面朝下平放。

② 用毛笔沾少许荧光剂，涂在刻线和拉环的铆钉部位上。

③ 30min 后，将试样翻过来（内涂面朝上）放置。

④ 打开紫色荧光灯进行目视观察。

⑤ 若发现有荧光剂的现象，就表示该部位有泄露。

1.5.9.4 结果判定

密封性应符合表 1.31 或表 1.32、表 1.33 的规定。

1.5.9.5 合格判定

密封性不合格数超过按表 1.21 或表 1.24、表 1.26 中 AQL 规定的合格判定数时，判定为不合格。

1.5.9.6 注意事项

(1) 一定要缓慢加压或减压。

(2) 保证加压或抽真空过程无泄气。

(3) 试样钩边完好，无变形。

(4) 荧光剂应在通风、远离火源的环境中使用。

1.5.10 内外涂膜固化性

1.5.10.1 原理

模拟涂覆金属薄板在高温加热后，观察水透过涂膜微孔与基板产生快速作用的结果，以及涂膜是否有吸水现象，反映涂膜的固化状况。

1.5.10.2 试剂

蒸馏水。

1.5.10.3 试验装置

立式压力蒸汽灭菌器：控温范围 109～135℃。

1.5.10.4 试验步骤

(1) 将盖整体放入蒸煮锅中，加入蒸馏水浸没试样，加温至 100℃，恒温 30min 后取出，冷却后目视检查涂膜状况。

(2) 视样盖的使用场合，有时需要加温至 121℃，恒温 30min 后目视检查涂膜状况。

1.5.10.5 结果判定

内外涂膜固化水煮后应符合表 1.32 的要求。

1.5.10.6 合格判定

内外涂膜固化不合格数超过表中 AQL 规定的合格判定数时，判定为不合格。

1.5.11 内涂膜耐蚀性

1.5.11.1 原理

模拟顶底盖在酸性、碱性食品中杀菌后，酸性溶液作用使基板产生快速腐蚀，反映涂膜的耐腐蚀状况。

1.5.11.2 试验装置

立式压力蒸汽灭菌器：控温范围 109～135℃。

1.5.11.3 试验步骤

根据内容物的特性及杀菌要求，将盖浸没于盛有表 1.37 所列相应试验溶液的惰性容器中，按其中之一条件进行试验，试验后目视检查。

表 1.37 内涂膜耐蚀试验要求

内容物特性	试验溶液	试验条件
采用常压杀菌的酸性内容物	2%（体积质量）柠檬酸溶液	100℃，30min
采用高压杀菌的含蛋白质内容物	L 型半胱氨酸盐酸盐（0.5g/L）、磷酸二氢钾（3.6g/L）、磷酸氢二钠（7.2g/L）混合溶液	121℃，60min
采用高压杀菌的低酸或其他内容物	2%（体积质量）柠檬酸溶液	121℃，30min

注：试验溶液采用分析纯试剂、蒸馏水配制。

1.5.11.4 结果判定

内涂膜耐蚀性应符合表 1.32 的要求。

1.5.12 耐冲击性（简）

将样盖浸入 5%硫酸铜溶液中 30min 后取出试样，或浸入 20%（体积质量）硫酸铜和 10%（体积分数）盐酸的混合溶液中 2min 后取出试样，目视检查外涂膜，除刻线和板材截面外，不能有线状腐蚀或密集腐蚀。

1.5.13 密封胶干膜性能（简）

1.5.13.1 耐水性

将待检样盖浸没于 100℃水中煮 20min 后，密封胶干膜不发黏，有弹性，与盖面附着良好，水溶液不混浊（不发臭）。

1.5.13.2 耐油性

将待检盖浸没于 120～130℃植物油中煮 20min，密封胶干膜不发黏，不溶解，与盖面附着良好。

1.5.13.3 耐溶剂性

将待检盖浸没于所包装溶剂的密闭容器中，放置 7d 后，密封胶干膜无明显溶胀，与盖面附着良好。

1.5.14 跌落试验（简）

用待检易开盖制成空罐，罐内装水、封底盖并模拟实罐工艺制成实罐。将试验实罐的易开盖端朝下从 1m 高处或底盖朝下从 1.5m 高处垂直跌落，观察刻线、铆钉是否开裂，开裂者则为不合格。

1.5.15 羽化试验（简）

羽化试验可以检测判别铝质易开盖开启后内涂膜残留在盖刻线边沿的程度。一般分为 8 档，0～1级合格，2 级以上为不合格，1.5 级表示易开盖开启后留在盖刻线边沿处的涂膜量不超过 10%，图 1.29 是羽化程度分级示意图。

根据产品的杀菌条件，易开盖在试验前应作相应的加热处理，然后再开启观察：碳酸饮料（汽水、啤酒）用易开盖在水中 100℃加热 10min，果汁饮料等热灌装的易开盖在水中 100℃加热 30min，咖啡、茶饮料等需高压杀菌的饮料用易开盖在水中 127℃加热 30min。

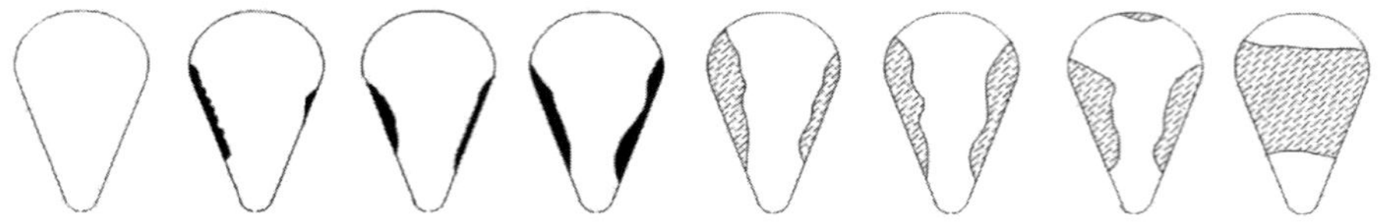

图 1.29　羽化程度分级示意

1.5.16　密封胶含水率（简）

样盖用分析天平称量（m_1），测值精确至 0.1mg；称量后的盖经 127℃/20min 烘烤，冷却后再次称量（m_2）。含水率%＝（m_1-m_2）/m_1×100。一般盖密封胶含水率要求低于 5%。

1.5.17　其他（简）

如果是易开盖生产企业，易开盖的刻线余量、铆钉形状（铆钉直径、铆钉厚度等）是必检项目。易开盖的刻线余量用精度 1μm 的刻线测试仪，铆钉形状使用铆钉投影仪。

1.6　覆膜铁及其质量要求

1.6.1　覆　膜　铁

1.6.1.1　定义

覆膜铁是指在冷轧镀锡/铬薄钢板表面，通过熔融法或胶黏法贴合一层高分子薄膜而成的一种兼有高分子材料和金属材料双重性能的复合材料。

1.6.1.2　分类

根据薄膜与基材的贴合工艺区分，可为熔融覆膜铁和胶黏覆膜铁。所谓熔融覆膜铁，就是通过熔融法，在一定温度范围内，将特殊、专用的高分子聚酯薄膜（可彩印）直接贴合在冷轧薄钢板（镀锡板或镀铬板）上的一种新型复合材料。而胶黏覆膜铁是在相对较低的温度下，将薄膜与基板通过黏合剂进行贴合，由于需要使用黏合剂，在环境友好及成型工艺上的不足与包装的需求及发展存在偏差，正逐渐被熔融覆膜铁取代。

1.6.1.3　覆膜铁的原材料

（1）镀铬铁　众所周知，镀锡板以其优异耐蚀性能和独特外观，成为食品饮料罐用材料的首选。随着食品饮料市场规模的大幅度增长，镀锡板的用量也相应增大，市场一度出现供不应求的局面，导致镀锡板价格的持续上涨。与此同时，也加速了稀缺昂贵资源锡的消耗，为了降低成本和节约有限的锡资源，科研工作者们加大了对镀铬板的研发和应用。镀铬板在成本方面较镀锡板有明显优势，且具有较好的表面附着力，但镀铬层的硬、脆问题一直制约着镀铬板在深冲罐领域中的应用。而覆膜铁材料的独特结构正好弥补了其先天缺陷，可被应用于各种金属罐领域。镀铬板材料一般由钢基板层、金属铬层、水合氧化铬层和油膜层组成，如图 1.30 所示。

作为罐用覆膜铁镀铬板，其表面涂油量、镀铬总量和水合氧化铬的表层形貌对覆膜铁的表面附着力有重要影响。对于加工变形量较大的底盖、空罐产品，一般采用镀铬铁为基材（镀铬铁与薄膜通过熔融贴合工艺后附着力更加优良）。

（2）薄膜　覆膜铁生产所需的另一类重要材料为高分子薄膜，其性能既需要具有热塑性贴合能

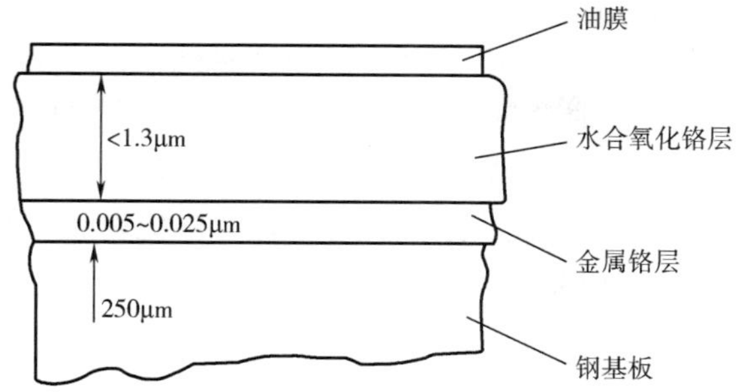

图 1.30　镀铬钢板结构示意

力，又要与不同罐装内容物的理化性能兼容，以确保其对镀铬基板和内容物的良好阻隔，同时，在罐装各种内容物的货架期内须保持所包装食品的风味。同时，在食品高温蒸煮杀菌过程中不变色和脱落，以保持高的湿润密闭性。在制罐成型过程中，能经受高温、高摩擦力和弯曲等复合力的作用，具有较好的附着力。因此，对于覆膜铁的研制来说，膜的研制是其核心技术，覆膜铁常用的薄膜大多为 PP（polypropylene，聚丙烯）和 PET（polyethylene terephthalate，聚对苯二甲酸乙二醇酯）。从颜色来看，所覆薄膜多为透明膜、白膜、金膜，厚度一般为 12～40μm。目前用于罐头包装用覆膜铁的薄膜以 PET 居多（厚度一般为 12～20μm）。

1.6.1.4　覆膜铁结构

由图 1.31 可知，罐用覆膜铁的结构有罐内壁和外壁之分，并且同一侧的薄膜层在覆膜后分为晶体层和非晶体层。处于外层的晶体层一般需具有较好的机械力学强度，主要起到阻隔作用；处于内层的非晶体层主要保证具有与镀铬板的良好黏附性能和抗腐蚀性能。随着热贴合温度的升高，非晶体层厚度相应增厚，膜与基板的附着力增强，但是非晶体层比例增加后，如果后续应用中有烘烤环节，其耐加工性会受较明显的减弱。因此，需要根据覆膜铁的具体用途确定覆膜工艺。

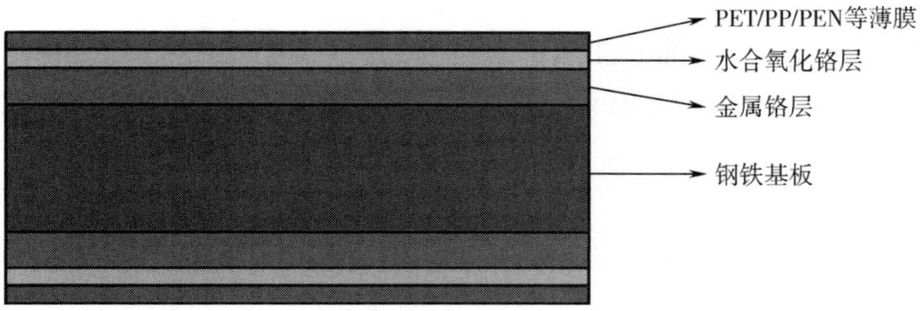

图 1.31　覆膜铁结构示意

关于覆膜铁膜与基板的附着力机理，至今多数学者仍认同 Tanaka 等提出的 PET 中 C═O 的 O 与 TFS 表面—OH 的 H 结合成氢键的分子力观点，其结构如图 1.32 所示。

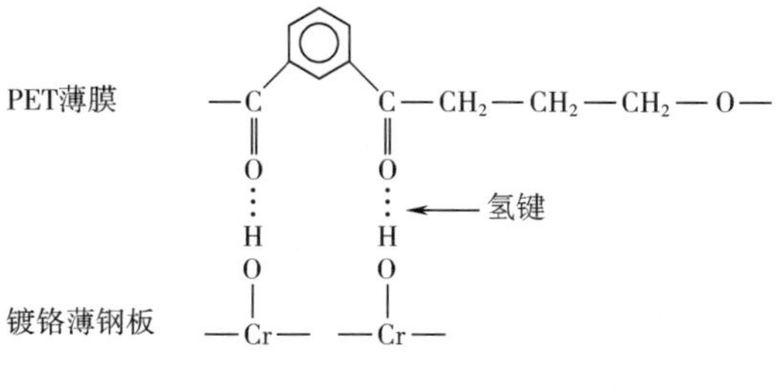

图 1.32　TFS 与 PET 结合模型

Masao Komai 等认为，镀铬板铬水合氧化物层的增厚，一方面会增大比表面积，提升与膜的附着性，铬水氧化物层镀量在 5～20mg/m^2 显示良好的密封性，20mg/m^2 以上的样品密封性变差，其原因是高分子 PET 黏度较高，有时会进不去表面很深的谷底而留下空隙，当水分、尘土聚集于凹陷的谷底时，将劣化膜与镀铬铁的表面黏结性能。所以应综合水合氧化铬含量与表面微观结构对覆膜铁黏附性能的影响。在覆膜铁罐张拉成型的过程中，镀铬板表面的粗糙度与板厚、罐径、模具的温度及模口圆角半径等因素密切相关。

1.6.1.5 覆膜铁加工工艺

覆膜铁的生产工艺可分为胶粘法、熔融法（包含热贴合及淋膜）等，不同的工艺所对应的产品特性及应用领域也有比较大的不同，见表 1.38。从技术现状来看，国内目前主流使用的用低温黏合方法生产，主要应用于包装化工原料的低端产品；日本主要采用高温粘合法和直接树脂挤出涂覆工艺生产，主要适用于食品包装领域深冲技术的高端产品。

表 1.38　不同工艺对应的覆膜铁产品特性

特性＼工艺	胶粘法	熔融法	
		热贴合	淋膜
环保及食品安全	×	√	√
耐加工性	×	√	√
耐蚀力	√	√	×
耐蒸煮	×	√	√

覆膜铁的生产线主要由镀铬铁开卷部分、焊接及铁表观质量检测、基板加热、覆膜单元、冷却单元、产品检测及表面润滑处理、卷取等部分组成（国内某企业的覆膜铁生产线示意图及实际图见图 1.33、图 1.34），其中最核心的部分为基板的加热区域和覆膜单元。通过烘房、电磁感应箱体或电磁感应加热辊等预热、加热单元部分加热钢带至膜的熔点以上温度，用对称的两个压力胶辊的挤压进行基板与膜的热熔贴合。热贴后的钢带通过冷却装置进行快速冷却，以确保熔融后的高分子迅速重新结晶。

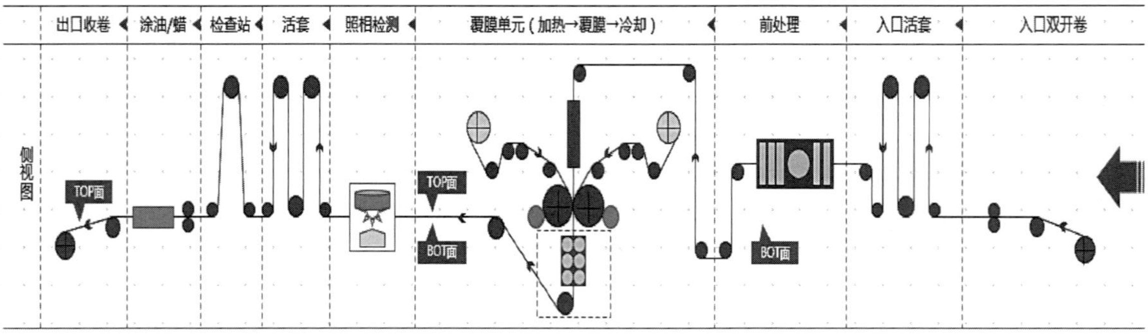

图 1.33　热贴合覆膜铁生产线示意

与传统的涂布铁生产工艺流程相比，由于覆膜铁生产直接使用制好的膜或直接淋膜进行贴合，均省去了涂布、烘烤的工艺过程，生产过程无溶剂挥发。电感应加热的方式也可实现生产过程中 CO_2 的零排放。由于是一次覆膜成型，其生产效率较涂布铁提升数倍，由于工艺流程简凑，所需的设备数量和生产空间明显减少。因此，覆膜生产线在提升生产效率、实现低能耗、

图 1.34　国内热贴合覆膜铁生产线

低排放和低碳、节能环保等方面具有明显的优势。

1.6.1.6　覆膜铁及其应用发展现状

覆膜铁的技术研发始于 1983 年的日本，1990 年第一条覆膜线投产，1992 年应用于制罐行业并商业化，至今在日本成熟应用已 20 多年。

覆膜铁在我国的应用，可以追溯到 1998 年，当时上海联建制罐公司在国内引进了第一条覆膜铁二片罐生产线；2002 年江阴瑞兴科技有限公司创造发明了以胶粘法生产的留空覆膜铁，在化工、气雾罐上得到了成功应用；2008 年，以奥瑞金为代表，开始自主研发此项技术，并应用于食品、饮料、化工等行业。这个在日本已经广泛应用并成熟的技术，也一直被业界所推崇。由于技术难度大、研发成本高等多重因素，尤其在食品、饮料产品的应用上虽然已开始批量应用，但无论是数量、规模，还是综合品质方面，在我国仍处于起步阶段。虽然国内不乏知名企业在此项技术的研发和生产上取得了阶段性的成果，然而，其研发和推广并不如人们的预期。截止到 2017 年底，国内包括奥瑞金、睿远、宝钢、联净、思匠等热贴合覆膜铁生产厂商，设备产能超 20 万吨，但是年实际产量未达到 2 万吨。

随着食品、饮料以及化工等更多领域覆膜铁制罐技术应用的推广，无论是原材料生产企业，还是制罐设备供应商，甚至还有食品、饮料等终端用户企业也纷纷加入到覆膜铁研发生产领域，行业也呈现百家争鸣，万箭齐发的状态。

图 1.35 是部分国内外覆膜铁罐/盖产品实物图。

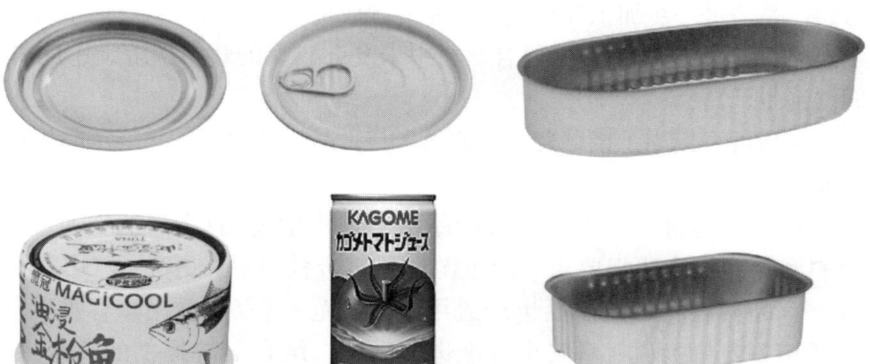

图 1.35　覆膜铁罐/盖实物图

1.6.2 覆膜铁的质量要求

目前在食品包装应用领域（尤其是罐头产品），以PET薄膜为复合表层、采用热贴合方式的熔融法覆膜铁相对广泛，因此，下文所提及的覆膜铁均指该类材料。从产品标准现状来看，目前国内尚没有覆膜铁相关的国标或行标，这对覆膜铁的市场推广也造成了比较大的困扰。对覆膜铁的性能检测技术及方法上，不能照搬涂料铁标准，有些检测项目无法通用；应该有明确的标准体系，确定检验指标和方法需要从下至上提需求，并且指标能正确反映下游的需求，并且可普及；各项检验指标应经过充分的测试评估。

1.6.2.1 符合食品卫生要求

与涂料铁一样，作为食品饮料空罐的制罐材料，覆膜铁必须符合食品卫生要求，同时还应有良好的耐腐蚀性及耐机械加工性及耐杀菌性。

2016年11月18日，国家卫生计生委和食品药品监管总局发布了GB 4806.1—2016《食品安全国家标准　食品接触材料及制品通用安全要求》等53项食品安全国家标准，其连同之前发布的GB 4806.2—2015《食品安全国家标准　奶嘴》、GB 31603—2015《食品安全国家标准　食品接触材料及制品生产通用卫生规范》和GB 31604.1—2015《食品安全国家标准　食品接触材料及制品迁移试验通则》，以及GB 31604.2—2016《食品安全国家标准　食品接触材料及制品高锰酸钾消耗量的测定》等方法标准，我国关于食品接触材料及制品（以下简称食品接触材料）的国家标准体系已基本形成。新标准对产品安全的技术指标，除感官、基础理化指标外，还规定了原料和添加剂要求，特别是原料和添加剂中有特定迁移量限量（SML）、特定迁移量总量限量［SML（T）］和最大残留量等限制性要求的物质的理化指标的符合性。此外，GB 31604.1—2015《食品安全国家标准　食品接触材料及制品》迁移试验通则要求应根据产品的实际/预期用途选择迁移试验条件进行迁移量的测试。因此，只有获得食品接触材料中原辅料物质信息，特别是有限制性要求的物质信息，以及食品接触材料的使用条件，方能准确的评价食品接触材料的合规性和安全性。为确保信息的传递，GB 4806.1—2016《食品安全国家标准　食品接触材料及制品通用安全要求》第8章明确规定了产品符合性声明传递的要求。

在覆膜铁材料供应链上，上下游之间传递的商品类别主要有化学物质、中间材料、最终材料或成型品（以下统称终产品）。

（1）化学物质　是指用于生产食品接触材料及制品的基础成分，如添加剂、溶剂、助剂、着色剂等化学物质，不包括单体或起始物质。化学物质生产企业的经营者就是化学物质生产商。

（2）中间材料　是需进一步加工和再成型，才能制成最终产品的材料，如基础树脂、母料、预混料、瓶坯、半成品状态薄膜/片材以及复合材料中未复合成型的塑料层等。中间材料生产企业的经营者就是中间材料生产商。

（3）终产品　是指可直接用于接触食品，但尚未与食品接触的产品。终产品生产企业的经营者即为终产品生产商。

覆膜铁生产商作为中间材料生产商，对产品生产过程中使用/添加的物质/材料和产生的物质负责，确认材料和物质符合法规要求。向上游索要符合性声明，并依据GB 31603—2015《食品安全国家标准　食品接触材料及制品生产通用卫生规范》（仅限适用该标准的材料）、符合性声明中相关要求及相关食品接触材料安全标准进行生产。结合上游提供的符合性声明文件以及自身生产工艺的安全性分析，向下游客户提供符合性声明，说明材料和添加剂的合规性的限制要求，以确保终产品的合规。因中间材料不是终产品，还需进步加工，且根据GB 31604.1—2015《食品安全国家标准　食品接触材料及制品》要求树脂、粒料应按终产品的实际生产工艺加工成成型品进行迁移试验，所以为避免供应链中合规性工作的重复劳动，对于中间材料，其生产商可不进行迁移量的合规性测试或评价。但中间材料生产商有义务保证材料的迁移量在其推荐使用条件（如材料的用量、使用范围等等）下的合规性，必要时协助终产品生产商验证迁移量的法规符合性。

1.6.2.2 耐腐蚀性

为能阻止罐头内容物渗透到镀铬铁表面产生作用，薄膜层必须有良好的致密性。与涂料铁相比，覆膜铁薄膜层具有更加均匀、微孔更少，耐腐蚀性优势明显。在覆膜铁生产过程，需要严格控制原材料质量、覆膜设备状况及覆膜工艺稳定性，薄膜本身的微孔、覆膜辊表面光洁度、镀铬铁表面的粗糙度及洁净度、覆膜温度差异导致的结晶层比例等均会影响到最终覆膜铁材料表面薄膜的致密性及完整性。

1.6.2.3 耐机械加工性

PET 薄膜属于热塑性材料，并且与镀铬铁表面水和氧化铬的结合性良好，与热固性的涂料相比，具有更加优良的柔韧性、附着力，因此，在制罐过程中的拉伸、挤压等应力应变作用后，不易出现脆裂、脱落等问题。但是，由于 PET 薄膜本身的特性，其摩擦因数较高、硬度低，在冲压前需要进行合理的润滑处理，否则容易出现擦伤、拉伸断裂等风险，也更加容易在模具内残留杂质导致模具的划伤，从而影响到薄膜的完整性。此外，过度的印刷烘烤会加剧分子结晶，降低拉伸后薄膜与基材的附着力，同时减弱薄膜的延伸率而产生拉伸后开裂的问题。在考虑到成本因素方面，不同应用领域的覆膜铁通常采用不同配方的薄膜，对后续加工工艺的适配性存在差异。因此，应用覆膜铁材料之前，务必需要与覆膜铁供应商进行充分的沟通确认，并严防用错规格。

1.6.2.4 耐杀菌性

对于有杀菌需求的产品，所应用的覆膜铁材料通常具有较优良的耐杀菌性。如前所述，不同应用领域的覆膜铁通常采用不同配方的薄膜，将非耐杀菌用途的覆膜铁用于需杀菌的产品，通常会出现杀菌后局部泛白、切口薄膜与基材剥离等问题。因此，同样需要明确用途，采用对应的覆膜铁材料。

综上所述，虽然覆膜铁材料具有环保、安全、耐加工性优良等诸多优点，但是也存在本身固有的缺陷。如何趋利避害，是下游应用领域充分认识到覆膜铁材料后首要考虑的问题。应用之前通常确认的项目包括：基板尺寸（长、宽、厚）、基板调制度、薄膜颜色（透明、白色、金色等）、表面处理方式（涂油、涂蜡、不涂）、用途（浅冲或深冲、是否印刷、是否杀菌）等。

1.6.2.5 食品安全要求

覆膜铁相关产品必须符合以下要求：符合 GB 4806.1—2016《食品安全国家标准　食品接触材料及制品通用安全要求》的要求，基础树脂符合 GB 4806.6—2016《食品安全国家标准　食品接触用塑料树脂》要求，添加剂符合 GB 9685—2016《食品安全国家标准　食品接触材料及制品用添加剂使用标准》及相关公告要求。产品生产过程符合 GB 31603—2015《食品安全国家标准　食品接触材料及制品生产通用卫生规范》的要求。

迁移试验应符合 GB 31604.1—2015《食品安全国家标准　食品接触材料及制品》和 GB 5009.156—2016《食品安全国家标准　食品接触材料及制品迁移试验预处理方法通则》的规定，相关项目的测定应采用国家标准检验方法，在尚无相应国家标准检验方法的情况下，可以采用经充分技术验证的其他检验方法（具体参照 GB 4806.1—2016《食品安全国家标准　食品接触材料及制品通用安全要求》）。

1.7 覆膜铁检验

1.7.1 表面质量

1.7.1.1 取样

（1）片材

① 将同时交货、同一规格的产品定为一个货批。

② 将同一货批的产品按每 20 件定为一个货组。不足 20 件的余数也作为一个货组。

③ 从每一货组中随机抽取 1 件作为样件。货批不足 20 件的产品应抽取 2 件作为样件。

④ 在样件的上、中、下三个部位，分别、随机抽取 7 张、共 21 张样品。其中 1 张用于理化性能检验，其余 20 张用于外观检查。

（2）带材

① 将同时交货、同一规格的产品定为一个货批。

② 一个货批的板卷剪切后，把不属于合格品的覆膜铁（生产商通常已标识）排除在外，留下合格的覆膜铁，以 750m 的钢带长度为一单元，在此基础上选取试样。

③ 因为试样必须从货批内的板卷上剪切出来，因此取样是由用户在正常剪切操作中进行的。用户在取样和检验过程中应当允许生产者或者他的代表在场，以确认取样的真实性。

④ 对包含 20 个单元的货批，任选 4 个单元取样；对包含 20 个单元以上的货批，从每 20 个单元中任选 4 个作为取样单元；不足 20 个单元的部分，也任选 4 个作为取样单元。

⑤ 从每个取样单元中取出 1％的覆膜铁钢板进行表面质量检验，判定其是否合格。

（3）外观

检查方法：目视检查。

光源要求：至少两支 40W 日光灯；光源与样品的距离为 750～800mm，检验者的眼睛与样品的距离为 350～400mm 进行目视检查。

（4）外观要求

① 覆膜面应光滑平整，色泽基本一致。

② 覆膜面不应有影响使用的皱折、压痕、气泡、杂质及破洞等缺陷。采用透明膜或金膜覆膜铁时，基板的表面缺陷可以通过目视检查出，经常遇到基板划痕、锈点、乳化液残留斑等，应注意与薄膜表层的缺陷进行区分。

③ 覆膜面不应有穿透薄膜的擦伤。

④ 在检查表面质量时还应注意其他一些机械性损伤，如毛刺、中间浪形、边部浪形、横向弯曲、纵向弯曲等，这些形状缺陷和偏差的存在，将易使覆膜铁在印刷、制罐、制盖等过程中产生跑偏、套位不准、图案异常扭曲等问题。

⑤ 部分生产商覆膜后未配备修边工序，常出现覆膜铁露铁或露膜的现象。膜缩进量的要求如下：若覆膜铁需印刷，则膜缩进量：$0\text{mm}<X<2\text{mm}$；若覆膜铁不需印刷，则膜缩进量：$-1\text{mm}<X<1\text{mm}$。

（6）合格判定　如果覆膜铁表面质量经检查不符合要求，则重新从每个包装件任取 5％的覆膜铁片材进行检验。

（7）注意事项

① 抽取样品时应轻拿轻放，避免对薄膜造成二次损伤。

② 当发现不合格时，必须做好记录、标识、隔离存放。

1.7.2 尺寸、形状

1.7.2.1 尺寸、形状的测量及判定

方法同1.6.1.2节。

1.7.2.2 其他要求

其他与镀铬铁相关的尺寸、外形、质量及允许偏差应符合GB/T 708—2006《冷轧钢板和钢带尺寸、外形、重量及允许偏差》、GB/T 24180—2009《冷轧电镀铬钢板及钢带》的规定。

1.7.3 理化性能

1.7.3.1 取样

在待检样张上用切刀裁取检验试样，取样部位和尺寸见图1.36。

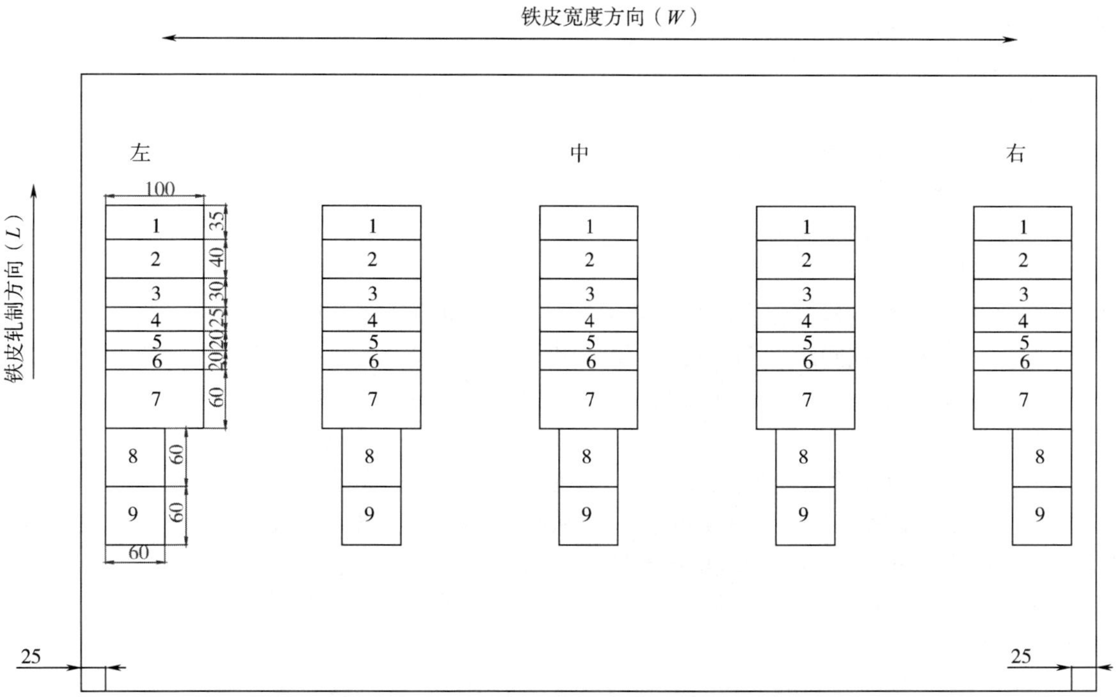

图1.36 取样部位和尺寸示意

1—测耐水煮（100mm×35mm） 2—测耐蒸煮（100mm×40mm） 3—测抗酸性（100mm×30mm）
4—测抗硫性（100mm×25mm） 5—测抗盐性（100mm×20mm） 6—测抗油性（100mm×20mm）
7—测耐蚀力（100mm×60mm） 8—测抗冲击性（60mm×60mm） 9—测附着力（60mm×60mm）

1.7.3.2 耐水煮

（1）原理 模拟覆膜铁在高温水煮后，观察薄膜的致密性、结晶均匀性、小分子是否析出及薄膜与镀铬铁附着性。

（2）试剂 蒸馏水。

（3）试验装置

① 立式压力蒸汽灭菌器：控温范围109～135℃。

② 实验室型封口机。

③ 惰性容器：不锈钢金属罐。

（4）试验步骤

① 试样的制备：在待检样张上用切刀裁取试验试样，取样部位和尺寸见图 1.36。

② 将样片反复折叠成间距为 3mm 的方块，将 5 个样片浸没于盛有蒸馏水的惰性容器中，或浸没于盛有蒸馏水的空罐中。

③ 将试验容器置于高压锅内，加热至 121℃并保持 60min，自然降压、冷却后，取出样片。观察覆膜铁表面状况。

（5）结果判定　经试验后覆膜面无气泡、无脱落、无变色、无结晶斑、无腐蚀。

（6）合格判定　试验结果指标不合格时，应从同一样件中加倍量抽取样品，进行复验。若复验结果不合格时，则判该货组的覆膜铁耐水煮性不合格。

（7）注意事项　高压锅应在排完气（常压）后才能打开盖、取出惰性容器、观察试样。

1.7.3.3　耐蒸煮

（1）原理　模拟覆膜铁在高温高压蒸煮后，观察薄膜的致密性、结晶均匀性、小分子是否析出及薄膜与镀铬铁附着性。

（2）试剂　蒸馏水。

（3）试验装置

① 立式压力蒸汽灭菌器：控温范围 109～135℃。

② 实验室型封口机。

③ 惰性容器：不锈钢金属罐。

（4）试验步骤

① 试样的制备：在待检样张上用切刀裁取试验试样，取样部位和尺寸见图 1.36。

② 将样片反复折叠成间距为 3mm 的方块，将 5 个样片置于不加水的惰性容器或者空罐中。

③ 将试验容器置于高压锅内，加热至 121℃并保持 60min，自然降压、冷却后，取出样片。观察覆膜铁表面状况。

（5）结果判定　经试验后覆膜面无气泡、无脱落、无变色、无结晶斑、无腐蚀。

（6）合格判定　试验结果指标不合格时，应从同一样件中加倍量抽取样品，进行复验。若复验结果不合格时，则判该货组的覆膜铁耐蒸煮性不合格。

（7）注意事项　高压锅应在排完气（常压）后才能打开盖、取出惰性容器、观察试样。

1.7.3.4　抗酸性

（1）原理　覆膜铁在模拟酸性食品的试验溶液中杀菌后，观察试验溶液透过薄膜微孔与镀铬铁产生快速作用的结果，反映覆膜铁的耐酸性能。

（2）试验溶液　柠檬酸溶液（20g/L）：称取柠檬酸（$C_6H_8O_7 \cdot H_2O$）20g，用水溶解并稀释至 1000mL。

（3）试验装置

① 立式压力蒸汽灭菌器。

② 实验室型封口机。

③ 惰性容器：不锈钢金属罐。

（4）试验步骤

① 试样的制备：在待检样张上用切刀裁取试验试样，取样部位和尺寸见图 1.36。

② 将涂覆镀锡薄钢板样片反复折叠成间距为 3mm 的方块，浸没于盛有试验溶液的惰性容器中，加盖密封；或浸没于盛有试验溶液的涂料铁空罐中，用实验室封口机卷试。试验溶液距容器的盖内面应在 5～7mm。

③ 将试验容器置于灭菌器内，加热至 121℃并保持 60min，自然降压、冷却后，取出试样，洗

净、干燥。观察涂膜状况。

(5) 结果判定　经试验后覆膜面无气泡、无脱落、无变色、无腐蚀。

(6) 合格判定　试验结果指标不合格时，应从同一样件中加倍量抽取样品，进行复验。若复验结果不合格时，则判该货组的覆膜铁抗酸性不合格。

(7) 注意事项

① 以镀铬铁为基材的覆膜铁不能用醋酸溶液进行试验，否则试样会变色，其结果不能反映抗酸性。

② 惰性容器或空罐的封口应保证无泄漏。

③ 灭菌器应在排完气（常压）后才能打开盖取出惰性容器。惰性容器应在冷却至适当温度后才能开启、观察试样。

1.7.3.5　抗硫性

(1) 原理　覆膜铁在模拟含硫食品的试验溶液中杀菌后，观察试验溶液透过薄膜微孔与镀铬铁产生快速作用的结果，反映覆膜铁的耐硫性能。

(2) 试验溶液　L型半胱氨酸盐酸盐（0.5g/L）、磷酸二氢钾（3.6g/L）、磷酸氢二钠（7.2g/L）的混合溶液：称取L型半胱氨酸盐酸盐（$C_3H_8NO_2SCl$）0.50g或L型半胱氨酸盐酸盐（$C_3H_8NO_2SCl \cdot H_2O$）0.56g、磷酸二氢钾3.60g、磷酸氢二钠（$Na_2HPO_4 \cdot 12H_2O$）7.20g，分别用水溶解后，混合并稀释至1000mL。混合溶液应在配制后4h内使用。

(3) 试验装置

① 立式压力蒸汽灭菌器。

② 实验室型封口机。

③ 惰性容器：不锈钢金属罐。

(4) 试验步骤

① 试样的制备：在待检样张上用切刀裁取试验试样，取样部位和尺寸见图1.36。

② 将试样反复折叠成间距为3mm的方块，浸没于盛有试验溶液的惰性容器中，加盖密封；或浸没于盛有试验溶液的空罐中，用实验室封口机卷封。试验溶液距容器的盖内面应在5～7mm。

③ 将试验容器置于高压锅内，加热至121℃并保持60min，自然降压、冷却后，取出样片，洗净、干燥。观察覆膜铁表面状况。

(5) 结果判定　经试验后覆膜面无硫化斑、无气泡、无脱落、无变色、无腐蚀。

(6) 合格判定　试验结果指标不合格时，应从同一样件中加倍量抽取样品，进行复验。若复验结果不合格时，则判该货组的覆膜铁抗硫性不合格。

(7) 注意事项

① 试验溶液配制后应在4h内使用，否则将影响试验溶液的有效性而不能反映覆膜铁实际的抗硫性。

② 惰性容器或空罐的封口应保证无泄漏。

③ 高压锅应在排完气（常压）后才能打开盖、取出惰性容器。惰性容器应在冷却至适当温度后才能开启、观察试样。

1.7.3.6　抗盐性

(1) 原理　模拟覆膜铁在含盐食品中杀菌后，观察试验溶液透过薄膜微孔与镀铬铁作用的结果，反映覆膜铁的耐盐性能。

(2) 试验溶液　3%（质量浓度）的氯化钠（NaCl）溶液。

(3) 试验装置

① 立式压力蒸汽灭菌器。

② 实验室型封口机。

③ 惰性容器：不锈钢金属罐。

（4）试验步骤

① 试样的制备：在待检样张上用切刀裁取试验试样，取样部位和尺寸见图 1.36。

② 将试样反复折叠成间距为 3mm 的方块，浸没于盛有试验溶液的惰性容器中，加盖密封；或浸没于盛有试验溶液的空罐中，用实验室封口机卷封。试验溶液距容器的盖内面应在 5～7mm。

③ 将试验容器置于高压锅内，加热至 121℃并保持 60min，自然降压、冷却后，取出样片，洗净、干燥。观察覆膜铁表面状况。

（5）结果判定　经试验后覆膜面无气泡、无脱落、无变色、无腐蚀。

（6）合格判定　试验结果指标不合格时，应从同一样件中加倍量抽取样品，进行复验。若复验结果不合格时，则判该货组的覆膜铁抗盐性不合格。

（7）注意事项

① 惰性容器或空罐的封口应保证无泄漏。

② 高压锅应在排完气（常压）后才能打开盖、取出惰性容器。惰性容器应在冷却至适当温度后才能开启、观察试样。

1.7.3.7　抗油性

（1）原理　模拟覆膜铁在含油食品中杀菌后，薄膜中是否存在可溶于油性溶液的析出物，反映覆膜铁的耐油性能。

（2）试验溶液　大豆油。

（3）试验装置

① 立式压力蒸汽灭菌器。

② 实验室型封口机。

③惰性容器：不锈钢金属罐。

（4）试验步骤

① 试样的制备：在待检样张上用切刀裁取试验试样，取样部位和尺寸见图 1.36。

② 将试样反复折叠成间距为 3mm 的方块，浸没于盛有试验溶液的惰性容器中，加盖密封；或浸没于盛有试验溶液的空罐中，用实验室封口机卷封。试验溶液距容器的盖内面应在 5～7mm。

③ 将试验容器置于高压锅内，加热至 121℃并保持 60min，自然降压、冷却后，取出样片，洗净、干燥。观察覆膜铁表面状况。

（5）结果判定　经试验后覆膜面无气泡、无脱落、无变色、无腐蚀。

（6）合格判定　试验结果指标不合格时，应从同一样件中加倍量抽取样品，进行复验。若复验结果不合格时，则判该货组的覆膜铁抗油性不合格。

（7）注意事项

① 惰性容器或空罐的封口应保证无泄漏。

② 高压锅应在排完气（常压）后才能打开盖、取出惰性容器。惰性容器应在冷却至适当温度后才能开启、观察试样。

1.7.3.8　耐蚀力

（1）原理　试验通过一外加电压，促使试验溶液离子透过薄膜微孔与镀铬铁产生快速腐蚀，当薄膜微孔多、大时腐蚀斑就多、就大，反之则轻；而腐蚀斑的扩散程度又与覆膜层附着力的优劣、薄膜的厚薄等因素有关。故试验结果反映的是覆膜铁的综合性能。

（2）试验溶液　模拟腐蚀溶液：柠檬酸（50g/L）、硝酸钠（0.14g/L）、抗坏血酸（0.5g/L）的混合溶液。

称取柠檬酸（$C_6H_8O_7 \cdot H_2O$）50g、硝酸钠 0.14g、抗坏血酸 0.50g，分别用水溶解后，混合并稀释至 1000mL。试验溶液应在配制后 4h 内使用。

（3）试验装置　塑料槽（或烧杯），不锈钢棒，试样夹，直流电源（输出电压 0～30V，输出电流 0～3A，可调），电烙铁，导线，坩埚，蜂蜡，毛笔，可调电阻电炉。

（4）试验步骤

① 试样的制备：在待检样张上用切刀裁取试验试样，取样部位和尺寸见图 1.36。在试样的背面焊上导线，并在背面和边角均匀涂上一层蜂蜡。

② 将试样浸入试验溶液（2）中。以直径为 4mm、长度为 10mm 的不锈钢棒为阴极、样片为阳极，接入 15V 直流电源，造成阳极腐蚀。1h 后取出样片，洗净、干燥。观察腐蚀斑的大小和数量。

③ 对某些特定产品，经双方同意，可以采用其他腐蚀介质。

（5）结果判定

① 试样的耐蚀力按表 1.39 评定。

表 1.39　　耐蚀力评定

耐蚀力/级	腐蚀程度
0	无腐蚀斑
1	10 个以下长度 1mm 的腐蚀斑；5 个以下长度为 1～2mm 的腐蚀斑
2	30 个以下长度 1mm 的腐蚀斑；10 个以下长度为 1～2mm 的腐蚀斑

② 试样的耐蚀力应是三个样片测值的算术平均值。

③ 耐蚀力应不劣于 1 级。

（6）合格判定　试验结果指标不合格时，应从同一样件中加倍量抽取样品，进行复验。若复验结果不合格时，则判该货组的覆膜铁耐蚀力不合格。

（7）注意事项

① 蜂蜡应放在坩埚中用电炉小火加热熔化，以蜂蜡刚冒烟为度；试样的边角处应涂蜡 2～3 次，以确保没有金属暴露，否则该部位会产生腐蚀，而影响待测覆膜面的腐蚀状况。

② 模拟液应在使用时配制，为方便操作，对硝酸钠可先配制成高浓度溶液置冰箱保存，使用时再稀释。

③ 模拟液不可反复使用。

1.7.3.9　抗冲击性

（1）原理　模拟覆膜铁在生产、运输、制罐、制盖时受到各种机械操作会被拉伸、挤压的耐加工性能。

（2）试验溶液　硫酸铜溶液（50g/L）：称取硫酸铜（$CuSO_4 \cdot 5H_2O$）50g，用水溶解并稀释至 1000mL。

（3）试验装置

① 冲盖装置。

② 冲击仪。

（4）试验步骤

① 试样的制备：在待检样张上用切刀裁取试验试样，取样部位和尺寸见图 1.36。

② 将试样的被测面向下插入冲击仪，以 1kg 重锤从 1m 高度冲下；或将试样冲成直径为 60～

90mm 的罐盖。

③ 将冲击样或罐盖浸入硫酸铜溶液 7 中，30min 后取出样片，洗净、干燥。观察冲击样的半球面或罐盖的腐蚀状况。

（5）结果判定　经硫酸铜浸泡后，覆膜面应无密集腐蚀点。

（6）合格判定　试验结果指标不合格时，应从同一样件中加倍量抽取样品，进行复验。若复验结果不合格时，则判该货组的覆膜铁抗冲击性不合格。

（7）注意事项

① 冲制过程中不应损伤钢基板，即不能把钢基板冲裂。

② 冲击仪的冲头应直接冲在试样上，而不是间接冲击。

③ 冲头的钢球表面或冲盖模具必须光洁平滑，不得有异物污染。

④ 硫酸铜溶液可重复使用，但当溶液颜色变浅、沉淀物过多时应重新配制。

⑤ 试样切面暴露的铁与硫酸铜反应生成的金属铜会贴附在覆膜面上，观察前应充分清洗并予以区分。

1.7.3.10　附着力

（1）原理　模拟覆膜铁在制罐、制盖并经过杀菌后，薄膜与镀铬铁的附着力稳定性。

（2）试验溶液　蒸馏水。

（3）试验装置

① 冲击仪（冲头的钢球直径不低于 16mm，否则容易冲偏）。

② 立式压力蒸汽灭菌器。

③ 实验室型封口机。

④ 惰性容器：不锈钢金属罐。

（4）试验步骤

① 试样的制备：在待检样张上用切刀裁取试验试样，取样部位和尺寸见图 1.36。

② 将试样需测试的一面，用美工刀在覆膜层进行刻线，以划破覆膜层为准，见图 1.37。

③ 将试样的测试面向下插入冲击仪（O 点位于冲头直径范围内），以 1kg 重锤从规定高度（见表 1.40：板厚与落锤高度对应表）自由落下。

④ 将冲击试样浸没于盛有蒸馏水的惰性容器中，加盖密封。再将惰性容器置于压力蒸汽锅内，加热至 121℃ 并保持 60min，自然降压、冷却后取出样片，洗净、干燥，观察覆膜铁表面情况。

⑤ 板厚与落锤高度对应。

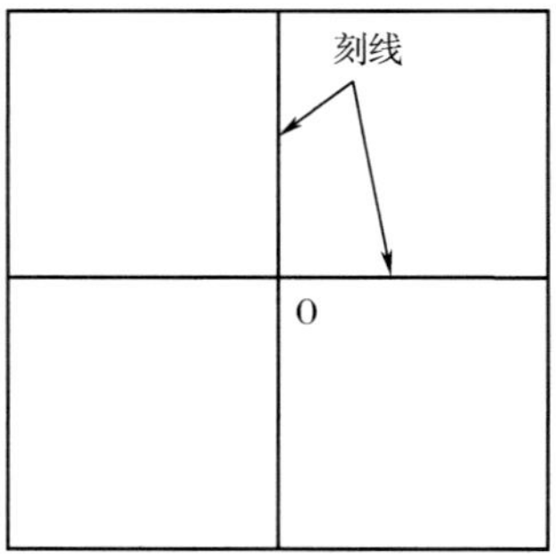

图 1.37　附着力测试样品刻线示意图

表 1.40　板厚与落锤高度对应参照表

板厚/mm	≤0.16	0.16～0.22	≥0.22
落锤高度/mm	500	800	1000

（5）结果判定　试验后覆膜与基板剥离长度（与刻线垂直的剥离方向）不大于 2mm。

（6）合格判定　试验结果指标不合格时，应从同一样件中加倍量抽取样品，进行复验。若复验结果不合格时，则判该货组的覆膜铁附着力不合格。

（7）注意事项

① 冲制过程中不应损伤钢基板，即不能把钢基板冲裂。

② 冲击仪的冲头应直接冲在试样上，而不是间接冲击。

③ 高压锅应在排完气（常压）后才能打开盖、取出惰性容器。惰性容器应在冷却至适当温度后才能开启、观察试样。

1.8 制罐电阻焊铜线检验

1.8.1 抽样方法

（1）将同时交货、同一规格的产品定为一个货批。

（2）从每一货批中随机抽取三件作为样件用于表面质量检查，并从这三件中各取三组试样用于机械性能的检验。

1.8.2 表面质量

1.8.2.1 试验方法

直接目视检查。

1.8.2.2 表面质量要求

（1）线材表面应光滑、清洁，不应有裂纹、起皮、毛刺、粗拉道、折叠和夹杂。

（2）允许有不影响焊接质量的轻微、局部的压入物、斑点、凹坑、划伤等缺陷。

（3）轻微的发红、发暗和氧化色及轻微的局部水迹、油迹，不影响焊接使用的不作报废依据。

（4）线材的断口应致密，无缩尾、气孔、分层和夹杂。

（5）每桶线材不应多于二根线头，线材头、尾应有“头”“尾”标志。

1.8.2.3 合格判定

如有一项（或一项以上）的不合格样件数大于1件时，应从同一货组中加倍量抽取样品，进行复验。若复验结果仍有一项的不合格件数大于1件时，则判该货批外观不合格。

1.8.3 尺寸（直径）

1.8.3.1 试验装置

罐头卷边测微计：中国食品工业协会罐藏食品专业委员会；测量范围0～13mm，测量精度为0.001mm。

1.8.3.2 试验步骤

（1）测量装置归零。在归零时所用的力需和测量时尽量保持一致。

（2）用测量装置直接在样件中的线材测量任意三点的直径，以平均值为该样件的直径测量值。

（3）为了避免测量的不确定性，一般都要置零两次以上，在同一点的测量次数不低于2次。

（4）测量完成后，应观察回零是否准确，其示值零位误差不可超过0.002mm，否则需要重新测量或校准。

1.8.3.3 线材直径及允许偏差

应符合表1.41的规定。

表 1.41　　线材直径及允许偏差

线材直径/mm	允许偏差
1.38	+0.01 −0.02
1.50	+0.01 −0.02

注：苏德罗尼克的企业标准中允许偏差数值为：−0.04～0mm。

1.8.3.4　合格判定

结果如有一组件（或一组件以上）尺寸不合格时，应从同一样件中加倍量抽取样品，进行复验。若复验结果仍有一组件不合格时，则判该货批尺寸指标不合格。

1.8.3.5　对铜线直径的特别建议

当罐体直径大于105mm、罐体高度大于180mm（喷雾罐）、马口铁厚度大于0.20mm焊接速度大于85m/min时，建议使用直径为1.38mm的铜线。

当镀锡马口铁厚度大于0.25mm时，建议使用直径为1.50mm的铜线。

若使用的是直径1.24mm的铜线，线成型宽度则为1.84mm，焊轮槽深度就应为0.30mm。

1.8.4　力学性能

1.8.4.1　试验原理

在室温下，对试样施加拉力至断裂，测定铜线拉伸力学性能。

除非另有规定，试验一般在室温10～35℃范围内进行。仲裁试验温度应为（23±5）℃。

1.8.4.2　试验装置

试验机主机，交流伺服电机及伺服系统，传感器，拉伸夹具，测控系统一套，计算机，试验软件。

1.8.4.3　试样

（1）试样尺寸应符合表1.42的规定。

表 1.42　　试样尺寸

直径 d/mm	L_O/mm	Lc/mm
≤4	100	≥150
	200	≥250

（2）制备　试样不需经机加工，但应仔细进行矫直。

1.8.4.4　试验步骤（以深圳新三思CMT6104型为例）

（1）打开试验机主机电源。

（2）按软件启动方式进入软件，选择正确的传感器进行联机。

（3）在输入用户参数窗口选择试验方案。

（4）输入存盘文件名，或采用默认文件名。

（5）测量试样尺寸。

（6）输入试样尺寸、试样标距及相关试验参数，可以一次输一根试样的尺寸，也可以一次输入所有试样尺寸。

(7) 安装夹具及夹持试样。

(8) 开始试验。软件自动切换到试验界面。

(9) 观察试验过程。

(10) 输入断后标距。

(11) 进行下一个试样试验，如已输入试样尺寸，重复（7）～（14）步，如还未输入试样尺寸，重复（5）～（10）步。

(12) 一批试验完成后点击“生成报告”按钮将生成试验报告。打印试验报告。

(13) 做完试验，关闭软件。

(14) 关闭试验机主机电源。

1.8.4.5 铜线的室温拉伸试验结果

应符合表 1.43 的规定。

表 1.43　铜线力学性能指标要求（GB/T 21652—2017《铜及铜合金线标》）

线材直径/mm	抗拉强度/（N/mm^2）	伸长率 δ/%（L_O=100mm）
1.30～1.50	≥205	≥25

注：苏德罗尼克的企业标准中铜线的抗拉强度为 245～285N/mm^2，伸长率为 22%～28%。

1.8.4.6 合格判定

结果如有一组件（或一组件以上）尺寸不合格时，应从同一样件中加倍量抽取样品，进行复验。若复验结果仍有一组件不合格时，则判该货批力学性能指标不合格。

1.8.4.7 注意事项

(1) 试样一定要矫直。

(2) 试样应夹持在中心轴线位置。

1.8.4.8 铜线屈服强度和延长率的经验检验方法

如图 1.38 所示，取 3m 铜线，用记号笔标出一段 1m 长度，按公式计算最小拉力，此时铜线还没有开始拉长（铜线在蠕变极限）。公式：$F=d^2\times141N/mm^2$（d：铜线直径 mm）。

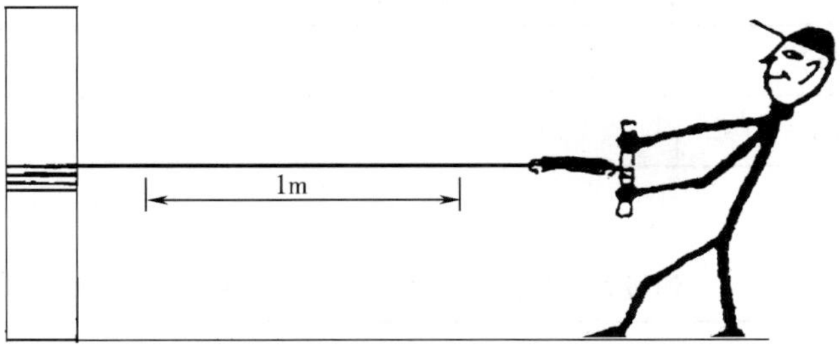

图 1.38　铜线屈服强度和延长率的经验检验方法

试验 1 检查铜线的屈服强度：在一端接一个带刻度弹簧拉力器，拉弹簧拉力器直到拉力器显示计算的拉力，如果在最小拉力强度 $180N/m^2$ 下的最小屈服强度 Rp0.2（见表 1.43 参数），没有任何延长，则铜线合格。

试验 2 检查铜线的延伸率：如图 1.39，慢慢拉铜线，直到铜线断了，检查原在铜线上标记的两端距离。检测如下：原为 1m 100%，拉断长为 1.25m，铜线延长 25%，延伸率符合上面表格参数（22%～28%）。

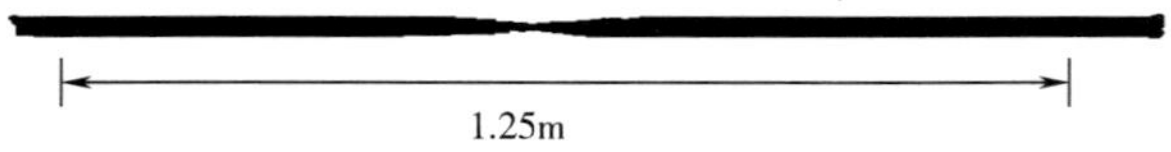

图 1.39　铜线拉长

1.8.5　包装与储存

1.8.5.1　防腐蚀保护

光亮的铜线容易遭到腐蚀，因此，必须保护起来，防止腐蚀，特别是在储存过程中。

1.8.5.2　潮湿度

应该将铜线容器（桶）储存在干燥的房间内，避免受潮。受潮所带来的温度差异容易导致包装材料的损坏。

1.8.5.3　缠绕

铜线必须顺时针的缠绕在桶上，要求没有拉力和结。焊接时，铜线必须能够顺利地从桶上松开，不能有活套，其速度应能够适应最高 150m/min 的速度。

1.8.6　技术规格参考

由于业内制罐电阻焊铜线的标准，大部分用户都选择应用瑞士苏德罗尼克公司的标准，故列出相关数据供参考（表 1.44、表 1.45、表 1.46）。

表 1.44　　铜线直径及允许偏差（苏德罗尼克公司标准）

铜线原截面额定直径/mm	1.24	1.38	1.50	1.60	1.80	2.00	2.50
横截面约为/mm^2	1.21	1.50	1.77	2.01	2.45	3.14	4.91
允许直径差异	0～0.04						
每个长度单位的质量/(kg/km)	10.7	13.3	15.7	17.9	22.6	28.0	43.7

注：体积质量 8.9kg/dm^3。

表 1.45　　铜线导电特性（20℃时）（苏德罗尼克公司标准）

最大电阻率/(Ω·m^2/m)	0.01739
最小导电率/[m/(Ω·mm^2)]	57.5

注：温度 20℃。

表 1.46　　铜线力学性能（苏德罗尼克公司标准）

屈服强度 $Rp.0.2$/(N/mm^2)	≥180
抗拉强度，Rm/(N/mm^2)	245～285
延长率 A/%	22～28

2　马口铁三片罐检验

2.1　易开盖三片罐检验

2.1.1　抽 样 方 法

2.1.1.1　检验批

同批交货的同品种、同规格的产品为同一检验批。

2.1.1.2　产品检验

产品的检验分出厂检验和型式检验。产品交货时必须进行出厂检验。

2.1.1.3　罐体的不合格分类

罐体的不合格分类见表 2.1。

表 2.1　　罐体外观缺陷分类

名称	不合格分类	缺陷内容
罐体	A类不合格	罐内明显油污、异物污染、金属暴露，冷焊、漏焊、孔洞、击穿、翻边裂口、二重卷边假卷、大塌边、快口
	B类不合格	内涂膜及内补涂带明显气泡、焦黄，罐身凹痕最大不超过 $1cm^2$、且未导致内涂膜损伤，明显划痕，印刷图案倒置，内印色，卷边不完全、跳封、碎裂
	C类不合格	印色与样板有轻微差别、印刷图案轻微错位，不暴露金属的小划痕，卷边溢胶，焊缝错位、拖尾超过 0.5mm，表面锈蚀

2.1.1.4　检验依据

内涂膜固化、耐蚀性按表 2.2 进行检验。其他出厂检验和型式检验项目按 GB/T 2828.1—2012《计数抽样检验程序　第 1 部分：按接收质量限（AQL）检索的逐批次检验抽样计划》中正常检验二次抽样方案进行检验，见表 2.3 和表 2.4。

表 2.2　　内涂膜固化、耐蚀性检验抽样方案及判定

名称	检验项目	不合格分类	批量范围	样本数	判定数组
罐体	内涂膜固化	A类不合格	≥35001	3	[0　1]
	耐蚀性				

表 2.3　　检查水平和接收质量限

名称	检验项目	批检查水平	不合格分类	接收质量限 AQL
罐体	外观	S-4	A类不合格	0.65
			B类不合格	2.5
			C类不合格	4.0
	尺寸	S-3	C类不合格	4.0

续表

名称	检验项目	批检查水平	不合格分类	接收质量限 AQL
罐体	二重卷边结构	S-1	B类不合格	2.5
	内涂膜完整性	S-1	A类不合格	1.0
	焊缝补涂带完整性	S-1	B类不合格	1.0
	耐压强度	S-1	A类不合格	1.0
	密封性	S-1	A类不合格	1.0

表 2.4　　正常检查二次抽样方案

检查水平	批量范围	接收质量限 AQL	样本数	判定数组
S-1	≥35001	1.0	13	[0 1]
		2.5	5	[0 1]
S-3	35001～500000	4.0	20 20	┌1 3┐ └4 5┘
	≥500001	4.0	32 32	┌2 5┐ └6 7┘
S-4	35001～500000	0.65	50 50	┌0 2┐ └1 2┘
		2.5	50 50	┌2 5┐ └6 7┘
		4.0	50 50	┌3 6┐ └9 10┘
	≥500001	0.65	80 80	┌0 3┐ └3 4┘
		2.5	80 80	┌3 6┐ └9 10┘
		4.0	80 80	┌5 9┐ └12 13┘

2.1.2　罐体外观质量

2.1.2.1　试验方法

采用目视检查。在光线适宜的环境中进行。

2.1.2.2　外观质量要求

（1）罐体无变形、翻边完整、无明显伤蚀、无污染、无异味。

（2）二重卷边光滑均匀，不得有快口、假卷、大塌边，也不应有卷边不完全、卷边牙齿、铁舌、跳封、卷边碎裂、填料挤出、锐边、垂唇、双线等缺陷。

（3）焊缝平整光滑，不得有冷焊、孔洞，焊缝内侧不应有飞溅点，焊缝端部拖尾和错位之和不应大于 0.5mm，补涂完整。

（4）印刷质量应符合 QB/T 1877—2007《包装装潢镀锡（铬）薄钢板印刷品》的标准要求。

（5）内外涂膜质量符合 QB/T 2763—2006《涂覆镀锡（或铬）薄钢板》的标准要求。

2.1.3 尺　　寸

2.1.3.1 试验装置

用专用或通用量具测量。量具的最小读数值不大于0.01mm。

(1) 罐体高度　卡尺/专用罐体高度测定仪（高度尺）。

(2) 翻边宽度　专用罐体翻边宽度测定仪。

2.1.3.2 罐体的主要尺寸和极限偏差

具体见表2.5。

表2.5　　罐体主要尺寸和极限偏差

型号	标称容量/mL	罐体内径 D/mm		罐体高度 H/mm		翻边宽度 W/mm				罐颈内径 d/mm			
						封易开盖罐		封底盖罐		封易开盖罐		封底盖罐	
113/202/200×402	180	52.30	±0.15	104.33	±0.30	2.50	±0.20	2.40	±0.20	46.55	±0.15	50.00	±0.15
113/202/200×504	250	52.30		132.90		2.50		2.40		46.55		50.00	
200/202/200×402	180	52.30		104.33		2.50		2.50		50.00		50.00	
200/202/200×504	250	52.30		132.90		2.50		2.50		50.00		50.00	
202/202/202×504	250	52.30		132.90		2.50		2.50		52.30		52.30	
206/211/209×214	180	65.30		73.45		2.65		2.30		62.50		57.10	
206/211/209×309	275	65.30		91.50		2.65		2.30		62.50		57.10	
206/211/209×408	330	65.30		115.20		2.65		2.30		62.50		57.10	
206/211/209×413	355	65.30		121.95		2.65		2.30		62.50		57.10	
209/211/209×309	275	65.30		91.50		2.65		2.65		62.50		62.50	
209/211/209×413	355	65.30		121.95		2.65		2.65		62.50		62.50	
209/211/209×508	420	65.30		140.00		2.65		2.65		62.50		62.50	

注：(1) 其他规格尺寸由供需双方协商确定；(2) 罐体内径仅为工艺尺寸；(3) 参照《铝易开盖三片罐》。

2.1.3.3 注意事项

(1) 周期检定量具。

(2) 测量前、中、后均应多次校准归零。

(3) 同一个点最好能测量不少于两次。

2.1.4 二重卷边封口结构

2.1.4.1 试验装置

卷边投影仪，卷边切割机或卷边专用锯。

2.1.4.2 试验步骤

(1) 在待检试样的二重卷边上平均角度取三个点，其中一个点正对焊缝。用卷边切割机或卷边专用锯切取卷边剖面。将剖面清理干净。

(2) 接通电源，开启电脑，进入检测系统，带分析软件的需输入参数、标准、标题。

(3) 将切割好的试样放置在仪器成像处，调整其位置使显示屏成像清晰。

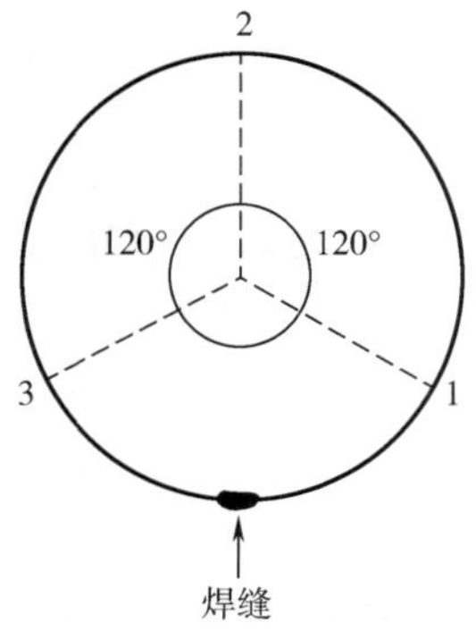

图2.1　剖面部位

（4）按测量键，仪器自动测量卷边厚度、卷边宽度、身钩长度、盖钩长度、迭接长度、迭接率、卷封空隙等数据。

（5）测量完毕后，关闭电源开关，拔掉电源插头。

（6）用钳子完整撕开试样卷边，目视检查整个盖钩紧密度。紧密度可按图 2.2 进行目测分级。

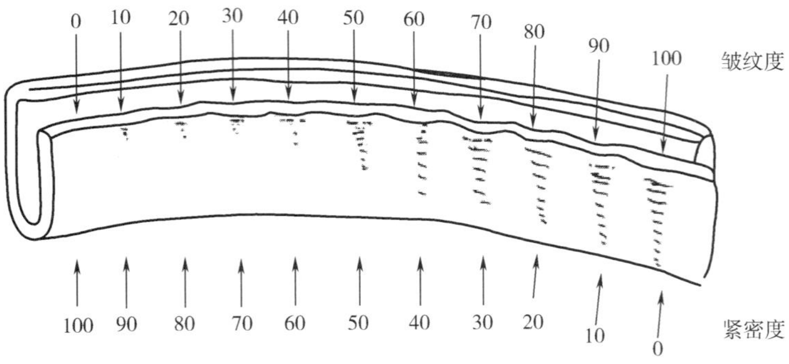

图 2.2　紧密度分级

（7）对卷边厚度要求较严格的产品，应用卷边测微计测量卷边厚度。

2.1.4.3　结果判定

迭接长度、迭接率、紧密度应符合表 2.6 的要求，卷边厚度、卷边宽度、身钩长度、盖钩长度、卷封空隙应符合客户要求。

表 2.6　二重卷封结构要求

项目	封铝合金薄板易开盖或底盖的罐	封镀锡（铬）薄钢板底盖的罐
迭接长度/mm	≥0.76	≥1.00
紧密度/%	≥60	≥50
迭接率/%	≥50	

注：参照《铝易开盖三片罐》。

2.1.4.4　注意事项

（1）剖面应清理干净，用橡皮擦拭效果较好。

（2）定期校准投影仪。

（3）保持光学焦聚面的清洁。

2.1.5　内涂膜完整性

2.1.5.1　原理

在装有电解液的罐子内外加上电压，测量电流值，如果内涂膜不完整（内涂膜不致密或者破损），电流值会很大。

2.1.5.2　试验装置和导电液

（1）内涂膜完整性测试仪　广东嘉仪仪器集团有限公司，直流电压 6.3V，最小读数值不大于 0.1mA。

（2）内涂膜完整性测试仪（KG-2015 型涂膜完整性测试仪）　中国食品工业协会罐藏食品专业委员会，直流电压 6.3V，读数值不大于 0.1mA。

（3）导电液　2%（体积质量）硫酸钠溶液。

试验溶液采用分析纯试剂、蒸馏水配制。

2.1.5.3　试验步骤（以 KG-2015 型涂膜完整性测试仪为例）

（1）接通电源，启动仪器并稳定 3 分钟。如果此时极性倒置指示灯呈橙色，按极性倒置功能键，将极性转正。

（2）按时间设定功能键，设定测定时间为 4s。

（3）在空罐内注入导电液，液面距罐口 3～5mm。

（4）抬起测试架的套管，将空罐置于底座上并轻轻磨几下，使空罐与仪器接出的电接头接触良好。再将套管放下，此时固定电极的支座平置于罐口、电极插入溶液（罐体正极，电极负极）。按测定启动键，仪器即自动显示第 4 秒的内涂膜缺陷电流值。

（5）如需观察内涂膜的缺陷部位，可按极性倒置功能键，此时内涂膜的缺陷处会有气泡产生，电流显示为反向电流值。

（6）抬起测试架的套管，将空罐取下，吸去电极上的溶液，待测定或关机。

（7）测试结束后，按电源开关，仪器关闭。

（8）每次开机时，测定时间设定值均为上一次关机时的设定值。若测定时间不变时，则开机时无须重新进行时间设定。

2.1.5.4　结果判定

内涂膜完整性应符合表 2.7 规定。

表 2.7　罐体主要性能

项目		性能指标
内外涂膜性能	内外涂膜固化	经 100℃涂膜固化试验后，内涂膜无泛白、剥离、脱落，外涂膜无明显失光、剥离、脱落，印刷图案无明显褪色。
	内涂膜耐蚀性	根据内容物特性及杀菌工艺要求，罐体经 100℃或 121℃耐蚀试验后，其内涂膜无剥离、脱落和明显腐蚀。
焊缝外涂带完整性		经试验后应无线状腐蚀或密集腐蚀点。
内涂膜完整性/mA	液体补涂罐	单个值≤50，平均值≤30
	粉末补涂罐	单个值≤30，平均值≤15
	全喷涂罐	单个值≤15，平均值≤8
耐压强度/kPa		在 150kPa（罐高大于 2 倍罐径时 180kPa）气压下，保压 1min，无永久变形。
密封性		在 150kPa（罐高大于 2 倍罐径时 180kPa）气压下，保压 1min，不允许泄漏。

注：以上性能参照《铝易开盖三片罐》。

2.1.6　罐体耐压试验

2.1.6.1　试验装置

罐体耐压强度测试仪（可用 NCA-JL100 空罐检漏仪），读数值不大于 10kPa。

2.1.6.2　试验步骤

（1）将仪器与压缩空气连接。

（2）将试样放在仪器的置样部位、通过加盖开关加盖夹紧。

（3）打开压缩空气阀，缓慢升压至 150kPa（表压），保压 1min，观察罐体有否永久变形。

（4）也可以缓慢升压至 150kPa（表压）后继续升压，读取试样变形时的最大压力值。

NCA-JL100 空罐检漏仪也可以进行减压检验，主要用于大口径空罐以判定罐体是否耐罐内真空（负压）。

2.1.6.3　结果判定

耐压强度应符合表 2.7 的规定。

2.1.6.4　注意事项

（1）一定要缓慢加压。

（2）保证加压过程无泄气。

（3）试样翻边完好，无变形。NCA-JL100 空罐检漏仪后部设有加盖压力调整，调到既不漏气又不造成翻边变形为准。

2.1.7　罐体密封性试验

2.1.7.1　方法一：加压法

按 2.1.6 进行试验，空罐底部置于水槽中以观察卷边处有无泄漏现象。对于采用 NCA-JL100 空罐检漏仪的，要检查焊缝是否有泄漏，可以在加压后用毛刷蘸肥皂水刷在焊缝上观察其是否泄漏。

2.1.7.2　方法二：真空法

（1）试验装置　NCA-JL100 空罐检漏仪：中国食品工业协会罐藏食品专业委员会，读数值不大于 10kPa。

（2）试验步骤

① 接通电源，仪器进行预热。

② 将盛有约 2/3 水量的空罐与真空吸引器相连接。

③ 开启真空吸引器的电源开关，通过调节旋钮设定所需的试验压力，缓慢升压至 67kPa（表压），保压 1min，注意观察是否有气泡产生。

④ 试验完毕后，关闭电源开关。

2.1.7.3　结果判定

密封性应符合表 2.7 的规定。

2.1.7.4　注意事项

同 2.1.6.4。

2.1.8　内外涂膜固化性

2.1.8.1　原理

模拟盖子在高温高压条件下，促使涂膜微孔与水作用，使马口铁产生快速腐蚀，反映涂膜的固化状况。

2.1.8.2　试剂

蒸馏水。

2.1.8.3　试验装置

立式压力蒸汽灭菌器：控温范围 109～135℃。

2.1.8.4　试验步骤

将试样整体放入蒸煮锅中，加入蒸馏水浸没试样，加温至 100℃，恒温 30min 后取出，冷却后目视检查涂膜状况。

2.1.8.5　结果判定

内外涂膜固化性应符合表 2.7 的要求。

2.1.9 内涂膜耐蚀性试验

2.1.9.1 原理

模拟顶底盖在酸性、碱性食品中杀菌后，酸性溶液作用使马口铁产生快速腐蚀，反映涂膜的耐腐蚀状况。

2.1.9.2 试验装置

立式压力蒸汽灭菌器：控温范围 109～135℃。

2.1.9.3 试验步骤

根据内容物的特性及杀菌要求，将罐体或盖浸没于盛有表 2.8 所列相应试验溶液的惰性容器中，按其中之一条件进行试验，经试验后，目视检查。

表 2.8 内涂膜耐蚀试验要求

内容物特性	试验溶液	试验条件
采用常压杀菌的酸性内容物	2%（体积质量）柠檬酸溶液	100℃，30min
采用高压杀菌的含蛋白质内容物	L 型半胱氨酸盐酸盐（0.5g/L）、磷酸二氢钾（3.6g/L）、磷酸氢二钠（7.2g/L）混合溶液	121℃，60min
采用高压杀菌的低酸或其他内容物	2%（体积质量）柠檬酸溶液	121℃，30min

注：试验溶液采用分析纯试剂、蒸馏水配制。

2.1.9.4 结果判定

内涂膜耐蚀性应符合表 2.7 的要求。

2.1.9.5 注意事项

（1）加盖密封要保证无泄漏。

（2）只有在灭菌器排完气（常压）后才能打开盖取出惰性容器。

（3）只有在惰性容器冷却适宜后才能开启观察试样。

2.1.10 外补涂带完整性试验

2.1.10.1 试验步骤

从罐体上剪下焊缝补涂带，并浸入 5%（体积质量）硫酸铜溶液中，30min 后取出试样；或浸入 20%（体积质量）硫酸铜和 10%（体积分数）盐酸的混合溶液中 2min 后取出试样，目视检查外焊缝的腐蚀状况。

2.1.10.2 结果判定

外补涂带完整性应符合表 2.7 的要求。

2.2 空罐生产工序质量检验

2.2.1 自动轮刀剪板工序质量检验

2.2.1.1 检验计划

具体见表 2.9。

表 2.9　　　　检验计划

检验项目	检验频次	样品数量	抽样方法	合格判定 Ac　Re
外观	1 次/h	45 片	随机抽取	[1　3] [3　4]
罐身板尺寸	1 次/2h	18 片	从小料落料槽里随机各抽样 2 片	[0　2] [3　4]
直角度	1 次/2h	18 片	从小料落料槽里随机抽样 2 片	[0　2] [3　4]
毛边	1 次/2h	9 片	从小料落料槽里随机抽样 1 片	[0　1] [2　3]

2.2.1.2　外观

在剪板前应对涂料铁外观进行检查。

(1) 仪器/化学药品　标准样板。

(2) 检验方法　用标准样板对照目视检查。

(3) 质量要求

① 色差：色差在标准样板范围内。

② 印刷图案：图案清晰、文字美观、套色准确、无明显重影，条形码符合要求。

③ 涂膜完整性：涂膜光滑平整，色泽基本一致，无露铁划伤。

④ 表面清洁度：表面光洁、无留空带料。

2.2.1.3　尺寸

(1) 仪器/药品　370 型料片测量仪。

(2) 检验方法

① 用标准件校准仪器。

② 把读数调整到“0”位置。

③ 拉动仪器手柄接触到料片边缘。

④ 记录铁片长度和高度读数。

(3) 质量要求　长度偏差 0～+0.1mm；高度偏差−0.1～+0.1mm。

2.2.1.4　直角度

(1) 仪器　370 型料片测量仪。

(2) 检验方法

① 用标准件把百分表校零。

② 把铁片高度方向一侧接触表头，读取表盘读数 A。

③ 以 180°翻转至另一边高度，使之接触表头，读数 B。

④ 记录两次读数值。

(3) 质量要求　每一片 $A-B$ 绝对值最大为 0.25mm；A 平均值和 B 平均值之差的绝对值最大为 0.13mm。

2.2.1.5　毛边

(1) 仪器/化学药品　螺旋测微计。

(2) 检验方法

① 铁片放在平头螺旋测微计的两触点之间，在与毛刺距离为 25mm 的部位，测板材的厚度 A。

② 测量铁片毛边厚度 B。

③ 用公式（$B-A$）/A 计算毛边。

(3) 质量要求　毛边最大为 0.15A 并且是在右边。

2.2.1.6 常见缺陷及主要原因

具体见表 2.10。

表 2.10　常见缺陷及主要原因

缺陷	材料因素	设备因素
直角度不良	原板尺寸误差大，镰刀弯	定位板调整不当
毛刺	—	圆盘刀刀口磨损或间隙过大

2.2.2 制罐电阻焊焊接工序质量检验

2.2.2.1 检验计划

具体见表 2.11。

表 2.11　检验计划

检验项目	检验频次	样品数量	抽样方法	合格判定 Ac　Re
外观检验	1 次/h	30 个	随机抽取	[0　2] [1　2]
撕拉试验	1 次/2h	2 个	随机抽取	[0　2] [1　2]
翻边试验	1 次/2h	2 个	随机抽取	[0　2] [1　2]
顶球试验	1 次/2h	2 个	随机抽取	[0　2] [1　2]
搭接量	1 次/2h	2 个	随机抽取	[0　2] [1　2]
焊缝厚度	1 次/2h	2 个	随机抽取	[0　2] [1　2]

2.2.2.2 外观

(1) 仪器/化学药品　8 倍放大镜。

(2) 检验方法　目视检查或用 8 倍放大镜检查。

(3) 质量要求

① 焊接质量：焊点清晰、均匀相连，不能有漏焊、假焊、爆口、毛刺，错位不应大于等于 0.5mm。

② 焊缝氮气保护：焊缝应发白稍浅黄不应发黑。

2.2.2.3 撕拉试验

（1）仪器/化学药品　焊缝撕拉试验钳。

（2）检验方法

① 从U型炉前取罐筒2只。

② 用专用钳把焊缝撕下，观察焊缝状况。

（3）质量评定

① 撕下的焊缝边缘整齐光滑，则为焊接良好，否则说明电流过大；在撕拉操作正确的情况下，如撕拉中途易断或分层，则说明电流过小。

② 撕下的焊缝如毛刺状，则说明电流过大。

③ 撕下的焊缝经180°往复弯折，应不脆、不断，否则说明焊接电流过大。

2.2.2.4 翻卷试验

（1）仪器/化学药品　翻卷测试仪。

（2）检验方法

① 从U型炉前取罐筒2只。

② 把罐筒置于翻卷测试仪上。

③ 慢慢地把罐筒两端翻卷约10mm或180°角。

（3）质量要求　焊缝翻卷部分不应有开裂。

2.2.2.5 顶球试验

（1）仪器/化学药品　顶球测试仪。

（2）检验方法

① 从U型炉前取罐筒2只。

② 把焊缝朝上放入顶球测试仪，使圆球和焊缝成一条直线。

③ 拉动把杆使圆球沿焊缝从前至后移动，使焊缝顶外凸1～2mm。

（3）质量要求　经试验后焊缝应不分层、不开裂。

2.2.2.6 搭接量

（1）仪器/化学药品　内径测量钳（规），精确度±0.10mm。

（2）检验方法

① 百分表校零。

② 用内径规测量并读数。

（3）质量要求　搭接量为0.4mm，最大不超过0.6mm；头尾搭接量误差应保持在0.5±0.1mm。

2.2.2.7 焊缝厚度

（1）仪器/化学药品　针形的千分尺。

（2）检验方法

① 千分尺校零。

② 用千分尺测量并读数。

（3）质量要求　焊缝厚度应不大于原薄板的1.4～1.6倍。

2.2.2.8 常见缺陷及主要原因

具体见表2.12。

表 2.12　　常见缺陷及主要原因

缺陷	材料因素	设备因素
冷焊	罐身材质不良 罐身板尺寸偏差大 镀锡量不均匀 铜线质量及形状不良	搭接量过大或过小 焊接压力过大 焊接电流过小 定径规调整不当 系统绝缘破坏 焊轮尺寸及槽形偏差或上下调整不平行 Z 形槽磨损
过热焊	罐身板留空污染 厚度及镀锡量不均匀 尺寸偏差 焊线电导值差 毛刺太大	焊接电流过大 焊轮磨损或污染 定位模具设定过低 焊接压力过小
拖尾	—	端部衰减电流过大 铜线打滑 送料推爪磨损 罐间距太大，应在 0.5～2mm
错位	罐身板尺寸偏差大	送料推爪错位 送料位置偏差
飞溅	毛刺太大 留空污染 材质或厚度偏差大	电流过大 焊接压力太小 焊轮槽磨损
始端焊接不良	尺寸偏差大	定径规过松 Z 形杆高度不对 系统不同步 焊接压力边大或过小 前端破损或撞角
末端焊接不良	尺寸偏差大	定径规设定不对 出罐输送带位置及速度
搭接量过大	尺寸偏差大	定径规太紧或过松 Z 形杆磨损
搭接量过小	周长太短	定径规调整不当 焊轮调整不当 焊接压力太大 成圆不够
焊接不规则	留空污染、损伤 毛刺过大	系统不同步 焊接电流失控 焊轮损坏 铜线离合器打滑 印铁厚度有问题

2.2.3 焊缝补涂、烘烤工序质量检验

2.2.3.1 检验计划

具体见表 2.13。

表 2.13 检验计划

检验项目	检验频次	样品数量	抽样方法	合格判定 Ac Re
外观检验	1 次/h	30 个	随机抽取	[1 3] [3 4]
硫酸铜试验	1 次/2h	2 个	随机抽取	[0 2] [1 2]
固化质量	1 次/4h	2 个	随机抽取	[0 2] [1 2]
附着力	1 次/2h	2 个	随机抽取	[0 2] [1 2]

2.2.3.2 外观

(1) 仪器/化学药品 无。

(2) 检验方法 目视检查。

(3) 质量要求 补涂膜均匀平滑并完全覆盖焊缝和留空带，不允许有明显气泡、漏涂及涂料堆积现象。

2.2.3.3 硫酸铜试验

(1) 仪器/化学药品 15～20 倍放大镜、25%（体积质量）酸性硫酸铜溶液：250g 硫酸铜＋100mL 盐酸＋650mL 水，定容 1000mL。

(2) 检验方法

① 从 U 形炉后取经烘干的罐筒 2 只。

② 将焊缝补涂部位浸入酸性硫酸铜溶液内 2min。

③ 取出用自来水洗净，用放大镜检查涂膜上的棕色腐蚀点。

(3) 质量要求 无线状或连片状腐蚀现象，允许少量点状腐蚀。

2.2.3.4 固化质量检查

(1) 仪器/化学药品

① 立式压力蒸汽灭菌器：控温范围 109～135℃。

② 95%乙醇。

(2) 检验方法 将试样放在杀菌锅内水煮 121℃ 30min，降压、冷却后目视观察补涂带状况；或用脱脂棉蘸无水乙醇，往返擦拭补涂带 30 次，观察补涂膜是否有脱落。

(3) 质量要求 经水煮后应无发白现象，如有发白表示烘烤固化不够，应立即采取措施；经无水乙醇擦拭后不得脱落。次检验仅对部分涂料有效，如有机溶胶 2238。

2.2.3.5 附着力

(1) 仪器/化学药品 无。

(2) 检验方法

① 划格法（适用于液体补涂）：

a. 从罐筒上剪下焊缝及其补涂带部位，并压平。
b. 用一锋利的刀子在内补涂带切割多条交叉线，切割距离约 1mm。
c. 用 3M610 粘胶带粘在切割部位。
d. 把粘胶带迅速扯起。
e. 检查内补涂膜剥落情况。
② 撕拉法（适用于热塑型粉末补涂）：
a. 从罐筒上剪下焊缝补涂带及其附近部位，并压平。
b. 在试样两侧靠近内补涂处各切一个三角形裂口。
c. 在裂口处反复对折，直至试样折断而内补涂带相连。
d. 将折断后较大的一块试样用手按在桌子上，将另一块试样以 60°方向撕拉。
e. 测量内补涂膜剥落部分的长度。
(3) 质量要求
① 经方法一试验，切割部位的补涂膜剥落量最多不能达到 25%；如果试样经过水煮（121℃ 30min）后试验，剥落量不应超过 30%。
② 经方法二试验，最大剥落长度不超过 5mm；如果试样经过水煮（121℃ 30min）后试验，最高剥落长度不应超过 20mm。

2.2.3.6 常见缺陷及主要原因

(1) 滚涂缺陷　见表 2.14。

表 2.14　滚涂缺陷及产生原因

缺陷	材料因素	设备因素
涂布量太少或太多	罐身圆度不良 焊缝质量不良 涂料黏度或固含量太低或太高	涂布轮型号不对或磨损 涂布轮位置太低或太高
始端或末端涂料堆积	—	涂布轮速度与输送带速度不同步
留空遮覆不完全	罐身圆度不良 焊缝质量不良 涂料黏度或固含量太低或太高	输送带运行不平稳 涂布轮位置不对 涂布轮磨损

(2) 喷涂缺陷　见表 2.15。

表 2.15　喷涂缺陷及产生原因

缺陷	材料因素	设备因素
补涂带太宽或太窄	—	喷嘴型号不对或磨损 喷嘴高度角度调整偏差 涂料压力调整不当
涂布量过大或过小	—	喷嘴型号不对或磨损 喷涂压力调整不当
喷涂不均匀	焊缝质量不良	喷嘴或涂料管堵塞 喷嘴磨损 输送带运行不平稳

续表

缺陷	材料因素	设备因素
飞溅	黏度过小 喷涂量过大	喷嘴磨损 喷嘴太小 压力太高

（3）烘烤缺陷　见表 2.16。

表 2.16　　烘烤缺陷及产生原因

缺陷	材料因素	设备因素
固化不完全	涂布量过大 涂料固含量太低	温度太低 温度曲线不良 时间太短
固化过度	稀释剂使用不当	温度太高 时间太长 温度曲线不良 输送系统故障
气泡	涂布量过大 涂料固含量过高	温度太高 温度曲线不良

2.2.4　缩颈翻边工序质量检验

2.2.4.1　检验计划

具体见表 2.17。

表 2.17　　检验计划

检验项目	检验频次	样品数量	抽样方法	合格判定 Ac　Re
外观检验	1 次/h	30 个	随机抽取	[0　2] [2　3]
硫酸铜试验	1 次/h	各号/1 个	随机抽取	[0　2] [1　2]
尺寸	1 次/8h	各号/1 个	从缩颈机出口罐路按翻边机头顺序号各取 1 只罐	[0　2] [1　2]

2.2.4.2　外观

（1）仪器/化学药品　无。

（2）检验方法　目视检查。

（3）质量要求

① 缩颈外观：缩颈均匀光滑、无变形、无严重起皱。

② 翻边外观：翻边应均匀整齐，无宽窄不一、翻边过度（蘑菇状翻边）、翻边不足、裂口、裂边、油污污染，翻边涂膜脱落 1.5mm。

2.2.4.3 硫酸铜试验

（1）仪器/化学药品　25%（体积质量）酸性硫酸铜溶液：250g 硫酸铜＋100mL 盐酸＋650mL 水，定容 1000mL。

（2）检验方法

① 从缩颈翻边机出口罐路抽样罐。

② 把焊缝补涂部位浸入酸性硫酸铜溶液内 2min。

③ 取出用自来水洗净，用放大镜检查棕色腐蚀点。

（3）质量要求　焊缝缩颈补涂质量：经试验不应有较重的线状或连片状腐蚀现象，允许少量点状腐蚀和细小腐蚀线，但细小腐蚀线不应超过二缩颈部位。

2.2.4.4 尺寸

（1）仪器/化学药品

① 罐身高度测定仪（高度尺）、空罐翻边宽度测定仪（精确度 0.01mm）。

② 卡尺：精确度 0.01mm。

（2）检验方法

① 从缩颈翻边机出口罐路抽样罐。

② 用罐身高度测定仪或卡尺，测量翻边后罐身三个点的高度，取平均值。

③ 用空罐翻边宽度测定仪，测量翻边宽度三个点，取平均值。

（3）质量要求　翻边后罐身高度偏差：±0.3mm，翻边宽度偏差：±0.2mm。

2.2.4.5 常见缺陷及主要原因

具体见表 2.18。

表 2.18　常见缺陷及主要原因

缺陷	材料因素	设备因素
涂膜刮伤	涂膜附着力不良 涂膜表面硬度不良 涂膜太厚 涂膜固化不良 罐身材料厚度太厚 罐身制作不良	模具调整不良或磨损 润滑不良
缩颈皱褶	罐身材料太薄	模具间隙过大 模具间隙调整不良或磨损
翻边不完全	罐身材料尺寸偏差 罐身材料调质度不良	缩颈罐高设定不对 翻边罐高设定不对
翻边破裂	罐身材料轧制方向不对 焊缝质量不良 罐身材料调质度不良	翻边模损缺或调整不良

2.2.5 封罐工序质量检验

2.2.5.1 检验计划

具体见表 2.19。

表 2.19　　检验计划

检验项目	检验频次	样品数量	抽样方法	合格判定 Ac　Re
外观检验	1 次/h	30 个	随机抽取	[0　2] [1　2]
尺寸 a 罐体高度 H b 卷边厚度 T c 卷边宽度 W d 罐钩长度 BH e 盖钩长度 CH f 叠接长度 OL g 叠接率 OL/% h 皱纹度/%	2 次/班	1 个/各头	从封口机出口随机抽取	[0　2] [1　2]
硫酸铜试验	1 次/h	1 个/各头	随机抽取	[0　2] [1　2]
密封性	1 次/2h	1 个/各头	从封口机出口随机抽取	[0　2] [1　2]
耐压强度	1 次/2h	1 个/各头	从封口机出口随机抽取	[0　2] [1　2]

2.2.5.2　外观

（1）仪器/化学药品　无。

（2）检验方法　目视检查。

（3）质量要求　二重卷边应光滑均匀，卷边部位不得有快口、假卷和大塌边，也不应有卷边不完全、卷边牙齿、铁舌、跳封、卷边碎裂、填料挤出、锐边、垂唇、双线等缺陷。

2.2.5.3　尺寸

（1）仪器/化学药品

① 罐身高度测定仪（高度尺）或卡尺，螺旋测微计，卷边投影仪，卷边切割机或卷边专用锯，钢丝钳。

② 螺旋测微计/卷边测微计：中国食品工业协会罐藏食品专业委员会；测量范围 0～13mm，测量精度为 0.001mm。

③ 卷边投影仪，卷边切割机或卷边专用锯。

（2）检验方法

① 用罐身高度测定仪或卡尺，测量罐体三个点的高度，取平均值，见图 2.1。

② 用螺旋测微计测量卷边三个点的厚度，取平均值。

③ 用卷边切割机或卷边专用锯，切取卷边三个试样，用卷边投影仪测量卷边宽度、身钩长度、盖钩长度、叠接长度、叠接率（或计算叠接率）。

④ 用钳子完整撕开试样卷边，目视检查整个盖钩紧密度。紧密度可按图 2.2 进行目测分级。

（3）质量要求

① 罐体高度 H、卷边厚度 T、卷边宽度 W、罐钩长度 BH、盖钩长度 CH 的品控范围和最大允差应符合表 2.20 的要求。

表 2.20　　品控范围和最大允差

项目	品控范围	最大允差
罐体高度	±0.25	±0.30
卷边厚度	±0.09	±0.10
卷边宽度	±0.13	±0.15
罐钩长度	±0.18	±0.20
盖钩长度	±0.18	±0.20

注：资料来源日本罐头协会资料。

② 叠接长度 OL（mm）、叠接率 OL（%）、皱纹度（%）应符合表 2.21 及表 2.22 要求。

表 2.21　　二重卷封结构要求

项目	封铁盖罐			封铝盖罐		
	圆罐/其他罐	方罐/梯形罐		圆罐/其他罐	方罐/梯形罐	
		直边	圆角		直边	圆角
叠接长度/mm	≥1.00	≥1.00	≥0.9	≥1.00	≥1.00	≥0.9
叠接率/%	≥50	≥50	≥45	≥55	≥50	≥45
紧密度/%	≥50	≥50	≥50	≥80	≥50	≥50
盖钩卷入率/% 身钩卷入率/%	70～95	70～95	70～95	70～95	70～95	70～95

注：其他罐包括长圆罐、椭圆罐、马蹄罐等异型罐，不包括方罐和梯形罐。

表 2.22　　封铁盖罐微型卷边结构要求

项目	封铁盖罐	项目	封铁盖罐
叠接长度/mm	≥0.76	身钩卷入率/%	75～95
叠接率/%	≥55	卷边间隙/mm	≤0.03
紧密度/%	≥70	卷边宽度/mm	2.5±0.20
盖钩卷入率/%	75～95		

注：参照 GB/T 14251—2017《罐头食品金属容器通用技术要求》。

2.2.5.4　硫酸铜试验

（1）仪器/化学药品　5%硫酸铜溶液或 20%（体积质量）硫酸铜和 10%（体积分数）盐酸的混合溶液。

（2）检验方法　将卷边浸入 5%硫酸铜溶液中 30min 后取出试样，或浸入 20%（体积质量）硫酸铜和 10%（体积分数）盐酸的混合溶液中 2min 后取出试样，目视检查二重卷边部位外涂膜腐蚀情况。

（3）质量要求　经试验后，二重卷边部位外补涂带不能有线状腐蚀或密集腐蚀。

2.2.5.5　密封性、耐压强度

（1）仪器/化学药品　渗漏测试仪。

（2）检验方法

① 从封口机出口每个头任意抽取 1 个罐。

② 根据罐高调节渗漏测试仪高度。

③ 同时放 6 个罐，焊缝朝向测试者。

④ 把罐完全沉入水槽的水中，在 0.2MPa 的空气压力下观察二重卷封和焊缝处是否有渗漏，罐体是否变形。

(3) 质量要求　经试验，二重卷封和焊缝处无渗漏，罐体无变形。

2.2.5.6　常见缺陷及主要原因

具体见表 2.23。

表 2.23　　常见缺陷及主要原因

缺陷	材料因素	设备因素
锐边或断封	罐、盖配合不良 罐盖埋头太深	压头磨损或厚度不够 头道滚轮沟形太细 头道或二道卷封过紧 头道或二道滚轮磨损或窜动 头道滚轮相对压头位置过高
假封或垂唇	翻边破损或过度 罐盖钩边破损 罐盖与压头配合不良	托底盘压力过大 托底盘距离设定太短
铁舌或牙齿	罐盖密封胶过多 罐盖密封胶分布不均匀	头道滚轮沟形不良 头道滚轮磨损 头道滚轮转动不良 身钩或盖钩过长
卷封宽度太宽	—	头道卷封太松 二道卷封太紧 头道或二道滚轮沟形太宽 头道滚轮磨损或松动

2.2.6　全喷及烘烤工序质量检验

2.2.6.1　检验计划

具体见表 2.24。

表 2.24　　检验计划

检验项目	检验频次	样品数量	抽样方法	合格判定 Ac　Re
外观	1 次/h	50 个	随机抽取	[1　3] [3　4]
全喷涂重量	1 次/4h	各号/1 个	从全喷机出口处	[0　2] [1　2]
固化性	1 次/8h	4 个	烘箱出口处随机抽取	[0　2] [1　2]
拉环开启可靠性	1 次/1h	4 个	烘箱出口处随机抽取	[0　2] [1　2]

续表

检验项目	检验频次	样品数量	抽样方法	合格判定 Ac Re
内涂膜完整性	1次/1h	12个	烘箱出口处随机抽取	[1 3] [3 4]
耐蚀性	1次/8h	4个	烘箱出口处随机抽取	[1 3] [3 4]

2.2.6.2 外观

(1) 仪器/化学药品 无。

(2) 检验方法 目视检查。

(3) 质量要求 喷涂均匀，内壁无留挂，无明显影响外观的气泡、花罐、油污。

2.2.6.3 全喷涂重量

(1) 仪器/化学药品 分析天平，精确度0.0001。

(2) 检验方法

① 按喷枪数取相应数量的罐并作好记号。

② 称记号罐的质量 A，mg。

③ 放入罐路正常生产通过全喷机喷涂。

④ 经烘箱烘烤固化后取出再称质量 B，mg。

⑤ 计算全喷量 $C=B-A$，mg。

(3) 质量要求 全喷涂质量偏差为±20mg。

2.2.6.4 固化

(1) 仪器/化学药品 立式压力蒸汽灭菌器：控温范围109～135℃。

(2) 检验方法 将试样整体放入蒸煮锅中，加入蒸馏水浸没试样，加温至100℃，恒温30min后取出，冷却后目视检查涂膜状况。

(3) 质量要求 经100℃涂膜固化试验后，内涂膜不泛白。

2.2.6.5 拉环开启可靠性

(1) 仪器/化学药品 无。

(2) 检验方法 从烘箱出口任意抽取罐，用手或简单工具开启（可用不良罐）。

(3) 质量要求 开启时拉环（片）不脱落及完全开启。

2.2.6.6 内涂膜完整性

(1) 仪器/化学药品

① KG-2015型涂膜完整性测试仪，中国食品工业协会罐藏食品专业委员会，直流电压6.3V，读数值不大于0.1mA。

② 导电液：2%（体积质量）硫酸钠溶液。

(2) 检验方法

① 把空罐放在涂膜完整性测试仪支架上。

② 倒入导电液，液面距罐口4～6mm。

③ 转动罐子，使其与电极接触良好。

④ 放下测试电极，记录4s时的读数。

(3) 质量要求 内涂膜完整性单个值≤15mA，平均值≤8mA。

2.2.6.7 耐蚀性

（1）仪器/化学药品

① 立式压力蒸汽灭菌器：控温范围109～135℃。

② 化学药品见表2.25。

（2）检验方法 根据内容物的特性及杀菌要求，将罐体或盖浸没于盛有表2.25所列相应试验溶液的惰性容器中，按其中之一条件进行试验，经试验后，目视检查。

表2.25 **内涂膜耐蚀试验溶液及条件**

内容物特性	试验溶液	试验条件
采用常压杀菌的酸性内容物	2%（体积质量）柠檬酸溶液	100℃，30min
采用高压杀菌的含蛋白质内容物	L型半胱氨酸盐酸盐（0.5g/L）、磷酸二氢钾（3.6g/L）、磷酸氢二钠（7.2g/L）混合溶液	121℃，60min
采用高压杀菌的低酸或其他内容物	2%（体积质量）柠檬酸溶液	121℃，30min

注：试验溶液采用分析纯试剂、蒸馏水配制。

（3）质量要求 根据内容物特性及杀菌工艺要求，罐体经100℃或121℃耐蚀试验后，其内涂膜无剥离、脱落和明显腐蚀。

2.2.6.8 常见缺陷及主要原因

（1）喷涂缺陷 见表2.26。

表2.26 **喷涂缺陷及产生原因**

缺陷	材料因素	设备因素
流涕	涂料黏度太低 涂料附着力不良 喷涂量过多	喷嘴型号不对 喷涂压力过高
涂膜不均匀	涂料黏度太高	喷嘴型号不对或磨损 喷嘴位置或角度不对
颈部涂膜刮伤	罐体涂膜表面硬度差 罐体涂膜附着力差	托罐盘不清洁

（2）固化缺陷 见表2.27。

表2.27 **固化缺陷及产生原因**

缺陷	材料因素	设备因素
气泡	涂膜太厚或不均匀	烘房温度太高 温度曲线不良
炉灰	—	烘房通风不畅 积灰太多
固化不完全	涂膜太厚或不均匀	热分布不均匀 烘房温度太低
固化过度	—	热分布不均匀 烘房温度太高或失控

2.2.7 成　　品

2.2.7.1 检验计划

见表 2.28。

表 2.28 **检验计划**

检验项目	检验频次	样品数量	抽样方法	合格判定 Ac　Re
外观检验	1 次/平板架	32 个	每边随机抽取	[1　3] [3　4]

2.2.7.2 外观

(1) 仪器/化学药品　无。

(2) 检验方法　目视检查。

(3) 质量要求

① 罐体无变形、翻边完整、无明显伤蚀、无污染、无异味。

② 二重卷边光滑均匀，卷边部位不得有快口、假卷和大塌边，也不应有卷边不完全、卷边牙齿、铁舌、跳封、卷边碎裂、填料挤出、锐边、垂唇、双线等缺陷。

③ 焊缝平整光滑，不得有冷焊、孔洞，焊缝内侧不应有飞溅点，焊缝端部拖尾和错位之和不大于 0.5mm，补涂完整。

④ 印刷质量应符合 QB/T 1877—2007《包装装潢镀锡（或铬）薄钢板印刷品》要求。

⑤ 内外涂膜均匀光滑、完整、清洁。

2.2.7.3 包装常见问题及主要原因

具体见表 2.29。

表 2.29 **包装常见问题及主要原因**

缺陷	材料因素	设备因素
倒罐	纸垫板上表面光洁度差或倒置或破损	移动架运行不平稳 夹紧装置失灵
罐垛倾斜	托盘或顶盖破损 打包带强度不均匀	打包力不均匀
缠膜过松	伸缩膜伸缩性能差	无拉伸力 速度与拉伸力失调
缠膜破损	伸缩膜抗刺破性能差	缠膜过紧 速度与拉伸力失调

2.3 粉末涂料焊缝质量检验

粉末涂料焊缝质量的检验是结合原材料特性及生产工艺，为了满足应用需求以及达到相应的使用标准而总结出的检测项目、检测设备及方法以及结果评价。

本处阐述的粉末焊缝补涂仅指白色热塑型粉末焊缝补涂。

2.3.1 常规检测项目、设备及方法

2.3.1.1 水分

（1）仪器　快速水分测定仪（卤素水分仪）。

① 设定温度105℃，加热时间5min，样品3～5g。

② 参考值：失水率≤0.6%。

（2）仪器　鼓风干燥箱，开口小铁盒一个。

① 设定温度100℃，加热时间60min，样品100g平铺铁盒内。

② 参考值：失水率=［（加热前样品+铁盒重量）－（加热后的样品+铁盒重量）］×100%≤0.3%。

2.3.1.2 松装密度

（1）仪器　斯柯特容量计松装密度测试仪。

（2）参考值　松装密度>0.62g/cm^3。

2.3.1.3 粉末外观

（1）常温目测。

（2）结果　白色，流动性好，无结块现象。

2.3.1.4 漆膜外观

（1）常温目测。

（2）结果　白色，光滑允许有轻微橘纹。

2.3.1.5 粉体粒度分布

（1）仪器　百特激光粒度分布仪。

（2）参考值　中位径D_{50}=（43±5）μm。根据膜厚或应用工艺需要，D_{50}可以控制在35～70μm。

2.3.1.6 粉体流化试验

（1）仪器　粉体流动性测试仪。

取样品250g倒入粉体流动性测试仪，调整气压使流量升到200L/h，此时记录粉体高度h_1关闭气压，粉体静止高度h_0，调整气压使流量升到200L/h，打开喷粉口，计时30s，记录喷出粉体质量m（g）（粉体稳定后）计算粉体流动性指数$R=h_1/h_0\times m$。

（2）参考值　粉体流动性指数$R>125$。

2.3.1.7 水煮试验

（1）仪器　压力蒸汽灭菌锅（实验室高压锅），带盖玻璃容器1个。

将样板反复折叠成3～5mm的方块，浸没于盛有软水的玻璃容器内，加盖密封。将试验容器放置高压锅内，升温至127℃，40min后，自然降压，取出样品，展平洗涤干燥，观察样品。

（2）参考结果　漆膜不脱落。

2.3.1.8 附着力测试

（1）方法　划格法（百格法）。

（2）参考结果　≥1级。

2.3.1.9 其他检测项目

因粉末焊缝补涂料往往应用于食品包装，所以对此材料会提出符合食品要求之规定，其他相关检测项目可由应用方与供应商协商选择相应检测机构送检。

2.3.2 应用检测项目、设备及方法

粉末焊缝补涂应用检测是指在制罐工艺中，为了使粉末焊缝补涂带适应制罐生产工艺的要求并

满足空罐的使用要求而设定的检测项目、检测标准以及采用的检测设备及方法。

2.3.2.1　漆膜外观

常温目测。漆膜外观呈白色，表面光滑，允许有轻微橘纹。

2.3.2.2　漆膜的宽度与厚度

（1）方法　直尺，卡尺。

（2）参考结果　漆膜的宽度，至少需要完全覆盖印铁留空；漆膜的厚度，至少需要不露底并满足附着力要求，同时满足制罐工艺要求。委托加工方有具体要求的，应与加工方协商。必须符合生产工艺。

2.3.2.3　粉末补涂带附着力测试

（1）交叉切割剥离法

① 试验方法：

a. 自罐身上剪下带有粉末补涂的焊缝样板（图 2.3），如有必要可将样板略微压平。

b. 在有焊缝补涂的区域用刀划出两条交叉的直线，见图 2.4（需要使用非常锋利的刀）。

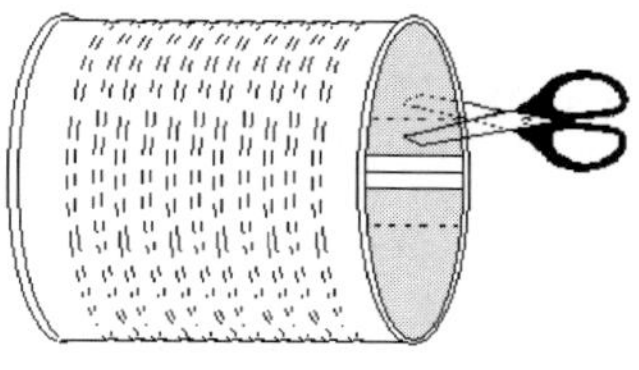

图 2.3　剪下样板

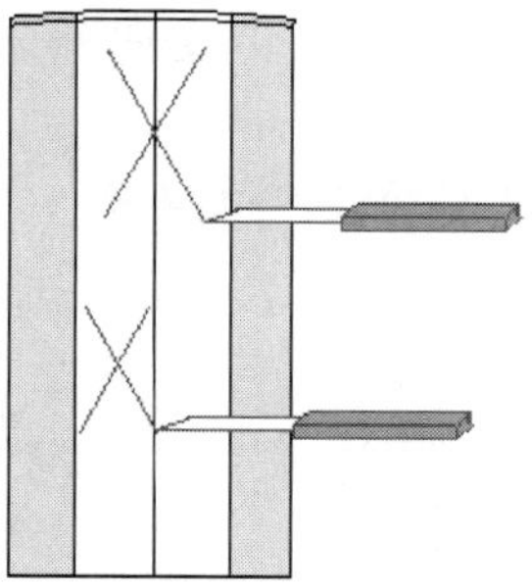

图2.4　在焊缝区域划出交叉直线

c. 尝试用锋利的刀尖在两条直线的交叉点处向较小的夹角方向剥离补涂涂膜（图 2.5）。

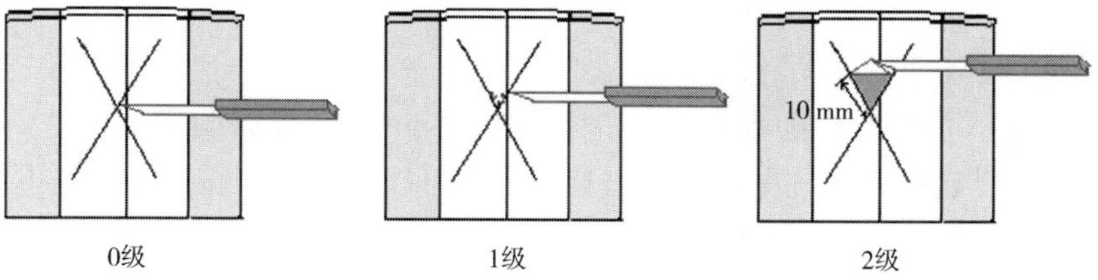

图 2.5　交叉切割剥离法结果评定

② 结果评定：

a. 0，出色的：没有剥落。用小刀无法将涂层剥落，一点都没有。

b. 1，好：很少的，切线边缘附近的涂膜被少量剥落下来。

c. 2，可接受的：从十字交叉点起，沿锐角边方向剥开的三角形涂膜长度不能超过 10mm。

允许偏差：水煮杀菌处理后的涂层剥落长度不超过 1.5cm。

（2）弯折剥离法

① 试验方法：

a. 自罐身上剪下带有粉末补涂的焊缝样板（图 2.6），如有必要可将样板略微压平。

b. 由样板边缘向焊缝涂膜边缘对称剪掉两个楔形三角（图 2.7）。

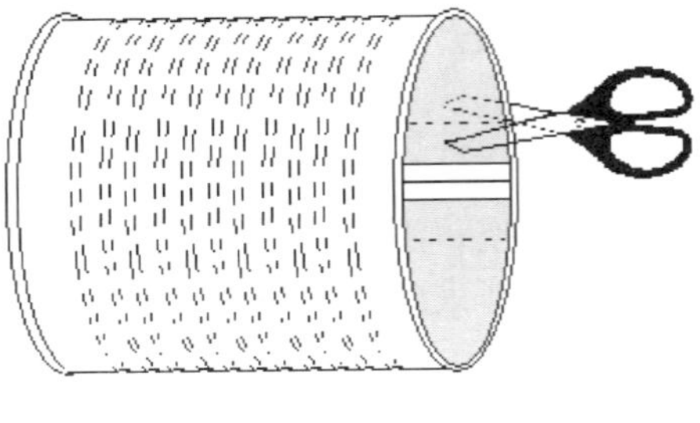

图 2.6　剪下样板

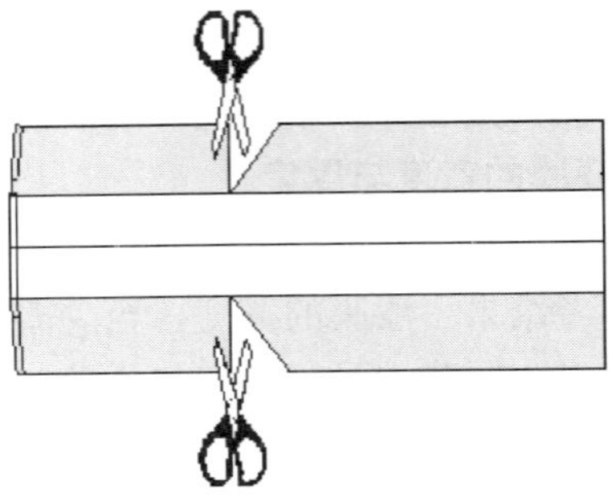

图 2.7　剪掉两个楔形三角

c. 将剪好后的样板较短的一端向内弯曲（180°），再向外展平，反复直到马口铁断裂（涂膜仍连接）。

d. 将样板较长的一端用一只手按在桌上固定，涂膜朝上。

e. 用另一只手以 60°的角度向斜上方拉样板的另一端，从马口铁弯折断裂处撕裂涂膜（图 2.8）。

f. 测量涂膜剥离部分长度（毫米）（图 2.9）。

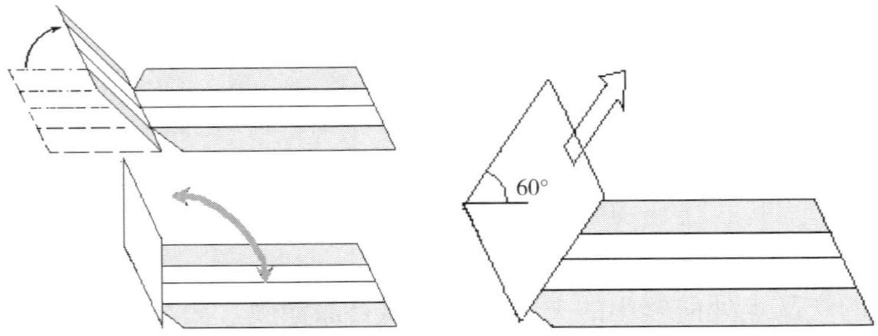

图 2.8　对折

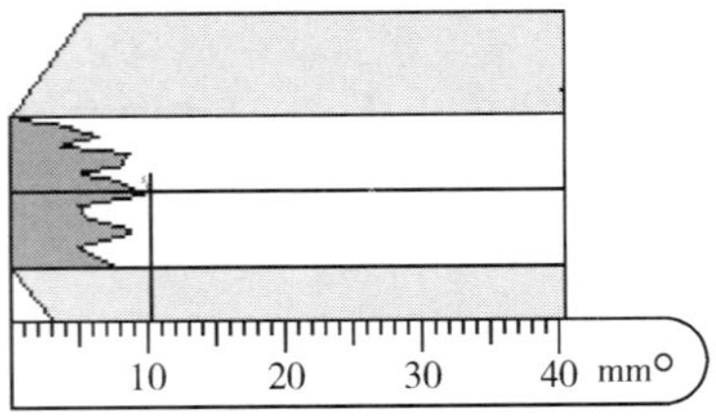

图 2.9　测量

② 结果评定：最大剥离长度为水煮杀菌前不超过 12mm，水煮杀菌后不超过 20mm。如果粉末补涂涂膜和底涂涂膜一起被撕掉，更高的剥离长度也是可以接受的（在这种情况下粉末补涂涂膜与底涂层的附着力优于底涂涂膜与基材的附着力）。

2.3.2.4　致密性试验

主要检测焊缝补涂区域及其边缘的孔隙度。

(1) 浸泡法（慢，自我反应）

① 测试溶液配制：

$GuSO_4 \cdot 5H_2O$	五水硫酸铜	250g
H_2O	软水	875mL
HCl	浓盐酸	100mL
	合计约	1000mL

② 测试方法：在室温（20～25℃）下，将焊缝部分浸入上述溶液 2min，然后用自来水冲洗干净，在 15～20 倍放大镜下用双眼检查。

③ 结果评定：粉末焊缝补涂区域及其边缘无腐蚀点。

（2）电流测试法（快速，非常敏感的电流测试，见图 2.10）

① 测试溶液配制：

$CuSO_4 \cdot 5H_2O$	五水硫酸铜	20g
H_2O	软水	1000mL
H_2SO_4	浓硫酸（pH 至 4.5）	几滴
	清洁剂（即表面活性剂 HB7）	0.1～0.2g
	总计约	1020g

② 测试设备：塑料盆一个。

a. 9V 直流电源（池），连接器，带鳄鱼夹的电缆。

b. 正极的红色电缆夹在浸入溶液中的铜板上。

c. 负极的黑色电缆夹在罐上（或者罐的焊缝部分）。

③ 测试方法：

a. 向盆内注入 2～3cm 高的测试溶液。

b. 用黑色线的鳄鱼夹夹住样板并浸入测试溶液。

c. 将固定在红色鳄鱼夹上的铜板浸入测试溶液中并在焊缝样板上方 5～10mm 处停留约 2～3s，肉眼观察。

④ 结果评定：粉末焊缝补涂区域及其边缘无黑点。

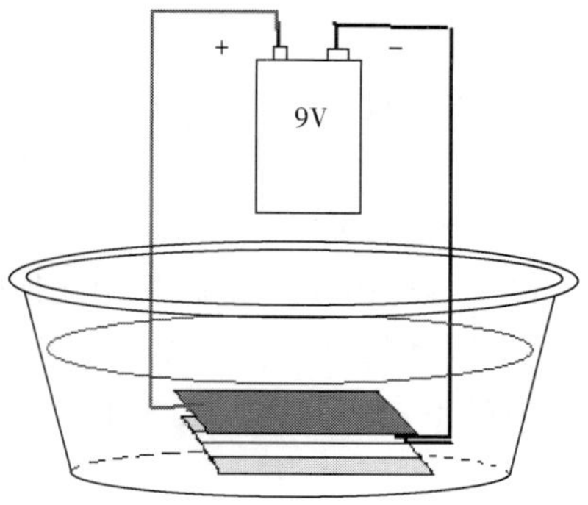

图 2.10　电流测试法

（3）食品水煮杀菌模拟测试　模拟测试溶液①②③④分别可提供针对各种不同食品罐装的涂料适应性测试。模拟溶液的数量相当于一个 800mL 的食品罐。

① 软水。

② CH_3COOH	冰醋酸	40g
Gelatin	白明胶	24g
NaCl	氯化钠（食盐）	24g
$Na_2S \cdot 9H_2O$	硫化钠晶体	0.4g

加入软水，稀释至 800mL 溶液。

③ $C_6H_8O_7$	柠檬酸晶体	16g
$C_6H_8O_6$	抗坏血酸维生素 C	3.2g

加入软水稀释至 800mL 溶液。

④ $C_6H_8O_7$	柠檬酸晶体	16g
H_2O_2	30%含量双氧水	0.2g
NH_4NO_3	硝酸铵晶体	0.8g

加入软水稀释至 800mL 溶液。

⑤ 测试设备：带盖玻璃容器，压力蒸汽灭菌锅。

⑥ 测试方法：将样板反复折叠成 5mm 的方块，浸入盛有溶液的玻璃容器内，加盖密封。压力蒸汽灭菌锅加热至 121℃保持 30min 后，自然降压，冷却后取出样板，洗净干燥，展平，观察样板。

⑦ 结果评定：样板粉末涂层以及边缘无脱落。

⑧ 补充说明：当针对不同工艺或应用要求，会对测试方法有更高要求，可根据委托方与加工方约定提高测试要求。

3 DRD两片罐检验

3.1 两片罐空罐检验

3.1.1 抽样方法

3.1.1.1 检验批

同批交货的同品种、同规格的产品为同一检验批。

3.1.1.2 产品检验

产品的检验分出厂检验和型式检验。产品交货时必须进行出厂检验。

3.1.1.3 罐体的不合格分类

罐体的不合格分类见表3.1。

表3.1　罐体外观缺陷分类

名称	不合格分类	缺陷内容
罐体	A类不合格	罐内明显油污、异物污染、金属暴露；薄膜严重剥离；翻皮罐，内印色、修边缺口或撞凹
	B类不合格	薄膜轻微剥离；内涂膜明显划痕；罐身未导致内涂膜破损的凹痕不超过1cm^2
	C类不合格	印色和样板有轻微差别、印刷图案轻微错位（不超过0.2mm），不暴露金属的小划痕

3.1.1.4 检验依据

内涂膜固化（涂料铁罐）、耐蚀性按表3.2进行检验。其他出厂检验和型式检验项目按GB/T 2828.1—2012《计数抽样检验程序　第1部分：按接收质量限（AQL）检索的逐批检验抽样计划》中正常检验二次抽样方案进行检验，见表3.3和表3.4。

表3.2　耐蚀性检验抽样方案及判定

名称	检验项目	不合格分类	批量范围	样本数	判定数组
罐体	耐蚀性	A类不合格	≥35001	3	[0　1]

表3.3　检查水平和接收质量限（AQL）

名称	检验项目	批检查水平	不合格分类	接收质量限AQL
罐体	外观	S-4	A类不合格	0.65
			B类不合格	2.5
			C类不合格	4.0
	尺寸	S-3	C类不合格	4.0
	内涂膜完整性	S-1	A类不合格	1.0
	耐蒸煮性	S-1	A类不合格	1.0
	耐压强度	S-1	A类不合格	1.0
	密封性	S-1	A类不合格	1.0

表 3.4　　　　　　　　　　　　正常检查二次抽样方案

检查水平	批量范围	接收质量限 AQL	样本数	判定数组
S-1	≥35001	1.0	13	[0　1]
		2.5	5	[0　1]
S-3	35001～500000	4.0	20 20	┌1　3┐ └4　5┘
	≥500001	4.0	32 32	┌2　5┐ └6　7┘
S-4	35001～500000	0.65	50 50	┌0　2┐ └1　2┘
		2.5	50 50	┌2　5┐ └6　7┘
		4.0	50 50	┌3　6┐ └9　10┘
	≥500001	0.65	80 80	┌0　3┐ └3　4┘
		2.5	80 80	┌3　6┐ └9　10┘
		4.0	80 80	┌5　9┐ └12　13┘

3.1.2　罐体外观质量

3.1.2.1　试验方法

采用目视检查，在光线适宜的环境中进行。

3.1.2.2　外观质量要求

(1) 罐体无污染、无异味、无明显伤蚀。

(2) 内外壁涂膜完整，无剥离、无脱落、无穿透划痕，无明显擦伤。

(3) 翻边完整、无变形，罐身与罐底过渡光滑，无凹陷。

(4) 印刷质量应符合 QB/T 1877—2007《包装装潢镀锡（铬）薄钢板印刷品》的要求。

(5) 内外涂膜质量符合 QB/T 2763—2006《涂覆镀锡（或铬）薄钢板》的要求。

3.1.3　尺　　寸

3.1.3.1　试验装置

用专用或通用量具测量，量具的最小读数值不大于 0.01mm。

(1) 罐体高度　卡尺/专用罐体高度测定仪（高度尺）。

(2) 翻边宽度　专用罐体翻边宽度测定仪。

3.1.3.2　罐体的主要尺寸和极限偏差

具体见表 3.5。

表 3.5　　罐体主要尺寸和极限偏差

罐代号	简称	标称容量/mL	罐体内径 D/mm		罐体高度 H/mm		翻边宽度 B/mm	
202×108	538#	70	52.30	±0.15	38	±0.20	2.50	±0.15
211×106	635#	96	65.30		35		2.65	
211×211	668#	206	65.3		68		2.65	
300×201	751#	190	72.90		51		2.50	
300×205	758#	218	72.90		58		2.65	
307×113	846#	213	83.30		46		2.50	
307×202	854#	250	83.30		54		2.75	
401×212	970#	485	98.90		70		2.75	

注：①其他规格尺寸由供需双方协商确定；②罐体内径仅为工艺尺寸。

3.1.3.3　注意事项

（1）周期检定量具。

（2）测量前、中、后均应多次校准归零。

（3）同一个点最好能测量不少于两次。

3.1.4　内涂膜完整性

3.1.4.1　试验装置和导电液

（1）内涂膜完整性测试仪（KG-2015 涂膜完整性测试仪）：直流电压 6.3V，读数值不大于 0.1mA。

（2）导电液　2%（体积质量）硫酸钠溶液。试验溶液采用分析纯试剂、蒸馏水配制。

3.1.4.2　试验步骤（以 KG-2015 涂膜完整性测试仪为例）

（1）接通电源，启动仪器并稳定 3min。如果此时极性倒置指示灯呈橙色，按极性倒置功能键，将极性转正。

（2）按时间设定功能键，设定测定时间为 4s。

（3）在空罐内注入导电液，液面距罐口 3～5mm。

（4）抬起测试架的套管，将空罐置于底座上并轻轻磨几下，使空罐与仪器接出的电接头接触良好。再将套管放下，此时固定电极的支座平置于罐口、电极插入溶液（罐体正极，电极负极）。按测定启动键，仪器即自动显示第 4 秒的内涂膜缺陷电流值。

（5）如需观察内涂膜的缺陷部位，可按极性倒置功能键，此时内涂膜的缺陷处会有气泡产生，电流显示为反向电流值。

（6）抬起测试架的套管，将空罐取下，吸去电极上的溶液，待测定或关机。

（7）测试结束后，按电源开关，仪器关闭。

（8）每次开机时，测定时间设定值均为上一次关机时的设定值。若测定时间不变时，则开机时无须重新进行时间设定。

3.1.4.3　结果判定

内涂膜膜完整性应符合表 3.6 规定。

表 3.6 罐体主要性能

项目		性能指标
内外膜性能	内外膜耐蒸煮性	涂料铁罐：经 100℃涂膜固化试验后，内涂膜无泛白、剥离、脱落，外涂膜无明显失光、剥离、脱落，印刷图案无明显褪色 覆膜铁罐：经 121℃蒸煮试验后，内膜无泛白、剥离，外膜无结晶斑、剥离，印刷图案无明显褪色
	内涂膜耐蚀性	根据内容物特性及杀菌工艺要求，罐体经 100℃或 121℃耐蚀试验后，其内涂膜无剥离、脱落和明显腐蚀
内涂膜完整性/mA		涂料铁罐：单个值≤15，平均值≤8 覆膜铁罐：单个值≤1，平均值≤0.5
耐压强度/kPa		在 100kPa 气压下，保压 1min，无永久变形
密封性		在−68kPa 气压下，保压 1min，不允许泄漏

注：①以上性能部分参照《铝易开盖三片罐》；②耐压强度可根据实际应用需求适当调整。

3.1.5 罐体耐压试验

3.1.5.1 试验装置

罐体耐压强度测试仪（可用 NCA-JL100 空罐检漏仪），读数值不大于 10kPa。

3.1.5.2 试验步骤

（1）将仪器与压缩空气连接。

（2）将试样放在仪器的置样部位、通过加盖开关加盖夹紧。

（3）打开压缩空气阀，缓慢升压至 100kPa（表压），保压 1min，观察罐体有否永久变形。

（4）也可以缓慢升压至 100kPa（表压）后继续升压，读取试样变形时的最大压力值。NCA-JL100 空罐检漏仪也可以进行减压检验，主要用于大口径空罐以判定罐体是否耐罐内真空（负压）。

3.1.5.3 结果判定

耐压强度应符合表 3.6 的规定。

3.1.5.4 注意事项

（1）一定要缓慢加压。

（2）保证加压过程无泄气。

（3）试样翻边完好，无变形。NCA-JL100 空罐检漏仪后部设有加盖压力调整，调到既不漏气又不造成翻边变形为准。

3.1.6 罐体密封性试验

3.1.6.1 试验装置

真空吸引器或 NCA-JL100 空罐检漏仪。

3.1.6.2 试验步骤

（1）接通电源，仪器进行预热。

（2）将盛有约 2/3 水量的空罐与真空吸引器相连接。

（3）开启真空吸引器的电源开关，通过调节旋钮设定所需的试验压力，缓慢升压至 68kPa（表压），保压 1min，注意观察是否有气泡产生。

（4）试验完毕后，关闭电源开关。

3.1.6.3 结果判定

密封性应符合表 3.6 的规定。

3.1.7 内外涂膜固化性

3.1.7.1 试验装置

高压锅或其他加热装置（电炉等）。

3.1.7.2 试验步骤

将试样整体放入蒸煮锅中，加入蒸馏水浸没试样，加温至 100℃，恒温 30min 后取出，冷却后目视检查涂膜状况。

3.1.7.3 结果判定

内外涂膜固化性应符合表 3.6 的要求。

3.1.8 内涂膜耐蚀性试验

3.1.8.1 试验装置

高压锅。

3.1.8.2 试验步骤

根据内容物的特性及杀菌要求，将罐体或盖浸没于盛有表 3.7 所列相应试验溶液的惰性容器中，按其中之一条件进行试验，经试验后，目视检查。

表 3.7 内涂膜耐蚀试验要求

内容物特性	试验溶液	试验条件
采用常压杀菌的酸性内容物	2%（体积质量）柠檬酸溶液	100℃，30min
采用高压杀菌的含蛋白质内容物	L 型半胱氨酸盐酸盐（0.5g/L）、磷酸二氢钾（3.6g/L）、磷酸氢二钠（7.2g/L）混合溶液	121℃，60min
采用高压杀菌的低酸或其他内容物	2%（体积质量）柠檬酸溶液	121℃，30min
采用高压杀菌的含盐内容物	3% NaCl 溶液	121℃，60min

注：试验溶液采用分析纯试剂、蒸馏水配制。

3.1.8.3 结果判定

内涂膜耐蚀性应符合表 3.6 的要求。

3.1.8.4 注意事项

（1）加盖密封要保证无泄漏。

（2）只有在高压锅排完气（常压）后才能打开盖取出惰性容器。

（3）只有在惰性容器冷却适宜后才能开启观察试样。

3.2 两片罐生产工艺及常见缺陷

两片冲拔罐按形状分为冲底圆罐和冲底异形罐（方罐、长圆罐、椭圆罐、马蹄罐、梯形罐等，见图 3.1）。

按成型工艺的不同，分为拉伸罐和变薄拉伸罐，拉伸罐分为浅拉伸罐和深拉伸罐。

3.2.1 浅拉伸罐（浅冲罐）

3.2.1.1 拉伸罐的工艺成型过程

拉伸罐是由凸模向凹模的冲压作用，将板材拉伸而形成的整体结构，当凸模在冲床的曲轴带动

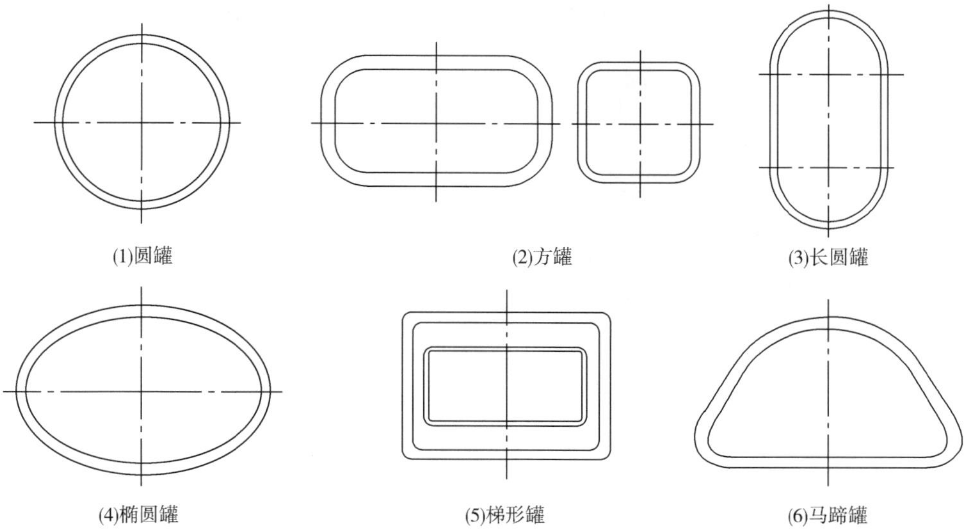

图 3.1　圆罐和异形罐横截面图

下进入凹模时，板材受到冲压，按照冲模的形状形成所设计的容器。

以圆形伸拉罐为例（图 3.2），用于伸拉罐的板材直径 D 要大于凸模的直径 d，冲压时，板材从凸模的外径开始将外围部分带下凸模与凹模周边的空隙，并在圆周方向产生内应力 P_1，由于间隙和板材的厚度基本相同，不允许材料收缩后变厚，随着圆周的缩小，板材必然受压，为适应这种收缩现象，只能向半径方向伸长，产生伸长内因力 P_2。当板材继续往凹模内移动时，模口受到的外力最大，相应产生激烈的变形，由于半径方向的伸长力大于圆周方向的压缩力，金属板材被拉长了沿着凸模和凹模的间隙开成圆筒形的拉伸罐。

3.2.1.2　拉伸罐拉伸成型时各部位的变形情况

拉伸原理示意图见图 3.2。

（1）在板材的边缘部位　当板材由大直径向小直径方向收缩，同时又被凸模下压力夹住拉入凹模，这时在圆周方向的收缩，半径方向的伸长和厚度增加是同时产生的，因此应力和变形在这三方面同时发生，外缘部分变形量最大。

（2）在凹模口部位　这一部位金属的形变最激烈，它要使平面的板材通过凹模模口的圆弧面挤压成直立的圆筒，所以受力最大，应变和变化也是同时发生，厚度相应增加。

（3）在凸模和凹模的压料板间隙部位　这一部分的板材只受到凸模向下的压力，因而伸长应力主要在半径方向上，而变形是半径方向和厚度方向同时产生的，因为金属的体积不变，板材被拉长以后必然在这部分产生金属不同程度的厚度变薄现象。

（4）在凸模的圆周部位　这一部位金属最先接受凸模的压力，也是最先被拉长、厚度轻微减薄，内应力的产生和凹模口相同，也是三方向同时产生的，变形则是在半径方向和厚度方向产生。

（5）在凸模的底面部分　这一部分受到四周金属拉力的

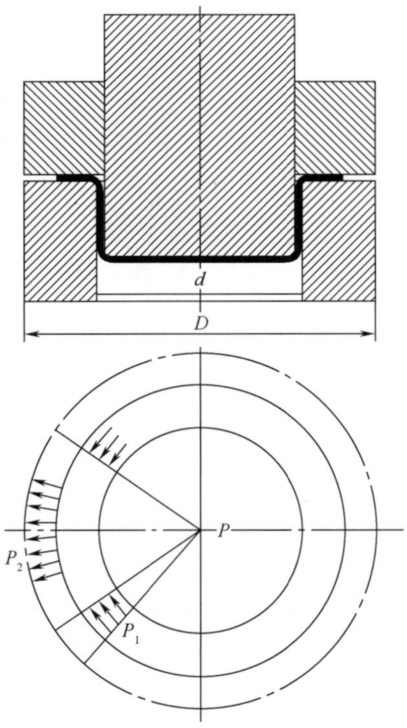

图 3.2　拉伸原理示意图

d—凸模的直径　D—板材直径　P—应力

P_1—内应力　P_2—伸长内应力

影响，直径略微增大，但所产生的变形是在金属弹性限度以内，所以厚度并不减少或略微减薄。对于浅拉伸罐，凸模底部已经与罐底凹模配合，使罐底形成加强筋，板材的变形量由底部形状决定。

3.2.1.3 浅拉伸罐成型工艺及模具设计要点

（1）工艺过程　浅拉伸罐的罐身成型工艺是：板料预先涂料或印刷→落料→拉伸→罐底成型→修边。从落料开始，后面几道工序可在冲压机上一次行程中完成。

（2）压力圈的防皱压力　由于浅拉伸罐的罐高与罐径之比较小，通常一次拉伸即可成型。罐形可随冲模而定，有圆形、椭圆形、长方形等。浅拉伸的工作原则如图 5-2 所示。图中的压力圈作用是施加一定的压力压住坯料板，以防侧壁起皱并使其翻边成型。起皱是拉伸罐加工最易产生的缺陷，所以压边圈防皱压力的确定非常重要。

压边圈的防皱压力由式（3-1）计算：

$$Q=\frac{\pi}{4}(D_0^2-d_0^2)q\times 10^{-6} \tag{3-1}$$

式中　Q——压边圈防皱压力，N

D_0——坯料外径，mm

d_0——圆筒内径，mm

q——单位防皱压力，$q_{铝}=0.8\sim1.2$MPa，$q_{铁}=2.0\sim3.0$MPa

材料强度高、相对厚度小、拉伸系数小时，取较大值。

（3）拉伸模的压力　拉伸膜凸、凹模间隙过小，会使拉伸力增大，从而使材料内应力增大，甚至在拉伸时可能产生拉伸破裂。但当间隙过大时，在壁部易产生皱纹。

长方形两片罐拉伸时，由于材料在拐角部分变厚较多，拐角部分的间隙应较直边间隙大 $0.1t$（t 为材料厚度）。拉伸时，凸模与凹模间每测的间隙 $Z/2$ 可按式（3-2）计算：

$$\frac{Z}{2}=t_{max}+Kt \tag{3-2}$$

式中　t_{max}——材料的最大厚度，mm

t——材料的公称厚度，mm

K——系数。对于马口铁薄板，一般 t 小于 0.4mm；一次拉伸取 0.07～0.09；对强度要求高的材料 K 取最小值。

（4）凸凹模的圆角半径　凸模圆角半径增大，可减低拉伸系数极限值 m（$m=d/D_0$，D_0 为平板胚料直径，d 为拉伸后的圆筒直径，再次拉伸时 $mn=d_n/d_{n-1}$）。过小的圆角半径显然将增加拉伸阻力，使得危险剖面处材料明显变薄，在后续拉伸工序中，该变薄部分将转移到侧壁上，同时承受切向压缩，因而导致形成具有小折痕的环形圈。

凹模圆角半径对拉伸力的变形情况有明显的影响。增大凹模圆角半径不仅降低了拉伸力，而且由于危险剖面中心应力数值降低，增加在一次拉伸中可能的拉伸的深度，也可以降低拉伸系数的极限值。但过大的圆角半径将会减少毛坯压边圈下的面积，因而当毛坯外缘离开压边圈的平面部分后，可能导致发生皱褶。多道拉伸的凸模圆角半径，第一道可取与凹模半径相同的数，以后各道可取圆杯直径减少值的一半。末道拉伸凸模半径值决定于成品要求，如果成品要求的圆角半径小时，需增加整形模，整小圆角。

拉伸凹模的圆角半径按式（3-3）计算：

$$r_A=0.8\sqrt{(d_0-d)t} \tag{3-3}$$

式中　r_A——圆角半径，mm

d_0——坯料直径或上一次拉伸杯直径，mm

d——本次拉伸杯直径，mm

t——材料厚度，mm

3.2.2 深拉伸罐（深冲罐）

3.2.2.1 深拉伸成型特点

深拉伸罐一般为圆形，所用材料一般为马口铁、镀铬板和铝合金板（厚度为0.2～0.3mm)。制罐时，几次连续冲杯（一般为二次）使罐身直径越来越小，而罐壁与罐底厚度保持原板厚，且整体罐体表面积等于原胚料的面积。因此具有壁厚均匀，强度、刚度好的特点；它的长径比一般为1.5∶1，内表面涂料可在冲压成型前的平板上进行。除此之外，它的设备成本较低，规格尺寸更易适应不同的需要。

深拉伸罐的罐高与罐径之比较大，仅拉伸一次很难达到所需的罐身尺寸，当拉伸比（D_0/d_0）超过极限拉伸比时，就要多次拉伸。极限拉伸比与罐径、罐材厚度比之间的关系，即铁和铝材料的极限拉伸比范围，如图3.3所示。

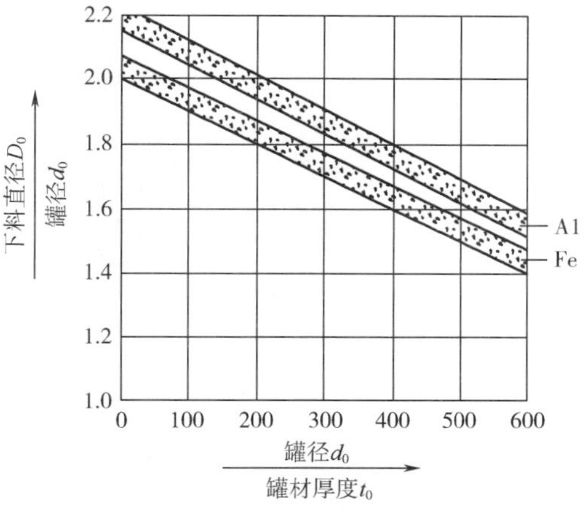

图3.3 铁及铝材料的极限拉伸比范围

多次拉伸时，各次拉伸的凸模直径（各次拉伸后的杯形件内径）可按式（3-4）计算：

$$d_i \leqslant d_{i-1} m_i \tag{3-4}$$

式中 d_i——各次拉伸后杯形件的内径，mm

d_{i-1}——前一次拉伸后杯形件的内径，mm

m_i——各次拉伸系数（拉伸比的倒数），由表3.8确定

表3.8 最大拉伸系数值

拉伸系数	坯件的相对厚度/(t/d) ×100					
	0.08～0.15	0.15～0.30	0.30～0.60	0.60～1.0	1.0～1.5	1.5～2.0
m_1	0.63	0.60	0.58	0.55	0.53	0.50
m_2	0.82	0.80	0.79	0.78	0.76	0.75
m_3	0.84	0.82	0.81	0.80	0.79	0.78
m_4	0.86	0.85	0.83	0.82	0.81	0.80
m_5	0.88	0.87	0.86	0.85	0.84	0.82

3.2.2.2 深拉伸罐成型工艺

深拉伸罐采用的材料是铝合金薄板、马口铁和镀铬板，其成型工艺过程是：落料→一次拉伸→再拉伸（可多次）→冲底成型→翻边修边。一次拉伸工艺见图3.1，再拉伸的工艺如图3.4所示。通常多次拉伸、冲底等工序可在多工位压力机上进行。

将原料板料（板材或卷材）冲切成波形板料，涂布一层润滑剂，根据设计要求裁切成圆形坯料，进行落料和预拉伸，然后再进行若干次冲拉（如果是浅拉伸罐，一次至两次即可）。罐底成型后，经凸缘切边，即可得到两片罐的罐体，如图3.5所示。冲拉两片罐的制罐中，罐身各处厚度基本保持与罐胚材料厚度相同（制罐材料在制罐前后的厚度基本保持不变），冲拉罐身的材料（拉长）靠凸缘处的材料流动作补偿。

图 3.4　再次拉伸原理示意图及模具实物

1—凸模　2—凹模　3—压边圈　4—杯形件

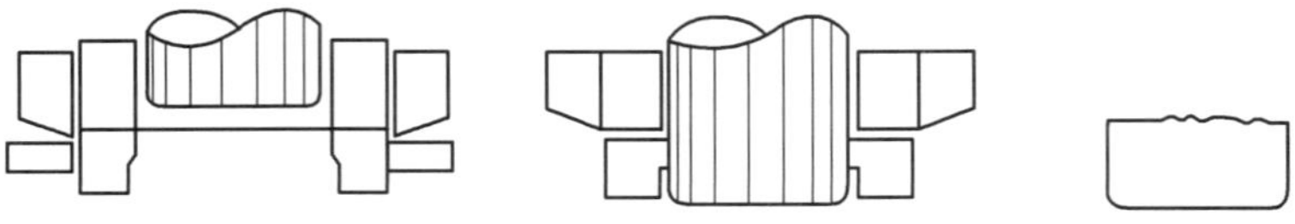

(1)冲切　　(2)拉伸　　(3)拉伸杯

图 3.5　拉伸加工方式

为了增加材料的成型效果，通常在上料过程中增加润滑（涂油或涂蜡，食品级）。液体润滑剂可采用喷雾或者辊涂方式。润滑时保证平板表面润滑均匀。根据实际生产情况，在保证正常连续生产的同时，尽量减少润滑剂的用量。

(1)辊涂方式　　(2)喷雾方式

图 3.6　板材润滑装置

3.2.2.3　拉伸设备

拉伸罐加工常用设备主要有胚料供给装置，一定吨位的压力机床和配套的模具（常采用多工位组合模具）等。

对于深拉伸罐来说，在原材料冲压性方面不必对拉伸比进行过于苛刻要求。这时因为深拉伸罐的成型，采用的是预先涂饰好的原材料，对拉伸比要求过高就会产生涂膜的断裂，对罐头工序中的耐热性和容器的耐腐蚀性带来不良影响。深拉伸罐的选材应考虑罐头的内装物、消毒材料、保存条件等，还要考虑金属罐的成本。

近几年，国内两片罐设备技术发展较快，虽然与发达国家相比仍有一定差距，但是生产效率、设备稳定性、模具设计及加工能力等都有明显的提高。图 3.7 为国产 CNC 型两片罐生产线设备外形图。其生产过程由冲杯拉伸、二次拉伸、罐口修边、包装等工序组成。实现了从整张马口铁材料到成品的全自动化生产。材料利用率高，节料效果明显。生产效率高，按落料尺寸不同，可装 1～5 套模具进行冲压，实际最大生产能力约 500 只/min 以上。设备具有定位送料、防双张、防过载、防叠打等完整的保护功能，控制系统模块功能配备齐全，采用 PLC 可编程序控制器集中控制，具有抗干扰、精确、可靠性高的特点。

图 3.7　冲床设备

3.3　两片罐生产工序质量检验

3.3.1　冲杯工序质量检验

3.3.1.1　检验计划

具体见表 3.9。

表 3.9　　**检验计划**

检验项目	检验频次	样品数量	抽样方法	合格判定 Ac Re
外观检验	1 次/h	30 个	随机抽取	[0　2] [2　3]
硫酸铜试验	1 次/h	各号/1 个	从冲杯机出口罐路按冲杯模具顺序号各取 1 只罐	[0　2] [1　2]
尺寸	1 次/8h	各号/1 个	从冲杯机出口罐路按冲杯模具顺序号各取 1 只罐	[0　2] [1　2]

3.3.1.2　外观

（1）仪器/化学药品　卡尺（精确度 0.01mm）。

（2）检验方法

① 目视检查。

② 用卡尺测量图案印刷边缘与切口边缘的距离。

（3）质量要求　杯体均匀光滑、无变形、无严重起皱、无擦伤、无单边制耳、无明显毛刺。彩印罐的杯体图案对位误差不超过 0.5mm。

3.3.1.3　硫酸铜试验

（1）仪器/化学药品　25%（体积质量）酸性硫酸铜溶液：250g 硫酸铜＋100mL 盐酸＋650mL 水，定容 1000mL。

（2）检验方法

① 从冲杯机出口罐路抽样罐。

② 把杯体浸入酸性硫酸铜溶液内 2min。

③ 取出用自来水洗净，用放大镜检查棕色腐蚀点。

（3）质量要求　经试验杯体内外（不包括切口部位）不应有腐蚀现象。

3.3.1.4　尺寸

（1）仪器/化学药品

① 罐身高度测定仪（高度尺）或卡尺（精确度 0.01mm）。

② 专用罐底加强筋测定仪或埋头度测定仪（精确度 0.01mm）。

（2）检验方法

① 从冲杯机出口罐路抽样。

② 用罐身高度测定仪或卡尺，测量杯体三个点的高度，取平均值。

③ 对于冲杯及罐底成型一体的浅冲罐，用专用罐底加强筋测定仪或埋头度测定仪，测量罐底加强筋（最深的一条）三个点，取平均值。

（3）质量要求

① 杯体高度偏差：±0.2mm。

② 浅冲罐加强筋深度偏差：±0.2mm。

3.3.1.5　常见缺陷及主要原因

具体见表 3.10。

表 3.10　常见缺陷及主要原因

缺陷	材料因素	设备因素
表面刮伤或者冲裂	涂膜附着力不良 涂膜表面硬度不良 材料厚度太厚 基板力学性能不稳定 材料表面杂质	模具安装精度不足 模具成型 R 角过小 模具磨损、裂纹或擦伤 模具内异物 润滑不足 压边力过大 切口毛刺过大 上料过程中表面擦伤
凸缘起皱	罐身材料太薄	压边力不足 模口磨损出现条痕 润滑过度
尺寸误差较大	—	冲床行程设置不准确 模具（尤其是凹模）精度差 未按照设计尺寸修模 脱杯压力过大 润滑不稳定
单边制耳	基板杂质 材料表面杂质 基板厚度误差较大	凸模和凹模装配或安装时偏斜 冲床水平度、垂直度误差较大 模具压料圈不平 模具成型 R 角处理不当 模具表面擦伤或有杂质 润滑不均
彩印铁落料误差大	板材尺寸误差较大 印刷误差较大	基准边选择错误 定位偏移
切口毛刺过大	材料厚度太薄	上下刀口安装精度不足 刀口磨损

3.3.2 再拉伸工序质量检验

3.3.2.1 检验计划

具体见表 3.11。

表 3.11 检验计划

检验项目	检验频次	样品数量	抽样方法	合格判定 Ac Re
外观检验	1 次/h	30 个	随机抽取	[0 2] [2 3]
硫酸铜试验	1 次/h	各号/1 个	从拉伸机出口罐路按拉伸模具顺序号各取 1 只罐	[0 2] [1 2]
尺寸	1 次/8h	各号/1 个	从拉伸机出口罐路按拉伸模具顺序号各取 1 只罐	[0 2] [1 2]

3.3.2.2 外观

（1）仪器/化学药品　无。

（2）检验方法　目视检查。

（3）质量要求　罐身均匀光滑、无变形、无严重起皱、无擦伤、无单边制耳。

3.3.2.3 硫酸铜试验

（1）仪器/化学药品　25%（体积质量）酸性硫酸铜溶液：250g 硫酸铜+100mL 盐酸+650mL 水，定容 1000mL。

（2）检验方法

① 从拉伸机出口罐路抽样罐。

② 把罐身浸入酸性硫酸铜溶液内 2min。

③ 取出用自来水洗净，用放大镜检查棕色腐蚀点。

（3）质量要求　经试验罐身内外（不包括切口部位）不应有腐蚀现象。

3.3.2.4 尺寸

（1）仪器/化学药品

① 罐身高度测定仪（高度尺）或者卡尺（精确度 0.01mm）。

② 专用罐底加强筋测定仪或埋头度测定仪（精确度 0.01mm）。

（2）检验方法

① 从拉伸机出口罐路抽样。

② 用罐身高度测定仪或卡尺，测量罐身三个点的高度，取平均值。

③ 用专用罐底加强筋测定仪或埋头度测定仪，测量罐底加强筋（最深的一条）三个点，取平均值。

（3）质量要求　罐身高度偏差：±0.2mm，罐底加强筋深度偏差：±0.2mm。

3.3.2.5 常见缺陷及主要原因

具体见表 3.12。

表 3.12　　常见缺陷及主要原因

缺陷	材料因素	设备因素
表面刮伤或者冲裂	涂膜附着力不良 涂膜表面硬度不良 材料厚度太厚 基板力学性能不稳定 材料表面杂质	模具安装精度不足 模具成型 R 角过小 模具磨损、裂纹或擦伤 模具内异物 润滑不足 压边力过大 冲杯后与罐路擦伤 罐路设计不当（杯体杯身与相邻杯体切口剐擦）
凸缘起皱	罐身材料太薄	压边力不足 模口磨损出现条痕 润滑过度
尺寸误差较大	—	冲床行程设置不准确 模具（尤其是凹模）精度差 未按照设计尺寸修模 脱罐压力过大
单边制耳	材料表面杂质 基板厚度误差较大	凸模和凹模装配或安装时偏斜 冲床水平度、垂直度误差较大 模具压料圈不平 模具成型 R 角处理不当 模具表面擦伤或有杂质 润滑不均

3.3.3　修边工序质量检验

3.3.3.1　检验计划

具体见表 3.13。

表 3.13　　检验计划

检验项目	检验频次	样品数量	抽样方法	合格判定 Ac　Re
外观检验	1 次/h	30 个	随机抽取	[0　2] [2　3]
硫酸铜试验	1 次/h	各号/1 个	从修边机出口罐路按模具顺序号各取 1 只罐	[0　2] [1　2]
尺寸	1 次/8h	各号/1 个	从修边机出口罐路按模具顺序号各取 1 只罐	[0　2] [1　2]

3.3.3.2　外观

（1）仪器/化学药品　无。

（2）检验方法　目视检查。

（3）质量要求　罐身均匀光滑、无变形、无擦伤。

3.3.3.3 硫酸铜试验

(1) 仪器/化学药品 25%(体积质量)酸性硫酸铜溶液:250g 硫酸铜+100mL 盐酸+650mL 水,定容 1000mL。

(2) 检验方法

① 从修边机出口罐路抽样罐。

② 把罐身浸入酸性硫酸铜溶液内 2min。

③ 取出用自来水洗净,用放大镜检查棕色腐蚀点。

(3) 质量要求 经试验罐身内外(不包括切口部位)不应有腐蚀现象。

3.3.3.4 尺寸

(1) 仪器/化学药品

① 罐身高度测定仪(高度尺)或者卡尺(精确度 0.01mm)。

② 专用罐底加强筋测定仪或埋头度测定仪(精确度 0.01mm)。

(2) 检验方法

① 从拉伸机出口罐路抽样。

② 用罐身高度测定仪或卡尺,测量罐身三个点的高度,取平均值。

② 用专用罐底加强筋测定仪或埋头度测定仪,测量罐底加强筋(最深的一条)三个点,取平均值。

(3) 质量要求 罐身高度偏差:±0.2mm,罐底加强筋深度偏差:±0.2mm。

3.3.3.5 常见缺陷及主要原因

具体见表 3.14。

表 3.14 常见缺陷及主要原因

缺陷	材料因素	设备因素
表面刮伤	—	模具磨损、裂纹或擦伤 模具内异物 再拉伸后与罐路擦伤 罐路设计不当(罐身与相邻罐体切口剐擦)
尺寸误差较大	—	脱罐压力过大导致翻边或罐底变形
切口毛刺过大	—	上下刀口安装精度不足 刀口磨损

3.3.4 烘烤工序质量检验(针对覆膜铁罐)

对于覆膜铁罐,为了消除拉伸内应力,提升罐身薄膜与基板的附着力并提升耐蚀力,可在修边前或者修边后增加烘烤工序。本文以修边后增加烘烤工序为例。

3.3.4.1 检验计划

具体见表 3.15。

表 3.15 检验计划

检验项目	检验频次	样品数量	抽样方法	合格判定 Ac Re
外观检验	1 次/h	30 个	随机抽取	[0 2] [2 3]

3.3.4.2 外观

（1）仪器/化学药品　无。

（2）检验方法　目视检查。

（3）质量要求　罐身均匀光滑、无变形、无擦伤。

3.3.4.3 常见缺陷及主要原因

具体见表 3.16。

表 3.16　常见缺陷及主要原因

缺陷	材料因素	设备因素
表面刮伤	—	与罐路擦伤 罐路设计不当（罐身与相邻罐体切口剐擦）
薄膜裂纹	覆膜工艺不当 材料用途不当	烘烤温度过高 烘烤时间过长
彩印面黄变	印刷工艺不当	烘烤温度过高 烘烤时间过长

4　食品罐头的腐蚀

4.1　马口铁食品罐头的特点及其质量要求

4.1.1　马口铁食品罐头的特点

马口铁至今仍是食品饮料最好的包装材料之一，是由于它具有良好的机械加工性、不透气性及耐腐蚀性等特点，因此马口铁罐比其他容器包装的食品饮料，能更好地保持原有的色香味及维生素 C，贮存时间也更久。

4.1.2　马口铁食品罐头的质量要求

罐头只有在达到下列质量要求时才能体现它的优越性。

4.1.2.1　符合食品卫生标准

(1) 商业无菌　即罐头经适度的杀菌后，不含有致病性微生物，也不含有在通常温度下能在其中繁殖的非致病性微生物。

(2) 重金属含量指标　GB 11671—2003《果蔬罐头卫生标准》，GB 13100—2005《肉类罐头卫生标准》(表 4.1)。

表 4.1　各类罐头重金属指标　单位：mg/kg

		铅	锡	砷	汞
果蔬类罐头	≤	1.0	250	0.5	
肉禽类罐头	≤	1.0	250	0.05	0.05
水产类罐头	≤	1.0	200	1.0	0.5
番茄汁罐头	≤	3.0	150		

(3) 食品添加剂　罐头食品内不应添加防腐剂，少数需改善风味、颜色及其他目的而常用的食品添加剂及其使用量，如酸度调节剂——柠檬酸、增味剂——谷氨酸钠、抗氧化剂——异抗坏血酸钠、发色剂、护色剂——亚硝酸钠、漂白剂——焦亚硫酸钠等应符合 GB 2760—2014《食品安全国家标准　食品添加剂使用标准》的规定。

某些添加剂如焦亚硫酸钠对罐壁腐蚀不利，虽然从卫生角度衡量是符合标准规定的限量，但对腐蚀却构成了危害，因此在使用添加剂时应权衡罐头的整体质量，综合考虑。

4.1.2.2　密封性

罐头应能经受加工及贮存时的内、外压力而不泄漏，这是罐头食品久藏而不变质的必要条件之一，因此必须保证罐头的密封性，即控制焊缝及卷封质量。

4.1.2.3　产品感官质量

包括食品形态、色香味、净含量、固形物偏差等指标，应符合产品的相关标准要求。

4.1.2.4　罐壁腐蚀状况

允许罐壁有轻度腐蚀斑，包括点状腐蚀及轻度硫化斑，但不应有扩散腐蚀、明显硫化斑及污染食品的硫化铁。

4.2 罐头的内壁腐蚀

4.2.1 罐头腐蚀的基本概念

4.2.1.1 电化学反应

食品、饮料与罐内壁的腐蚀反应是相当复杂的，但其腐蚀过程基本上是氧化还原的电化学反应。由于不同金属浸泡在同一食品介质中会呈现不同的电极电位，即有电位差就构成了原电池，其中电位较负的金属成为阳极，失去电子溶解成金属离子；而电位较正的金属成为阴极，在其表面发生氢离子得到电子或氧化剂被还原的反应。此时作为阴极的金属不被腐蚀，在电化学上称之为阴极保护作用。

金属失去电子或得到电子的难易程度是金属的特性，可以用标准电位表示：

$$E_0=(RT/nF)\times \log k$$

式中 R——气体常数

F——法拉第常数

n——离子价数

k——反应平衡常数

金属的电位越高，失去电子就越难。

4.2.1.2 极化

当原电池有电流通过时，两电极之间的电位差随之减少、电流强度相应降低而造成金属腐蚀速度减慢的现象。

4.2.1.3 去极化

消除电极的极化作用使腐蚀继续进行的现象称为去极化。能去极化的物质称为去极化剂。

4.2.1.4 阴极去极化作用

当阴极周围存在氢离子、氧气或氧化剂时，它们能接受来自阳极溶解产生的电子，促使阳极不断失去电子而导致金属溶解的作用。

4.2.2 罐头的腐蚀特性

罐内壁发生的电化学反应有些是以全面腐蚀的形式出现，腐蚀倾向于横向地逐渐扩展。有些则是以点蚀的形式出现，腐蚀在微小的局部区域内深入进展，倾向于穿透金属而导致穿孔。罐内壁产生不同的腐蚀形态主要取决于包装材料的表面状况及食品的特性；食品在素铁罐和涂料铁罐中的腐蚀状态是完全不同的。

4.2.2.1 素铁罐的腐蚀特性

（1）从标准电位序比较，铁的电位为－440mV、锡为－136mV，铁应成为阳极。但在罐内无氧或含氧极少的酸性介质（如 0.1mol/L 柠檬酸）状况下，锡、铁的电极电位与标准电位序恰好相反，即铁为－294mV、锡为－361mV，此时暴露在食品中的锡就成为阳极而溶解，铁成为阴极受到保护而不被腐蚀。

锡的腐蚀速率取决于食品中存在的氧化剂或罐内残留氧（阴极去极化剂）以及与金属离子能形成稳定络合物的成分（阳极去极化剂）等因素。

罐内壁电化学反应的简单模式如图 4.1 所示。

（2）酸性食品在素铁罐中的腐蚀是以溶锡为主，其腐蚀过程可分为三个阶段。

第一阶段，在装罐后的数天至十余天内，油膜和氧化膜被溶解，锡受罐内残留氧和去极化剂的

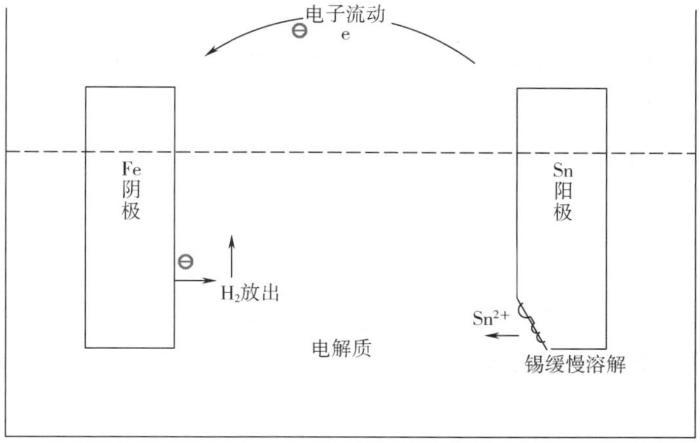

图 4.1　罐内壁电化学反应示意

作用而快速溶解。此时，铁受到溶锡的保护，故腐蚀速率不受钢基材质的影响。

第二阶段，氧气消耗完后，脱锡速度减慢，且在很长时间内保持缓慢腐蚀。随着溶锡的进展，合金层和铁的暴露面积逐渐扩大，此时铁仍为阴极，其腐蚀速率取决于合金层的完整性。

第三阶段，在大部分锡已被溶解、铁的暴露面积很大时，锡对铁失去了阴极保护作用，溶锡的同时也溶铁且速率很快，并产生氢气而导致胀罐或穿孔。因此控制腐蚀第二阶段的时间就能保证罐头的储存期。

（3）在正常情况下，糖水水果经第一阶段后，内容物中的锡离子含量在十几至二十几毫克每千克，经一年半储存后，锡离子大多在 50 至 100 多毫克每千克，铁离子仅几毫克每千克（除有严重氧化圈外，一般均小于 5）。在素铁罐中，因锡的溶解消耗了罐内残留氧及其他氧化剂，食品的维生素 C 保存较好，同时，因锡离子的还原作用，也有利于浅色食品的色泽和风味。

4.2.2.2　涂料铁罐的腐蚀特性

（1）腐蚀类型　受食品腐蚀特性的影响涂料铁罐壁的腐蚀可大致分为两种型式。

第一种是横向扩散型，即食品通过涂膜的微孔产生溶锡腐蚀后，不断向四周扩展，但由于涂料铁罐中锡铁的面积比很小，锡的溶解不能对铁提供足够的保护作用，铁也被溶解，结果使涂膜附着力显著下降而脱落。

第二种是穿孔型，在有些食品中，马口铁各层的电位差很小，或合金层、铁的电位比锡还负，此时，涂膜缺陷处的合金层会被很快溶解，随着铁也被溶解，并集中在小范围的电偶内形成深入腐蚀而导致穿孔。

（2）在涂料铁罐中，内容物中的溶锡量很有限，仅几至十几毫克每千克，而溶铁量相对较高，大多在十几至二十几毫克每千克，故罐内残留氧和其他氧化剂，会氧化食品中的某些成分，另外溶铁也会促进维生素 C 的分解而使食品变褐，因此涂料铁罐中的果蔬色泽比素铁罐中的暗。

（3）涂料铁罐的腐蚀主要归因于制罐过程中涂膜的刮伤，以及涂膜和镀锡层两者的微孔。足够的涂膜厚度能减少涂膜微孔而减缓腐蚀，但焊缝保护不良或制罐时的擦伤尤其是深至基板的损伤，会促进罐壁的腐蚀。

4.2.2.3　复合罐的腐蚀特性

（1）以铝合金作易开盖、马口铁作罐身、马口铁或镀铬铁作底盖的复合罐，罐内壁产生的是双金属腐蚀（加凡尼电池效应腐蚀）。因铝是活泼金属，其电极电位比锡、铁的都负，在复合罐中铝总是呈阳极，故涂膜保护薄弱的铆钉、刻线部位（锡或铁）会优先被腐蚀，罐身、底盖的锡、铁则受到保护而不被腐蚀；当涂膜有严重缺陷，焊缝补涂带不完整或涂膜因擦伤引起的锡、铁暴露很多时，则会大大加快铝的腐蚀速率。

(2) 复合罐中内容物的 pH 与氯离子含量对铝易开盖的腐蚀有很大影响。因铝合金表面的氧化膜极易被铝离子、氢离子破坏而形成间隙腐蚀，使金属纵向结晶的结构受到破坏；同时铝合金的腐蚀又具有自行加速的性质，即铝与氯离子作用的腐蚀产物 $AlCl_3$ 在水中会快速水解 [$AlCl_3+H_2O = Al(OH)_3+H^+ +Cl^-$]，生成的氢氧化铝多孔性氧化膜在腐蚀的凹洞口集聚，使凹洞逐渐变小，而 H^+ 和 Cl^- 又加速了铝合金的溶解，如此反复作用就间接加快了孔蚀的速率。

(3) 复合罐中铝易开盖所表现的腐蚀多为孔蚀，孔径在 0.003～0.254mm，但大多数均很小，而形成的凹洞有时是独立的，有时可能会非常靠近，使金属表面看起来相当粗糙，孔的深度与直径比大多为 1 或更大些，其结果通常会造成穿孔。

4.3 影响罐内壁腐蚀的主要因素

影响食品饮料罐头内壁腐蚀的因素很多，除了空罐质量外，食品成分、加工工艺及贮存条件都对腐蚀有重要影响，因此我们必须对此有充分了解，才能使空罐的质量尤其是耐腐蚀性与食品的特性相适应。

4.3.1 食品中的腐蚀因子

4.3.1.1 有机酸

(1) 有机酸种类的影响　人们常以 pH 或总酸的高低来判断食品腐蚀性的强弱，实际上 pH 或总酸与腐蚀性并不成正比关系，酸的种类及含量对罐壁的腐蚀性，尤其对腐蚀类型的影响更大。酸的腐蚀特性与其和金属离子形成络合物的能力有密切关系：容易和亚锡离子结合的酸会促进锡的溶解，其中以草酸、富马酸为最强，柠檬酸、酒石酸次之；容易和亚铁离子结合的酸会促进铁的溶解，其中以磷酸为最强，苹果酸次之，接着依次为柠檬酸、酒石酸、乳酸、醋酸。此外，pH 与有机酸的离解及络合物的形成有关，因此 pH 会影响腐蚀速率，一旦腐蚀发生，当 pH 越低时，腐蚀就越快。

(2) 食品中的有机酸　菠菜、杏、草莓、李子、葡萄中的草酸含量较高，橘子、柠檬、菠萝、杧果等水果中的柠檬酸含量较高。部分水果中主要有机酸含量和各种饮料的酸组成如表 4.2、表 4.3 所示。

表 4.2　　水果中主要有机酸的含量

水果品种	主要有机酸种类	总含量/%
橘子	柠檬酸、苹果酸、琥珀酸	1.0
葡萄	苹果酸、酒石酸	0.3～1.3
苹果	苹果酸	0.5
草莓	苹果酸、柠檬酸	0.7～1.2
桃子	苹果酸、柠檬酸	0.8
梨	苹果酸、柠檬酸、酒石酸	0.1

表 4.3　　各种饮料的酸组成及其含量/（mg/kg）

饮料品种	柠檬酸	苹果酸	乳酸	醋酸	磷酸
橘子汁	4460	90	69	—	—
苹果汁	65	4200	—	37	—
柠檬汁	4530	—	—	—	—
运动饮料	800	—	760	—	—
可乐	—	—	—	—	74

（3）锡、铁在不同介质中的腐蚀电极电位有很大差别，从两者的电极电位比较即可大致反映该介质对罐壁腐蚀的倾向性，见表 4.4。

表 4.4　　不同介质中锡、铁的腐蚀电位

介质	腐蚀电位/－mV		腐蚀倾向性
	锡	铁	
10%醋酸	500	526	溶铁型
3%醋酸+3%氯化钠	520	540	溶铁型
2%糖+1%柠檬酸	521	502	溶锡型
0.3%柠檬酸	571	596	溶铁型
0.3%苹果酸	528	578	溶铁型
20%糖+1%苹果酸	519	502	溶锡型
番茄酱	610	550	溶锡型
糖水草莓	550	545	锡铁混合型
番茄汁	730	616	溶锡型
苹果汁	675	679	锡铁混合型

4.3.1.2　硝酸盐

（1）硝酸盐是一种强氧化剂，它能从马口铁的锡面上吸取电子而促进锡的腐蚀。当内容物的 $pH>6$ 时一般不会发生腐蚀问题，当 $pH<5$ 时腐蚀作用显著。

因食品中硝酸盐含量高而引起的异常腐蚀有以下特点：腐蚀速率快，在装罐后数周至数月，罐内溶锡量高达 200mg/kg 以上；其腐蚀程度会随着硝酸盐含量的增加、pH 的降低而加重；罐内残留氧量在初期的腐蚀中起支配作用；腐蚀时一般不产生氢气，只要内容物中尚存多量的硝酸盐，就不会产生胀罐，但在某些食品中，有较多量的硝酸盐时仍发生胀罐，可能因食品中的某些成分抑制了硝酸根的还原。

（2）硝酸盐腐蚀的反应式如下：

还原反应：$NO_3^- + 2H^+ + 2e \longrightarrow NO_2^- + H_2O$

$NO_2^- + 8H^+ + 6e \longrightarrow NH_4^+ + 2H_2O$

氧化反应：$4Sn^0 \longrightarrow 4Sn^{2+} + 8e$

从反应式计算可得出：消耗 1mg 硝酸根离子能溶解 7.65mg 亚锡离子。

（3）番茄汁中添加不同量硝酸根离子、在不同 pH 时对内容物锡含量的影响如表 4.5 所示。

表 4.5　番茄汁中硝酸根离子含量、pH 与锡含量的关系

pH	内容物锡含量/(mg/kg)		
	NO_3^- 0mg/kg	NO_3^- 400mg/kg	NO_3^- 800mg/kg
3	40	1250	/
4	40	570	/
4.4	40	310	1200
4.7	42	200	540
5.0	45	120	250
5.5	45	75	125
6.0	45	45	45

(4) 蔬菜中的硝酸盐含量较高，如南瓜、番茄、青刀豆、胡萝卜、土豆等，但蔬菜属低酸性食品，一般不会发生腐蚀问题，如果调低产品的 pH，则会产生异常脱锡。成熟水果中的硝酸盐含量均很低，但因施肥、土壤中缺乏某些元素或天气干旱等因素都会使水果中的硝酸盐含量增高。此外，罐头用水也是硝酸盐的一个来源。因此，罐头加工时应严格控制原料及水中的硝酸盐含量。日本国立卫生试验所规定：果汁用水的硝酸态氮（NO_3-N）应小于 1mg/kg；台湾地区的罐头厂规定：番茄制品中的硝酸态氮应控制在 1mg/kg 以下。

4.3.1.3　多酚类化合物

(1) 花青素也称花色苷色素，属多酚类化合物，是一种腐蚀促进剂，它能作为阴极去极化剂被电子或氢原子还原而腐蚀，也能作为阳极去极化剂与腐蚀产生的锡盐结合生成稳定的络合物而促进锡的溶解。

紫、红色果蔬（草莓、葡萄、樱桃、茄子等）中的花青素含量较高，该类食品如用素铁罐包装，则内容物会因锡离子的还原作用而褪色。桃子、梨、苹果所含的主要是无色花青素，未成熟水果中的花青素含量比成熟的高，故罐头加工时，应采用花青素含量较低的品种及成熟度较高的原料，以减轻对罐壁的腐蚀。

(2) 单宁也是多酚类物质，它带有明显的涩味，腐蚀作用与花青素相同。但单宁与铁会生成绿黑色的单宁酸铁而影响食品饮料的感官质量。板栗、红小豆、李子、茶叶等的单宁含量较高，单宁含量与品种、成熟度有关，果蔬皮及靠近皮处的部位单宁含量较高，因此原料的去皮处理与食品的颜色有密切关系，加工不当或空罐焊缝补涂膜保护不良等均会带来食品饮料的腐蚀变色问题。

4.3.1.4　脱氢抗坏血酸

抗坏血酸的氧化产物脱氢抗坏血酸和二古罗糖酸盐是腐蚀的促进剂，有试验结果表明：将 10～100mg/100g 的脱氢抗坏血酸和二古罗糖酸加入到果汁中或 pH4.0 的柠檬酸盐缓冲液中，能引起锡的快速溶出。番茄汁的抗坏血酸含量一般在 20mg/100g 左右，5 倍浓缩的番茄酱中就可能有 100mg/100g，在生产过程中如果有 10%的抗坏血酸转化成脱氢抗坏血酸，则可能成为一个很强的腐蚀因子。因此在罐头加工时必须快速装罐，以防止抗坏血酸氧化。

4.3.1.5　低甲氧基果胶

食品中的果胶在酶的作用下，产生的果胶分解产物低甲氧基果胶或半乳糖醛酸能加速锡的溶解。在梨中添加 0.2%的低甲氧基果胶，会使罐头保存期缩短至 6 个月；番茄酱中添加 0.2%以上低甲氧基果胶或半乳糖醛酸，在 20℃贮存 3 个月就能看出其腐蚀性。因此在加工过程中快速钝化酶的活性，如番茄酱加工时的热破碎在 20 秒内达到 85℃，对防止果胶分解是十分重要的。

4.3.1.6 含硫化合物

（1）含蛋白质食品在罐内壁产生的腐蚀，是罐头在杀菌加热时，食品中的蛋白质分解释放出硫化氢并进一步分解成硫离子，与罐壁溶解的金属离子锡或铁作用产生腐蚀的结果。

（2）当硫化氢与亚锡离子反应时则生成硫化锡。硫化锡是紧密的，不溶于稀酸，附着力强，对罐壁有一定的防蚀作用。马口铁表面硫化锡膜的颜色排列和金属氧化膜的相似。当硫化锡在浅黄到棕色时，则膜对锡的腐蚀有保护作用，但随着厚度的增加，颜色由蓝变到紫时，其保护性就不均匀了。

（3）当硫化氢与亚铁离子反应时则生成疏松的、易污染食品的黑色硫化铁。硫化锡和硫化铁这两种腐蚀产物对人体健康并无害，但会影响食品或罐壁的外观，这是消费者所不可接受的。

（4）内容物中的硫化物除了食品本身所含的外，原辅材料也会带入含硫物质：当原料清洗不干净或经二氧化硫预处理的原料漂洗不彻底时，都可能将残留的杀虫剂、漂白剂、保鲜剂等含硫物质带入罐内；此外，以亚硫酸法生产的砂糖配制的糖液及加工中糖液煮沸不充分等，均会使内容物中有较高的二氧化硫含量。硫及硫的化合物不仅会使腐蚀加剧，在酸性食品中还会使锡铁的电极电位逆转、促进溶铁。

（5）影响硫化氢释放的因素包括：杀菌温度、杀菌时间及内容物的 pH 等，此外，罐头顶隙气的组成对硫化黑变也有决定意义。牛肉罐头顶隙气相色谱分析表明，顶隙中有 13 种挥发性气体，除硫化氢和硫醇外，还有挥发性酸、碱和残留空气。顶隙气中氧的存在会活化马口铁表面的反应，因氧可加速锡-铁电池的电化学作用，从而促进腐蚀的进程。

（6）罐头不仅在杀菌冷却过程中会产生硫化腐蚀，在其后的贮存过程中含硫气体还会增加，这是由于蛋白质分解的递增所致。在较大罐型的罐头中，罐壁表面和内容物量之比相对较小，在杀菌过程中生成的硫化氢自内容物扩散到罐壁会维持较长时间，故马口铁表面发生的金属离子转移，在杀菌过程后还会进行较长时间。

在涂膜划伤部位上的黑色沉积物不仅仅是硫化铁，还可能含有氢氧化亚铁，其组成比例会随着硫化氢量和罐内残留氧量的多少而变化。

4.3.1.7 其他腐蚀因子

如焦糖对水果罐头的腐蚀有明显的促进作用；铜离子在酸性介质中会促使锡层剥离、并对铁进行局部性腐蚀而穿孔；食盐在酸性食品中会促进溶铁腐蚀；煤焦油系的黄色素引起穿孔腐蚀等。

总之，食品是一个极其复杂的生化系统，有一定的 pH 范围和缓冲性质，它既含有加速腐蚀的成分，也含有抑制腐蚀的缓蚀剂，故其腐蚀特性取决于食品各组分的协同作用。

4.3.2 实罐加工工艺

4.3.2.1 罐内残留氧

氧对金属是一种强氧化剂，氧在酸性介质中作为阴极去极化剂对锡显示强烈的氧化作用而引起快速腐蚀。

（1）顶隙氧在素铁罐装的水果罐头中会造成界面腐蚀（氧化圈），靠近液面处氧气浓度很高为阴极不被腐蚀，离液面稍远处为阳极则产生界面局部脱锡反应。顶隙越大残留氧气越多，腐蚀电流越强，界面腐蚀也就越严重；同时 pH 越低，腐蚀越严重。有研究结果表明，罐内 1mL 氧可溶解 10.6mg 锡、4.9mg 铁。当罐内氧含量大于 3.0mL 时则会产生明显的界面腐蚀，在顶隙中的氧消失后，界面腐蚀也就不再进展。

（2）食品中的溶解氧也会大大加快锡的溶解速度，如素铁罐装的果汁和水果类罐头，开罐后放在 5℃冷库内保存 8～48h 后，内容物中的锡含量会增加到刚开罐时的 2 倍。

（3）氧不仅能促进素铁罐的溶锡腐蚀，而且还能影响涂料铁罐中食品的腐蚀倾向性。在有些低酸性食品中，顶隙有氧部位涂膜缺陷处的露铁会成为阳极而优先被腐蚀；在有些酸性食品中则因有过多残留氧而促进锡的扩散腐蚀；在含硫食品中则产生硫化黑变、生成硫化铁而污染食品。

（4）顶隙氧除了促进腐蚀外，还会因腐蚀溶解的铁促使食品褐变而破坏其感官质量。罐头加工时的预煮、排气、真空抽气、热装罐、真空封罐等操作，目的都是为了尽可能地去除罐内残留氧，使罐内保持适当的真空度，这对控制和减缓罐内壁的腐蚀和延长罐头货架寿命有重要作用。

装罐温度对橘子汁溶锡量的影响及橘子汁的罐内氧量与溶锡量的关系见表 4.6 和表 4.7。

表 4.6　　装罐温度与橘子汁中锡含量的关系（室温贮存 17 个月）

样品	锡含量/（mg/kg）	
	热装罐	冷装罐
1	67	115
2	70	125
3	87	134
4	74	130
5	83	126
6	84	120
平均值	77.5	125

表 4.7　　橘子汁的罐内氧量与锡含量的关系

贮存时间/d	锡含量/（mg/kg）				
	N_2	0.98mL O_2	1.96mL O_2	3.92mL O_2	6.53mL O_2
1	15	22	35	50	70
2	15	30	39	52	78
4	16	32	38	53	81
6	17	36	42	59	89
10	20	38	44	63	94

4.3.2.2　杀菌冷却

（1）杀菌温度和恒温时间会影响腐蚀程度：温度越高、加热时间越长，腐蚀就越严重。因食品长时间处于高温中，在罐内氧气的作用下，就会促进锡、铁的溶解。

（2）杀菌后冷却时间也同样对腐蚀有影响：冷却过快或冷却过度、罐头余温不足，使罐外有较多残留水分并且未擦干，将会导致罐外壁的锈蚀；而冷却太慢则使内容物处于高温时间过长，又会加速罐内壁的腐蚀及内容物的褐变。

4.3.2.3　贮存温度

（1）贮存温度对罐壁腐蚀及食品感官质量有直接影响。温度每升高 10℃，化学反应促进 1.5～2 倍，褐变反应增快 3～5 倍。也就是说，罐头会随着贮存温度的升高，罐壁腐蚀加速、内容物品质劣化。此外，对于某些食品，温度还会改变其腐蚀倾向性：如有些食品在低温（<35℃）时是溶铁的，高温时则是溶锡的；而有些食品在温度<40℃时为溶锡，>40℃时则转为溶铁了等。

（2）罐头保温试验，即采用保温方法（37℃或 55℃）来加速罐内壁腐蚀，以预测空罐与食品的适用性。对于酸性食品而言，以 37℃为宜并至多保温 3 个月，温度过高如采用 55℃保温则会使内容物某些成分发生快速氧化，引起内容物褐变并加剧腐蚀，如抗坏血酸氧化成脱氢抗坏血酸而加速锡的腐蚀，造成罐壁腐蚀扩散，甚至有的成分还会促进溶铁，其结果导致穿孔，因此在 55℃保温试验所得到的腐蚀结果，并不能反映实罐正常贮存时形成的实际腐蚀状况，有时还往往会得出误结果；而蛋白质含量高的食品如鱼类罐头可采用 55℃保温，因杀菌后罐内的含硫气体在此温度下会继续快速扩散而加速罐内壁的硫化腐蚀，从而预测罐头的腐蚀倾向。

5 常见问题分析及质量控制要点

5.1 罐内壁腐蚀问题

5.1.1 素铁罐的异常脱锡或局部集中腐蚀

5.1.1.1 制罐材料使用不当产生的腐蚀问题

（1）因马口铁镀锡量低（与内容物腐蚀特性不匹配），或镀锡量适当但镀层不均匀（锡层微孔多），引起快速脱锡：如糖水桃错用镀锡量为 5.6g/m^2 的马口铁装罐，因锡层的露铁点较多（相对于 11.2g/m^2），对酸性食品不能提供足够的耐蚀性，罐头装罐半年后内容物锡含量高达 180mg/kg 以上。

（2）清水橘子罐头用的马口铁钢基材质不符合要求，基板中夹杂 Al 含量高导致罐壁穿孔，见图 5.1 和图 5.2。

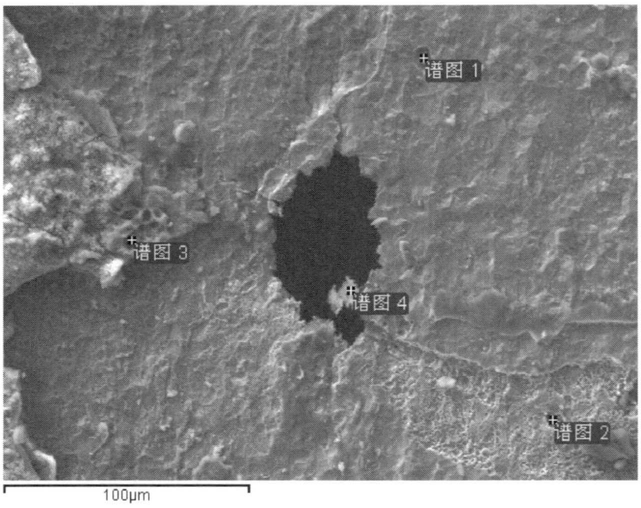

图 5.1 清水橘子罐内壁穿孔

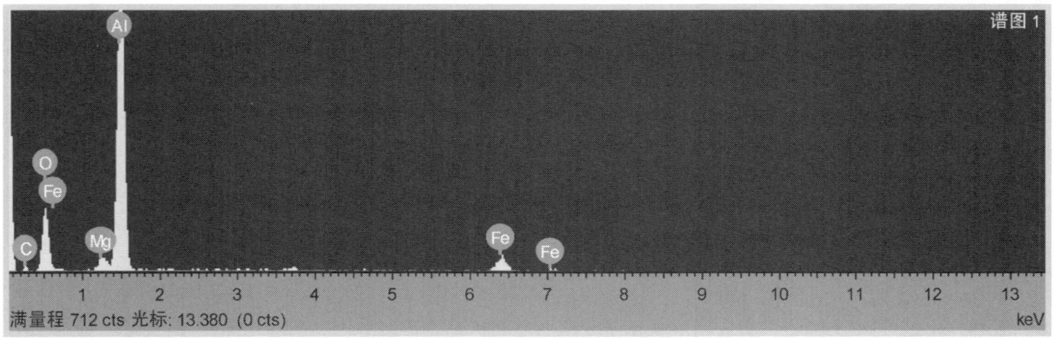

图 5.2 能谱分析检出马口铁基板中的夹杂铝

（3）因花青素含量高的食品采用素铁罐包装，引起不均匀脱锡及食品褪色：如糖水草莓采用素铁罐包装，贮存5个月后锡含量达78mg/kg、铁含量3.3mg/kg，罐壁除了脱锡外，还出现局部的点状溶铁腐蚀，见图5.3，且草莓变成浅灰色。这是由于草莓中的花青素含量高，不仅促进溶锡，腐蚀的锡离子还有还原作用而使草莓失去原有的红色，因此对于花青素含量高的果蔬应采用涂料铁罐包装。

图5.3　草莓罐头内壁的局部腐蚀

（4）蘑菇罐头用铁不当引起局部腐蚀：按蘑菇的腐蚀特性，应采用300化学钝化的低铬铁制罐，即马口铁表面的铬含量小于1mg/kg，当采用311电化学钝化的马口铁时，表面铬含量通常在3.8～7.2mg/kg，此时钝化膜就具有一定的耐腐蚀性，因此造成罐内壁不能产生全面的均匀脱锡，而在锡层微孔或制罐划伤处产生局部的点状或块状腐蚀斑，如图5.4所示；此外，300钝化的低铬铁如贮存时间过长，表面的氧化膜过厚时，也同样会引起局部腐蚀。

图5.4　蘑菇罐头内壁的局部腐蚀

5.1.1.2　原料或罐头用水的硝酸根含量高产生异常脱锡

近年来曾多次发生因内容物硝酸根含量高而导致锡含量超标的质量问题：如糖水梨、糖水桃、菠萝碎米等罐头，硝酸根含量高达50mg/kg以上，有的是原料本身所含有，有的则是罐头用水未经处理而带入。在水果罐头pH<5、酸度高的情况下，硝酸根会促进罐内壁的快速脱锡，使罐头经数周或数月贮存后罐壁严重腐蚀至合金层，锡含量达200mg/kg甚至更高。菠萝碎米罐头内壁的异常脱锡见图5.5。

5.1.1.3　内容物酸度偏低造成罐内壁局部腐蚀

（1）糖水葡萄罐头因酸度偏低（1.8mg/kg左右），在罐内壁仅出现点状腐蚀和划伤处的线状腐蚀，锡层的大部分区域均为光亮未腐蚀。原因是葡萄中的有机酸以酒石酸为主，它与锡离子的络合作用不强，属腐蚀性较弱的水果，当其酸度偏低时，就更不易产生腐蚀；而当内容物的总酸在3mg/kg左右，罐内壁就呈现均匀脱锡，因此对于内容物酸度较低的水果应添加适量的柠檬酸，以保证罐内壁有正常的腐蚀状态。糖水葡萄罐头内容物的总酸与腐蚀程度的比较见表5.1。

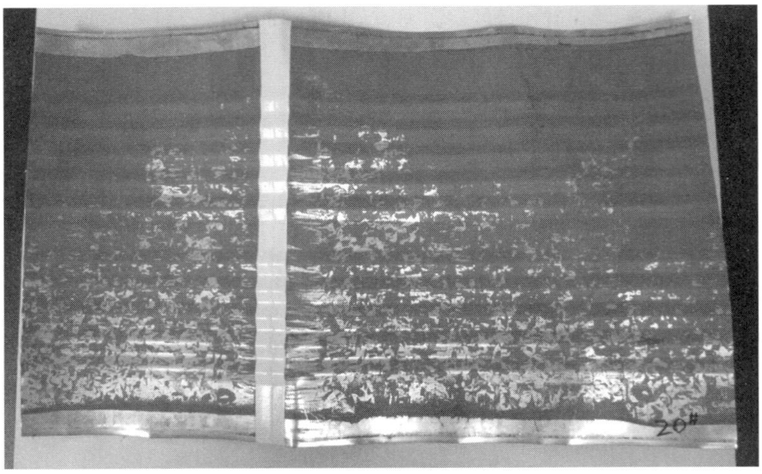

图 5.5　菠萝碎米罐头内壁的异常脱锡

表 5.1　　糖水葡萄罐头内容物的总酸与腐蚀程度的比较

样品	真空度	顶隙	pH	总酸	腐蚀状况
A	0～0.005	1.5～2.0	3.79～3.81	1.80～1.84	细小点蚀较多，擦伤处有细线状腐蚀；卷封处有 1/4 至 1/2 圈细线腐蚀
B	0.010～0.012	2.5～7.0	3.42～3.45	2.59～2.90	轻度均匀脱锡
C	0～0.010	5.0～9.5	3.60～3.64	2.84～2.96	均匀脱锡

（2）蘑菇罐头因内容物酸度偏低（0.1～0.2mg/kg），罐壁大部分区域无腐蚀，局部有黑色腐蚀斑。引起原因与糖水葡萄相同，因蘑菇本身的腐蚀性不强，必须添加适量柠檬酸，一般应控制在 0.4～0.7mg/kg。

5.1.1.4　二氧化硫含量高导致罐壁穿孔

（1）在酸性食品中，二氧化硫会使浸泡在食品介质中锡铁的电极电位逆转而促进溶铁（依内容物的成分而定）。如糖水橘子罐头因二氧化硫含量高达 52.6mg/kg，经一年贮存出现条状及块状局部腐蚀斑，个别部位还有穿孔，见图 5.6，经能谱分析在穿孔部位存在氯和硫。

图 5.6　糖水橘子罐内壁局部腐蚀及穿孔

（2）内容物中二氧化硫含量与罐内壁的腐蚀程度直接相关，实测的苹果丁二氧化硫含量与罐内壁腐蚀状况见表 5.2。

表 5.2　　苹果丁的二氧化硫含量与罐内壁腐蚀状况

样号	1#	2#	3#
pH	3.87～3.91	3.96～3.99	3.96～3.99
总酸	5.4～7.9	1.83～1.91	1.83～1.91
硝酸根	1.76～1.85	6.6～6.9	6.6～6.9

续表

样号	1#	2#	3#
二氧化硫	1.5	4.6	10.8
腐蚀状况	均匀脱锡	脱锡不均匀，罐身上部脱锡较重，有整圈黑色腐蚀斑，宽度约占罐高的 1/4	脱锡不均匀，罐身上部脱锡较重，有整圈黑色腐蚀斑，宽度约占罐高的 1/4，罐身下部有一个似三角形的断续腐蚀斑，最宽处约 70mm，已腐蚀至合金层

（3）糖水黄桃罐头用镀锡量 5.6g/m^2 的马口铁装罐，内容物中的二氧化硫为 2.5mg/kg，装罐三个月后罐壁呈蓝紫色的硫化腐蚀，见图 5.7，内容物锡含量高达 121mg/kg。

又如什锦水果罐头内容物的二氧化硫含量为 24mg/kg 时，罐壁出现严重腐蚀，内容物还有焦煳味（可能有焦糖），汤汁中有小黑点。这类腐蚀问题在近年来的检测中屡有发生。

5.1.1.5　罐内残留氧多引起的集中腐蚀

（1）酸性食品罐头因装罐温度低、顶隙大、真空度低、罐内残留氧高时，罐壁会产生局部腐蚀或锈蚀，如橘子果粒罐头在杀菌后立即在底盖上产生锈斑，见图 5.8，因果粒的比重大而沉底，果粒温度低、氧含量比液体中的高，故在杀菌时罐底马口铁微孔处的露铁在氧气的作用下就立即产生锈蚀。

图 5.7　糖水黄桃罐内壁的硫化腐蚀

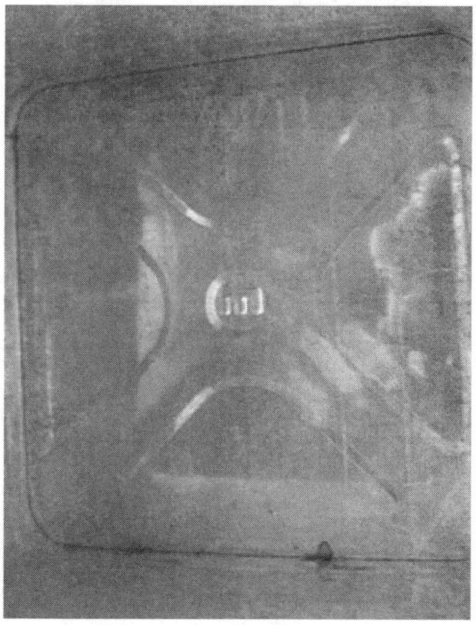

图 5.8　橘子果粒罐底锈蚀

橘子囊包罐头也曾发生因装罐温度低、罐内残留氧量多导致的罐身严重集中腐蚀，且底部比上部腐蚀面积大，见图 5.9，原因同上，因底部残留氧比上部的多，其腐蚀程度则随着氧的扩散浓度差而变化，下部比上部严重呈山峰状。

（2）苹果酱装罐半年后在膨胀圈部位有线状腐蚀，卷封沟槽内有整圈黑色物，顶隙部位有明显氧化圈或局部块状腐蚀，其原因除了二氧化硫含量高外，顶隙大、真空度低、罐内含氧量多对腐蚀影响也很大。另有一罐头因在顶盖上有一小钉孔漏入了氧气，其顶隙部位的腐蚀更严重，有面积较大的块状腐蚀，卷封沟槽内也有整圈黑色物，这些都说明了罐内残留氧促进了腐蚀；此外，苹果所含的苹果酸与铁的络合作用较强，易产生溶铁腐蚀，因此在氧含量高的顶隙处膨胀圈锡层的受损部位，以及底部因卷封锡层受损部位，引起了局部块状溶铁腐蚀。

(3) 低酸性食品如蘑菇罐头，因装罐量少、顶隙大（7mm以上）、罐内残留氧量多，又总酸偏低（0.3g/kg左右），罐头贮存后在卷边下沿产生黄圈（铁锈）腐蚀，见图5.10，而装罐量正常的罐头、顶隙在1.7～4.6mm，罐内壁均匀脱锡，无黄圈现象。经分析黄圈为铁的氢氧化物，正常罐和有黄圈罐的铁含量比例结果见表5.3。

图5.9 橘子囊包罐内壁山峰状严重脱锡

图5.10 蘑菇罐卷边下黄圈

表5.3 正常罐和黄圈罐腐蚀斑的分析结果

腐蚀特征	装罐量/g	顶隙/mm	总酸/（g/kg）	腐蚀斑处含铁量比例/%
顶隙有黄圈腐蚀	386.5～406.3	7.8～11.3	0.29～0.32	18.5～20.2
正常脱锡	425.7～438.0	1.7～4.6	0.26～0.28	4.2～7.4

5.1.2 涂料铁罐的腐蚀问题

5.1.2.1 因制罐材料选用不当引起的腐蚀问题

(1) 马口铁钝化程度低引起的硫化腐蚀　为防止硫化腐蚀，含硫食品应使用311钝化的马口铁，即马口铁的表面铬含量在3.8～7.2mg/m^2。但制罐企业因对进口铁的钝化程度不了解，将表面铬含量仅为0～1.4mg/m^{2}的马口铁制罐供午餐肉装罐用，结果罐头经杀菌后即在罐内壁出现了全面硫化斑，后又增加涂膜厚度，但硫化腐蚀状况仍得不到解决，因涂膜虽能阻隔含硫气体与马口铁接触，但涂膜总有微孔，在高温下蛋白质分解释放的含硫气体仍会透过微孔穿透至金属表面与其反应，而马口铁表面的钝化膜对抗硫化腐蚀有重要的作用。

甜玉米、清蒸猪肉、蚕豆、马蹄罐头都曾发生过因使用低钝化程度的马口铁产生严重硫化腐蚀的问题。如马蹄罐头使用钝化程度低的马口铁制罐，当涂膜厚度在6.7～7.5g/m^{2}时，罐头经储存10余天，罐身即布满点状、条状或块状硫化腐蚀斑，后又把膜厚增加到9～10g/m^2，但实罐内壁的硫化腐蚀问题仍未改善，见图5.11。这是由于低钝化马口铁表面的金属铬和铬的水合氧化物少，不能有效防止罐内壁的硫化腐蚀。

图 5.11　马蹄罐内壁的硫化腐蚀

午餐肉罐头也是因使用低钝化的马口铁涂覆制罐，装罐后出现整个罐身布满硫化斑，见图 5.12。

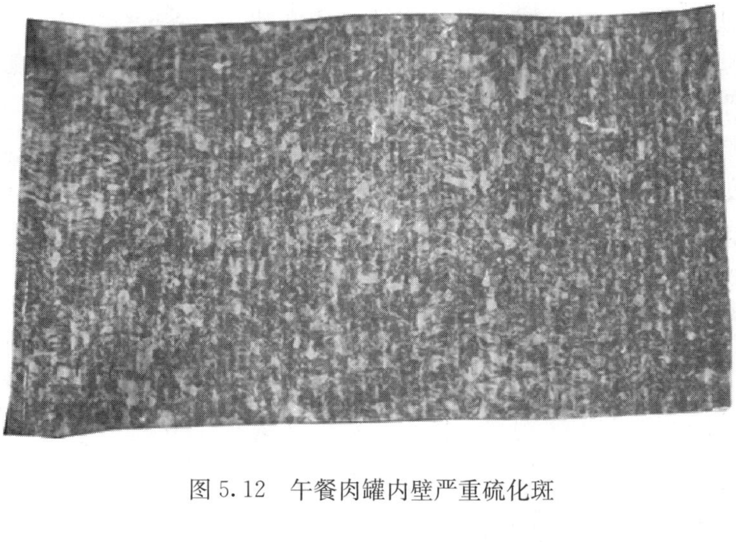

图 5.12　午餐肉罐内壁严重硫化斑

因此，在制罐前检验马口铁表面的铬含量，确定材料是否适用，能有效防止实罐内壁的硫化腐蚀。

(2) 镀锡量低、涂膜薄产生的腐蚀问题　用低镀锡量马口铁通过高分子涂料涂覆不仅能弥补因锡层薄露铁点多的问题，同时也可保证涂膜与基板的附着力，但如果涂膜厚度不足或涂布工艺不良，涂膜致密性差，就不能达到预期的效果。如芡头罐头出现的腐蚀穿孔就是材料使用不当所造成。芡头是腐蚀性较强的食品，内容物含盐约 2.2%、含醋酸约 1.3%，有腐蚀问题的实罐因使用镀锡量为 2.8g/m^{2}的马口铁，露铁点相对较多，而涂膜又薄、微孔多，这样锡和铁的暴露的量就多，从电化学角度分析，涂料铁在内容物中所构成的锡、铁原电池也就多，因此罐头贮存 10 多天后即在罐身、底盖出现无规律穿孔，原因就是涂料铁的耐蚀性不能适应内容物的特性要求所致。

(3) 涂料选用不当、涂膜性能不良造成穿孔 铝膏涂料涂覆的铝易开盖用于糖水橘子罐头，在铆钉刻线部位产生腐蚀穿孔的问题，又是一个典型的用材不当的案例。糖水橘子的酸度高，本不应采用铝膏涂料涂覆，而有问题罐头的涂料铁用铝膏涂料涂覆，又因涂膜过厚、附着力很差，因此造成易开盖在加工时铆钉、刻线部位的涂膜有明显缺陷，暴露的铝合金在罐头杀菌时与酸产生反应而溶出铝离子，接着铝合金与罐身马口铁微孔处暴露的锡、铁产生双金属的电化学反应，其结果是电位较负的铝合金继续被腐蚀，故很快在该部位产生集中腐蚀并向深层发展（铝的腐蚀特征）而导致穿孔，实罐经短期贮存内容物中的溶铝量高达 25～31mg/kg。

(4) 铝易开盖装氯离子含量高的饮料产生腐蚀穿孔

① 粒粒文旦汁、话梅汁等饮料氯离子含量很高（700～1200mg/kg），使用铝易开盖、空罐又未经喷涂，铆钉、刻线处的涂膜在加工中受损未得到保护，这些有缺陷、铝合金暴露的部位，在酸性介质中钝化膜很容易被氯离子破坏失去防腐蚀性能而产生腐蚀；而有问题罐头的焊缝毛刺很多、补涂膜完整性差，故露铁多，这样铁与铝形成的双金属电化学作用加剧，更加速了腐蚀的进行直至穿孔。

② 宠物罐头用铝膏涂覆的铝全开盖，装罐后在铆钉处腐蚀穿孔，见图 5.13，原因是内容物中含盐、氯离子含量高，本不宜用铝合金制盖，又因涂膜本身附着力差，全开盖经抗硫试验后铆钉处的涂膜浮起，缺陷电流值最大的达 20mA，故罐头在高温杀菌后，铆钉处涂膜缺陷处暴露的铝与氯离子作用而产生腐蚀穿孔。

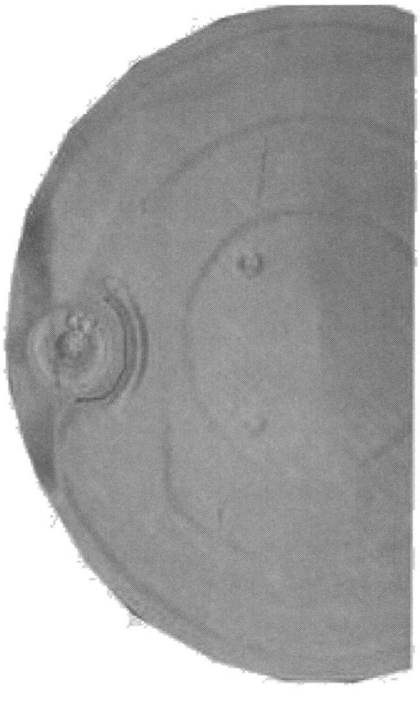

图 5.13 宠物罐全开盖铆钉穿孔

5.1.2.2 涂膜耐蚀性差引起的腐蚀问题

(1) 酸性食品引起的腐蚀 涂膜的微孔率即致密性的优劣除了与涂料类型、涂膜厚度有关外，还与涂料铁的固化程度密切相关：即涂料的固化程度越充分涂膜的致密性越好，但对于环氧酚醛涂料而言，涂膜过厚会降低附着力，因此在选择涂膜厚度时应兼顾附着力。

以番茄酱为代表的酸性食品，选用致密性优良的涂料铁尤为重要，否则将会引起严重腐蚀，因番茄酱属强腐蚀性的溶锡型食品，腐蚀一旦在涂膜缺陷处产生就会快速扩散，最终导致涂膜脱落甚至胀罐。

这样的案例很多，如番茄酱采用的制罐材料：马口铁镀锡量 2.8g/m^2，涂膜厚度：罐身 8.1～8.7g/m^2、顶底盖 8.2～9.5g/m^2，罐头经储存后，罐身布满密集点状和线状腐蚀，并有扩散、涂膜脱落，滚筋处尤为严重，底盖膨胀圈整圈线状腐蚀或大片块状腐蚀，并有穿孔见图 5.14，内容物铁含量高达 375.5mg/kg，其原因就是涂料铁耐腐蚀性不能满足食品的腐蚀特性。

(2) 含硫食品引起的腐蚀

① 甜玉米罐头顶盖涂料铁因烘烤固化不足、抗冲击性差，经硫酸铜试验后，在膨胀圈处出现整圈腐蚀，见图 5.15，而罐头又有卷封不良微漏问题，所以实罐经贮存后，在顶盖膨胀圈处有严重锈蚀（因氧气漏入），见图 5.16。

图 5.14　番茄酱罐内壁严重腐蚀

图 5.15　顶盖经硫酸铜试验后的腐蚀

② 茄汁鱼罐头的马口铁全开盖因涂膜固化不足，铝膏涂层偏厚、涂膜偏软耐磨性差，加工时破坏了铆钉及埋头部位的涂膜完整性，装罐后在该缺陷部位产生了腐蚀穿孔。

③ 除了涂膜固化不足、耐蚀性差引起罐壁穿孔外，还与内容物本身特性和空罐用材性能不当有关。茄汁鲭鱼罐头是既含酸又含盐的食品，pH 在 5.60～5.89，总酸在 4.9～5.8g/kg，腐蚀性较强，并有穿孔倾向，对涂膜的耐蚀性要求高，如涂料铁的耐蚀性与食品的特性不相适应时，则易产生腐蚀穿孔问题。举其中的一个案例，穿孔罐头的顶底盖为涂覆镀铬铁，底涂环氧酚醛涂料，面涂铝膏涂料，涂膜厚度 10.3～11.1g/m^2，实罐储存 15 个月后，顶、底盖的膨胀圈和埋头处均有穿孔，见图 5.17。原因可从两方面分析，首先是制罐材料：顶底盖用的是镀铬铁，其铬层很薄，仅为 $25^{\#}$ 镀锡层的几十分之一，露铁点比镀锡板多，故必须要求涂膜致密性良好才能提供足够的耐蚀性，而面涂的铝膏涂料耐酸性能差，经抗酸试验后涂膜上有铝膏溶出的小圆斑，见图 5.18，并有起泡，见图 5.19，这些都表明罐头在高温杀菌时会破坏涂膜的完整性，故铝膏涂料铁不适于装酸度高的食品；此外，从电化学上看，铁比铬的电极电位更负，表明处在食品介质中的顶底盖，其涂膜缺陷处暴露的铁会优先被腐蚀，而顶底盖膨胀圈、埋头部位正是冲盖时涂膜变形大的部位，涂膜一旦有微裂，暴露的铁就会被腐蚀，又因受茄汁鲭鱼的腐蚀倾向决定，铁的局部集中腐蚀会继续往纵向发展最后造成穿孔。另一个案例是茄汁鲭鱼罐头的罐身涂膜被严重划伤引起的罐壁穿孔，原因同上，见图 5.20。

图 5.16　实罐顶盖锈蚀

图 5.17　茄汁鲭鱼罐头顶底盖膨胀圈和埋头处穿孔

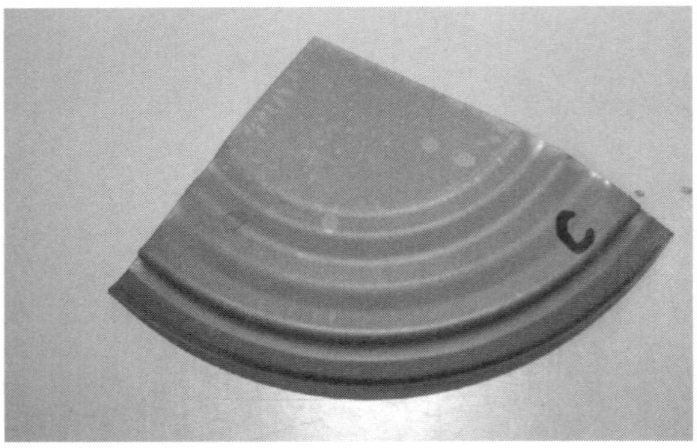

图 5.18　铝膏涂料铁抗酸试验后的白斑

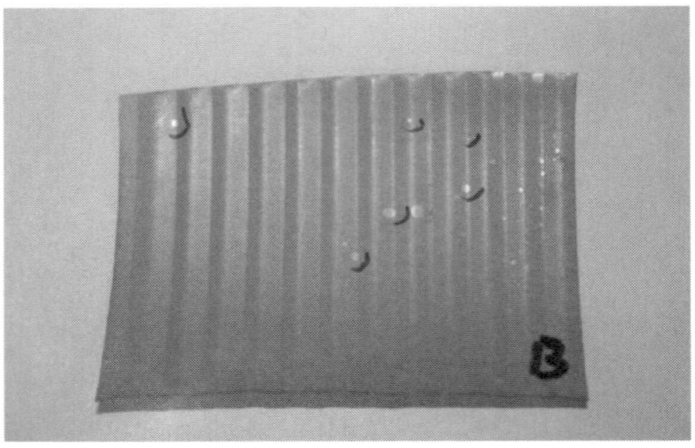

图 5.19　铝膏涂料铁抗酸试验后起泡

④ 白果、豆豉鲮鱼罐头本身的腐蚀性并不强，但因涂膜过薄，在顶盖或冲压罐的转角部位出现了明显的硫化斑。因这些部位正是制罐加工时涂膜经受拉伸程度最大之处，涂膜经拉伸涂膜变薄，使本身存在的微孔增多、变大，因此杀菌时含硫食品逸出的挥发性硫则与马口铁锡层产生了硫化腐蚀。

⑤ 绿芦笋罐头贮存 20 天后全开盖的铆钉及卷封底圈有明显硫化铁，埋头处有点状腐蚀，见图 5.21，其原因是：全开盖涂膜固化不足，经杀菌试验后涂膜浮起、附着力降低，微孔增多，从内涂膜的缺陷电流值可知涂膜性能劣化：杀菌前电流 0.1～0.4mA，杀菌后 0.8～3.0mA，经显微观察也可看到全开盖的铆钉处涂膜有破裂，因此暴露的金属与含硫化合物作用则生成了硫化铁。

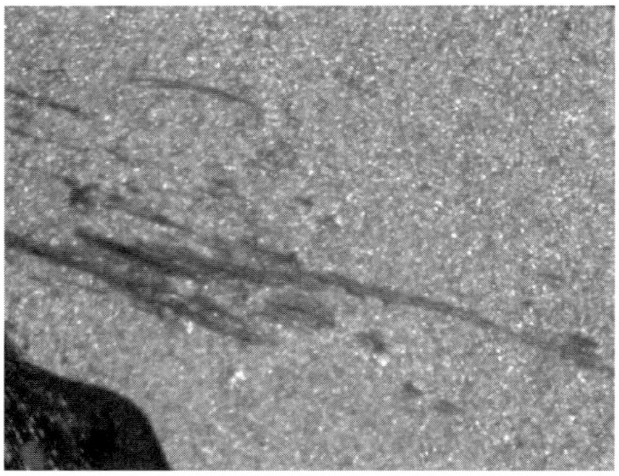

图 5.20　涂膜划伤引起的穿孔

图 5.21　芦笋全开盖铆钉及卷封底圈硫化铁

5.1.2.3　焊缝及其补涂膜性能差造成穿孔

（1）苹果汁空罐由于焊缝毛刺多或虚焊，或补涂膜偏薄、固化不足，经常发生焊缝穿孔问题。因苹果汁是以苹果酸为主（也含有柠檬酸）、属溶铁倾向性的饮料，焊缝的缺陷及补涂膜保护不良引起的露铁，易与苹果酸络合而促使溶铁并不断向深层进展最终穿孔。

（2）糖水草莓也曾发生因焊缝及补涂膜性能不良，产生类似的腐蚀穿孔问题：因焊缝不平整、毛刺多，补涂膜不完整，空罐缺陷电流高达 40～90mA，同时由于内容物中所含的有机酸主要为苹果酸，决定了该产品属锡铁混合型腐蚀的食品，因此罐头装罐 4 个多月后，焊缝穿孔，糖水中出现小黑点。

5.1.2.4 涂膜受损引起的腐蚀穿孔

（1）卷封不当损坏涂膜　糖水白桃、糖水枇杷、青刀豆罐头的马口铁全开盖，因实罐卷封操作不当，使全开盖铆钉两侧的刻线及盖面变形、启破处明显向内突起，损坏了涂膜的保护性能，造成该部位集中腐蚀而穿孔，糖水枇杷罐头全开盖的刻线腐蚀穿孔见图 5.22，卷封前后埋头与盖面的距离见表 5.4；糖水白桃罐头全开盖因卷封不当破坏使埋头与盖面的距离变小，铆钉、刻线处的涂膜严重受损，破坏了全开盖的盖面结构及强度，其剖面结构见图 5.23。

图 5.22　糖水枇杷罐头全开盖刻线的腐蚀穿孔

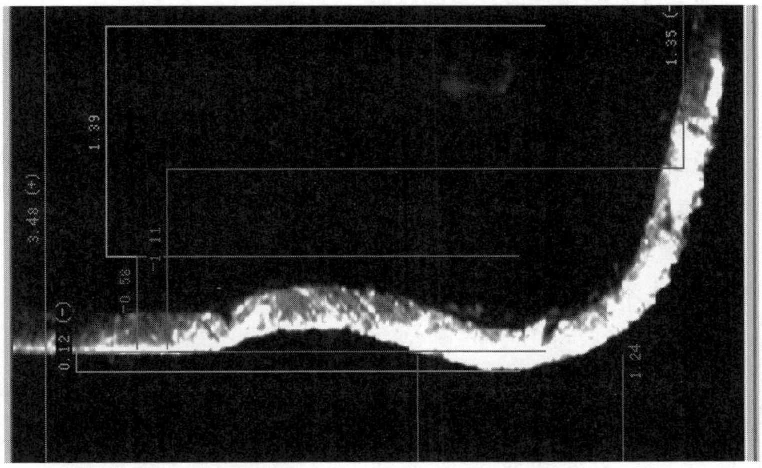

图 5.23　糖水白桃罐头全开盖卷封破坏盖面结构

表 5.4　　**卷封不当引起埋头与盖面距离的变化**

样品	卷封前/mm	卷封后/mm
1#	0.83～0.91	0.19～0.42
2#	0.92～0.99	0.20～0.40
3#	0.99～1.03	0.26～0.53

（2）罐头受碰撞造成的扩散腐蚀　罐头在运输过程中受到碰撞对强腐蚀性的酸性食品，会造成罐内壁的严重腐蚀问题。常见到番茄酱、红牛饮料等罐头因碰撞在罐头凹瘪处有大面积的扩散腐蚀，见图 5.24，有的甚至涂膜脱落或穿孔，而其他部位仅有数个点状腐蚀。其原因与内容物的特性有关：因这类食品的酸度高，又有其他腐蚀因子，属溶锡型的腐蚀，故一旦在涂膜的孔隙处攻破，腐蚀就会迅速向四周延展。而碰撞的外力使涂膜的附着力急剧下降，此时局部的涂膜已与基板分离（肉眼看不见），那么食品中的腐蚀因子就很容易透过涂膜的孔隙产生腐蚀。

(3) 制罐时涂膜严重受损引起应力腐蚀而龟裂　因应力腐蚀导致基板呈直线状裂开，这种腐蚀状况很少见。国外资料曾报道：应力腐蚀多发生于用涂料铁包装的含硫、中等腐蚀性有汤汁的食品罐头，可能产生的条件有：当马口铁对应力腐蚀敏感（未报道由何种性能所致）、涂膜覆盖不良、镀层不均匀、镀层薄、罐内有应力等。我们也曾检测到蘑菇罐头在与罐身滚筋的垂直方向有直线状裂开的腐蚀问题，而且正是发生在涂膜有严重刮伤处（制罐时刮伤至锡层或基板）、滚筋处应力集中的部位，并呈直线状裂开（龟裂）见图 5.25，从金相显微检验观察到的腐蚀裂开的前端为树杈状，见图 5.26，这是典型的应力腐蚀特征，也证明了该蘑菇罐头的罐壁裂开为应力腐蚀引起的龟裂。上述现象与国外介绍的情况十分相似。

图 5.24　罐头撞伤引起的扩散腐蚀

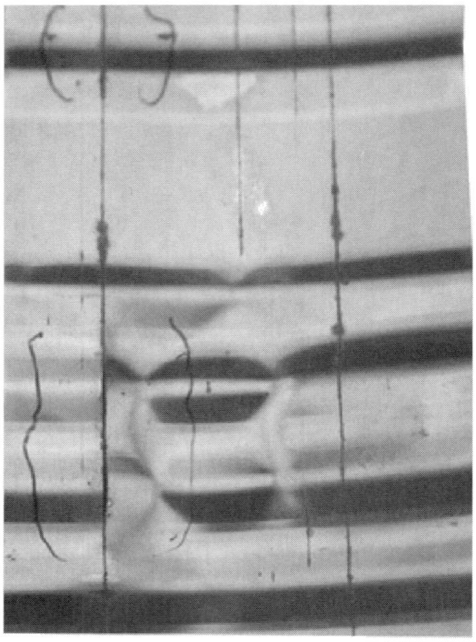

图 5.25　应力腐蚀引起的龟裂

图 5.26　龟裂的金相显微观察图像

5.1.2.5　原料不新鲜或漂洗不干净产生严重硫化斑

(1) 原料新鲜度不良　食品的新鲜度对杀菌时挥发性硫的逸出量影响很大，蘑菇在采收后未及时加工，罐头杀菌时蛋白质分解会逸出过多的硫化物，而导致罐内壁的严重硫化斑。牛尾汤也因原料新鲜度差产生过同样的腐蚀问题。

(2) 漂洗不净、二氧化硫残留量高　白灵菇、椰果在加工时因漂洗不净，内容物中残留的二氧化硫含量高（25～50mg/kg）引起罐壁有严重的硫化斑。从罐头的卫生角度衡量，内容物中二氧化硫含量并未超标，但对罐壁腐蚀而言却带来危害。因此经护色处理的原料必须充分漂洗干净，以去除原料可能带入的残留杀虫剂、漂白剂、保鲜剂等，避免在杀菌时产生硫化腐蚀。

5.1.2.6　因多种原因引起的腐蚀问题

从上述案例不难看出：引起罐内壁的腐蚀原因，既有空罐的质量问题，也有实罐加工的问题，而有时往往是多种因素共同造成的。

(1) 耐蚀性不足、卷封质量差　维生素强化饮料罐头的罐身和底盖有密集点蚀，线状和块状腐蚀，见图 5.27，其原因除了空罐未经全罐喷涂，耐蚀力不能满足功能性饮料的强腐蚀性外，封底紧密度低 20%、真空度低、罐内残留氧量高也起着促进作用。

又如糖水杏罐头出现全面严重腐蚀，卷边下方还有孔洞腐蚀及扩散的块状腐蚀，原因有空罐耐腐蚀性差的问题：焊缝毛刺多，补涂膜不完整；涂膜偏薄，底盖在 6.8～7.3g/m^2，罐身在 7.7～8.1g/m^2，显然涂膜的耐蚀性与内容物是不相适应的，因糖水杏酸度高（0.59%～0.84%）腐蚀性强；此外，封底紧密度低 20%～40%、卷边泄漏、罐内氧量高也是腐蚀加速加重的原因之一。

（2）内容物二氧化硫含量高、涂膜受损引起穿孔　如糖水樱桃罐头的底盖穿孔，不仅因内容物中的二氧化硫含量高（25mg/kg），同时底盖的涂覆镀铬铁的涂膜有严重刮伤，是两者共同造成的底盖穿孔。

因多种因素造成的腐蚀问题很多，不一一介绍。

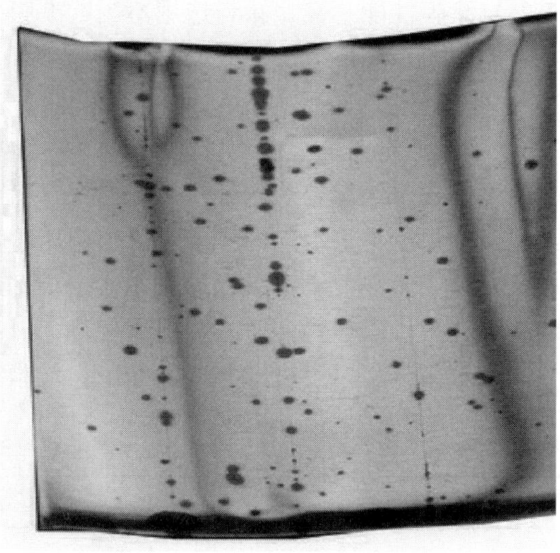

图 5.27　功能饮料的罐身腐蚀

5.2　胀罐及低真空

正常罐头都应有一定的真空度，从罐外看，顶、底盖向内微凹。但当罐头因种种原因呈正压状态，顶底盖就会向外鼓起，即所谓胀罐。胀罐可分为物理性、化学性、微生物性三类。

5.2.1　物理性胀罐

5.2.1.1　胀罐特点

（1）罐头仅在外形上有变化，顶盖或底盖外凸，罐内呈轻度正压，或有很低的真空度；内容物感官质量、pH 无变化，属商业无菌。

（2）密封性仍良好，无泄漏，因罐内压力尚未破坏卷封结构。

5.2.1.2　主要产生原因

（1）顶隙体积小　装罐量过多。

（2）罐内残留空气多　排气不足，装罐温度低，封罐真空度低。

（3）顶、底盖弹性突出体积不足　用铁厚度、硬度不当或盖形设计不当。

（4）杀菌冷却操作不当、罐内外压差大　加压杀菌时无反压冷却或冷却时降压过快。

5.2.2　化学性胀罐

5.2.2.1　胀罐特点

因罐壁严重腐蚀产生大量氢气所致，多发生于腐蚀性较强的酸性食品。其特点是：

（1）顶盖或底盖外凸程度，会随着贮存时间的延长而加重。

（2）腐蚀部位最终穿孔，如焊缝、铝易开盖的铆钉刻线及罐壁碰撞处。

（3）胀罐内容物中的铁含量高，有严重铁腥味。

5.2.2.2　主要产生原因

（1）空罐用材不当　镀锡量低、镀层不均匀；铝质易拉盖用于氯离子含量高的食品。

（2）焊缝及其补涂膜质量差　焊缝毛刺多、补涂膜薄或固化不足。

（3）涂膜性能不良　涂料选用不当、涂膜偏薄、固化不足及受机械损伤等。

5.2.3　微生物性胀罐

5.2.3.1　胀罐特点

因罐内残留细菌繁殖产气所致，常见于需经高温杀菌的低酸性食品饮料罐头。胀罐分两种情况：因杀菌强度不足引起的胀罐和因杀菌后再污染引起的胀罐。其特点分别为：

（1）因杀菌强度不足引起的胀罐　罐头密封性良好，罐内通常仅有一种芽孢杆菌至多两种，但无球菌等杂菌；内容物变质、形态有变化；pH 下降等。

如清水芦荟胀罐中检出有芽孢杆菌，检验结果见表 5.5。

表 5.5　　芦荟胀罐的微生物检验结果

样品	清水芦荟
pH	5.0
直接镜检	杆菌
37 ℃产酸	+
37 ℃产气	+
37 ℃营养琼脂	++生长旺盛
37 ℃溴甲酚紫	++生长旺盛
55 ℃溴甲酚紫（好氧）	培养 48h 未生长，室温放置生长良好
培养后镜检	乳白色黏性菌落，芽孢杆菌

（2）因杀菌后再污染引起的胀罐　罐头有泄漏，罐内有杆菌、球菌甚至霉菌等杂菌，内容物变质、形态有变化，pH 下降等。

如花生牛奶、椰子汁、八宝粥胀罐中的内容物与装罐时均有明显变化，检验结果见表 5.6。

表 5.6　　部分胀罐的内容物实测结果

品种	感官状态	pH
花生牛奶	颜色变白、汁混或豆花状	4.1～5.5
椰子汁	颜色变白、酸臭、异味、气泡	3.3～4.6
八宝粥	颜色变浅、酸败、异味、气泡	4.9～5.5

5.2.3.2　主要产生原因

（1）杀菌强度不足的产生原因

① 原辅材料的起始细菌污染严重。

② 装罐后未及时杀菌。

③ 杀菌锅热分布不均匀或杀菌操作不规范，排气不充分，局部杀菌不充分。

④ 仪表失灵。

（2）杀菌后再污染的产生原因

① 卷封迭接率、紧密度不足：卷封各参数与罐头在杀菌冷却时受污染的程度直接相关，迭接率、紧密度与罐头受污染的关系见表 5.7。

表 5.7　迭接率、紧密度与罐头受污染的关系

序号	身钩长度/mm	迭接长度/mm	紧密度/%	罐头受污染程度/%
1	1.38～1.45	0.85～1.05	0	28
			1	82
			2	98
2	1.75～1.90	1.10～1.20	0	7
			1	38
			2	90
3	1.90～2.10	1.35～1.50	0	5
			1	11
			2	35
4	2.15～2.20	1.45～1.55	0	0.5
			1	2
			2	8

由表 5.7 数据可见，迭接率和紧密度是可以相互弥补的：增加身钩长度、迭接长度可弥补紧密度的不足；身钩长度不足时，可用迭接长度、紧密度来弥补。但身钩长度太短、迭接长度又不足时，就无法以紧密度来弥补。

② 卷边厚度（T 值）偏高，卷边的 G 值偏高，同一卷边的 T 值偏差或各罐卷边的 T 值偏差大。

日本罐头协会规定 211～401 罐的 G 值：（0.15±0.05）mm，同一卷边的偏差：±0.05mm，各罐卷边的平均偏差：±0.02mm。

而我国有些制罐企业对卷边厚度及其偏差的内控指标都大于上述规定，尤其是铝全开盖的卷边偏厚、下口松弛，在高温杀菌时很容易引起泄漏而胀罐。近年来八宝粥、牛奶花生等罐头因卷边厚度偏大引起胀罐的问题时有发生。如八宝粥胀罐的全开盖卷封厚度在 1.41～1.45mm，1.43～1.45mm，1.43～1.48mm，其卷封剖面图见图 5.28，底盖的卷边厚度在 1.26～1.28mm，1.25～1.27mm，其卷封剖面图见图 5.29。

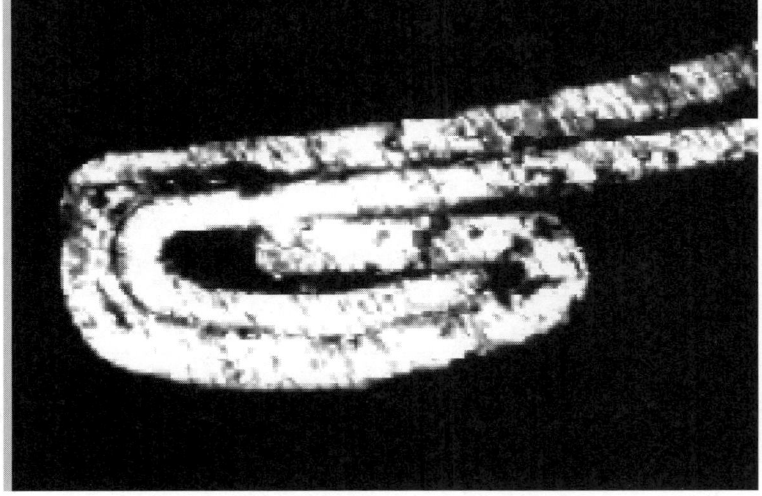

图 5.28　八宝粥胀罐的全开盖卷封剖面图

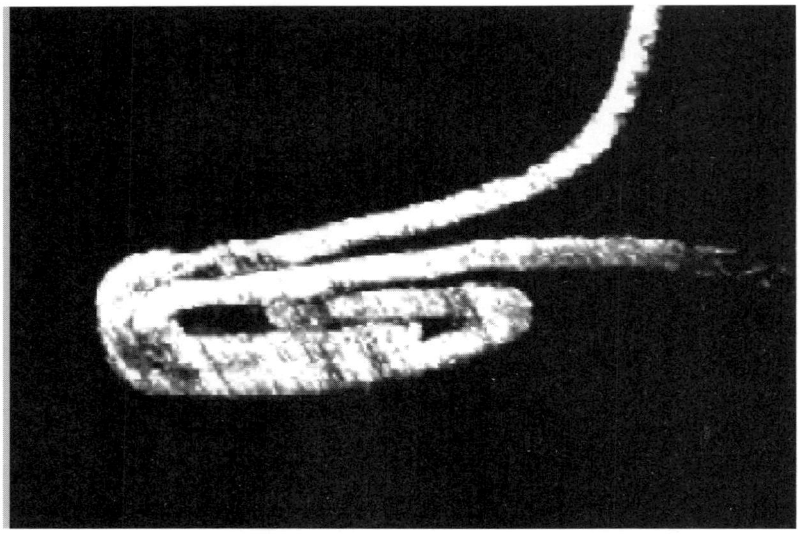

图 5.29 八宝粥胀罐的底盖卷封剖面图

③ 密封胶性能：附着不良、不耐高温，杀菌后有内流胶或外挤胶；干膜量不足；涂布位置不当、均匀性差，胶膜过宽或有断胶、缺胶等现象。

④ 冷却水污染：余氯量不足，水中细菌数过多。

⑤ 卷封不当：因压头与全开盖不匹配，造成全开盖有明显压痕、变形，盖面下陷、埋头压平等，而不能承受杀菌冷却时的压力变化。

花生牛奶胀罐的检验结果见表 5.8。

表 5.8 花生牛奶胀罐的实测结果

项目		测定结果
罐内压/MPa		0.11～0.21
顶隙/mm		8.5～10.5
pH		4.70～5.92
封盖结构	迭接率/%	53.8～59.5
	紧密度/%	80～90
	卷边厚度/mm	1.35～1.42，1.32～1.40，1.36～1.41
加压检漏		0.08～0.15MPa 时 封盖卷边漏：多处漏至 1/2 圈漏
内容物	感官质量	色白或微红、豆花状
	微生物检验	球菌

从表 5.8 可见，胀罐系封盖的卷边厚度过高、偏差大、卷边泄漏所致。

5.3 食品感官质量问题

5.3.1 罐内壁腐蚀引起的食品感官质量变化

(1) 罐壁严重脱锡导致食品中花青素褪色：如糖水草莓罐头用素铁包装腐蚀重，因锡离子的还原作用而褪色。

(2) 罐壁严重溶铁使内容物带有铁腥味，溶解的铁离子与单宁作用导致内容物变色：如茶饮料、板栗汁罐头因焊缝毛刺多、补涂膜不完整或卷边泄漏等引起的内容物变色、变味。

5.3.2 涂膜中残留有机物迁移带入的异味

(1) 涂料的树脂或溶剂质量低劣，涂料成膜后残留有机物或残留溶剂迁移入食品中。

(2) 涂料固化不足，主要发生在焊缝补涂膜或全喷补涂罐上，给食品带入异味。

(3) 全开盖外补涂料的残留物黏附到盖内而带入食品。因涂料铁或空罐的高锰酸钾消耗量超过标准规定值，即大于 10mg/kg。

5.3.3 实罐加工不当

(1) 内容物酸度不适当影响饮品的胶冻状。

(2) 单宁含量高的食品因罐内真空度低、残留氧多引起的氧化变褐。

(3) 添加剂引起的内容物变色、变味。

5.4 罐头质量控制要点

空罐与食品的不相适应是罐头食品产生质量问题的主要原因之一，因此罐头生产的上下游企业必须了解内容物的特性：属酸性的还是硫性的，以及腐蚀强度等基本情况，在此基础上，选择合适的制罐材料及制定空罐相应的技术指标，并通过规范的制罐和实罐工艺，共同保证最终产品的质量。

5.4.1 食 品 分 类

食品按 pH 可分为酸性食品和低酸性食品；按食品对罐壁的腐蚀状态又可大致分为均匀脱锡的酸性食品、强腐蚀性的酸性食品、局部腐蚀的低酸性食品、有穿孔倾向的食品及产生硫化腐蚀的食品等五类。

5.4.2 制罐材料基本要求

(1) 必须采用一级品马口铁　二级品不能保证整个表面都适于内涂和外印、有厚度超差、板形等缺陷。

(2) 镀锡量应适当　滚筋罐型应比不滚筋罐型的镀锡量高些；二次冷轧铁以石纹精整面供货，其露铁点比同等镀锡量的一次冷轧铁多，应适当提高镀锡量或加强涂膜的致密性来提高空罐的耐蚀性。

(3) 马口铁的板厚与硬度应正确配合　板厚与厚度的配合以及顶底盖膨胀圈、加强筋形状尺寸的合理设计，对保证罐头的耐压强度、防止胀罐或瘪罐有重要作用。

(4) 马口铁表面精整以半粗面铁为宜　可兼顾涂膜的附着力及耐蚀性。

（5）铝易开盖使用注意　素铁罐中食品的氯离子含量超过 100mg/kg 时、涂料铁罐中食品的氯离子含量超过 500mg/kg 时不宜使用铝易开盖，而应采用马口铁易拉盖。否则因双金属的电化学腐蚀会引起铝盖铆钉刻线处的孔蚀。

（6）马口铁钝化　除了蘑菇罐头使用 300 钝化的低铬铁外，其余产品均使用 311 钝化铁；钝化膜的抗硫性能与表面铬含量有关，含硫食品用铁的铬含量应接近 311 钝化时铬含量范围的上限为宜。

（7）顶、底盖涂膜　顶底盖的涂膜厚度应比罐身的略厚，素铁罐的顶、底盖涂料铁只需一次涂布；番茄酱、葡萄汁、苹果汁等强腐蚀性产品用涂料铁必须经两次涂布。

5.4.3　马口铁易开盖使用注意

5.4.3.1　马口铁易开盖选用

根据罐型大小和罐身材料的厚度、硬度选用合适型号的易开盖，满足罐盖配合要求；根据内容物特性选用相应内涂膜种类、厚度的易开盖，确保耐腐蚀要求。

5.4.3.2　易开盖卷封

应选用与所封易开盖相匹配的封口压头，不与底盖共用压头。批量使用前先试机，确定封口各指标符合要求；注意罐身与盖材厚度、硬度的差异，适时调整封罐滚轮的位置与形状。卷封前后易开盖盖面深度差值不超过 0.5mm。避免用刀口状的压头，防止肩胛部位涂膜损伤。

5.4.3.3　易开盖罐头杀菌

保持杀菌锅洁净，罐头灌装封口后要经热水洗涤，防止残留的糖、酸、盐等物质带入杀菌锅，导致罐盖锈蚀。严格遵守确定的杀菌冷却操作工艺，避免冷却过快、反压不足等导致的盖面突角、变形、爆罐及刻线和补涂涂膜的损伤。冷却水符合饮用水标准，无过量铁质、氯化物、硫酸盐等杂物；严格控制冷却水余氯在 1～3mg/L，并定期更换。

罐头冷却温度控制在 37℃左右，避免过度冷却，及时清洗，用高压空气吹掉盖面及拉环下面水渍，确保罐盖特别是拉环下干燥、清洁，避免产生水锈，罐头入库前可涂抹防锈油。

5.4.3.4　易开盖罐头贮运

存放罐头的仓库应通风良好，温度变化不大，相对湿度不超过 70%。控制罐头进仓库的温度，若罐头温度低于仓库室温，温差超过 10℃且相对湿度大时，极易使罐盖“出汗”而锈蚀。罐头贮存时要定期检查，防止因个别罐头的漏罐而造成二次污染。罐头在包装、搬运、运输中小心轻放、避免重压；防止野蛮装卸对罐头和易开盖造成损伤。

5.4.4　空罐与食品的配合

5.4.4.1　均匀脱锡的酸性食品

浅色水果如橘子、桃子、荔枝、龙眼、菠萝、梨等，苹果及硝酸盐含量高的水果除外，应使用素铁罐。罐身马口铁的镀锡量 8.4～11.2g/m^2，用 K 板制罐，因其有致密的合金层及均匀的镀锡层，耐腐蚀效果更好；底盖为涂料铁，马口铁镀锡量在 2.8g/m^2 即可，涂膜厚度要求不高。

5.4.4.2　局部腐蚀的低酸性食品

如蘑菇、马蹄、玉米、笋等。小罐型一般用素铁罐。罐身马口铁镀锡量 8.4～11.2g/m^2，为防止局部腐蚀，应采用 300 化学钝化的低铬铁，其表面铬含量小于 1.5mg/m^2，超过储存期的低铬铁不应用于装蘑菇罐头，否则将不能产生均匀腐蚀；底盖为涂料铁，马口铁镀锡量 2.8g/m^2，涂膜厚度要求不高；大罐型需经压筋，锡层会受加工延伸变形，再者大罐中内容物与罐壁面积比也较小罐的大，腐蚀性相对强些，故宜用涂料铁罐。罐身与罐底的马口铁镀锡量均为 5.6g/m^2，涂膜厚度不宜太厚（5.5～6.5g/m^2），因涂膜适当的微孔有利于锡离子的溶解而改善涂料铁罐中食品变暗的问题。

5.4.4.3 强腐蚀性的酸性食品

深色水果包括含花青素、硝酸盐的果蔬，如番茄、杨梅、草莓、深色樱桃等，必须用涂料铁罐。不压筋的小罐型，罐身马口铁镀锡量在2.8～5.6g/m^2，需压筋的大罐型，镀锡量应为5.6g/m^2；该类食品对焊缝及其补涂膜、涂膜的致密性、耐机械加工性能要求均很高。环氧酚醛涂膜以10～12g/m^2为宜。

仿瓷涂料因加有填料，涂膜分子间的内聚力较清漆的低，同厚度时涂膜的微孔较多，应适当增加涂膜厚度以保证耐蚀力。同时仿瓷涂膜偏软、易划伤，应特别注意制罐时的涂膜刮伤，否则膜下腐蚀的扩散会引起涂膜脱落。

此外，钢基材质对耐蚀性也有重要影响，美国大多用L型钢或K板制罐装深色莓果类产品。

5.4.4.4 有穿孔倾向的食品

也称有溶铁倾向性的食品。芦笋是代表性产品，应采用涂料铁罐，且对马口铁及涂膜的孔性、焊缝及其补涂膜的性能要求均很高。马口铁镀锡量应为5.6g/m^2，涂膜应致密、耐冲击性良好，否则装罐后会在冲盖时的涂膜刮伤处产生硫化铁而污染食品，或引起集中腐蚀穿孔的问题。铝膏涂料能有效防止硫化腐蚀，但顶底盖的涂膜厚度应比罐身涂膜厚度高些。

苹果、樱桃等水果也属有穿孔倾向性的水果。干装苹果用素铁罐包装必须要求高镀锡量，以尽可能减少镀层微孔处的露铁点，防止过多的锡铁偶合产生的快速脱锡，而适当溶锡对产品色泽有利。樱桃、盐渍的酸化蔬菜如荞头、酸黄瓜等必须用涂料铁罐，且应保证有相当的镀锡量及罐内涂膜的完整性，焊缝补涂的不完善或罐内涂膜的严重刮伤，均可能导致该部位的局部溶铁而穿孔。

5.4.4.5 硫化腐蚀的食品

富含蛋白质的肉、鱼、畜类、海产类、豆类等食品，应采用耐硫化腐蚀的涂料铁罐，除了常用的环氧酚醛涂料外，还可使用加填料的磁漆，因铝膏涂料能降低硫化氢的透过性和隐蔽硫化腐蚀污染，氧化锌涂料能吸收硫化氢生成白色的硫化锌而起到防止硫化腐蚀的作用。该类罐的马口铁镀锡量大多为2.8～5.6g/m^2，涂膜厚度依涂料类型而定，磁漆厚度应比清漆的厚些。

5.4.4.6 饮料

绝大部分饮料都用涂料铁罐。对于腐蚀性不强的蛋白类饮料或八宝粥等饮品，马口铁镀锡量一般在1.1～2.8g/m^2，该类罐对涂膜完整性及焊缝及其补涂膜的性能要求均不高。

腐蚀性较强的纯果汁尤其是含花青素的深色饮料，功能性饮料，对铁离子敏感的茶饮料、咖啡等，对涂膜完整性、焊缝及其补涂膜的性能均有较高要求，马口铁镀锡量在2.8g/m^2，但制罐封顶盖或底盖后必须进行全罐喷涂，以修复因划伤、补涂不完整及易开盖加工时受损处的涂膜。

5.4.5 制罐控制

5.4.5.1 焊接参数的正确调整

以保证焊缝强度、焊点的均匀平滑，以及液体补涂膜的完整性。因焊缝的毛刺是难以用液体补涂料所覆盖的。

5.4.5.2 补涂膜的固化

补涂膜的充分固化与完整性是防止焊缝腐蚀的关键。

5.4.5.3 注意卷封结构尤其是卷边厚度的控制

铝全开盖用于高压杀菌的饮品、饮料时，卷边厚度及其偏差应严格控制。

5.4.5.4 制罐时避免涂膜受损

(1) 涂膜轻度受损，未伤及锡层的表面划痕会增加涂膜的微孔，但对一般腐蚀性产品的罐壁腐蚀影响不大，尤其对罐身为素铁、顶底盖为涂料铁的糖水水果类罐头，由于罐身大面积溶锡反应所提供的阴极保护作用，底盖涂膜轻度划痕处的锡层不会产生腐蚀问题。

(2) 涂料铁罐中的涂膜严重擦伤，有露锡甚至露铁时，食品透过涂膜受损的缺陷部位与锡或铁产生局部腐蚀，其结果或腐蚀斑扩散、涂膜脱落，或继续深入腐蚀而穿孔，两者均使食品饮料罐头失去商品价值。

如番茄酱、红牛饮料等均属于溶锡倾向性较强的产品，对涂膜均匀致密性要求高，因此凡有严重擦伤，内容物就会与涂膜不完整处的锡产生腐蚀，并向周围扩散，随着铁也溶解，附着力降低而导致涂膜脱落。

对于如芦笋、午餐肉等有溶铁倾向性的含硫食品，当顶盖涂膜划伤严重时，在顶隙有残留氧的状况下，罐头杀菌时蛋白质分解放出的硫化氢就会与涂膜缺陷处的溶铁产生硫化铁。铝膏涂料铁虽然抗硫性能良好，但由于涂膜较软、制罐时易受损，故需特别注意制罐设备的保养调整。

涂覆镀铬铁的涂膜如受到严重受损时，在某些腐蚀性较强的酸性食品中通常会产生腐蚀穿孔问题。

严重的机械损伤有时还会引起含硫、中等腐蚀性食品罐头的应力腐蚀而龟裂。

5.4.6 规范实罐加工

5.4.6.1 真空度、顶隙的控制

糖水水果用素铁罐包装时，顶隙在3～5mm、真空度在200mmHg以上为宜，否则易产生氧化圈腐蚀。

5.4.6.2 杀菌冷却后注意罐外干燥、清洁

罐头如冷却过度又干燥不足，封存在热塑膜的饮料罐头，因罐表面的残留水分会引起外壁的局部锈蚀。

罐头杀菌冷却后如将擦拭罐外油污时使用的清洁剂残留在全开盖刻线铆钉处，则贮存时易在该部位产生锈蚀。

5.4.6.3 防止卷封时涂膜受损

当封口机调整或配合不当时，在装罐后热状态下卷封比空罐卷封更易造成顶盖涂膜损伤，尤其是全开盖的铆钉刻线部位。

5.4.6.4 保持食品原料的新鲜，及时加工

5.4.6.5 内容物中添加柠檬酸应适当

添加酸量过多或过少均会影响腐蚀状况。

5.4.6.6 残留二氧化硫控制

包括糖水中二氧化硫及经亚硫酸盐护色漂洗后原料残留物的控制，因二氧化硫将引起腐蚀问题。

5.4.7 加强品控管理

5.4.7.1 检验、验收

严格按标准规定做好原材料、加工过程及成品的检验、验收。

5.4.7.2 配备仪器

配备仪器主要包括镀锡量仪、表面洛氏硬度计、涂膜测厚仪、附着力测定仪、冲击仪、空罐内涂膜性能测试仪、二重卷边测定仪、空罐检漏仪等。

5.4.7.3 技术建档

（1）日常记录备案。

（2）新材料、新品种试验记录。

（3）质量问题记录。

（4）实罐贮存结果与试验样品对照资料的积累。

附　　录

附录一　检验室的配置及品控管理

企业为提供给顾客满意的产品，采取检验活动，以产品为对象，开展与实施进货检验、工序检验、成品检验、检验控制与管理，发挥检验的鉴别、把关、报告三大质量职责，保证产品质量。要实现检验的三大质量职能，除充分考虑检验人员、设施和环境条件、检验方法及确认外，还应考虑与检验方法紧密关系的检验手段的合理配置，防止出现所配置测量试验设备的精度不符合检验要求，或用而不备、备而不用的现象。

策划和安排合理的检验活动，不仅有利于产品质量的严格把关和产品质量的持续改进，而且能够降低物质和劳动消耗，使生产过程更为经济。

（一）检验室的配置

1　检验室装置的配置

（1）空罐生产企业检验室装置的配置　企业应本着“经济合理、先进适用”的原则，依据产品标准所规定的试验方法和检验规则的要求，科学适宜地配置检验装置。空罐生产企业需要检验的产品和对应产品标准见表1。

表1　　产品—标准对应表

序	名称	标准
1	空罐	GB/T 17590—2008《铝易开盖三片罐》 GB/T 14251—2017《罐头食品金属容器通用技术要求》
2	彩印涂料铁	QB 1877—2007《包装装潢镀锡（铬）薄钢板印刷品》 QB/T 2763—2006《涂覆镀锡（或铬）薄钢板》
3	盖	GB/T 17590—2008《铝易开盖三片罐》 GB/T 29603—2013《镀锡或镀铬薄钢板全开式易拉盖》
4	铜线	GB/T 14251—2017《罐头食品金属容器通用技术要求（附录）》

产品标准规定的检验项目，对应所需要的基本检验装置见表2。

表2　　产品检验基本装置

序	检验项目		检验装置
1	彩印涂料铁	外观	—
		涂膜厚度	涂膜测厚仪/分析天平/直流电源
		漆膜硬度	针型硬度计
		附着力	附着力划痕仪
		耐蚀力	直流稳压电源
		耐酸蚀	高压釜

续表

序	检验项目		检验装置
1	彩印涂料铁	耐硫蚀	高压釜
		耐高温	高压釜
		抗冲击	漆膜冲击仪
		透过率*	音频万能电桥
		交流孔性电流值*	交流稳压电源
2	易开盖/底盖	外观	目测
		尺寸	游标卡尺
		启破力	启破力测试仪
		全开力	全开力测试仪
		开启可靠性	—
		内涂膜完整性	电流测试仪（导电仪）
		密封胶干膜质量	分析天平
		密封胶干膜性能	高压釜
		涂膜厚度	涂膜测厚仪
		涂膜固化性	高压釜
		耐压强度	耐压检测仪
		密封性	密封检测仪
3	涂料（全喷、边缝补涂）	外观	目测
		黏度	四号福特杯
		固体含量	分析天平
4	铜线	外观	目测
		直径	千分尺
		力学（机械）性能	实验机
5	易开盖三片罐过程及成品检验	外观	目测
		铁片尺寸、直角度	铁片测量仪
		焊缝质量	球形测试器/卷边测试器
		罐体尺寸	游标卡尺/螺旋测微计/专用或通用量具
		二重卷边封口结构	螺旋测微计/千分尺/游标卡尺/切割机/投影仪
		全喷涂重量	分析天平
		外补涂带完整性	—
		内涂膜耐蚀性	高压釜
		内涂膜固化性	高压釜
		内涂膜完整性（导电值）	电流测试仪（导电仪）
		耐压强度	耐压检测仪
		密封性	密封检测仪（渗漏测试仪）

注：*非常规项目；除以上常规检验装置外，检验室还应配备常用电器，如万用电炉、电热恒温箱、烘干箱、电冰箱等。

（2）检验室检验装置的基本要求　在实施检验装置的选配过程中，一定要从实际需要考虑，注意种类、水平、规格、数量、精度能保证满足企业开展检验的需求，如精度过高，会增加企业成本，导致检验活动不经济，反之则影响产品质量检验结果。检验装置需要的基板要求见表3。

表3　检验装置基本要求

类别	序	装置名称	基本要求
尺寸	1	卷边投影仪	精度：0.01mm
	2	卷过切罐机	—
	3	游标卡尺/深度尺/专用卡尺	精度：0.01mm
	4	卷边测微仪	精度：0.01mm
	5	涂膜测厚仪	精度：0.5
	6	千分尺	0.001mm
	7	铁片测量仪	精度：0.01mm
理化性能	8	分析天平	精度：0.001g
	9	涂膜性能测试仪	读数值不大于0.1mA，直流工作电压6.3V
	10	杀菌锅	控温范围：0～121℃
	11	直流稳压电源	输出电压－30V、输出电流0～5A
机械性能	12	针型硬度计	—
	13	附着力划痕仪	转速：90～100r/min，能划出长度为60～80mm、直径为10mm的螺纹线
	14	漆膜冲击仪	—
	15	启破力测试仪	精度：0.5N，1～100N
	16	全开力测试仪	精度：0.5N，1～100N
	17	密封检测仪（渗漏测试仪）	压力表0～1.2MPa
	18	球形测试器/卷边测试器	—
	19	耐压强度测试仪	压力表读数值不大于10kPa

注：检验装置的配备仪为满足空罐企业对产品的基本检验要求，如果企业对检验有更高需求或开展研发性需要，应有针对性的提高装置相应的配备要求。

（3）常用检验装置的使用

① 卷边投影仪：卷边投影仪常用于检验二重卷边横截面的有关尺寸，采用高精度光学系统和微机图像处理系统，将二重卷边截面放大显示在显示器上，直观检查，可测量卷边厚度、卷边宽度、身钩长度、盖钩长度、迭接长度、迭接率、卷封空隙等数据。连接打印机，就可以将二重卷边图像和测量数据打印出来，与报告一起保存。

配备适宜的卷边切割机，保证在切割时最低程度破坏卷边结构。如果有条件，应在封口机旁安置卷边投影仪，便于调整和质量控制。

目前主要有国产和进口两种。

② 电流测试仪：电流测试仪也称为导电仪，主要用于检测罐内涂膜完整性，其通过在装有导电液的罐上加6.3V电压，测量通电第4秒时的导电值，以判定罐内涂膜受损状况。如果测得的电流值为0mA，说明内涂膜完好，反之，电流值越大，说明内涂膜受损状况越严重。

测量仪器名称上可能因生产厂家不同而异。由中国食品工业协会罐藏食品专业委员会牵头研制的 ZGJ-KG60 罐内涂膜性能测试仪除了可以测量内涂膜完整性能外，还可以同时进行耐蚀力、脱膜等试验。该仪器还配置有一键反导功能，即在测得的电流值较大时，通过倒置电压极性，涂膜破损处会冒气泡，即可观察和确定涂膜缺陷部位，是值得推荐的一款测量仪器。

③ 卷边测微计：卷边测微计是测量卷边尺寸较精密的仪器。特别是在灌装后需要高温高压杀菌的空罐，如花生牛奶、八宝粥、茶饮料等，同一罐卷边厚度应保证在一定范围内，除焊缝补涂部位外，任何两点的卷边厚度值不得大于 0.08mm。如果采用卡尺测量误差较大，用投影仪会在切割过程中因保护不好而撑大卷边厚度。因此，应采用卷边测微计测量卷边厚度为宜。

卷边测微计一般分为两种：一种是普通型，除了可以进行一般测量外，还可以测量罐底盖埋头度；另一种是为缩颈罐型，头部被斜切一部分，主要是为了用于缩颈罐的测量。

由于卷边测微计市场销量很小，很多量具厂都已经停止生产，因此，目前只有中国食品工业协会罐藏食品专业委员会通过批量定制在销售。

④ 杀菌锅：杀菌锅——压力蒸汽灭菌器，是理化检验装置之一。压力蒸汽杀菌器的种类有手提式、直立式、横卧式等，它们的构造和原理基本相同。

构造为一双层金属筒，外壁坚厚，其上或前方有金属厚盖，盖上有螺旋，借以紧闭盖门，使蒸汽不能外溢，因而杀菌锅内随着蒸汽压力的升高，温度也相应增高。杀菌锅上装有安全阀，调节容器内蒸汽压力与温度以保障安全，此外还装有温度计与压力表，以显示内部的温度与压力。

用法与注意事项：

a. 安装。首先必须严格按照厂家提供的使用说明书的要求，安装好仪器。

b. 堆放。按要求加水至锅内；对不同类型，不同灭菌要求的物品切勿放在一起杀菌；堆放物品相互之间留有间隙，有利于蒸汽的穿透，提高灭菌效果，同时，堆放的物品严禁堵塞安全阀的出气孔，必须留出空间保证其畅通放气。

c. 密封。盖好杀菌锅盖，仔细检查密封圈嵌入槽内，用力将螺旋拧紧，盖与桶上口密封圈应紧密结合。

d. 加热杀菌。开启电流开关接通电流，待压力升至 0.35MPa 时，开放排气管，使锅内冷空气完全逸出后再关闭，否则压力表上所示压力并非全部是蒸汽压力，灭菌将不完全。

在使用中，当压力表指示超过设定压力时，安全阀不开启，应立即切断电源，打开放汽阀，当压力表指针回零时稍等 1～2min，开盖立即更换安全阀。

灭菌完毕，不可立即开盖取物，须关闭电源，并待其压力自然下降至零时，再打开放汽阀排尽余汽，方可开盖，否则容易发生危险。也不可突然开大放汽阀进行排气减压，以免因锅内压力骤然下降，引起罐内液体膨胀将罐撑破或变形。

e. 注意。压力指示不正常或不能恢复零位，应及时予以检修或更换新表。橡胶密封垫圈使用日久会老化，应及时更换。安全阀、放汽阀应始终保持正常。

⑤ 电热恒温箱：电热恒温箱简称烘箱或干燥箱，是一种常用于加热干燥、恒温烘焙、分解等。恒温灵敏度通常为±1℃。电热恒温箱的型号很多，但结构基本相似，一般由箱体、电热系统和自动恒温控制系统三部分组成。

箱体——用绝热材料构成的铁皮箱，箱顶有出气孔，左壁或下底有进冷气孔。比较大型的干燥箱还带有鼓风装置，加强干燥箱内冷热空气对流。

电热系统——干燥箱的电热部分多为外露或镍铬合金电热丝。将温度调节器上的旋钮调节至所需温度，即可恒温。

自动恒温系统——电热恒温箱多采用差动棒或电接点水银温度计式温度控制器。

a. 差动棒式采用两种膨胀系数不同的金属片，供其在温度变化时有不同的伸长或缩短长度来控制断电或通电。为了提高控温精度，还有的增加电子放大继电器与它配合进行自动控制。

b. 电接点水银温度计温度控制器，俗称导电表，灵敏度可达到±0.1℃。当箱内温度升高到所需温度时，调节金属丝刚好和水银接触，通过控制电路器的作用将电热丝电源切断，箱内停止加热。当箱内温度下降后，水银下降与金属丝断开，继电器重新把电热丝电源接通。通过这样反复从而达到控温目的。

使用及注意事项：

a. 烘箱应安装在室内干燥和水平处，防止震动和腐蚀。

b. 注意安全用电，烘箱所需的电压与电源电压是否相符，选用足够容量的电线和电源闸刀开关，并且有良好的接地线。

c. 放入物品时应注意，负重不能超过限定重量，物品排列不能过密，散热隔板上不应放物品，以免影响热气向上流动。水分大的物品尽量放上层。

d. 箱内不应放对金属有腐蚀性的物质，如酸、碘等，禁止烘焙易燃、易爆、易挥发的物品。如必须在箱内烘干纤维质类和易燃物品（如滤纸、脱脂棉等），事先应测得各物品的燃烧温度，以防燃烧，特别气体性物品更应防止超温而引起爆炸。

e. 观察箱内情况，可开启外道箱门，隔玻璃门观察，但不能将水点溅在大门面容窗的玻璃上，以防玻璃受冷骤而爆裂。箱门尽量少开启，以免影响恒温。特别是当工作温度在200℃以上时，开启箱门有可能使玻璃门骤冷而破裂。

f. 玻璃器皿消毒干燥后，须等箱内温度降低之后，才能开门取出，防止玻璃骤然遇冷炸裂。

g. 有鼓风的干燥箱，在加热和恒温过程中必须将鼓风机开启，否则影响工作室温度的均匀性和损坏加热元件。

（4）培养箱　培养箱又称温箱。空罐企业一般用于37℃、55℃实罐保温试验。培养箱为方形或长方形箱，以铁皮喷漆制成外壳，以铝板作为内壁，夹层充以石棉或玻璃棉等绝缘材料以防温度扩散。内层底下安装电阻丝用以加热，利用空气对流，使箱内温度均匀。箱内没有金属孔架，用以搁置物品。箱门有双重，内为玻璃门，便于箱内物品；外为金属板门。箱顶装有温度计，可以测知箱内温度。通过箱壁上的温度调节器可以调节温度。

使用及注意事项：

a. 箱内不应放入过热或过冷物品，取放物品应随手关闭箱门，以维持恒温。

b. 物品堆放不宜过挤。

c. 金属孔架不应放置过重。

2　检验室常用玻璃仪器

玻璃仪器常用的种类有烧杯、量筒、容量瓶、三角瓶、吸管、移液管、温度计、漏斗、试剂瓶、酒精灯、吸耳球、水瓶、玻璃棒、坩埚、坩埚钳、药匙、镊子、胶管夹、铁架台（支架圈、夹子）、胶塞、滤纸、滴管、试管。

（1）烧杯　烧杯是一种常见的实验室玻璃器皿，通常由玻璃、塑料或者耐热玻璃制成。烧杯呈圆柱形，顶部的一侧开有一个槽口，便于倾倒液体。有些烧杯外壁还标有刻度，可以粗略的估计烧杯中液体的体积。烧杯一般都可以加热，在加热时应该均匀加热，最好不要烧干。烧杯经常用来配置溶液和作为较大量的试剂的反应容器。在操作时，经常会用玻璃棒或者磁力搅拌器来进行搅拌。常见的烧杯的规格有10mL、15mL、25mL、50mL、100mL、250mL、400mL、500mL、600mL、1000mL、2000mL。

（2）量筒　量筒是用于量取液体体积的玻璃仪器，外壁上有刻度。常用量筒的规格有5mL、

10mL、20mL、25mL、50mL、100mL、200mL 等。使用量筒量液时，应把量筒放在水平的桌面上，使眼的视线和液体凹液面的最低点在同一水平面上，读取和凹面相切的刻度即可。不可用手举起量筒看刻度。量取指定体积的液体时，应先倒入接近所需体积的液体，然后改用胶头滴管滴加。使用量筒时应注意：用量筒量取液体体积是一种粗略的计量法，所以在使用中必须选用合适的规格，不要用大量筒计量小体积，也不要用小量筒多次量取大体积的液体，否则都会引起较大的误差。量筒是厚壁容器，绝不能用来加热或量取热的液体，也不能在其中溶解物质、稀释和混合液体，更不能用做反应容器。

注意事项：

a. 不能用量筒配制溶液或进行化学反应。

b. 不能加热，也不能盛装热溶液以免炸裂。

c. 量取液体时应在室温下进行。

d. 读数时，视线应与液凹液面最低点水平相切。

e. 量取已知体积的液体，应选择比已知体积稍大的量筒，否则会造成误差过大。如量取 15mL 的液体，应选用容量为 20mL 的量筒，不能选用容量为 50mL 或 100mL 的量筒。

（3）容量瓶　容量瓶主要用于准确地配制一定浓度的溶液。它是一种细长颈、梨形的平底玻璃瓶，配有磨口塞。瓶颈上刻有标线，当瓶内液体在所指定温度下达到标线处时，其体积即为瓶上所注明的容积数。一种规格的容量瓶只能量取一个量。常用的容量瓶有 100mL、250mL、500mL 等多种规格。

使用容量瓶配制溶液的方法是：

① 使用前检查瓶塞处是否漏水。具体操作方法是：在容量瓶内装入半瓶水，塞紧瓶塞，用右手食指顶住瓶塞，另一只手五指托住容量瓶底，将其倒立（瓶口朝下），观察容量瓶是否漏水。若不漏水，将瓶正立且将瓶塞旋转 180°后，再次倒立，检查是否漏水，若两次操作，容量瓶瓶塞周围皆无水漏出，即表明容量瓶不漏水。经检查不漏水的容量瓶才能使用。

②把准确称量好的固体溶质放在烧杯中，用少量溶剂溶解。然后把溶液转移到容量瓶里。为保证溶质能全部转移到容量瓶中，要用溶剂多次洗涤烧杯，并把洗涤溶液全部转移到容量瓶里。转移时要用玻璃棒引流。方法是将玻璃棒一端靠在容量瓶颈内壁上，注意不要让玻璃棒其他部位触及容量瓶口，防止液体流到容量瓶外壁上。

③ 向容量瓶内加入的液体液面离标线 1cm 左右时，应改用滴管小心滴加，最后使液体的弯月面与标线正好相切。若加水超过刻度线，则需重新配制。

④ 盖紧瓶塞，用倒转和摇动的方法使瓶内的液体混合均匀。静置后如果发现液面低于刻度线，这是因为容量瓶内极少量溶液在瓶颈处润湿所损耗，所以并不影响所配制溶液的浓度，故不要在瓶内添水，否则会使所配制的溶液浓度降低。

使用容量瓶时应注意以下几点：

① 容量瓶的容积是特定的，刻度不连续，所以一种型号的容量瓶只能配制同一体积的溶液。在配制溶液前，先要弄清楚需要配制的溶液的体积，然后再选用相同规格的容量瓶。

② 不能在容量瓶里进行溶质的溶解，应将溶质在烧杯中溶解后转移到容量瓶里。

③ 用于洗涤烧杯的溶剂总量不能超过容量瓶的标线。

④ 容量瓶不能进行加热。如果溶质在溶解过程中放热，要待溶液冷却后再进行转移，因为一般的容量瓶是在 20℃的温度下标定的，若将温度较高或较低的溶液注入容量瓶，容量瓶则会热胀冷缩，所量体积就会不准确，导致所配制的溶液浓度不准确。

⑤ 容量瓶只能用于配制溶液，不能储存溶液，因为溶液可能会对瓶体进行腐蚀，从而使容量瓶的精度受到影响。

⑥ 容量瓶用毕应及时洗涤干净，塞上瓶塞，并在塞子与瓶口之间夹一条纸条，防止瓶塞与瓶口粘连。

(4) 三角瓶　多用于贮藏溶液，有 50mL、100mL、150mL、200mL、250mL、300mL、500mL、1000mL、2000mL 等，其底大口小，便于加塞和放置平衡。

(5) 吸管　吸管又称移液管，用作准确地量取一体积的液体。常用的有两种，即刻度吸管和单标胖肚吸管。胖肚吸管比刻度吸吸管准确。5mL 以下的还有一种称为奥氏吸管。吸管规程分为 0.1mL、0.2mL、0.25mL、0.5mL、1.0mL、5mL、10mL、15mL、20mL、25mL、50mL、100mL。

使用吸管时，要用右手执管。用口吸法使用吸管，很容易将液体污染手指和吸入口内，故尽量多用橡皮球法使用吸管。

(6) 温度计　用于测量溶液中的温度。

(7) 漏斗　分短颈和长颈二种。漏斗口径常用的为 60～150mm。用于分装溶液及加过滤纸来过滤溶液中的杂质。

(8) 试剂瓶　磨口塞，分广口和小口，容量 30～1000mL 不等。视贮备试剂量而选用不同大小的试剂瓶。同时还有棕色和无色的两种，前者盛贮避光试剂用。

(9) 酒精灯　加热溶液或燃烧化学物质。

(10) 吸耳球　经常配合吸管吸取液体等。

(11) 水瓶　用于装蒸馏水、去离子水等。

(12) 玻璃棒　做搅拌液体用。

(13) 坩埚、坩埚钳　瓷制涂釉器皿，在高至 1200℃的温度下使用，经常用在高温电炉中进行灼烧物质，耐酸碱的化学腐蚀性较好，但不能进行熔融苛性碱和碳酸钠。容量规格有 10mL、15mL、20mL、25mL、30mL、40mL 等。

(14) 药匙　盛取固体化学药品。

(15) 滴管　吸取和滴加少量液体。用后应立即清洗，才能吸取其他化学溶液。

(16) 试管　管壁坚厚，管直而口平。盛装少量试剂，做反应容器，可在常温或加热时使用。加热后不可立刻冷却，以免爆裂。

3　检验室化学药品

(1) 化学药品的分级和符号　在化学药品的瓶签上会按国家统一标准规定注明等级、标志、符号及采用对应颜色的瓶签。化学药品的等级标志见表 4。

表 4　化学药品的等级标志

级别	一级品	二级品	三级品	四级品
纯度分类	优级纯 (保证试剂)	分析纯 (分析试剂)	化学纯	实验试剂
符号	G. R	A. R	C. P	L. R
瓶签颜色	绿色	红色	蓝色	棕色或其他色

检验室常用化学药品的规格为：

基准试剂是一类。杂质含量略低于一级品或与一级品相当。

一级品纯度最高，杂质含量最少的试剂，主要用于最精确分析及研究工作。

二级品纯度略低于一级品，杂质含量较低，适用于精确的分析工作和重要测定，为分析实验室广泛使用。

三级品质量较二级品差，适用于一般的分析实验，包括要求布告的工业分析和快速分析。

四级品纯度较低，但高于工业用的试剂，适用于一般普通的实验。

除上述四级外，还有基准试剂、色谱纯试剂、光谱纯试剂等。基准试剂的纯度相当于或高于优级纯试剂，用于标定容量分析标准溶液的标准参考物质，可精确称量后直接配制标准溶液。色谱纯试剂是在最高灵敏度下以10—10g下无杂质峰来表示的。光谱纯试剂是以光谱分析时出现的干扰谱线的数目及强度来衡量的，即其杂质含量用光谱分析法已测不出或杂质含量低于某一限度。

（2）检验室常用化学药品

① 硫酸：H_2SO_4，无色油状液体，相对密度15℃时为1.837（1.84）。在30～40℃发烟；在290℃沸腾。浓硫酸具有强烈的吸水性，因此它是优良的干燥剂。

② 硝酸：HNO_3，无色液体，相对密度15℃时1.526、沸点86℃。红色发烟硝酸是红褐色、苛性极强的透明液体，在空气中猛烈发烟并吸收水分。

③ 盐酸：HCl，无色具有刺激性气味，在17℃时其相对密度为1.264（对空气而言）。沸点为－85.2℃。极易溶于水。

④ 氯化钠：NaCl，白色正方形结晶或细小的结晶粉末，相对密度2.1675，熔点800℃、沸点1440℃。溶于水而不溶酒精。

⑤ 碳酸钠：$Na_2CO_3 \cdot 10H_2O$，无色透明的单斜晶系结晶，相对密度1.5；溶于水，在34℃时具有最大的溶解度。

⑥ 氢氧化钠：NaOH，无色结晶物质，相对密度2.20，在空气中很快地吸收二氧化碳及水分，潮解后变成碳酸钠。易溶于水。

⑦ 硫酸铜：$CuSO_4 \cdot 5H_2O$，三斜晶系的蓝色结晶，相对密度2.29。高于100℃时即开始失去结晶水。220℃时形成无水硫酸铜，它是白色粉末，相对密度3.606，极易吸水形成水化物。

⑧ 过氧化氢：H_2O_2，无色稠液体，相对密度1.465（0℃时），具有弱的酸性反应。

⑨ 铁氰化钾（赤血盐）：$K_3Fe(CN)_6$，深红色菱形结晶，相对密度1.845。能溶于水，水溶液遇光逐渐分解而形成$K_4Fe(CN)_6$。在碱性介质中为强氧化剂。

⑩ 柠檬酸：$C_6H_8O_7$，白色结晶粉末，无臭，相对密度1.6650。熔点153℃。溶于水、乙醇、乙醚，不溶于苯，微溶于氯仿。

⑪ 硫化钠：Na_2S，无水物为白色结晶，容易潮解，相对密度1.856（14℃）。熔点1180℃。溶于水（10℃时溶解度为15.4g/100mL，90℃时溶解度为57.2g/100mL水）。遇酸反应，产生硫化氢。微溶于醇，不溶于醚。水溶液呈强碱性，故又称硫化碱。溶于硫黄生成多硫化钠。工业品因含杂质常为粉红、棕红色、土黄色块。有腐蚀性，有毒。在空气中易氧化生成硫代硫酸钠。

⑫ 三氯化铁：$FeCl_3 \cdot 6H_2O$，黄棕色结晶或块状固体，无臭，有涩味，熔点37℃。沸点280～285℃。易溶于水，溶于乙醇、乙醚。其水溶液呈强酸性，可使蛋白质凝固。有潮解性，在空气中可潮解成红棕色液体。

⑬ 抗坏血酸：$C_6H_8O_6$，无色晶体，熔点190～192℃，酸性，在溶液中会氧化分解。

⑭ 丙酮（二甲基甲酮）：CH_3COCH_3，无色透明液体，有特殊的辛辣气味，在25℃时相对密度0.788，熔点－94℃，沸点56.48℃，闪点－17.78℃（闭杯）。易溶于水和甲醇、乙醇、乙醚、氯仿、吡啶等有机溶剂。易燃、易挥发，化学性质较活泼。

⑮ L-半胱氨酸盐酸盐（L-半胱氨酸盐酸盐无水物或L-盐酸半胱氨酸无水物）：$C_3H_7NO_2S \cdot HCl$，白色结晶体或结晶粉末，有强酸味，易溶于水。

⑯ 乙醇（酒精）：C_2H_5OH，分子是由乙基和羟基两部分组成，碳氧键和氢氧键比较容易断裂。无色、透明，具有特殊香味的液体（易挥发）。熔点－114.1℃，沸点：78.3℃，相对

密度（水=1）0.79，相对蒸气密度（空气=1）1.59。能跟水以任意比互溶（一般不能做萃取剂），可混溶于醚、氯仿、甘油等多数有机溶剂，是一种重要的溶剂，能溶解多种有机物和无机物。

⑰ 硫酸钠：Na_2SO_4，白色单斜晶系结晶或粉末，相对密度 2.68，熔点 884℃。溶于水，水溶液呈碱性。溶于甘油，不溶于乙醇。暴露于空气中易吸湿成为含水硫酸钠。241℃时转变成六方型结晶。高纯度、颗粒细的无水物称为元明粉或无水芒硝。

⑱ 氯化钠：NaCl，无色立方结晶或白色结晶。相对密度 2.165，熔点 801℃，沸点 1413℃。溶于水、甘油，微溶于乙醇、液氨，不溶于盐酸。在空气中微有潮解性。

⑲ 硝酸钠：$NaNO_3$，无色三方结晶或菱形结晶或白色细小结晶或粉末。无臭，味咸，略苦。相对密度 2.261，熔点 306.8℃。易溶于水和液氨，溶于乙醇、甲醇，微溶于甘油和丙酮。易潮解，当含有极少量氯化钠杂质时，其潮解性大为增加。在 380℃时开始分解，400～600℃时放出氮气和氧气，加热至 700℃时放出一氧化氮，至 770～865℃时才有少量二氧化氮和一氧化二氮产生。为氧化剂，与有机物、硫黄等接触会燃烧和爆炸。

⑳ 硫氰酸铵（硫氰化铵）：NH_4CNS，无色、易潮解晶体。相对密度 1.045，熔点 149.60℃，沸点 1700℃。与硝酸铅、氯化物、硝酸等剧烈反应。

㉑ 磷酸二氢钠：$Na_2HPO_4 \cdot 12H_2O$，无色单斜晶系结晶或白色粉末。相对密度 1.52。溶于水，其水溶液呈弱碱性，1%水溶液的 pH 为 8.8～9.2；不溶于醇。35.1℃时熔融并失去 5 个结晶水。在空气中易风化，常温时放置于空气中失去约 5 个结晶水而形成七水物，加热至 100℃时失去全部结晶水而成无水物，250℃时分解变成焦磷酸钠。在 34℃以下小心干燥，可得白色粉末的二水磷酸氢二钠。

㉒ 磷酸二氢钾：KH_2PO_4，无色四方晶体或白色结晶性粉末。相对密度 2.338，熔点 252.6℃。溶于水（90℃时为 83.5g/100mL 水），水溶液呈酸性，1%磷酸二氢钾溶液的 pH 为 4.6。不溶于醇。有潮解性。加热至 400℃时熔化而成透明的液体，冷却后固化为不透明的玻璃状偏磷酸钾。

（3）常用试纸

① 碘淀粉试纸：碘化钾能被氧化剂氧化而释出游离的碘，与淀粉作用而呈蓝色。用于检验氯和亚硝酸等氧化剂的存在。

② 刚果试纸：为红色试纸，在酸性介质中变蓝，而在碱性介质中变红（在 pH 2～3 时，则由蓝色转变成红色）。

③ 石蕊试纸：为浅蓝紫色（蓝色）或紫玫瑰色（红色）的试纸，其颜色遇酸性介质变蓝色而遇碱性介质变成红色。pH 6～7 时则产生颜色变化。

④ 醋酸铅试纸：遇硫化氢即变黑（形成硫化铅），可以用来检查微量的硫化氢。

⑤ 酚酞试纸：白色酚酞试纸在碱性介质中则变为深红色。

⑥ 橙黄 I 试纸：在酸性介质中则变为玫瑰色红色，酸值在 1.3～3.2 的范围内，则由红色转变为黄色。

4 检验的管理

（1）检验室布局

① 检验室位置选择：检验室可以设立在生产车间附近，位置最好不要太靠近振动较大的生产车间、锅炉房、交通要道，以减少烟尘和马路上的灰尘的侵袭，避免机器开动及车辆行驶带来的震动。

根据检验工作开展的活动，检验室房屋可划分为样品制作室、理化室、精密仪器室、化学药品贮藏室等几部分，至少应互相隔开或明确区域。检验室应能防震、防火、防尘、光线充足。

②检验室内部布置：

a. 室内部布置应有利于人员工作方便、装置保护、安全保障。

b. 每个房屋设地漏可减少跑水事故的危害。

c. 检验室内的主要设施有实验台、药品架、通风柜等，实验台应配有水盆、试剂架、水龙头、电源插座等，下水管应耐腐蚀。实验台面可采用木制、环氧树脂制、钢制等。

d. 检验装置的工作台须稳固，可采用钢筋混凝土结构的水磨石台面，现较多采用足够强度的全钢制工作台，整体效果较好。

e. 检验室的电力总负荷应根据用电设备的需要设计。

f. 在样品制作室、理化室、精密仪器室应铺设压缩空气管道。

③ 检验室的通风系统：在开展检验活动过程中，特别是理化实验经常会产生各种有毒、有腐蚀或易燃的气体，必须及时排出室外，采用的通风系统有：通风柜、排气罩、全室通风三种。

（2）检验装置管理

① 对检验装置的购置、验收、使用、维护、修理、报废的全过程，施行集中统一管理。

② 进入实验室的每一位人员都应自觉遵守、执行管理的规定，凡执意拒绝遵守相关规定的，应禁止或劝说其退出实验室。

③ 检验装置应分级管理，编制相应的操作/维护规程。

④ 检验装置管理员的职责：维护装置正常运行；发现问题及时报告；培训不懂操作的人员；负责制订、修订操作/维护规程；监督仪器使用登记情况；负责上下班前检查装置状况，下班前向值班人员交班；保持装置整洁。

⑤ 不得擅自拆改使用的检验装置，不得擅自将使用的设备搬离原放置地点。

⑥ 对结果有重要影响的检验装置，应编制校正计划，在使用前进行校正。

⑦ 检验装置的使用、检查、测试、校正及故障整理，应详细记录日期、有关情况及操作人员的姓名等，由管理员归入档案保存。档案不经批准，不得随便携出或外借。

⑧ 检验装置操作完毕后，必须按次序将其程序关闭，断开电源，整理清洁卫生，用配套防尘罩罩好。

⑨ 检验装置周围不得放置带有磁性或磁极的物品。

⑩ 严禁在装置周围放置挥发性的酸、碱化学药品及溶液。

⑪ 操作检验装置的人员必须经过培训才能使用。

⑫ 为保证检验工作的正常进行和检验结果的正确性，实验室应对影响检验结果的装置环境条件制定成文件加以控制，保证满足检验方法和装置正常使用要求。应在检验方法所规定的环境条件下进行检验，并及时记录环境条件。当环境条件影响检验结果的准确性时，应停止检验；当相邻区域的检验装置不相容时，应进行有效隔离防止互相影响。

⑬ 由于下列原因发生责任事故，造成检验装置、检验室设施损坏，责任人应按规定赔偿：

a. 不听从指挥，不按操作/维护规程要求操作。

b. 未经批准，擅自动、用、拆、改检测装置。

c. 尚未掌握操作技术或不了解性能及使用方法，轻率动用检验装置。

d. 未经批准，擅自将检验装置携出或外借造成损坏或丢失。

e. 其他由于不遵守相关规定造成的损坏或丢失。

（3）玻璃仪器管理　玻璃仪器应建立领用、破损登记制度。

（4）化学药品管理

① 检验室所有化学药品由专人保管。

② 所有化学药品存放在药品柜，禁止开架存放，固体化学药品与液体化学药品分开存放，危

险化学药品和特殊化学药品单独存放并标明，避免与其他药品混淆。

③ 检验室内不得大量存放同种易燃、易爆等危险化学药品。

④ 建立化学药品台账，账物相符。检查是否有失效或过期作废化学药品。

⑤ 在国家最新版《危险化学药品名录》内的危险化学品必须编制《危险化学品安全技术说明书》，并严格遵照执行。

⑥ 药品用后立即盖好盖，防止吸潮、挥发或变质；药品使用完毕后须放回原位。

⑦ 检验室每瓶化学药品必须有明确的与内容物相符的标签与配制日期（或有效期），严禁将用完的原装药品空瓶不更新标签而装入其他药品。

⑧ 对丢失标签的化学药品，对其从最小量开始实验辨认与鉴定，如鉴定正确立即贴好标签，如仍无结果，将其放到指定废旧过期药品回收处。

⑨ 根据试验要求药品的纯度、浓度或测量范围，选取最适合的化学药品，切勿将分析纯与基准物混淆，以免精度达不到要求或浪费资源。

⑩ 化学药品出现泄漏时，应用擦布擦干后，用墩布墩净，再用自来水将墩布冲洗干净。

⑪ 浓酸、浓碱具有强烈的腐蚀性，且勿溅在皮肤、眼睛和衣服上。硝酸、硫酸接触木屑、食糖、纱布等极易引起燃烧。使用浓 HCl、氨水和配制硫化钠溶液时，均应在通风环境中操作。

⑫ 使用乙醇，丙酮等有机溶剂时，一定要远离火焰和热源。使用后将试剂瓶塞严，放在阴凉处保存。低沸点的有机溶剂不能直接在火焰上或热源上加热，而应在水浴上加热。

⑬ 危险化学药品的废渣、残液、残气、废包装等要严格放置在公司规定的指定场所处理，不得造成环境污染。

（5）检验室安全管理

① 检验人员要严格遵守各项管理规定和操作维护规程，认真学习有关的安全要求，熟悉装置的性能及操作中可能发生的事故，掌握预防和处理事故的方法。

② 检验室内严禁吸烟。一切化学药品禁止入口。实验完毕后须洗手。

③ 检验室保持整洁、卫生、安静，不能将毛刷、抹布放在水槽中，一定要保持水槽清洁。禁止将固体物质、玻璃碎片等扔入水槽内，以免造成下水道堵塞。门、窗、玻璃、通风橱时刻保持完好；室内水、电设施应保持完好；对室内的装置开关不得随意扭动，防止损坏装置和妨碍他人实验的进行。

④ 对检验室中易燃、易爆、有毒等危险品要妥善保管，不得将易燃试剂放在敞口容器内，防止高温和曝晒，以免发生火灾。此类物质以及废纸、废屑应放入垃圾桶或专门收集容器。对高浓度的废溶液（如浓酸、浓碱）不要倒入水池中，必须中和处理，经过稀释后进行排放。

⑤ 使用乙醇、丙酮等有机溶剂时，一定要远离火焰和热源。使用后将试剂瓶塞严，放在阴凉处保存。低沸点的有机溶剂不能直接在火焰上或热源上加热，而应在水浴上加热。

⑥ 有危险的工作，如铁标准储备液的配置、易燃易爆物品的处理等应有第二者陪伴，陪伴者应处于能清楚看到工作点的地方并观察操作的全过程。

⑦ 打开浓盐酸、浓硝酸、浓氨水等有毒、易挥发试剂塞时应带防护用具，在通风橱中进行，用后立即盖好瓶塞；夏季打开易挥发溶剂瓶塞前应先用冷水冷却，瓶口不准对人。

⑧ 稀释浓硫酸时，只能将浓硫酸慢慢倒入水中，边倒边用玻璃棒轻轻搅动，不能相反。

⑨ 浓酸、浓碱具有强烈的腐蚀性，切勿溅在皮肤和衣服上。使用浓盐酸、氨水时，如不小心溅到皮肤和眼内，应立即用水冲洗，然后用5%碳酸氢钠溶液（酸腐蚀时采用）或5%硼酸溶液（碱腐蚀时采用）冲洗，最后用水冲洗。

⑩ 如发生烫伤，可在烫伤处抹上黄色的苦味酸溶液或烫伤软膏。

⑪ 玻璃管与胶管、胶塞等拆装时，应先用水润湿，手上垫棉布以免被玻璃管折断扎伤。

⑫ 实验中使用的各种精密仪器装置，使用时应严格遵守操作维护规程。装置使用完毕后，将装置各部分旋钮恢复到原来位置，拔去扦头。不得随意扭动。有接地要求的仪器装置必须按规定接地。

⑬ 检验室冰箱内严禁存放与实验无关的物品。冰箱内保存的试剂、样品须密封、贴好标签，试剂与样品分开存放。

⑭ 电烘箱、恒温箱必须带有温控装置，严格掌握烘烤温度。

⑮ 实验操作人员在使用高压杀菌锅前，应查看杀菌锅内水是否充分（水位应恰好低于杀菌锅内的垫板为准），在确认杀菌锅各组件安装正确后，方可开始杀菌，杀菌完成后应关闭电源开关，待其压力自然下降至压力表指至零位，先打开放气阀后，方可打开杀菌锅。切勿强行打开放气阀及杀菌锅盖。

⑯ 液氮罐要轻拿轻放，严防碰撞挤压、摔、倒覆、横卧，尽量防止剧烈震动，移动时不可在地面拖拉，要抬起来。平时要存放在干燥、通风良好的地方，防止潮湿。液氮瓶颈上不能放置塑料布条物质。当发现液氮消耗速度过快或在液氮罐颈口的周围附有水珠、出现白霜时，该罐应停止使用。压缩空气使用时不准对准人上身（特别头）部位。

⑰ 定期对用电设备进行安全检查，重点检查电源线、活动接线板有无损坏和漏电；如有请外部人员进行实验室电路改造，必须将改造后的电路留有电路图。未经电工审查批准，任何人不得随意接电源。

⑱ 实验室用电安全：

a. 实验室用电要根据设备及房间用电总功率配备电源，严禁超负荷使用电器设备。

b. 实验室电源要和生产车间用电量大的设备电源分开。

c. 仪器装置、电源插座及电源线周围，严禁存放有机溶剂及其他易燃物品。

⑲ 实验操作中不得离开岗位，离开时必须要委托能负责者看管。

⑳ 检验室工作人员必须学会使用灭火器，会报警（火警电话 119）。如发生火灾时，应根据起火的原因进行针对性灭火。酒精及其可溶于水的液体着火时，可用水灭火；丙酮等有机溶液着火时，用砂土扑灭，此地绝对不能用水，否则反而扩大燃烧面；导线或电器着火时，不能用水及二氧化碳灭火器，而应首先切断电源，用 CCl_4 灭火器灭火，切忌奔跑，而应就地躺下滚动，或用湿衣服在身上抽打灭火。

㉑ 实验室药品柜、仪器柜、实验室门钥匙由专人保管，不准借给他人。

㉒ 实验室严禁使用各种装置处理食物，使用电炉取暖。

㉓ 水、电、气使用完毕后，应立即关闭。每日工作完毕卫生值勤人员（其他情况应交代他人清楚）应仔细检查水、电、气、门窗是否均已关好。

㉔ 实验人员原则：

a. 遵守各项规定和实验程序，做好防护工作。

b. 每次实验完毕要充分洗手。

c. 在衣服和口袋里不要装污染的东西，如抹布、器皿等。

（6）检验室工作要求

① 凡本检验人员必须了解卫生的重要性。

② 保持工作场所整洁，不得堆积发出臭气或有碍卫生的垃圾污垢或碎屑。

③ 严禁随地吐痰。

④ 保持饮水机清洁。

⑤ 保持水槽干净，不允许有固体类，塑料类、抹布类物质，一旦有类似物质卫生值班人员应

采取相应方法清理，不能落入排水管，造成堵塞。

⑥ 垃圾、污物、废弃物、实验废品等的清除，必须合乎卫生要求，按环境管理规定，放置于所规定的场所或垃圾桶内，不得任意乱倒堆积，由卫生值班人员每日清理。

(7) 检验室档案管理　对检验活动有关的档案进行管理，建立档案的收集、标识、编目、归档、保存、销毁、查阅的规定。检验室必须管理好的档案资料有：

① 公司内部往来文、材料等；

② 检验室会议记录；

③ 检验人员培训记录；

④ 检验装置台账；

⑤ 检验装置维修记录；

⑥ 检验装置借还记录；

⑦ 检验装置报废记录；

⑧ 检验装置周期校准记录；

⑨ 检验装置的说明书；

⑩ 玻璃仪器账册；

⑪ 化学药品账册；

⑫ 各种检验报告；

⑬ 检验室的各种工具书。

(二) 品控管理

空罐质量的形成是一个复杂的动态过程。在空罐制造过程中，由于受到各种波动因素（人、机、料、法、测、环）的影响，空罐质量的波动一直在不同的程度上不可避免地存在着，超出允许范围的质量波动，就会产生不合格品。因此，有组织、有计划地进行检验，是施行现场质量控制，保证产品符合性质量的主要手段之一。

1　检验的质量职能与作用

(1) 质量职能

① 鉴别的职能：正确地鉴别空罐质量是检验活动的基本功能。

② 把关的职能：在正确鉴别空罐质量的前提下，检验活动还应具有对不合格品进行控制的功能。

③ 报告的职能：检验工作应在鉴别、把关的基础上认真履行报告的职责。

(2) 控制作用

① 工序控制作用：通过严格执行三检（首检、过程检验、终检），体现检验工作与工序的紧密结合，对每一工序的质量问题或可能出现的质量问题不放过，从而形成质量保证和因素控制的作用。

② 预防的作用：通过检验的把关和报告职能的充分发挥来起到显著的预防作用。

③ 为空罐质量改进提供依据的作用：充分发挥报告职能，一是可以报告产品质量的状况，二是可以使有关部门从发生的质量问题中获取信息和数据，从而采取质量改进措施。

2　检验质量活动（PDCA 循环）

依据检验的三大质量职能，企业必须开展下列职能活动：

①制订空罐的检验计划。

②开展进货检验。

③开展过程（工序）检验。
④开展成品检验。
⑤实施不合格品控制。
⑥采取纠正/预防措施。
⑦实施检验装置的控制。
⑧做好检验记录、报告，及时反馈质量信息。

3　空罐检验计划（质量控制计划）

（1）检验计划的内容　空罐质量除由内部生产过程因素外，也因为原材料的外购而被扩散到外部，这就使检验工作也变得更为复杂和分散。企业为降低成本、降低物质和劳动消耗、使生产过程更为经济，就必须对检验活动进行统筹安排。检验计划应包括以下基本内容：

① 检验流程（说明检验程序，检验点的设置，采用的检验方式）。
② 检验用质量缺陷严重性分级。
③ 检验指导书（对检验项目实施检验操作的指导性文件）。
④ 检验装置的配置计划。
⑤ 人员调配、培训、资格认证事项的安排。
⑥ 其他需要特殊安排的事宜。

（2）检验流程

① 检验流程应以工艺流程图为参考，沿着产品、工序这一顺序，系统地思考与设计。所以，一个复杂的产品需要有一套检验流程图，而简单的产品可能只有一张就足够了。附图 1.1 是直接利用空罐工艺流程图，在上面给出所需的检验标识符号作为检验流程图。

② 与图 1 检验流程相对应，按照 GB/T 17590—1998《易开盖三片罐》规定的出厂检验要求，建立一个质量控制计划，见表 1。

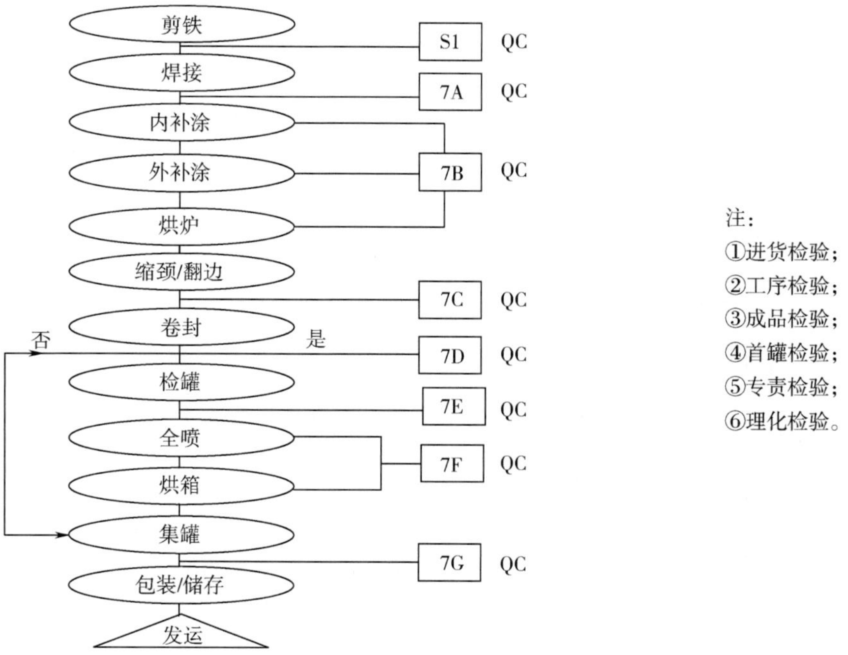

图 1　易开盖三片罐检验流程图

表 1 易开盖三片罐质量控制计划

序号	测试项目	频次	样品数	合格标准	检查方法	仪器/化学药品	表格
S1 ⅰ ⅱ ⅲ	剪铁尺寸 直角度 毛边	2 次/班	参照工序检查	参照产品标准	参照工序检查	游标卡尺/直角度检测仪	
7A ⅰ ⅱ ⅲ ⅳ	搭接量 球形测试 翻边测试 撕拉测试	1 次/15 min	各 1 罐	参照工序检查	…‖…	内径规/球形测试器/翻边测试器	
7B ⅰ	粉末外观	1 次/5min	1 罐	…‖…		肉眼	
ⅱ	粉末喷涂量	1 次/2h	2 罐	参照产品标准		电子数显天平	
ⅲ	粉末烘干度 a) 附着力 b) 破坏性	1 次/2h	各 2 罐	参照工序检查	…‖…	剪刀/胶带	
ⅳ	外补涂露铁	1 次/h	参照工序检查	…‖…		硫酸铜	
ⅴ	烘炉温度	1 次/2h	参照工序检查	…‖…		肉眼	
7C ⅰ	测量 a) 罐筒高度 b) 翻边宽度	1 次/2h	6 罐	参照产品标准		参照工序检查	
7D ⅰ	确定使用的盖	参照工序检查		参照原材料标准	…‖…	肉眼	
ⅱ	测量 a) 罐高 H b) 卷封宽度 W c) 卷封厚度 T	1 次/2h	6 罐	…‖…		游标卡尺	
ⅲ	二重卷封结构	1 次/班	6 罐	参照产品标准	参照工序检查	投影仪/游标卡尺	
ⅳ	二重卷边划花	参照工序检查		…‖…		硫酸铜	
ⅴ	密封性测试	参照工序检查		…‖…		测漏仪	

续表

序号	测试项目	频次	样品数	合格标准	检查方法	仪器/化学药品	表格
7E i	检罐机工作状况	参照工序检查		… ‖ …		穿孔的空罐	
7F i	全喷涂重量	2次/班	6罐	参照产品标准		分析天平	
ii	烘箱温度	1次/1h	无	… ‖ …		—	
iii	内涂膜完整性	每平板架	10罐/边	参照产品标准	… ‖ …	导电仪	
iv	拉环测试	参照工序检查		… ‖ …		手拉	
7G	成品检查	每平板架	10罐/边	… ‖ …		肉眼	

③ 在编制质量检验计划时，除了要考虑GB/T 17590—1998《易开盖三片罐》规定的出厂检验要求外，还应包含其所规定的型式检验要求。型式检验项目见表2。标准明确规定产品有以下情况之一时应进行型式检验：

a. 新产品或老产品转产试制定型鉴定；

b. 当结构、材料、工艺改变，可能影响产品性能时；

c. 正常生产，每半年进行一次检验；

d. 长期停产后，恢复生产时；

e. 出厂检验结果与上次型式检验有较大差异时；

f. 国家质量监督机构提出进行型式检验的要求时。

表2　　型式检验项目

序号	类别	项目
1	马口铁	镀锡量、抗拉强度、屈服强度、延伸率、厚度
2	罐体	尺寸、二重卷边封口结构（迭接长度、紧密度、迭接率）、外观、罐体内外涂膜性能（固化性、耐蚀性、内涂膜量、外补涂带完整性）、罐体性能（内涂膜完整性、耐压强度、密封性）
3	易开盖、底盖	尺寸、外观、性能（密封胶干膜质量、启破力、全开力、开启可靠性、内涂膜完整性、耐压强度、密封性）

④ 对于新客户新产品，还应包括实罐实验，以验证所选的涂料及密封胶是否正确。采用客户提供的内容物模拟灌装杀菌条件，实罐进行保温实验。

⑤ 贮存：

a. 将实验罐做好实验时间、实验内容、实验部位、贮藏温度等标识。

b. 放置于37℃生化培养箱贮存30d或55℃生化培养箱贮存2周，开启观察盖与罐身腐蚀情况。

c. 如果实验针对内涂料、全喷漆与内容物的匹配性，将部分灌装好的实罐常温放置7d后，开启盖后检查内壁腐蚀情况以及内容物的变化，并进行感官品尝。另一部分实罐按上述b方式贮存。

d. 如果实验对贮存有特别要求，根据实验要求进行贮存。

⑥ 实验结果评定：

a. 常温放置7d，开启盖后，内容物的香味、色泽、口感等指标应完全与厂家的内容物一致。罐身、盖内涂膜均无腐蚀斑、无变色、剥离、脱落等现象。

b. 生化培养箱37℃放置30d或55℃放置2周，开启盖后，内容物应具有本身的香味与色泽。罐身、盖内涂膜应无变色、脱落，焊缝内补涂无变色、脱落；罐身、盖无明显腐蚀斑，特别是加工部位不应有连续腐蚀斑。

（3）空罐质量缺陷严重性分级　空罐制造过程造成的质量缺陷，是不能完全消除或绝对避免的。而不能满足预期使用要求的质量缺陷，因其质量特性的重要程度不同、偏离规范的程度不同、对实罐适用性的影响程度不同，呈现出明显的差别。我们据此对空罐可能出现的质量缺陷，实施严重性分级列出具体的质量缺陷严重性分级表，实施管理。在国家标准GB/T 17590—1998《易开盖三片罐》、GB/T 14251—2017《罐头食品金属容器通用技术要求》中对饮料罐、食品罐的各种质量缺陷一一列举，许多企业大多是在此基础上，结合本企业的情况、内容物、顾客要求等予以考虑修改，以适合企业实际控制需要。国标及各企业在进行分级时大部分是按“贝尔分级表”的基本模式进行。表3是一个参考模式。

表3　产品质量缺陷严重性分级模式

涉及的方面 缺陷的级别	安全性	保质期	使用	外观	下道工序	处理权限	检验严格性
严重缺陷	影响安全的所有缺陷	会影响	会影响	会影响	会影响	总质量师	严格检验
主要缺陷	不涉及	可能影响	可能影响	可能影响	可能影响	检验部门负责人	加严检验
次要缺陷	不涉及	不影响	不涉及	不影响	不影响	主检员	抽检检验

（4）检验指导书

① 检验指导书编制范围：检验指导书是用于指导检验人员正确实施检验作业的规程性文件。是检验计划的构成部分。其目的在于为重要的检验作业活动提供具体的指导。对哪些检验活动编制检验指导书，由检验计划来指定。对计划中设置了质量控制点的质量特性的检验，如特殊工序和关键工序等的质量特性，必须编制检验指导书。而对一些新产品、顾客的特殊需求、企业过去没有开展过的类似检验活动，也必须编制检验指导书。但检验指导书应简单、实用，真正起到指导的作用。

不同企业、不同产品、不同顾客需求所需编制的多少与详略程度取决于：

a. 产品特性的类别。

b. 检验过程的复杂程度。

c. 人员能力。

②检验指导书的基本内容：

a. 检验对象。受检物的名称或工序、图号及其在检验流程图上的位置（编号）。

b. 质量特性。规定的检验项目、需鉴别的质量特性、规范要求、质量特性的重要性级别、所涉及的质量缺陷严重性级别。

c. 检验方法。检验基准、检测程序与方法、检测中的有关计算方法、检测频次、抽样检验的有关规定及数据。

d. 检测手段。检验使用的工具、设备及计量器具，这些装置的状态，使用中必须指明的注意事项。

e. 检验判断。正确指明对判断标准的理解、判断比较的方法、判定的原则与注意事项、不合格的处理程序和权限。

f. 记录和报告。指明需要记录的事项、方法和记录表式，规定要求报告的内容与方式、程序与时间要求。

③ 检验指导书的格式见表 4。

表 4　　制罐线检验规程

序号	机台	检验项目	检验频次	样品数量	抽样方法	检验方法/依据	质量要求	合格判定 Ac Re	表格
1	自动轮刀剪板机	外观检验	1 次/h	45 片	随机抽取	标准样板/目测	a. 色差：色差在标准样板范围内 b. 印刷图案：图案清晰、文字美观、套色准确、无明显重影，条形码符合要求 c. 涂膜完整性：涂膜光滑平整色泽基本一致，无漏铁划伤 d. 表面清洁度、表面光洁、无留空带料	[1 3] [3 4]	
		铁板尺寸	1 次/2h	18 片	从小料落料槽里按 $1^{\#}$～$9^{\#}$ 随机抽样	370 型料片测量仪进行测量	参照产品技术要求	[0 2] [3 4]	
		直角度	1 次/2h	18 片	从小料落料槽里按 $1^{\#}$～$9^{\#}$ 随机抽样	370 型料片测量仪进行测量	参照产品技术要求		
2	划线机	外观检验	1 次/h	35 片	随机抽取	目测	划线均匀一致，线条完整，无断线、缺划	[1 3] [3 4]	
3	焊机	外观检验	1 次/h	30 个	随机抽取	目测	a. 焊接质量：焊点清晰、均匀相连。不能有漏焊、假焊、爆口、打火花、≥0.5mm 的高低罐 b. 内外补涂质量：补涂均匀光滑，完全覆盖留空带 c. 焊缝氮气保护：焊缝应发白稍浅黄不应发黑 d. 补涂带烘烤：补涂涂料固化完全，但不应烘烤变色	[0 2] [1 2]	

续表

序号	机台	检验项目	检验频次	样品数量	抽样方法	检验方法/依据	质量要求	合格判定 Ac Re	表格
4	焊机	硫酸铜实验	1 次/2h	2 个	随机抽取	见章节 2.2	无线状或连片状腐蚀现象，允许少量点状腐蚀存在	[0 2] [1 2]	
		撕拉试验	1 次/2h	2 个	随机抽取	见章节 2.2	a. 撕下的焊缝裂边应整齐光滑，则为焊接良好，否则说明电流过大；在撕拉方向正确的情况下，如撕拉中途易断或分层，则电流过小 b. 撕下的焊缝，其两侧应光滑，如有毛刺状，则说明电流过大 c. 撕下的焊缝屈曲，应不脆、不断，将焊缝绞拧打结，应不断，否则说明焊接电流过大	[0 2] [1 2]	
		翻边实验	1 次/2h	2 个	随机抽取	见章节 2.2	焊缝端口不应有开裂	[0 2] [1 2]	
		顶球	1 次/2h	2 个	随机抽取	见章节 2.2	焊缝强度良好、不分层、不开裂	[0 2] [1 2]	
5	切割机	外观检验	1 次/h	30 片	随机抽取	目测	a. 切割外观，切割边缘光滑、均匀、整齐无未切割及切割不完全 b. 切割涂膜边缘脱落≤1.5mm	[1 3] [3 4]	
6	缩颈翻边机	外观检验	1 次/h	30 个	随机抽取	目测	a. 翻边外观：翻边应均匀整齐，翻边涂膜脱落≤1.5mm b. 缩颈外观：缩颈均匀光滑，无缩颈变形，不能有严重缩颈起皱	[0 2] [1 2]	
		硫酸铜实验	1 次/h	各号/1 个	随机抽取	见章节 2.2	焊缝缩颈补涂质量：浸泡部位不应有严重腐蚀现象，细小腐蚀线不超过二缩部位	[0 2] [1 2]	
7	成品检验	水压实验	1 次/h	6 个	随机抽取	见章节 2.2	罐体密封性：焊缝、二重卷封处若有气泡则表示渗漏，密封不严	[0 2] [1 2]	
		酸煮实验	1 次/班	4 个	随机抽取	见章节 2.2	涂膜面无腐蚀、无泛白、无变色等现象	[1 3] [3 4]	
8	成品终检	外观检验	1 次/平板架	32 个	随机抽取	目测	参照附表 3	[1 3] [3 4]	
		内涂膜完整性测试	1 次/平板架	12 个	随机抽取	见章节 2.2	参照产品技术要求	[0 2] [1 2]	
		主要尺寸	参照工序检验规程，由各工序检验合格判定结果决定该包的合格判定						
		封口结构							
		耐蚀力							
		内涂膜量	参照原材料检验结果合格判定						

（5）不合格品控制　不符合要求的产品即是不合格品。如果不对不合格品进行控制，可能导致不合格品的储存、使用或交付。为了保证产品质量，在履行检验职能活动时，必须认真地把不合格品管理好，确保生产环节所产生的不合格品及时标识、记录、评价、隔离和处置。

① 不合格品的确定：在检验过程中对可疑的不合格品或生产批，必须认真加以鉴别，对确实不符合要求的产品确定为不合格品。在生产线上，检验发现不合格品时，在线质检员应具备一些基本的处置方法，如：

a. 内补涂带偏薄，可以根据导电值来确定是扣留或通过。

b. 密封胶量偏低/封口挤胶，可以根据密封性来确定是扣留或通过。

c. 内涂膜固化不良或全喷固化不良，应根据有机物溶出量决定扣留或通过。

d. 外漆膜或内涂膜附着力不良，可以根据制罐破坏程度决定扣留或通过。

按 ISO 9001 标准：防止不满足规定要求的产品发生非预期使用的情况。此要求适用于发现的具体的不合格产品，不适用于过程和质量体系和已经交付给顾客的产品。但在实际策划过程中，应该包含交付后发现的不合格品控制和顾客提供产品的不合格品控制。

应按照可追溯性要求，对不合格品进行追溯以确定不合格的范围。如成品检验员在检验成品包外观时，抽检到 2 个假封罐，应立即沿着该生产包向前加严抽检成品包，直至确保没有假封罐。这种追溯甚至包括企业外部（用户）追溯到企业内部，也包括自企业内部发现质量问题时能够追溯到用户，以便把不合格的产品及时追回。

② 不合格品的标识：在检验过程中一旦发现不合格品，应立即进行标识，并做详细的记录。一方面为了便于识别不合格品，防止非预期使用，包括混入合格品、误发和误用；二是便于在规定有可追溯性要求的场合，通过标识及其记录系统实现追溯。标识方式应按照企业生产特点和质量管理体系程序的规定进行，要求正确、清晰、牢固、耐久。

③ 不合格品的记录：对不合格品进行恰当的记录，能避免信息传递的错误及相应不当行动的发生。

不合格品的记录方式：在产品的标签上、在诸如不合格报告上、在失效报告或缺陷报告上、在检验记录中、在生产日志上。如：

a. 不合格品评审处置单。

b. 不合格记录表。

c. 标识。

④ 不合格品的隔离：已做了记录和标识的不合格品应按其性质进行隔离放置，一般采用指定区域或隔离放置。

⑤ 不合格品的评审、处置：不履行对不合格进行评审和处置的职责可能会导致这些工作由非授权的人员进行，从而导致将不合格品提供给顾客，从而使顾客不满意。

a. 首先明确不合格品评审的标准，如多大的量才进行评审。

b. 指定评审部门、人员。

c. 评审确定处置方案。处置方式一般有让步接收、返修、返工、降级、报废等。

⑥ 纠正措施：企业应针对不合格的影响程度采取相适应的纠正措施，以消除不合格的原因，防止不合格的再发生。纠正措施实施过程：

a. 评审不合格。

b. 确定不合格的原因。

c. 评价确保不合格不再发生的措施的需求。

d. 确定和实施所需的措施。

e. 记录所采取措施的结果。

f. 评审所采取的纠正措施。

必要时，还应查找和排除潜在问题，改进发现和解决潜在问题的能力。

（6）检验记录

① 在 ISO 9000：2000 中记录的定义为，阐明所取得的结果或提供所完成活动的证据的文件。目的是提供符合要求和有效运行的客观证据。记录是在处理事务中形成的，不是编写的。记录的设计，是指记录所需表格的设计。记录可以是书面的，也可以贮存在任何媒体上。不同企业可以根据企业情况加以设计。针对检验记录，在适当的文件中或专门制定制度以规定记录的标识、贮存、保护、检索、保存期限和处置等。

② 未对记录控制的后果：

a. 在解决问题时无法找到需要的记录。

b. 在处理顾客的投诉或有关产品质量的起诉时无法通过提供有关的记录来保护自己。

c. 无法向第三方机构证实运行的有效性。

d. 无法确定产品是否满足了对产品质量特性的要求，也无法确定其符合性。

e. 无法向最高管理者报告质量体系的实际运行情况。

③ 记录的标识和编目：标识是为了识别记录的对象、类别、性质和记录的顺序而印制在记录表格上，由代号、名称和编号等字符所组成。

编目是为了便于贮存、归档和方便检索，对需要长时期保管的质量记录应按一定规则进行分类和编目，建立记录的档案目录（或登记在汇总表上，说明记录的名称、编号以及所使用的地点）。

④ 一般检验记录。

⑤ 检验留样：检验过程除了应记录并保存各类文字记录外，还应策划样品留存，这与记录表格类似，基本包括种类、数量、标识、贮存、保护、检索、保存期限和处置等。一般企业应留存的样品有：

a. 各种原材料。

b. 成品产品。

c. 已检样品。

（三）检验方法

检验室应使用正确的、适合的方法和程序开展各项检验活动，其中包括检测样品的抽样、运输、储存和准备，适当时，还应包括测量不确定度的评定和分析检测的统计技术。

1 方法的选择

（1）检验室应采用满足客户需要并适用于所进行的检验样品的方法。

（2）当客户未指定检验方法时，检验室应首先选择相关的国际、国家标准、行业标准，当上述标准不能满足客户需要时，也可采用知名技术组织、权威科学书籍、期刊公布的方法进行检验。

（3）当客户提出使用已过期的标准或不适用的检验方法时，应及时与客户沟通；如客户仍坚持其意见，应提供书面记录，并在报告上予以备注。

（4）检验室应确保使用标准的最新有效版本，除非该版本不适用或不可能使用。

（5）当标准方法或非标准方法不够详尽时，检验室应制定相应的检验细则，以确保在应用该检验方法时的一致性。

（6）所选的标准方法或非标准方法均应征得客户同意。

2 检验室制定的方法

（1）检验室制定检验方法的工作应有计划，并应安排具有相应领域技术经验，具备查阅资料能力和进行验证检验条件的人员承担该项目。

（2）检验室制定检验方法，应确保科学性和适用性。在投入使用前，应组织相关人员进行评审确认。

3 非标准方法

（1）当检验工作中需使用非标准方法时，应事先征得客户书面同意。

（2）使用非标准方法开展检验工作时，应经过签名确认。需要时，应组织有关人员（包括本检验室人员和外单位相关领域的专家）进行研讨。

（3）当第一次使用该非标准方法时，应制定检验细则，检验细则中至少应包括：

① 方法的名称及代号。

② 适用范围。

③ 被检验样品的类型描述。

④ 所需的参考标准和标准物质。

⑤ 检验设备及其技术性能参数要求。

⑥ 要求的环境条件和所需的稳定周期。

⑦ 检验程序的描述，如样品标识和制备、检验前的准备工作、设备状态、观察和结果记录方法、安全措施等。

⑧ 接受（或拒绝）的准则和要求。

⑨ 需记录的数据以及分析和表达的方法。

⑩ 测量不确定度或评定测量不确定度的程序。

4 方法的确认

为证实所选检验方法能够满足检验工作的要求，检验室应通过核查并提供客观证据。检验室采用以下方法对检验方法进行确认：

① 使用标准器具或标准物质进行校准。

② 与其他方法所得结果进行比较。

③ 检验室间的比对试验。

④ 对影响结果的因素作系统性评审。

5 检验结果质量的保证

检验室的检验能力体现于其检验设备和人员水平的高低和对检验质量的控制。管理体系的完善和有效运行只是确保检验结果质量的必要条件，检验室充分重视并主动采取各种保证检验结果质量的措施，参加第三方组织实施或承认的能力验证计划、检验室比对和测量审核、开展内部质量控制活动，使其长期坚持下去，才能确保出具数据和报告的准确、可靠、有效。实施这些措施是检验室最重要的预防措施。

检验室以适用和有效的方法来监控检验过程和确保结果的技术有效性。监控和验证可采取以下方法。

①定期使用核查标准或有证标准物质或次级标准物质进行内部质量控制。

②参加检验室间的比对或能力验证计划。

③利用相同或不同方法进行重复检测或校准。

④对存留物品进行再检测或再校准。

⑤分析一个物品不同特性结果的相关性。

检验员实施监控和验证措施，及时记录所观测到的数据和结果，记录方式利于能够发现检验质量的发展趋势。在发现质量控制数据超出预定的判据时，采取有计划的措施来纠正出现的问题，防止出具不正确、不可靠的数据和错误的结果。

附录二　食品金属包装相关标准

（一）GB 10785—1989《开顶金属圆罐规格系列》

1　主题内容与适用范围

本标准规定了三片开顶式金属圆罐的规格尺寸。

本标准适用于罐头食品工业装盛食品和饮料的三片开顶式金属圆罐（又称空罐）。

2　引用标准

QB 221　马口铁罐型规格系列。

3　产品分类

3.1　空罐按其结构分为接缝三片圆罐（由罐身和盖、底三片组成）和卷开三片圆罐两种。

3.1.1　接缝三片圆罐：罐身一端经封罐机与罐盖双重卷封而制成边缝锡焊或电焊的空罐。

3.1.2　卷开三片圆罐：罐一端带有划线和卷开舌的接缝三片圆罐。

3.1.3　易拉盖三片圆罐：罐体一端采用易拉盖的接缝三片圆罐。

4　产品规格

规格系列见表1。

表1

罐号	成品规格，mm			计算容积，cm^3	备注
	公称直径	内径 d	外高 H		
15267	153	153.4	267	4823.72	
15239	153	153.4	239	4306.23	
15178	153	153.4	179	3197.33	
15173	153	153.4	173	3086.44	
1589	153	153.4	89	1533.98	专用罐型
1561	153	153.4	61	1016.49	专用罐型
10189	105	105.1	189	1587.62	
10124	105	105.1	124	1023.71	
10120	105	105.1	120	989.01	
1068	105	105.1	68	537.88	
9124	99	98.9	124	906.49	
9121	99	98.9	121	883.45	
9116	99	98.9	116	845.04	
980	99	98.9	80	568.48	专用罐型
968	99	98.9	68	476.29	
962	99	98.9	62	430.20	
953	99	98.9	53	361.06	
946	99	98.9	46	307.29	
8160	83	83.3	160	839.27	
8117	83	83.3	117	604.93	

续表

罐号	成品规格，mm			计算容积，cm^3	备注
	公称直径	内径 d	外商 H		
8113	83	83.3	113	583.13	
8101	83	83.3	101	517.73	
889	83	83.3	89	419.63	
87I	83	83.3	71	354.24	
860	83	83.3	60	294.29	
854	83	83.3	54	261.59	
846	83	83.3	46	217.99	
7127	73	72.9	127	505.05	
7116	73	72.9	116	459.13	
7113	73	72.9	113	446.61	
7106	73	72.9	106	417.39	
789	73	72.9	89	346.44	
783	73	72.9	83	321.39	
778	73	72.9	78	300.52	
763	73	72.9	63	237.91	
755	73	72.9	55	204.52	
751	73	72.9	51	187.83	
748	73	72.9	48	175.31	
6101	65	65.3	101	314.81	
672	65	65.3	72	221.04	
668	65	65.3	68	207.64	
5133	52	52.3	133	272.83	
5104	52	52.3	104	210.53	
599	52	52.3	99	199.79	
589	52	52.3	89	178.31	
539	52	52.3	39	70.89	

注：各种罐型的外高允许有±0.3mm 公差，有加强筋的大型罐外高允许有±1mm 公差；直径 52.3～83.5 罐内径允许有±0.10mm公差，直径 98.9～153.4 罐内径允许有±0.20mm 公差。

（二）GB/T 4122.4—2010《包装术语》第 4 部分：材料与容器

1 范围

GB/T 4122 的本部分规定了包装用材料及容器的术语及定义。

本部分适用于包装及与包装相关的领域。

2 通用术语

2.1 包装材料 packaging material

用于制造包装容器和构成产品包装的材料总称。

2.2 包装容器 packaging container

为储存、运输或销售而使用的盛装物品的容器总称。

3 木质包装材料及容器

3.1 木质包装材料

3.1.1 板材 board

宽度尺寸大于厚度尺寸四倍的木质材料。

3.1.2 方材 square timber

截面为正方形或近似于正方形的木质材料。

3.1.3 胶合板 plywood

由奇数层木质薄片或单板经黏合、热压而成，且相邻板片的木纹方向互相垂直的木质板材。

3.1.4 竹胶合板 plybamboo

用竹篾经过数层黏合模压成型的板材。

3.1.5 单板层积材 laminated veneer lumber，LVL

多层整幅（或经拼接）单板按顺纹为主组坯胶合而成的板材。

3.1.6 纤维板 fibre board

以纤维材料经添加一定的添加剂，经成型工艺制成的板材。

3.1.7 定向刨花板 oriented strand board

刨花铺装成型时，将拌胶刨花板按其纤维方向纵行排列，从而压制成的刨花板。

3.2 木质包装容器

3.2.1 木箱 wooden case

以木质材料或木质混合材料为原料制造成型的箱状包装容器。

3.2.2 普通木箱 common wooden case

用箱板、箱挡构件制成的木箱。

3.2.3 滑木箱 skidded wooden case

采用滑木结构的底座，侧面和端面采用箱板、箱挡制成的木箱。

3.2.4 框架木箱 wooden framed case

采用滑木结构的底座，侧面和端面采用框架式结构制成的木箱。

3.2.5 封闭箱 fully sheathed case

箱面用木质板材制成的封闭状的木箱。

3.2.6 花格箱 crate

箱面用木质板材制成的栅栏状的木箱。

3.2.7 钢丝捆扎箱 wirebound case

用钢丝将箱板连接组成各箱面，并用箱挡加固的木箱。

3.2.8 胶合板箱 plywood case

以胶合板为主要材料做箱面制成的包装箱。

3.2.9 竹胶合板箱 case with plybamboo

以竹胶合板为主要材料制成的包装箱。

3.2.10 拼装式胶合板箱 assembled plywood case

以胶合板作为主要材料，箱体通过金属或其他材料制成，连接构件相互配合拼装而成的包装容器。

3.2.11 可拆卸木箱 dismountable wooden case

箱体可拆装，且不破坏各构件的完整性，并可重复使用的木箱。

3.2.12　木盒　wooden box

用木质板材制成的盒状包装容器。

3.2.13　木制底盘　wooden skid

用于敞装和无整体防护要求的大型产品或货物的放置、固定、起吊、搬运的整体框架式木结构件。

3.2.14　木托盘　wooden pallet

用于产品或货物的集装、堆码、搬运的平板式或箱式木构件。可进行双方向或四方向插取，单面或双面使用。经捆扎、裹包后与产品或货物构成单元运输包装件。

3.2.15　箱式托盘　box pallet

具有至少是3面的垂直侧板（满板、花格、网等）作为上部结构的托盘。

4　纸包装材料及容器

4.1　纸包装材料

4.1.1　涂布美术印刷纸（铜版纸）　coated art paper

以单层抄造的原纸涂布后，经压光整饰制成的高级印刷纸。

4.1.2　瓦楞原纸　corrugating medium paper

用于制造瓦楞纸板芯层的包装用纸。

4.1.3　瓦楞纸　fluted paper

瓦楞芯（原）纸经过起楞加工后形成有规律且永久性波纹的纸。

4.1.4　牛皮箱板纸　kraft liner

俗称牛皮卡纸。配浆中硫酸盐木浆占80%以上的，且正反面色泽相近的箱纸板。

4.1.5　瓦楞纸板　corrugated fibreboard

由一层或多层瓦楞纸黏合若干层纸或纸板之间，用于制造瓦楞纸箱的一种复合纸板。

4.1.6　蜂窝纸板　honeycomb fibreboard

由两层面纸与中间蜂窝纸芯胶黏而成的纸板。

4.1.7　白纸板　white board

以木浆、纸浆、草浆等原料制成的多层结构的白色挂面纸板。

4.1.8　黄纸板　yellow straw board

以草浆为主配以废纸浆为原料制成的纸板。

4.1.9　箱纸板　liner board

用于制造瓦楞纸板、固体纤维板或纸板盒等产品的表面材料。

4.2　纸包装容器

4.2.1　单瓦楞纸箱　single corrugated box

由单瓦楞纸板制成的纸箱。

4.2.2　双瓦楞纸箱　double corrugated box

由双瓦楞纸板制成的纸箱。

4.2.3　重型瓦楞纸箱　heavy duty corrugated box

内装物质量大于55kg或综合尺寸大于2500mm，用于运输包装的瓦楞纸箱。

4.2.4　折叠纸盒　folding carton

将纸板模切压痕、折叠黏合后可折叠成片状，使用时可成型的纸板盒。

4.2.5　固定纸盒　setup cartons

将纸板裁切后，经扁钉或裱糊等方式制成，但不能折叠的纸板盒。

4.2.6　纸袋　paper sack

由一层或多层扁平纸质袋筒制成的至少有一端封闭的包装容器，也可与其他韧性材料复合以达到填装及货物流通环节所要求的性能。

4.2.7　纸板罐　fireboard can

采用纸板材料制成罐身，且一端已有端盖密封的包装容器。

4.2.8　复合罐　composite canister

由纸、铝、塑等复合材料加工成型的罐状包装容器。

4.2.9　纸桶　fibre drum

具有用纸或纸板加黏合剂制造的桶身和用相同材料或其他材料制造的桶底和桶盖的刚性圆桶，以便形成可靠堆码的包装容器。

4.2.10　纸基平托盘　paper flat pallets

用纸质材料做基材，经黏合连接、插接、钉合或一次成型工艺等制成的托盘。

4.2.11　纸护角　edgeboard

以纸或纸板为原料制成的用于保护包装件或产品的构件。

4.2.12　纸管　paper cores

主要由卷绕织物、薄膜、纸张、金属箔、胶片等卷状材料制成的圆柱形包装产品。

4.2.13　纸浆模塑制品　pulp molding product

以一定浓度的纸浆，加入适量的助剂，通过特定的方法形成的具有拟定几何形状与尺寸的产品。

5　塑料包装材料及容器

5.1　塑料包装材料

5.1.1　收缩薄膜　shrink film

能发生收缩，从而能长期紧裹物品，并能保持其形状的薄膜。

5.1.2　拉伸薄膜　stretch film

缠绕薄膜

具有较好的弹力、受拉力时可延伸的塑料薄膜。

5.1.3　复合薄膜　composite film; laminated film

由两层或多层不同类型的材料复合而成的包装材料。

5.1.4　珠光膜　pearl film

以聚丙烯树脂为主要原料，加入一定量的特种珠光母料，用平膜法经双向拉伸而成的薄膜。

5.1.5　消光膜　extinction film

以聚乙烯、聚丙烯、聚苯乙烯等树脂为主要原料，在一个表层加有聚乙烯和聚丙烯等共混料，用平膜法而制成的塑料薄膜。在加工过程中，在包装材料的表面添加了一层特殊装饰效果的消光层，可以消除膜面反光。

5.1.6　热转印膜　hot stamping foil for infusion bag

以塑料薄膜为基材，涂布可转印油墨而制成的热转印材料。

5.1.7　热打码色带　hot stamping ribbon

以塑料薄膜为基材，将其中一面涂布可转印油墨层后，经干燥、分切等工序而制成的热转印材料。

5.1.8　塑料片材　plastic sheet

以树脂为原料经成型加工制成的厚度为 0.2～0.7mm 的平面状材料。

5.1.9　塑料真空板　hollow plastic board

采用 PE 等塑料制成的格子状中空板材。

化学药品仿制药一致性评价

技术研讨班会议资料

主办单位：中国药品监督管理研究会

指导单位：国家药品监督管理局药品审评中心

北京·2019年11月26日–27日

5.2 塑料包装容器

5.2.1 塑料箱 plastic box

以树脂为主要原料制造成型的箱状包装容器。

5.2.2 衬袋箱 bag-in-box

将塑料或复合材料制成封闭衬袋（一般带嘴）放在箱型包装容器内组成的组合包装容器，一般用于包装粉状或液体产品。

5.2.3 塑料周转箱 plastic circulating bin

重复使用的塑料箱。

5.2.4 钙塑瓦楞箱 plastic calp bin

以聚乙烯、聚丙烯等树脂为基料，添加碳酸钙、硫酸钙或亚硫酸钙等无机钙盐制成瓦楞板，再按瓦楞纸箱的制作方法制造成型的可折叠式塑料箱。

5.2.5 塑料桶 plastic drum

以树脂为主要原料制造成型的桶状包装容器。

5.2.6 塑料瓶 plastic bottle

以树脂为主要原料制造成型的瓶状包装容器。

5.2.7 聚酯瓶 polyester bottle

以聚对苯二甲酸乙二醇酯树脂为主要原料，经注塑、拉伸、吹塑成型的塑料瓶。

5.2.8 塑料编织袋 plastic woven bag

由塑料编织布制造成型的袋状包装容器，多用于包装粉末或颗粒状固体物料等。

5.2.9 塑料袋 plastic film sack

以塑料薄膜为主要原料经裁切、热合而制造成型的袋状包装容器。

6 金属包装材料及容器

6.1 金属包装材料

6.1.1 铝箔 aluminum foil

铝板经多次冷轧、退火加工成型的，厚度一般为0.05～0.07mm包装材料。

6.1.2 捆扎钢带 metal strip

用于纸箱、木箱、轻纺和化工产品以及金属材料等包装捆扎用的以普通碳素结构钢、优质碳素结构钢、低合金结构钢、合金结构钢所制成的钢带。

6.1.3 气雾罐用铝材 slugs of aluminium for aerosol cans

喷雾罐用铝材

适用于气雾罐用的，经冲压加工成圆形的铝材。

6.1.4 镀锡薄钢板 tinplate

俗称马口铁，是指两面镀有商业纯锡的冷轧低碳薄钢板或钢带。

6.2 金属包装容器

6.2.1 金属箱 metal box; metal case, metal chest

用金属材料制成的箱型容器。

6.2.2 金属桶 metal bucket

用金属材料制成的桶状容器。

6.2.3 钢桶 steel drum

用钢板制成的桶状包装容器。

6.2.4 开口钢桶 open head steel drum

顶盖可拆卸的钢桶。

6.2.5 闭口钢桶 tight head steel drum

顶盖上带有注入、排放口和透气口的钢桶，其顶盖和桶底永久固定在桶身。

6.2.6 钢桶封闭器 steel drum type closure

采用螺纹锁紧和桶塞封闭、封闭箍等方式，配合其他金属或合成的材料如合成橡胶零件，确保钢桶桶口密封的装置。

6.2.7 钢提桶 steel pails

以薄钢板为主要材料制成的，加有提手的金属桶。

6.2.8 铜塑复合桶 steek and plastic composite barrel

由钢桶壳和塑料桶胆组合而成的桶。

6.2.9 金属罐 metal can

用金属薄板加工成型的罐状容器。

6.2.10 两片罐 two-piece can

罐底和罐身用整块晋升薄板冲压拉拔成型，然后将罐身与罐盖连接而成的金属罐。

6.2.11 三片罐 three-piece can

分别将罐盖、罐底和罐身连接而成的金属罐。

6.2.12 气雾罐 aerosol can

用于盛装气雾剂产品的一次性使用的金属容器。使用时，气雾剂产品在预压的作用下，通过阀门按所控制的形态喷射出来。

6.2.13 皇冠盖 crown cap

一种金属盖，用组合软木或塑料衬里，盖边制成波纹型，与瓶口啮合密封。多用于封装碳酸气饮料和啤酒瓶等容器。

7 玻璃包装容器

7.1 玻璃瓶 glass bottle

以硅酸盐为主要原料制造成型的瓶状包装容器。

7.2 玻璃罐 glass jar

以硅酸盐为主要原料制造成型的罐状包装容器。

7.3 安瓿 ampoule

常用于存放注射用的药物以及疫苗、血清等的密封小瓶。

8 复合包装材料及容器

8.1 复合包装材料

8.1.1 纸/塑复合材料 paper/plastic consolidated materials

由纸、塑料两种材料复合在一起而形成的材料。

8.1.2 铝/塑复合材料 aluminium/plastic consolidated materials

由铝材、塑料两种材料复合在一起而形成的材料。

8.1.3 纸/铝/塑复合材料 paper/aluminium/plastic consolidated materials

由纸、铝材和塑料三种材料复合在一起而形成的材料。

8.1.4 塑/塑复合材料 plastic/plastic consolidated materials

由两种或两种以上塑料材料复合在一起而形成的材料。

8.2 复合包装容器

8.2.1 复合材料袋 consolidated materials sack

用两种或两种以上材料复合而成的袋。

8.2.2　蒸煮袋　retortable pouch

用挠性复合材料制成的盛装食品的袋，袋内封装食品后在高压釜中进行短时间杀菌，可放在沸水中加热。

（三）GB/T 2520—2017《冷轧电镀锡钢板及钢带》

1　范围

本标准规定了冷轧电镀锡钢板及钢带的分类和代号、订货内容、尺寸、外形、重量及允许偏差、技术要求、试验方法、检验规则、包装、标志和质量证明书等。

本标准适用于公称厚度为0.14～0.80mm的一次冷轧以及公称厚度为0.12～0.36mm的二次冷轧电镀锡钢板及钢带（以下简称“钢板及钢带”）。

2　规范性引用文件

下列文件对于本文件的应用是必不可少的。凡是注日期的引用文件，仅注日期的版本适用于本文件。凡是不注日期的引用文件，其最新版本（包括所有的修改单）适用于本文件。

GB/T 222　钢的成品化学成分允许偏差

GB/T 223.4　钢铁及合金　锰含量的测定　电位滴定或可视滴定法

GB/T 223.5　钢铁　酸溶硅和全硅含量的测定　还原型硅钼酸盐分光光度法

GB/T 223.9　钢铁及合金　铝含量的测定　铬天青S分光光度法

GB/T 223.11　钢铁及合金　铬含量的测定　可视滴定或电位滴定法

GB/T 223.18　钢铁及合金化学分析方法　硫代硫酸钠分离-碘量法测定铜量

GB/T 223.23　钢铁及合金　镍含量的测定　丁二酮肟分光光度法

GB/T 223.26　钢铁及合金　钼含量的测定　硫氰酸盐分光光度法

GB/T 223.29　钢铁及合金　铅含量的测定　载体沉淀-二甲酚橙分光光度法

GB/T 223.31　钢铁及合金　砷含量的测定　蒸馏分离-钼蓝分光光度法

GB/T 223.57　钢铁及合金化学分析方法　萃取分离-吸附催化极谱法测定镉量

GB/T 223.59　钢铁及合金　磷含量的测定　铋磷钼蓝分光光度法和锑磷钼蓝分光光度法

GB/T 223.60　钢铁及合金化学分析方法　高氯酸脱水重量法测定硅含量

GB/T 223.63　钢铁及合金化学分析方法　高碘酸钠（钾）光度法测定锰量

GB/T 223.64　钢铁及合金　锰含量的测定　火焰原子吸收光谱法

GB/T 228.1—2010　金属材料　拉伸试验　第1部分：室温试验方法

GB/T 230.1　金属洛氏硬度试验　第1部分：试验方法（A、B、C、D、E、F、G、H、K、N、T标尺）

GB/T 247　钢板和钢带包装、标志及质量证明书的一般规定

GB/T 708　冷轧钢板和钢带的尺寸、外形、重量及允许偏差

GB/T 728—2010　锡锭

GB/T 1838　电镀锡钢板镀锡量试验方法

GB/T 4336　碳素钢和中低合金钢　多元素含量的测定　火花放电原子发射光谱法（常规法）

GB/T 8170　数值修约规则与极限数值的表示和判定

GB/T 17505　钢及钢产品　交货一般技术要求

GB/T 20066　钢和铁　化学成分测定用试样的取样和制样方法

GB/T 20123　钢铁　总碳硫含量的测定　高频感应炉燃烧后红外吸收法（常规方法）

GB/T 20125　低合金钢　多元素的测定　电感耦合等离子体发射光谱法

GB/T 20126 非合金钢 低碳含量的测定 第2部分：感应炉（经预加热）内燃烧后红外吸收法

GB/T 22316 电镀锡钢板耐腐蚀性试验方法

GB/T 28290 电镀锡钢板表面铬量的试验方法

3 术语和定义

下列术语和定义适用于本文件。

3.1 电镀锡板 electrolytic tinplate

通过连续电镀锡作业获得的在两面镀覆锡层的冷轧低碳钢钢板或钢带。

3.2 差厚镀层电镀锡板 differentially coated electrolytic tin plate

两面具有不同镀锡量镀层的电镀锡板。

3.3 一次冷轧 single cold-reduced；SR

钢基板经过冷轧减薄获得要求的厚度，随后进行退火和平整。

3.4 二次冷轧 double cold-red-reduced；DR

钢基板经过一次冷轧并完成退火后，再进行第二次较大压下量的冷轧减薄。

3.5 罩式退火 box annealing；BA

冷轧钢带以卷紧状态，在控制气氛中，按照设定的时间和温度周期进行退火的过程。

3.6 连续退火 continuous annealing；CA

冷轧钢带以展开状态，在控制气氛中，按照设定的时间和温度周期进行退火的过程。

3.7 化学钝化 chemical passivation

电镀锡后的钢带浸入化学溶液中，在不通电的情况下进行化学钝化处理。

3.8 电化学钝化 electrochemical passivation

电镀锡后的钢带浸入化学溶液中，在通电的情况下进行阴极电化学钝化处理。

3.9 低铬钝化 low chromate passivation

化学钝化处理的一种，其中表面钝化膜中铬含量的目标值应控制在 1.5mg/m^2 以下。

3.10 K板 K plate

具有良好耐蚀性的镀锡板，其镀锡量应不低于 5.6/2.8g/m^2，经过酸洗时滞值（PLV）、铁溶出值（ISV）、锡晶粒度（TCS）、合金-锡电偶合（ATC）等四项特殊试验后，其目标值应符合下述要求：

a）PLV≤10s；

b）TCS≤9 级；

c）ISV≤20μg；

d）ATC≤0.12μA/cm^2。

3.11 J板 J plate

具有良好耐蚀性的镀锡板，其镀锡量应不低于 5.6/2.8g/m^2，经过酸洗时滞值（PLV）、铁溶出值（ISV），锡晶粒度（TCS）等三项特殊试验后，其目标值应符合 3.10 的相应要求，而合金呈现酸性镀锡法通常所具有的浅灰色。

4 分类和代号

4.1 钢板及钢带的分类及代号应符合表 1 的规定。

表 1

分类方式	类别	代号
原板钢种	—	MR，L，D

续表

分类方式	类别		代号
调质度	一次冷轧钢板及钢带		T-1，T-1.5，T-2，T-2.5，T-3，T-3.5，T-4，T-5
	二次冷轧钢板及钢带		DR-7M，DR-8，DR-8M，DR-9，DR-9M，DR-10
退火方式	连续退火		CA
	罩式退火		BA
差厚镀锡标识	薄面标识方法		D
	厚面标识方法		A
表面状态	光亮表面		B
	粗糙表面		R
	银色表面		S
	无光表面		M
表面处理方式	钝化方式	化学钝化	CP
		电化学钝化	CE
		低铬钝化	LCr
	不处理		U
边部形状	直边		SL
	花边		WL

4.2　牌号及表示方法

4.2.1　普通用途的钢板及钢带，其牌号通常由原板钢种代号、调质度代号和退火方式代号构成。

示例：MR T-2.5 CA，L T-3 BA，MR DR-8 BA

4.2.2　用于制作二片拉拔罐（DI）的钢板及钢带，原板钢种只适用于D钢种。其牌号由原板钢种D、调质度代号、退火方式代号和代号DI构成。

示例：D T-2.5 CA DI

4.2.3　用于制作盛装酸性内容物的素面（镀锡量5.6/2.8g/m² 以上）食品罐的钢板及钢带，即K板，原板钢种通常为L钢种。其牌号通常由原板钢种L、调质度代号、退火方式代号和代号K构成。

示例：L T-2.5 CA K

4.2.4　用于制作盛装蘑菇等要求低铬钝化处理的食品罐的钢板及钢带，原板钢种通常为MR钢种或L钢种。其牌号由原板钢种MR或L、调质度代号、退火方式代号和代号LCr构成。

示例：MR T-2.5 CA LCr

5　订货内容

按本标准订货的合同和订单应包括下列内容：

a）产品名称（钢板或钢带）；

b）本标准编号；

c）牌号；

d）尺寸规格（厚度、宽度、长皮或内径等）；

e）镀锡量代号；

f）表面处理方式；

g）差厚镀锡标识方法；

h）边部形状；

i）包装方式；

j）用途；

k）张数或重量；

l）其他。

6 尺寸、外形、重量及允许偏差

6.1 尺寸

6.1.1 钢板及钢带的公称厚度小于 0.50mm 时，按 0.01mm 的倍数进级。钢板及钢带的公称厚度大于或等于 0.50mm 时，按 0.05mm 的倍数进级。经供需双方协商同意，公称厚度也可采用其他厚度倍数进级。

6.1.2 如要求标记轧制宽度方向，可在表示轧制宽度的数字后面加上字母 W。

示例：0.26×832W×760

6.1.3 钢卷内径可为 406mm、420mm、450mm 或 508mm。

6.2 尺寸允许偏差

6.2.1 厚度允许偏差

钢板及钢带的厚度允许偏差应不大于公称厚度的±7%。

6.2.2 薄边

薄边是钢板及钢带沿宽度方向上厚度的变化，其特征是在靠近钢板及钢带的边缘发生厚度减薄。距钢板及钢带两侧边部 6mm 处测得的厚度，与沿钢板及钢带宽度方向中间位置测得的实际厚度的偏差，应不大于中间位置测得的实际厚度的 8.0%。

6.2.3 宽度允许偏差

钢板及钢带的宽度允许偏差为$^{+3}_{0}$mm。

6.2.4 长度允许偏差

钢板的长度允许偏差为$^{+3}_{0}$mm。

6.3 外形

6.3.1 切斜

切斜应不大于钢板宽度的 0.15%。切斜为钢板宽边（宽度）向钢板纵边（长度）的垂直投影长度，如图 1 所示。

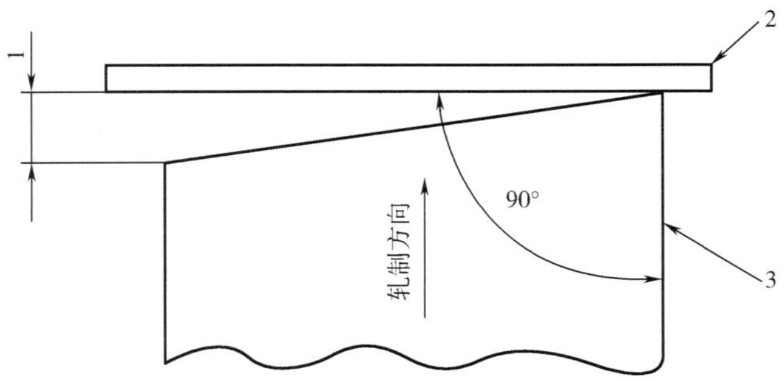

图 1 切斜的测量

1—切斜 2—直尺（线） 3—钢板纵边（长度）

6.3.2　镰刀弯

每任意 1000mm 长度上，镰刀弯应不大于 1mm。

6.3.3　不平度

不平度仅适用于钢板。在钢板任意 1000mm 长度上的不平度应不大于 3mm。

6.4　花边板的边部形状及尺寸、外形允许偏差

花边板的边部形状及尺寸、外形允许偏差应由供需双方在订货时协商决定。

6.5　其他

其他尺寸、外形、重量及允许偏差应符合 GB/T 708 的规定。

6.6　钢带中的焊缝

6.6.1　每卷钢带中，任意 10000m 长度上的焊缝总数应不大于 3 个。

6.6.2　钢带中的焊缝应采用冲孔进行标记，并应附加目视可见的标识。例如在焊缝位置处插入一个软质的标签。经供需双方协商，也可采用其他标识方法。

6.6.3　焊缝处的厚度应不大于钢带公称厚度的 1.5 倍。

6.6.4　焊缝搭接总长度 *a* 应不大于 10mm，自由搭接长度 *b* 应不大于 5mm。如图 2 所示。

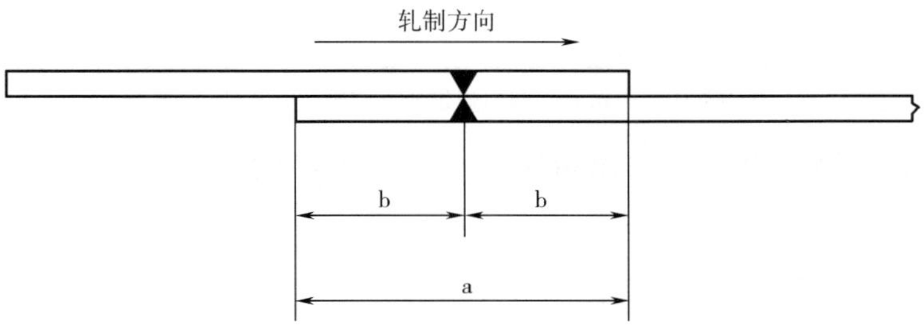

图 2　搭接焊接头

a—搭接总长度　*b*—自由搭接长度

7　技术要求

7.1　原板钢种类型及化学成分

7.1.1　原板钢种类型及化学成分（熔炼成分）应符合表 2 的规定。

表 2

原板钢种类型	化学成分（熔炼成分）[a,b]（质量分数）/%不大于										特性
	C	Si	Mn	P	S	Alt	Cu	Ni	Cr	Mo	
MR	0.15	0.030	1.00	0.020	0.030	0.20	0.20	0.15	0.10	0.05	较低的残余元素含量，具有良好的耐蚀性，适用于大多数用途
L	0.15	0.030	1.00	0.015	0.030	0.10	0.06	0.04	0.06	0.05	极低的残余元素含量限定，具有优异的耐蚀性，用于某些对耐蚀性有较高要求的食品罐用途
D	0.12	0.030	1.00	0.020	0.030	0.20	0.20	0.15	0.10	0.05	较低的残余元素含量，用于包括深冲压或其他复杂的、易于产生滑移线的成形用途

注：a 除表格内规定的化学元素外，其余化学元素含量均不大于 0.02%。

b 如供应商能够保证其他化学元素满足表内要求，则检验文件可只列印 C、Si、Mn、P、S。

7.1.2 经供需双方协商，并在合同中注明，也可采用其他的原板钢种和化学成分。

7.1.3 用于制作直接接触食品、药品和饮料等容器（表面含或不含有机涂层）的镀锡板的原板，应符合以下要求：杂质元素砷 As 含量不大于 0.030%（质量分数），镉 Cd 和铅 Pb 含量的总和不大于 0.0100%（质量分数）。

7.1.4 原板的成品化学成分允许偏差应符合 GB/T 222 的规定。

7.1.5 原板所用的钢采用氧气转炉或电炉冶炼，除非另有规定，冶炼方式由供方选择。

7.2 力学性能

7.2.1 钢板及钢带的调质度用洛氏硬度（HR30Tm）的值来表示。

7.2.2 一次冷轧钢板及钢带的硬度（HR30Tm）应符合表 3 的规定。

表 3

调质度代号	表面硬度（HR30Tm）[a]	调质度代号	表面硬度（HR30Tm）[a]
T-1	49±4	T-3	57±4
T-1.5	51±4	T-3.5	59±4
T-2	53±4	T-4	61±4
T-2.5	55±4	T-5	65±4

注：a 硬度为两个试样的平均值，允许其中一个试验值超出规定允许范围 1 个单位。

7.2.3 二次冷轧钢板及钢带的硬度（HR30Tm）应符合表 4 的规定。

表 4

调质度代号	表面硬度（HR30Tm）[a]	调质度代号	表面硬度（HR30Tm）[a]
DR-7M	71±5	DR-9	76±5
DR-8	73±5	DR-9M	77±5
DR-8M	73±5	DR-10	80±5

注：a 硬度为两个试样的平均值，允许其中一个试验值超出规定允许范围 1 个单位。

7.2.4 如对二次冷轧钢板及钢带的屈服强度有要求，可在订货时协商。各调质度代号的屈服强度目标值可参考表 5 的规定。

表 5

调质度代号	规定塑形延伸强度（$R_{p0.2}$）目标值[a,b,c]/MPa	调质度代号	规定塑形延伸强度（$R_{p0.2}$）目标值[a,b,c]/MPa
DR-7M	520	DR-9	620
DR-8	550	DR-9M	660
DR-8M	580	DR-10	690

注：a 规定塑形延伸强度是根据需要而测定的参考值。

b 规定塑形延伸强度通常采用拉伸试验进行测定，屈服强度为两个试样的平均值，试样方向为纵向；也可以根据需要，参见附录 B 所规定的回弹试验换算而来。仲裁时采用拉伸试验的方法测定。

c 对于拉伸试验，试样采用 GB/T 228.1—2010 中的 P7 试样（标距 L_0=50mm，b=25mm），但试样平行部分的长度最小值为 60mm，试验前，试样应在 200℃下人工时效 20min。

7.2.5 退火方法有罩式退火法（BA）和连续退火法（CA）。对于不同的退火方式，即使钢板及钢带的 HR30Tm 值相等，除硬度以外的其他力学性能指标也不一定相同，如屈服强度、抗拉强度、断后伸长率等指标。

7.3 镀锡层

7.3.1 钢板及钢带的镀锡量代号、公称镀锡量及最小平均镀锡量应符合表 6 的规定。经供需双方协商，也可采用表 6 以外的镀锡量代号，但最小平均镀锡量应符合表 7 的规定。

表 6

区分	镀锡量代号	公称镀锡量/（g/m^2）	最小平均镀锡量/（g/m^2）
等厚镀锡	1.1/1.1	1.1/1.1	0.90/0.90
	2.2/2.2	2.2/2.2	1.80/1.80
	2.8/2.8	2.8/2.8	2.45/2.45
	5.6/5.6	5.6/5.6	5.05/5.05
	8.4/8.4	8.4/8.4	7.55/7.55
	11.2/11.2	11.2/11.2	10.1/10.1
差厚镀锡	2.8/1.1	2.8/1.1	2.45/0.90
	1.1/2.8	1.1/2.8	0.90/2.45
	2.8/2.2	2.8/2.2	2.45/1.80
	2.2/2.8	2.2/2.8	1.80/2.45
	5.6/1.1	5.6/1.1	5.05/0.90
	1.1/5.6	1.1/5.6	0.90/5.05
	5.6/2.8	5.6/2.8	5.05/2.45
	2.8/5.6	2.8/5.6	2.45/5.05
	8.4/2.8	8.4/2.8	7.55/2.45
	2.8/8.4	2.8/8.4	2.45/7.55
	8.4/5.6	8.4/5.6	7.55/5.05
	5.6/8.4	5.6/8.4	5.05/7.55
	11.2/2.8	11.2/2.8	10.1/2.45
	2.8/11.2	2.8/11.2	2.45/10.1
	11.2/5.6	11.2/5.6	10.1/5.05
	5.6/11.2	5.6/11.2	5.05/10.1
	11.2/8.4	11.2/8.4	10.1/7.55
	8.4/11.2	8.4/11.2	7.55/10.1
	15.1./2.8	15.1/2.8	13.6/2.45
	2.8/15.1	2.8/15.1	2.45/13.6
	15.1/5.6	15.1/5.6	13.6/5.05
	5.6/15.1	5.6/15.1	5.05/13.6

注：镀锡量代号中斜线上面的数字表示钢板上表面或钢带外表面的镀锡量，斜线下面的数字表示钢板下表面或钢带内表面的镀锡量。

表 7

单面镀锡量 m 的范围/（g/m^2）	最小平均镀锡量相对于公称镀锡量的百分比/%
$1.0 \leqslant m \leqslant 2.8$	80
$2.8 \leqslant m \leqslant 5.6$	87
$5.6 \leqslant m$	90

7.3.2　镀锡量每面三点试验值的平均值应不小于相应面的最小平均镀锡量，镀锡量每面单点试验值应不小于相应面的最小平均镀锡量的 80%。

7.3.3　最小平均镀锡量（三点）和最小镀锡量（单点）按相对于公称镀锡量的百分比（%）计算时，修约间隔为 0.05g/m^2。

7.3.4　差厚镀锡钢板及钢带可采用薄面标识的方法（D）或厚面标识的方法（A）进行标识。如采用薄面标识的方法，可使用 1 条宽度约为 2mm 的连续直线，在薄镀锡面靠近钢板或钢带边部的位置进行标识，表示为在薄镀锡量代号后加字母 D，例如 2.8D/5.6。如采用厚面标识的方法，标识方法应符合附录 A 的规定，表示为在厚镀锡量代号后加字母 A，例如 2.8/5.6A。如需对差厚镀锡板采用其他标记方法进行标记，可由供需双方协商，并在合同中注明。

7.3.5　用于制作直接接触食品、药品和饮料等容器（表面含或不含有机涂层）的钢板及钢带，其镀锡层中铅含量不应超过 0.0100%（即 100μg/g）（基于镀层的质量分数）。

7.4　表面状态

钢板及钢带的表面状态，按原板的表面特征以及镀锡后是否进行锡层软熔处理来区分。各表面状态的特征应符合表 8 的规定。

表 8

成品	代号	区分	特　征
一次冷轧钢板及钢带	B	光亮表面	在具有极细磨石花纹的光滑表面的原板上镀锡后进行锡的软熔处理得到的有光泽的表面
	R	粗糙表面	在具有一定方向性的磨石花纹为特征的原板上镀锡后进行锡的软熔处理得到的有光泽的表面
	S	银色表面	在具有粗糙无光泽表面的原板上镀锡后进行锡的软熔处理得到的有光泽的表面
	M	无光表面	在具有一般无光泽表面的原板上镀锡后不进行锡的软熔处理的无光表面
二次冷轧钢板及钢带	R	粗糙表面	在具有一定方向性的磨石花纹为特征的原板上镀锡后进行锡的软熔处理得到的有光泽的表面
	S	银色表面	在具有粗糙无光泽表面的原板上镀锡后进行锡的软熔处理得到的有光泽的表面
	M	无光表面	在具有一般无光泽表面的原板上镀锡后不进行锡的软熔处理的无光泽表面

7.5　表面处理方式

电镀后，钢板及钢带通常要进行表面处理。表面处理方式可分为化学钝化、电化学钝化、低铬钝化和不处理。无论是化学钝化还是电化学钝化，均能提高表面的抗氧化性，并改善表面的可涂漆性和可印刷性。如订货时未注明表面处理方式，则采用电化学钝化处理。

7.6　表面涂油

钢板及钢带应在镀锡层表面涂油。涂油种类可以是 CSO、DOS、DOS-A、DOS-P 或 ATBC 等。除非协议另有规定，通常采用 DOS 油。

7.7　表面质量

7.1.1　镀锡层表面不应有针孔、伤痕、凹坑、皱折、锈蚀等对使用上有影响的缺陷，但轻微的夹杂、刮伤、压痕、油迹等不影响使用的缺欠则允许存在。

7.7.2　对于钢带，由于没有机会切除钢带缺陷部分，因此钢带允许带缺陷交货，但有缺陷部分的长度不应超过每卷总长度的 8%。

7.8　原料锡

钢板及钢带镀锡用的原料锡应符合 GB/T 728—2010 中牌号为 Sn99.90 的规定，且铅含量的质量分数应不大于 0.0100%。

8　试验方法

8.1　钢板及钢带的尺寸、外形应用合适的测量工具测量。

8.2　厚度测量位置为距钢板及钢带两侧边部不小于 10mm 的任意点。

8.3　钢板及钢带的外观用目视检测。

8.4　拉伸试验应按照 GB/T 228.1—2010 的方法 B。为了改善测量结果的再现性，试验速率推荐采用横梁位移控制，测屈服强度采用平行长度估计的应变速率 0.00083s^{-1}。

8.5　对于硬度试验，一个试样通常测定 3 点。当 3 点的极差值（即：最大值一最小值）大于 1.0 时，应再追加测定 2 点，然后，去掉 5 点中的最大值和最小值，再求出 3 点的平均值，作为试验值。当对测定结果提而异议时，应除去镀锡层后再测定。如因表面粗糙度的影响而对测定值提出异议时，应将试样表面研磨后再测定。测量硬度的设备应采用金刚石砧座。

8.6　当钢板及钢带公称厚度小于 0.20mm 时，硬度测定应采用 HR15Tm，然后按附录 C 的规定换算为 HR30Tm。

8.7　每批钢板及钢带的检验项目、试样数量、取样方法或取样位置、试验方法应符合表 9 的规定。

表 9

序号	检验项目	试样数量	取样方法或取样位置	试验方法
1	化学成分	1 个/炉	GB/T 20066	GB/T223.4、GB/T 223.5、GB/T 223.9、GB/T 223.11、GB/T 223.18、GB/T 223.23、GB/T 223.26、GB/T 223.29、GB/T 223.31、GB/T 223.57、GB/T 223.59、GB/T 223.60、GB/T 223.63、GB/T 223.64、GB/T 4336、GB/T 20123、GB/T 20125、GB/T 20126
2	硬度	2 个/批	见图 3	GB/T 230.1
3	镀锡量	3 个/批		GB/T 1838
4	屈服强度	—		GB/T 228.1—2010 方法 B 或本标准附录 B
5	表面铬含量	不做规定		GB/T 28290
6	酸洗时滞值（PLV）	—		GB/T 22316
7	锡晶粒度（TCS）	—		
8	铁溶出值（ISV）	—		
9	合金一锡电偶合（ATC）	—		
10	镀层（Pb）含量	—		本标准附录 F 或协议

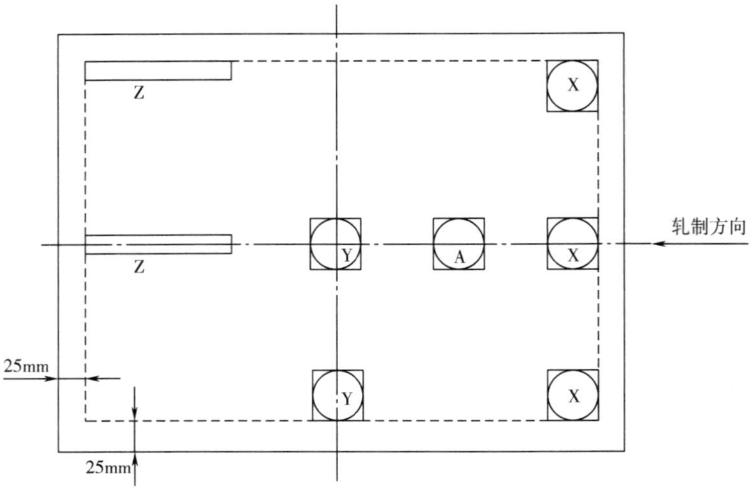

图 3　试样取样位置

X—镀锡量、锡晶粒度（TCS）试验试样　Y—硬度、酸洗时滞值（PLV）试验试样　Z—拉伸试验试样
A—表面铬含量、铁溶出值（ISV）、合金-锡电偶合（ATC）试验试样、镀层 Pb 含量

9　检验规则

9.1　钢板及钢带应按批检验，每个检验批应由不大于 30t 的同一牌号、同一规格、同一镀锡量代号及同表面状态的钢板或钢带组成。

9.2　钢板及钢带的复验应符合 GB/T 17505 的规定。

9.3　采用修约值比较法进行修约，修约规则应符合 GB/T 8170 的规定。

10　包装、标志及质量证明书

钢板及钢带的包装、标志及质量证明书应符合 GB/T 247 的规定。

11　国内外相关标准调质度代号近似对照

本标准调质度代号与国外相关标准调质度代号（或钢级代号）的近似对照可参见附录 D。

12　镀锡板使用注意事项

镀锡板使用注意事项参见附录 E。

附录 A
（规范性附录）
差厚镀锡钢板及钢带厚面标识的方法

差厚镀锡钢板及钢带的厚面标识方法采用宽度约为 1mm、间距不大于 75mm 的连续平行线在钢板及钢带的厚镀锡面进行标识。标识用连续平行线的间距应符合表 A.1 和图 A.1 的规定。

表 A.1

镀锡量代号	线条间距	镀锡量代号	线条间距
5.6/2.8　2.8/5.6	12.5mm	11.2/5.6　5.6/11.2	37.5mm 与 12.5mm 交替
8.4/2.8　2.8/8.4	25mm	11.2/8.4　8.4/11.2	37.5mm 与 25mm 交替
8.4/5.6　5.6/8.4	25mm 与 12.5mm 交替	15.1/5.6　5.6/15.1	50mm 与 12.5mm 交替
11.2/2.8　2.8/11.2	37.5mm		

注：镀锡量代号为 2.8/1.1、1.1/2.8、5.6/1.1、1.1/5.6、15.1/2.8 和 2.8/15.1 的标识方法由供需双方协商。

镀锡量代号	线条间距/mm					
5.6A/2.8	12.5	12.5	12.5	12.5	12.5	12.5
8.4A/2.8	25	25	25			
8.4A/5.6	25	12.5	25	12.5		
11.2A/2.8	37.5	37.5				
11.2A/5.6	37.5	12.5				
11.2A/8.4	37.5	25				
15.1A/5.6	50	12.5				

图 A.1　差厚镀锡标识线条间距

附录 B
(资料性附录)
回弹试验方法

B.1　原理

先测量矩形试验的厚度，再作绕过圆柱形心轴 180°的弯曲，然后松开，测量回弹角。为评定二次冷轧板的屈服强度提供一种简单便捷的方法。

B.2　试样

从二次冷轧镀锡板的每张试样钢板上，在边部和中部沿轧制方向取两条 200mm×25mm 的试样，边部试样离钢板边部的距离不小于 25mm。试验前，试样在 200℃下人工时效 20min。

B.3　试验

B.3.1　试验仪器

回弹试验仪示意图见图 B.1。

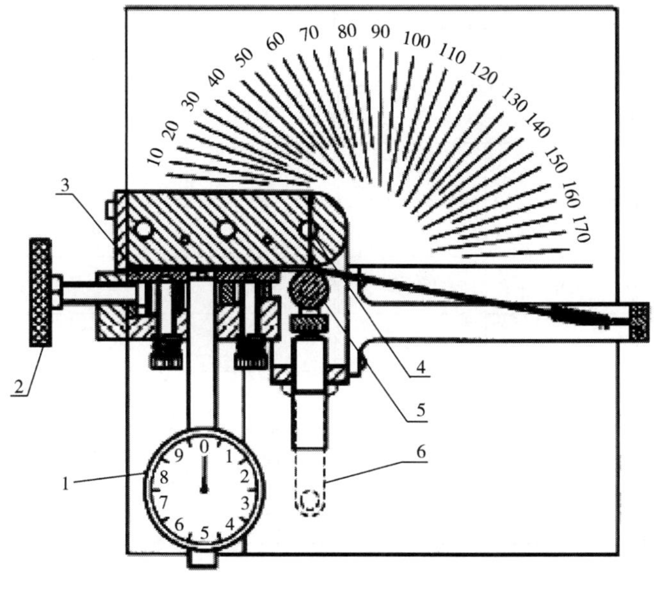

图 B.1　回弹试验仪示意图

1—测厚千分表　2—夹紧螺丝　3—夹具　4—弯心轴（ϕ25.4mm）　5—弯曲辊　6—成形臂

B. 3. 2　试验步骤

B. 3. 2. 1　测量试样厚度，精确到 0. 001mm。

B. 3. 2. 2　把试样插入回弹试验仪，以适度的压力上好夹紧螺丝，把试样固定在试验位置。

B. 3. 2. 3　平稳摆动成形臂，使试样绕过轴心弯曲 180°。

B. 3. 2. 4　快速使成形臂回复到起始位置，沿着试样直接观察读取和记录回弹角，然后卸去试样。

B. 3. 2. 5　规定塑形延伸强度与试样厚度和回弹角度的关系见式（B. 1）：

$$\frac{\theta}{180}=3\left[\frac{R_e\times r}{E\times t}\right]-4\left[\frac{R_e\times r}{E\times t}\right]^3 \tag{B. 1}$$

式中　R_e——规定塑形延伸强度，即 $R_{p0.2}$，单位为兆帕（MPa）

E——纵向弹性模量（杨氏模量），单位为兆帕（MPa）

θ——回弹角度，单位为度（°）

r——弯曲的曲率半径，单位为毫米（mm）

t——试样厚度，单位为毫米（mm）

B. 4　其他

如用户要求回弹角度时，也可采用本方法测量。

附录 C
（规范性附录）
HR15Tm 和 HR30Tm 换算表

HR15Tm 和 HR30Tm 换算表见表 C. 1。

表 C. 1

HR15Tm	换算 HR30Tm	HR15Tm	换算 HR30Tm	HR15Tm	换算 HR30Tm	HR15Tm	换算 HR30Tm
93. 0	82. 0	88. 0	73. 0	83. 0	62. 5	78. 0	51. 5
92. 5	81. 5	87. 5	72. 0	82. 5	61. 5	77. 5	51. 0
92. 0	80. 5	87. 0	71. 0	82. 0	60. 5	77. 0	49. 5
91. 5	79. 0	86. 5	70. 0	81. 5	59. 5	76. 5	49. 0
91. 0	78. 0	86. 0	69. 0	81. 0	58. 5	76. 0	47. 5
90. 5	77. 5	85. 5	68. 0	80. 5	57. 0	75. 5	47. 0
90. 0	76. 0	85. 0	67. 0	80. 0	56. 0	75. 0	45. 5
89. 5	75. 5	84. 5	66. 0	79. 5	55. 0	74. 5	44. 5
89. 0	74. 5	84. 0	65. 0	79. 0	54. 0	74. 0	43. 5
88. 5	74. 0	83. 5	63. 5	78. 5	53. 0	73. 5	42. 5

附录 D
（资料性附录）
本标准调质度代号与相关标准调质度代号（或钢级代号）的对照

本标准调质度代号与相关标准调质度代号（或钢级代号）的对照见表 D.1。

表 D.1

标准号		GB/T 2520—2017	JIS G3303：2008	ASTM A623M：2011	DIN EN 10202：2001	ISO 11949：2016
调质度代号	一次冷轧钢板及钢带	T-1	T-1	T-1（T49）	TS230	T49（T-1）
		T1.5	—	—	—	—
		T-2	T-2	T-2（T53）	TS245	T53（T-2）
		T-2.5	T-2.5	—	TS260	T55（T-2.5）
		T-3	T-3	T-3（T57）	TS275	T57（T-3）
		T-3.5	—	—	TS290	T59（T-3.5）
		T-4	T-4	T-4（T61）	TH415	T61（T-4）
		T-5	T-5	T-5（T65）	TH435	T65（T-5）
	二次冷轧钢板及钢带	DR-7M	—	DR-7.5	TH520	T71（DR-7.5）
		DR-8	DR-8	DR-8	TH 550	T72（DR-8）
		DR-8M	—	DR-8.5	TH580	T73（DR-8.5）
		DR-9	DR-9	DR-9	TH620	T75（DR-9）
		DR-9M	DR-9M	DR-9.5	—	T76（DR-9M）
		DR-10	DR-10	—	—	—

附录 E
（资料性附录）
镀锡板使用注意事项

E.1　随着时间延长，镀锡板表面的锡同空气中的氧反应生成的锡氧化膜会逐渐增加，这将劣化镀锡板表面特性，影响用户的使用。建议需方在以下推荐的日期之前使用：

a）不进行表面钝化处理的钢板及钢带，建议自制造完成之日起的 3 个月内使用。

b）化学钝化处理和低铬钝化处理的钢板及钢带，建议自制造完成之日起的 6 个月内使用。

注：超期产品，建议用户测试后使用。

E.2　锡板表面在早晚温差大、潮湿、低温等环境条件下易结露受潮。建议使用者安装结露报警仪，使用产品时采用防结露受潮的措施及包装，防止镀锡板结露受潮产生损失。

附录 F
（规范性附录）
镀锡板镀层中铅含量的测定

F.1　测量原理

以试样为阳极，在盐酸电解液中通过一定电流密度使试样的镀锡层溶解。由于镀锡板游离锡、合金锡和钢基相对于参考电极的电位不同，因此通过记录试样镀锡层溶解过程中电位随时间的变化，可以分别得到游离锡层和总锡层完全溶解所用的时间，计算出镀锡层溶解所用的时间和所消耗的电量，根据法拉第定律计算出镀锡量；再用原子吸收光谱法或电感耦合等离子体发射光谱法测定电解液中铅含量，即可测得镀锡板镀锡层中铅含量。

F.2　仪器设备

F.2.1　电解装置：包括恒电流源，以及可记录电位随时间变化曲线的记录仪。

F.2.2　甘汞电极和铂金丝电极。

F.2.3　原子吸收光谱仪或电感耦合等离子体发射光谱仪。

F.3　主要试剂和器具

F.3.1　盐酸（优级纯，2mol/L）。

F.3.2　硫酸（优级纯，4.5mol/L）。

F.3.3　氢溴酸（优级纯，10%）。

F.3.4　盐酸（优级纯，10%）。

F.3.5　Pb 标准储备溶液（1.000g/L）。

F.3.6　Pb 标准溶液（8μg/mL）：吸取 Pb 标准储备溶液（1.000g/L）8mL 至 1000mL 的容量瓶中，用蒸馏水稀释至刻度。

F.3.7　封闭用涂料（涂黄涂料）。

F.3.8　游标卡尺。

F.3.9　刮棒。

F.4　检测步骤

F.4.1　试样准备及处理

来样剪切为 150mm×200mm，用棒涂的方式将非检测面用涂黄涂料封闭，然后在 185℃烘烤 10min 左右将涂层烘干。将封闭后的样品裁剪为 30mm×110mm，然后准确裁剪为 30mm×100mm，边部预留 30mm×10mm 用于折弯后连接电极线，见示意图 F.1。裁剪后的样品用酒精棉球清洁试样待测面，自然晾干。沿试样长边方向对试样进行弯曲，使试样待测面朝内绕成圆筒状，见示意图 F.2。

注：根据镀锡量及铅的检测限，对同一试样制备 1～10 个 30mm×100mm 的样片。

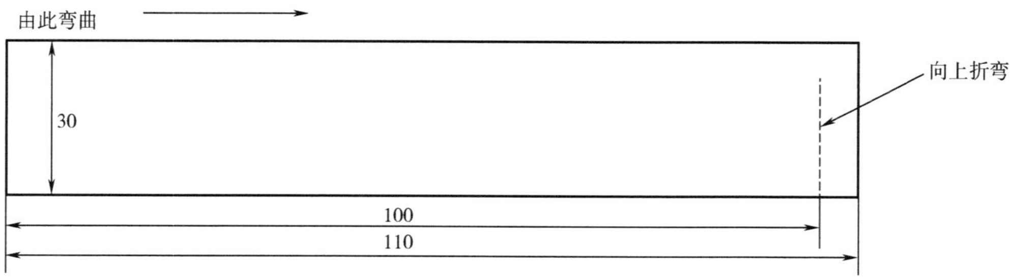

图 F.1　样品裁剪尺寸

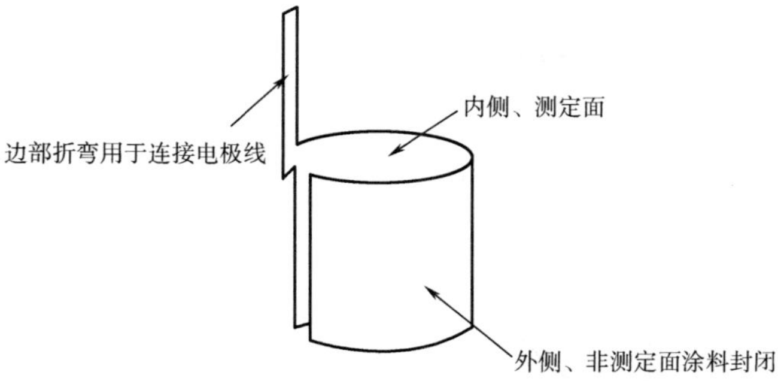

图 F.2　样品制备

F.4.2　电解装置装配和样品镀层电解剥离

将制备的试样放置在 50mL 烧杯中，在烧杯中加入 30mL 盐酸（2mol/L）使试样完全浸没，试样为工作电极（阳极），铂金丝为辅助电极（阴极），甘汞电极为参比电极，各电极按照设备说明书要求连接在电解装置的相应位置。

电解装置连接如图 F.3 所示，设定电流密度为 8mA/cm^2，启动电解操作，开始电解剥离镀锡层和合金层，当电解曲线的第二个电位突跃点出现后停止电解操作，得到电解曲线，电解曲线如图 F.4 所示。从电解曲线上可以读取两个电压突跃点（分别对应于游离锡和总锡的电解时间）；继续对同一试样数个 30mm×100mm 的样片在同一个烧杯中进行电解剥离，其电解剥离液用于后续铅含量的定量分析。

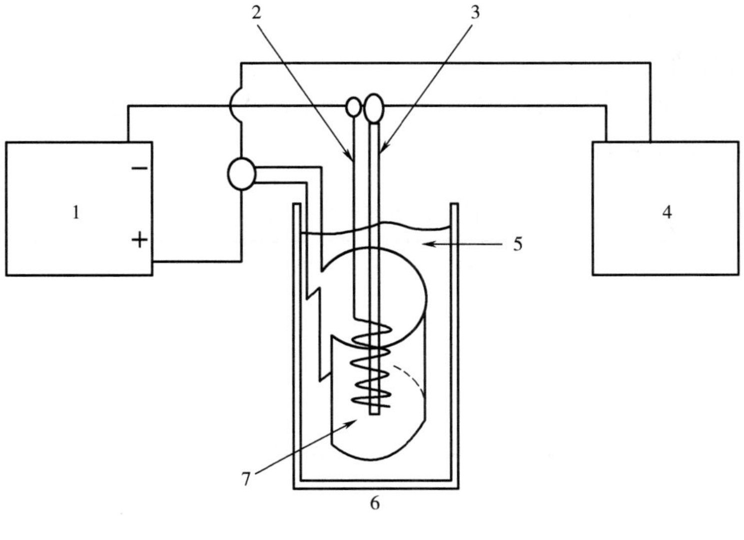

图 F.3　电解装置连接图

1—恒电流源　2—铂金丝　3—甘汞电极　4—记录仪　5—盐酸（2mol/L）　6—50mL 烧杯　7—试样

F.4.3　原子吸收光谱法或电感耦合等离子体发射光谱法测定电解液中铅含量

数片试样电解结束后，冲洗电极，将电解液、冲洗液和样板的冲洗液都收集到 300mL 烧杯中。将烧杯放置在电炉上加热，加热至烧杯中溶液少于 25mL。

挥锡操作：在烧杯中加入硫酸（4.5mol/L）2mL，加热至溶液为 5mL 左右后，再加入氢溴酸（10%）5mL，继续加热将锡挥发掉，直至烧杯内剩余为白色固体残余物，且不再冒白烟，然后取

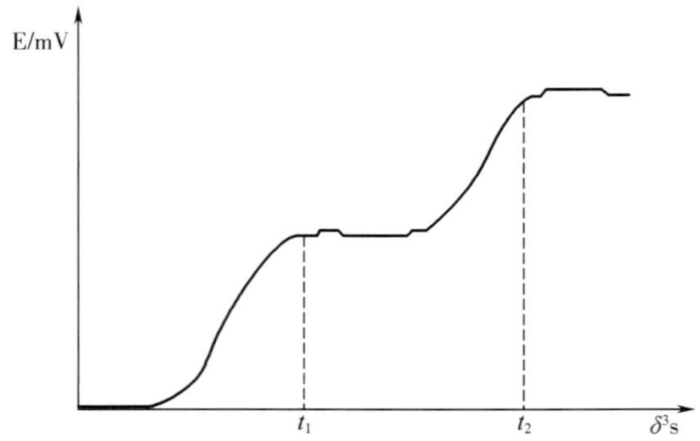

图 F.4　电解曲线

t_1—游离锡溶解时间　t_2—总锡溶解时间

下烧杯冷却后，加入盐酸（10%）10mL，低温加热，溶解烧杯内的白色固体残余物至溶液透明。

注：采用原子吸收光谱仪测定电解液中铅含量时，需要进行挥锡操作；如果采用电感耦合等离子体发射光谱仪测定电解液中铅含量，则可不进行这一步挥锡操作。

取下烧杯冷却后定容至 25mL 的容量瓶中。用原子吸收光谱仪或电感耦合等离子体发射光谱仪测定 Pb 校准曲线溶液和试样电解液的吸光度，计算出电解液中铅的绝对含量 C（μg）。

在测定时应随样品同时做空白试验，其操作步骤是：在 300mL 烧杯中加入 30mL 盐酸（2mol/L）按上述步骤得到空白值 C_0（μg）。

根据电解液中铅的绝对含量 C（μg）、空白值 C_0（μg）及电解试样的镀锡层质量的总和 m_t（mg）计算镀锡板镀锡层中铅含量（mg/kg）。

F.4.4　Pb 校准曲线溶液的配制

在 6 个 100mL 容量瓶中各加入盐酸（10%）40mL，然后分别按照表 F.1 加入 Pb 标准溶液（8μg/mL），用蒸馏水定容至 100mL。

表 F.1　　校准曲线溶液的配制

序号	STD 0	STD 1	STD 2	STD 3	STD 4	STD 5
Pb（8μg/mL）	0	2	4	6	8	10
Pb 含量（μg/100mL）	0	16	32	48	64	80
Pb 含量（μg/25mL）	0	4	8	12	16	20

F.5　结果计算

F.5.1　镀层中 Sn 含量的计算

在电解曲线上第一个突跃点为游离锡电解时间 t_1，（单位为 s），第二个突跃点为总锡电解时间 t_2（单位为 s）。

合金锡电解时间：$t_3 = t_2 - t_1$

镀锡层电解时间：$t_{Sn} = t_1 + 2 \times t_3 / 3$

单片镀锡板的镀锡层质量 m（单位为 mg）按式（F.1）计算：

$$m = \frac{8S \times t_{sn} \times 119}{2 \times (96\ 500)} \qquad (F.1)$$

式中　S——单片试样电解剥离面积，单位为平方厘米（cm^2）

镀锡层质量的总和 m_t（单位为 mg）按式（F.2）计算：

$$m_t = m_1 + m_2 + \cdots + m_i \quad (F.2)$$

式中　i——同一试样电解剥离的试片数

F.5.2　镀层中 Pb 含量的计算

镀锡层 Pb 含量 w（Pb）（单位为 μg/g）按式（F.3）计算：

$$w(Pb) = (C - C_0)/(m_t \times 10^{-3})$$

式中　C——电解液 Pb 的测定值，单位为微克（μg）

C_0——空白值，单位为微克（μg）

F.5.3　结果表示

镀层中 Pb 含量结果按 GB/T 8170 修约至整数（μg/g）。

（四）GB/T 29603—2013《镀锡或镀铬薄钢板全开式易开盖》

1　范围

本标准规定了以镀锡或镀铬薄钢板制成的全开式易开盖的术语和定义，产品分类，代码及主要尺寸符号，要求，试验方法，检验规则，标志、包装、运输及贮存的基本要求。

本标准适用于食品包装用镀锡或镀铬薄钢板全开式易开盖。

2　规范性引用文件

下列文件对于本文件的应用是必不可少的。凡是注日期的引用文件，仅注日期的版本适用于本文件。凡是不注日期的引用文件，其最新版本（包括所有的修改单）适用于本文件。

GB/T 191　包装储运图示标志

GB/T 2520　冷轧电镀锡钢板及钢带

GB/T 2828.1　计数抽样检验程序　第1部分：按接收质量限（AQL）检索的逐批检验抽样计划

GB/T 6682　分析实验室用水规格和试验方法

GB/T 24180　冷轧电镀铬钢板及钢带

QB/T 1877　包装装潢镀锡（铬）薄钢板印刷品

QB/T 2763　涂覆镀锡（或铬）薄钢板

3　术语和定义

下列术语和定义适用于本文件。

3.1　镀锡或镀铬薄钢板全开式易开盖　full aperture easy open end made of tinplate or ECCS

以镀锡或镀铬薄钢板为主要材料制成的、在盖面全周具一定深度的刻痕或具全周刻痕及辅助刻痕，并铆有拉环，开启时能沿刻痕完全撕开的盖。

3.2　拉环　ring tab

为开启易开盖而铆合在盖上的一种具有保护涂层的金属环。

3.3　内涂膜完整性　enamel rate

因原材料及加工工艺等因素，导致内涂膜表面出现不应有的微孔、划伤等缺陷，以缺陷引起的传导电流值表示。

4　产品分类、代码及主要尺寸符号

4.1　产品分类

4.1.1　根据外形，分为圆形易开盖和异形易开盖。异形易开盖包括方形易开盖、椭圆形易开盖、马蹄形易开盖、长圆形易开盖等。易开盖示意图见图 1。

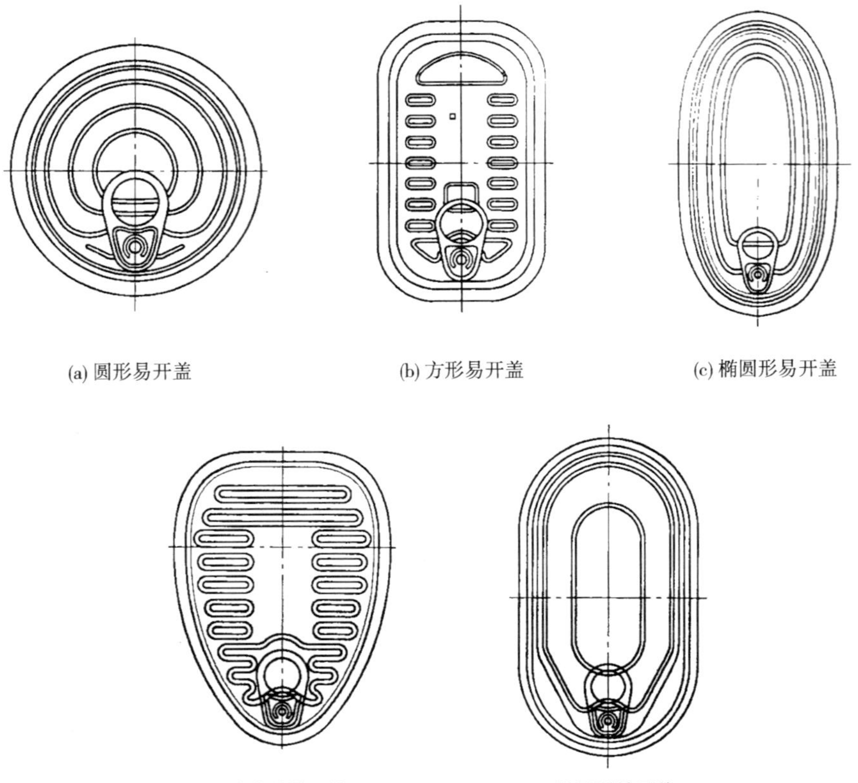

(a) 圆形易开盖　(b) 方形易开盖　(c) 椭圆形易开盖

(d) 马蹄形易开盖　(e) 长圆形易开盖

图 1　易开盖示意图

4.1.2　根据食品加工工艺要求，分为非杀菌食品包装用易开盖、常压杀菌食品包装用易开盖、高压杀菌食品包装用易开盖。

4.2　产品代码

产品代码以其汉语拼音第一个字母（大写）表示，见表 1。

表 1　　**产 品 代 码**

分类	圆形易开盖	方形易开盖	椭圆形易开盖	马蹄形易开盖	长圆形易开盖
代码	Y	F	T	M	C

4.3　主要尺寸符号

产品主要尺寸符号及剖面示意图见图 2。

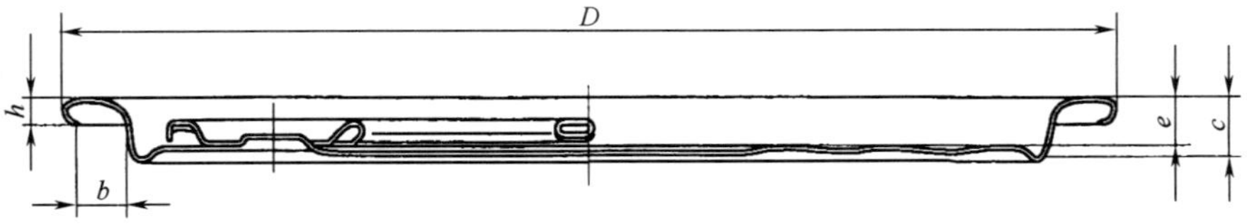

图 2　易开盖主要尺寸示意图

h—钩边高度　c—埋头深度　e—盖面深度　b—钩边开度

D—钩边外径（异形盖区分长边外径 D_1、短边外径 D_2）

5　要求

5.1　原辅材料

5.1.1　镀锡或镀铬薄钢板

5.1.1.1　电镀锡薄板应符合 GB/T 2520 的规定，电镀铬薄板应符合 GB/T 24180 的规定。即经在线检查的、在正常贮存条件下适合整张印涂的电镀锡或镀铬薄钢板，且不得有下列缺陷：

a）穿透钢板厚度的针孔；

b）对使用有影响的伤痕、凹坑、折皱、锈迹等表面缺陷；

c）对使用有影响的形状缺陷。

5.1.1.2　除上述要求外，电镀锡或镀铬薄钢板的镀锡量、镀铬量、耐冲击性能、厚度、调质度及厚度和调质度的允许偏差，均应有特定的要求。材料的规格、参数及质量要求应由供需双方商定。

5.1.2　涂覆镀锡或镀铬薄钢板

薄钢板内外应有涂膜覆盖。涂料品种、涂膜性能应根据 QB/T 2763 和内容物的特性由供需双方商定。

5.1.3　拉环材料

应有适当厚度、抗拉强度及延伸率的镀锌、镀锡、镀铬薄钢板或铝镁合金薄板，并经双面涂覆。

5.1.4　涂料

5.1.4.1　内壁涂料应能满足罐装内容物对涂膜性能的要求，内涂膜厚度应符合相关要求。

5.1.4.2　外壁涂料应选用耐高温烘烤、耐冲压、耐蒸煮的涂料。

5.1.5　密封胶

根据内容物的特征，选用不同性能的密封胶。

5.1.6　安全性能

应符合相应的食品安全国家标准的规定。

5.2　尺寸要求

5.2.1　产品的公称直径见附录 A。

5.2.2　产品外形尺寸的允许偏差要求见表 2。

表 2　外形尺寸的允许偏差要求

项目	圆形易开盖允许偏差/mm	异形易开盖允许偏差/mm	项目	圆形易开盖允许偏差/mm	异形易开盖允许偏差/mm
钩边外径 D	±0.10	±0.15	埋头深度 c	±0.10	±0.15
钩边高度 h	±0.10	±0.15	盖面深度 e	±0.10	—

5.3　外观质量

5.3.1　易开盖结构应完整，拉环铆合良好。

5.3.2　盖面应清洁、平整，无污染。

5.3.3　外刻线应进行补涂。

5.3.4　密封胶干膜应均匀完整，无断胶、堆胶、溅胶，无明显气泡。

5.3.5　印刷质量应符合 QB/T 1877 的规定。

5.4　涂膜性能

5.4.1　固化性

无异味，经试验，内、外涂膜无泛白、剥离、脱落、无异味。

5.4.2 耐蚀性

5.4.2.1 抗酸性

经试验，涂膜无泛白、剥离、脱落和腐蚀。

5.4.2.2 抗硫性

经试验，涂膜无泛白、剥离、脱落，平面处无硫化斑，在弯折、膨胀圈或加强筋处允许有轻微的硫化斑，但不应有硫化铁产生。

5.4.3 抗冲击性

经试验，内、外涂膜无密集腐蚀点或线状腐蚀。

5.5 主要性能要求

5.5.1 启破力和全开力

产品的启破力、全开力的最大允许值见表3。

表3 启破力和全开力量大允许值

盖型	启破力最大允许值/N	全开力最大允许值/N
Y300及以下圆形易开盖	30	80
Y305-Y401圆盖	30	90
Y403及以上圆盖	35	120
方形易开盖	28	80
椭圆形易开盖	28	80
其他异形易开盖	30	100

5.5.2 耐压强度和密封性

产品的耐压强度、密封性见表4。

表4 产品的耐压强度、密封性

盖型	耐压强度/kPa	密封性
Y300及以下圆盖	⩾240	200kPa，恒压1min，不泄漏
Y303-Y307	⩾200	180kPa，恒压1min，不泄漏
Y309-Y401	⩾180	150kPa，恒压1min，不泄漏
Y403及以上圆盖	⩾120	100kPa，恒压1min，不泄漏
方形易开盖	⩾150	120kPa，恒压1min，不泄漏
其他异形易开盖	⩾120	100kPa，恒压1min，不泄漏

5.5.3 开启可靠性

正常开启时，拉环不得脱落。

5.5.4 内涂膜完整性

缺陷电流平均值⩽5mA，单个最大值⩽8mA。

注：用于炼乳或干品类食品包装的易开盖无此项要求。

5.6 密封胶干膜性能

5.6.1 干膜质量

5.6.1.1 产品的密封胶干膜质量见附录B。

5.6.1.2 圆形易开盖密封胶干膜质量允许偏差：±10%。

5.6.1.3　异形易开盖密封胶干膜质量允许偏差：±15%。

5.6.2　含水率

产品的密封胶含水率应≤5%。

5.6.3　耐水性

产品经试验，密封胶应不溶解、不发黏、与盖面附着良好。

5.6.4　耐油性

产品经试验，密封胶应不溶解、不发黏、与盖面附着良好。

6　试验方法

本试验方法中所用的水，在未注明其他要求时，均指符合 GB/T 6682 分析实验室用水规格和试验方法三级以上的水。

本试验方法中所用的试剂，在未注明规格时，均指分析纯（AR）。若有特殊要求须另作明确规定。

本试验所用溶液在未注明用何种溶剂配制时，均指水溶液。

6.1　尺寸测定

用精度不大于 0.01mm 的通用或专用量具测量。

6.2　外观质量

在正常光线下，正常视力目测检验。

6.3　涂膜性能

6.3.1　固化性

6.3.1.1　仪器和设备

a）不锈钢筒；

b）蒸汽杀菌锅。

6.3.1.2　试验步骤

将样盖浸没于盛有蒸馏水的不锈钢筒中，将不锈钢筒置于蒸汽杀菌锅内，加热至 121℃并恒温 30min，自然降压、冷却后取出样盖。目视检查样盖的涂膜状况。

6.3.2　耐蚀性

6.3.2.1　试剂和溶液

6.3.2.1.1　柠檬酸溶液（20g/L）

称取柠檬酸（$C_6H_8O_7 \cdot H_2O$）20g，用水溶解并稀释至 1000mL。

6.3.2.1.2　混合溶液 A［L 型半胱氨酸盐酸盐（0.5g/L）、磷酸二氢钾（3.6g/L）、磷酸氢二钠（7.2g/L）的混合溶液］。

称取 L 型半胱氨酸盐酸盐（$C_3H_8NO_2SCl$）0.5g 或 1 水 L 型半胱氨酸盐酸盐（$C_3H_8NO_2SCl \cdot H_2O$）0.56g、磷酸二氢钾 3.6g、磷酸氢二钠 7.2g，分别用水溶解，混合并稀释至 1000mL。溶液在配制后 4h 内使用。

6.3.2.2　仪器和设备

a）带密封盖的不锈钢筒；

b）蒸汽高压杀菌锅。

6.3.2.3　试验步骤

6.3.2.3.1　用于常压杀菌的酸性内容物包装的易开盖

将样盖浸没于盛有柠檬酸溶液的不锈钢筒中，密封，将不锈钢筒置于蒸汽高压杀菌锅内，加热至 100℃并恒温 30min，自然降压、冷却后取出样盖。目视检查样盖的涂膜状况。

6.3.2.3.2　用于高压杀菌的含蛋白质内容物包装的易开盖

将样盖浸没于盛有混合溶液A的不锈钢筒中，密封，将不锈钢筒置于蒸汽高压杀菌锅内，加热至121℃并恒温60min，自然降压、冷却后取出样盖。目视检查样盖的涂膜状况。

6.3.2.3.3　用于高压杀菌的酸性或其他内容物包装的易开盖

将样盖浸没于盛有柠檬酸溶液的不锈钢筒中，密封，将不锈钢筒置于蒸汽高压杀菌锅内，加热至121℃并恒温30min，自然降压、冷却后取出样盖。目视检查样盖的涂膜状况。

6.3.3　抗冲击性

6.3.3.1　试剂和溶液

硫酸铜溶液（50g/L）：称取五水硫酸铜（$CuSO_4 \cdot 5H_2O$）50g，用水溶解并稀释至1000mL。

6.3.3.2　仪器和设备

a）烧杯（1000mL）；

b）陶瓷器皿或玻璃器皿。

6.3.3.3　试验步骤

6.3.3.3.1　炼乳或干品类食品包装用的易开盖

将样盖浸没于盛有硫酸铜溶液的陶瓷器皿或玻璃器皿中，5min后取出，清水冲洗、干燥，目视检查样盖内外涂膜的腐蚀状况。

6.3.3.3.2　其他易开盖

将样盖浸没于盛有硫酸铜溶液的陶瓷器皿或玻璃器皿中，30min后取出，清水冲洗、干燥，目视检查样盖内外涂膜的腐蚀状况。

6.4　主要性能指标

6.4.1　启破力和全开力

6.4.1.1　仪器和设备

开启力测试仪：精度不大于1N。

6.4.1.2　试验步骤

用开启力测试仪勾住拉环沿刻线打开样盖，读取样盖刻线启破瞬间和全开时的拉力值，即为启破力和全开力。

6.4.2　耐压强度和密封性

6.4.2.1　仪器和设备

耐压强度测试仪：分度值不大于10kPa。

6.4.2.2　试验步骤

6.4.2.2.1　用耐压强度测试仪测试，缓慢升压，读取样盖爆破时压力指示值，即为耐压强度值。

6.4.2.2.2　用耐压强度测试仪测试，缓慢升压至指定压力值并恒压1min，观察样盖泄漏情况。

6.4.3　开启可靠性

提起拉环磕破刻线，并顺着开启方向把拉环扳到底，再勾起拉环回拉打开样盖，观察样盖拉环情况。

6.4.4　内涂膜完整性

6.4.4.1　试剂和溶液

硫酸钠溶液（20g/L）：称取硫酸钠（Na_2SO_4）20g，用水溶解并稀释至1000mL。

6.4.4.2　仪器和设备

涂膜完整性测试仪：精度不大于0.1mA。

6.4.4.3　试验步骤

用涂膜完整性测试仪测试，倒入硫酸钠试验溶液，在6.3V的工作电压下，测量样盖第4秒时的内涂膜缺陷电流值。

6.5　密封胶干膜性能

6.5.1　干膜质量和含水率

6.5.1.1　仪器和设备

a）分析天平：精度为 0.0001g；

b）烘箱。

6.5.1.2　干膜质量的测定试验步骤

用分析天平称量未除去密封胶干膜的样盖，记录样盖质量（m_1）；除去密封胶干膜后，再次用分析天平称量样盖质量（m_2）。干膜质量（m）按式（1）计算：

$$m = m_1 - m_2 \tag{1}$$

式中　m——密封胶干膜质量，单位为毫克（mg）

m_1——未除去密封胶干膜的样盖质量，单位为毫克（mg）

m_2——除去密封胶干膜后的样盖质量，单位为毫克（mg）

6.5.1.3　含水率的测定试验步骤

用分析天平称量从样盖剥离下的密封胶干膜，记为 m_3；将密封胶干膜置于烘箱中经 125℃，30min 烘干至恒重，再次称量，记为 m_4。密封胶膜含水率（X%）按式（2）计算：

$$X=100\times（m_3-m_4）/m_3 \tag{2}$$

式中　X——密封胶膜含水率，%

m_3——从样盖上取下的密封胶干膜的质量，单位为毫克（mg）

m_4——从样盖上取下的密封胶干膜烘干后的质量，单位为毫克（mg）

6.5.2　耐水性

6.5.2.1　试验步骤

将样盖浸没于 100℃的水中，保持 20min，取出，目视观察密封胶干膜状况。

6.5.3　耐油性

6.5.3.1　试剂和溶液

食用级植物油（色拉油）。

6.5.3.2　试验步骤

将样盖浸于 120～130℃的植物油浴中，保持 20min，取出，目视观察密封胶膜的状况。

7　检验规则

7.1　组或批

检验应按货批或货组进行，按一次交货的同一规格的产品为一个货批。同一个货批，经双方协商，可分为若干货组，货组应为整数倍的包装件。

7.2　检验分类

7.2.1　出厂检验

产品交货时应进行出厂检验，出厂检验项目包括产品的外观质量、尺寸偏差、涂膜固化性、耐蚀性、抗冲击性、启破力、全开力、耐压强度、密封性、开启可靠性、内涂膜完整性、密封胶干膜质量。

7.2.2　型式检验

7.2.2.1　每种盖型一般每年进行一次型式检验。有下列情况之一，也应进行型式检验：

a）主要原辅材料或关键工艺改变，可能影响产品性能时；

b）停产 6 个月以上，恢复生产时；

c）出厂检验结果与上次型式检验有较大差异时；

d）国家质量监督机构提出进行型式检验的要求时。

7.2.2.2 型式检验项目为本标准要求的全部指标。

7.3 产品外观不合格分类

产品的外观不合格分类见表5。

表5 产品外观不合格分类

项目	缺陷内容
A类不合格	无拉环，未涂密封胶，涂膜严重脱落，钩边严重皱折，盖内明显污染
B类不合格	钩边明显变形，堆胶或断胶、有明显气泡，表面锈蚀
C类不合格	内外涂膜划痕、擦伤但金属不暴露，钩边轻度皱折和变形
炼乳包装用易开盖可以不涂密封胶	

7.4 抽样方案

7.4.1 内涂膜固化、耐蚀性按GB/T 2828.1中正常检验一次抽样方案进行检验，见表6。

表6 内涂膜固化、耐蚀性检验抽样方案及判定

检验水平	不合格分类	批量范围	接收质量限 AQL	样本数	判定数组 Ac Re
S-1	A类不合格	≥35000	1.0	13	0 1

7.4.2 其他出厂检验项目和型式检验项目按GB/T 2828.1中正常检验二次抽样方案进行检验，见表7和表8。

表7 检验水平和接收质量限

检验项目	检验水平	不合格分类	接收质量限 AQL
外观	S-4	A类不合格	0.65
		B类不合格	2.5
		C类不合格	4.0
尺寸	S-3	C类不合格	4.0
密封胶干膜性能	S-1	B类不合格	2.5
耐压强度、密封性	S-1	A类不合格	1.0
启破力	S-1	B类不合格	2.5
全开力	S-1	B类不合格	2.5
开启可靠性	S-1	A类不合格	1.0
内涂膜完整性	S-1	A类不合格	1.0
抗冲击性	S-1	A类不合格	1.0

表 8　　正常检验二次抽样方案

检查水平	批量范围	接收质量限 AQL	样本数	判定数组 Ac　Re
S-1	≥35000	1.0	13	0　1
		2.5	5	0　1
S-3	35001～500000	4.0	20 20	1　3 4　5
	≥500001	4.0	32 32	2　5 6　7
S-4	35001～500000	0.65	50 50	0　2 1　2
		2.5	50 50	2　5 6　7
		4.0	50 50	3　6 9　10
	≥500001	0.65	80 80	0　3 3　4
		2.5	80 80	3　6 9　10
		4.0	80 80	5　9 12　13

7.5　判定规则

7.5.1　出厂检验判定规则

出厂检验项目全部符合本标准，判定该批为合格。出厂检验如有一项不符合标准，可以再次抽样复检，复检后仍不符合本标准，判定该批为不合格。

7.5.2　型式检验判定规则

型式检验项目全部符合本标准，判定型式检验合格。型式检验项目有两项不符合本标准，可以再次抽样复检，复检后仍有一项不符合本标准，判为型式检验不合格。

8　标志、包装、运输和贮存

8.1　标志

应符合 GB/T 191 的规定，出厂产品应有产品检验合格证，合格证上应标明生产企业名称、产品名称、产品规格、生产编号、生产日期、数量等。

8.2　包装

8.2.1　包装材料应清洁、干燥，不得有异味，无毒，无害。

8.2.2　产品采用呈中性的包装纸袋包装，再用双层瓦楞纸箱或托盘包装。纸箱包装的要封闭箱口。用托盘包装的，外加捆扎带和薄膜包封。

8.2.3　包装数量误差不超过规定值的 2‰。

8.3 运输

采用集装箱方式运输，运输工具应清洁、干净、干燥，不允许有异味、污染。用其他方式运输应避免重压、雨淋、受潮、污染及损伤。

8.4 贮存

8.4.1 产品应贮存在干燥、通风、清洁的库房内，应防尘、防潮、防污染、防重压。

8.4.2 在正常贮存情况下（相对湿度≤70%），产品自生产之日起，产品保质期为两年。

附录 A
（规范性附录）
镀锡或镀铬薄钢板全开式易开盖主要规格的公称直径

A.1 圆形易开盖主要规格的公称直径见表 A.1。

表 A.1 圆形易开盖主要规格的公称直径

盖型	公称直径/mm	允许公差/mm	盖型	公称直径/mm	允许公差/mm
Y200	49.5	±0.10	Y307	83.3	±0.15
Y202	52.3	±0.10	Y309	86.7	±0.15
Y209	62.5	±0.10	Y315	95.5	±0.15
Y211	65.3	±0.10	Y401	98.9	±0.20
Y214	69.9	±0.10	Y403	102.4	±0.20
Y300	72.9	±0.15	Y404	105.1	±0.20
Y303	77.6	±0.15	Y502	126.5	±0.20
Y305	80.3	±0.15	Y603	153.4	±0.20

A.2 异形易开盖主要规格的公称直径见表 A.2。

表 A.2 异形易开盖主要规格的公称直径

盖型	公称直径			盖型	公称直径		
	长径/mm	短径/mm	允许公差/mm		长径/mm	短径/mm	允许公差/mm
F304	96.8	50.8	±0.15	T501	145.4	70.8	±0.15
F311	104.0	60.0	±0.15	T601	159.8	106.8	±0.15
F312	140.3	76.3	±0.15	T604	125.7	83.0	±0.15
F313	140.1	110.0	±0.15	M812	120.0	85.0	±0.15
F316	104.8	75.8	±0.15	C901	147.4	80.4	±0.15

附录 B
（规范性附录）
产品的密封胶干膜质量

产品的密封胶干膜质量见表 B.1。

表 B.1　　产品的密封胶干膜质量

盖　型		密封胶干膜质量/mg
圆形易开盖	Y200	40
	Y202	42
	Y209	50
	Y211	54
	Y214	58
	Y300	60
	Y305	68
	Y307	70
	Y309	78
	Y315	80
	Y401	83
	Y403	92
	Y404	96
	Y502	125
	Y603	169
方形易开盖	F304	85
	F311	95
	F312	145
	F313	150
	F316	115
椭圆形易开盖	T501	140
	T601	150
	T604	145
马蹄形易开盖	M812	120
长圆形易开盖	C901	140

注：本表“密封胶干膜质量”是以密封胶的密度为 1.3kg/L 时的干膜体积换算而得，若密封胶的密度不等于 1.3kg/L，应换算其干膜质量。

（五）GB/T 9106.1—2009《包装容器　铝易开盖铝两片罐》

1　范围

本标准规定了铝易开盖铝两片罐（以下简称两片罐）的要求、试验方法、检验规则及标志、包装、运输、贮存。

本标准适用于盛装啤酒、充碳酸气及充氮饮料的未经使用的铝易开盖和铝罐体的制造、使用、流通和监督检验。

2　规范性引用文件

下列文件中的条款通过本标准的引用而成为本标准的条款．凡是注日期的引用文件，其随后所有的修改单（不包括勘误的内容）或修订版均不适用于本标准，然而，鼓励根据本标准达成协议的各方研究是否可使用这些文件的最新版本，凡是不注日期的引用文件，其最新版本适用于本标准。

GB/T 2828.1—2003　计数抽样检验程序　第1部分：按接收质量限（AQL）检索的逐批检验抽样计划（ISO 2859－1：1999，IDT）

GB 11677　水基改性环氧易拉罐内壁涂料卫生标准

GB/T 4122.1　包装术语　第1部分：基础

3　术语、定义和符号

3.1　术语和定义

GB/T 4122.1确立的术语和定义适用于本标准。

3.2　符号

下列符号适用于本标准。

3.2.1　缩颈翻边罐体

D_1——罐体外径；

D_2——缩颈内径；

H——罐体高度；

B——翻边宽度。

3.2.2　铝易开盖

d——钩边外径；

h_1——埋头度；

h_2——钩边高度；

b——钩边开度；

e——每50.80mm盖钩边的重叠个数。

4　两片罐分类

4.1　两片罐按型号分为206/211×310（250mL）、206/211×314（275mL）、206/211×408（330mL）、206/211×413（355mL）、206/211×610（500mL）。

4.2　铝易开盖分为拉环式和留片式易开盖，见图1。

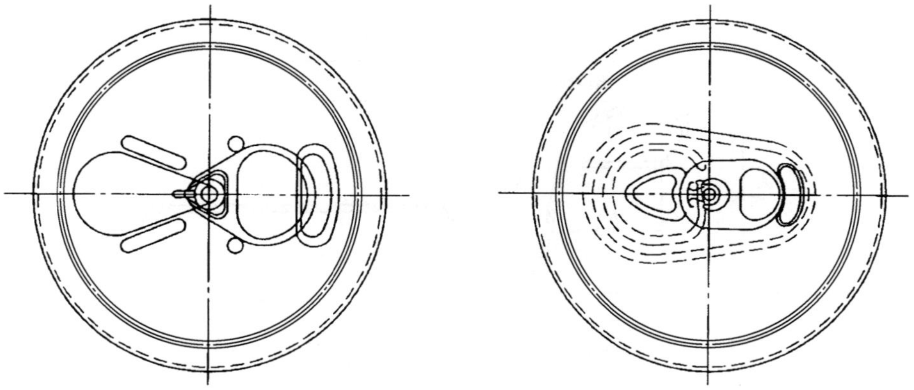

(a) 拉环式　　　　(b) 留片式

图 1　易开盖示意图

4.3　结构尺寸

4.3.1　缩颈翻边罐体的主要尺寸应符合图 2 和表 1。

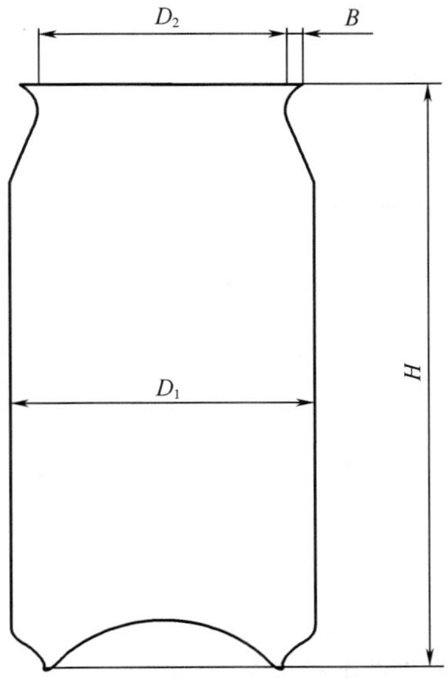

图 2　罐体主要尺寸示意图

表 1　　**罐体主要尺寸**　　单位为毫米

名称	符号	公称尺寸					极限偏差
		250mL	275mL	330mL	355mL	500mL	
罐体高度	H	90.93	98.95	115.20	122.22	167.84	±0.38
罐体外径[a]	D_1	66.04					—
缩颈内径	D_2	57.40					±0.25
翻边宽度	B	2.22					±0.25

注：a 工具保证尺寸。

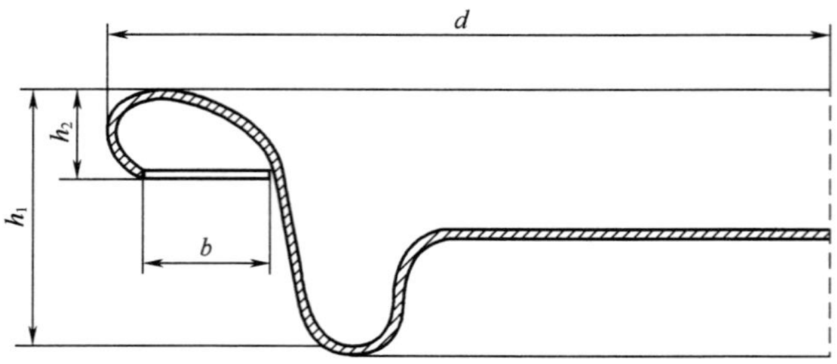

图 3　易开盖主要尺寸示意图

4.3.2　易开盖的主要尺寸应符合图 3 和表 2。

表 2　　**易开盖主要尺寸**　　单位为毫米

名称	符号	公称尺寸	极限偏差
钩边外径	d	64.82	±0.25
钩边开度	b	≥2.72	—
埋头度	h_1	6.35	±0.13
钩边高度	h_2	2.01	±0.20
每 50.80mm 盖钩边的重叠个数	e	26±2	

4.4　两片罐型号示例：

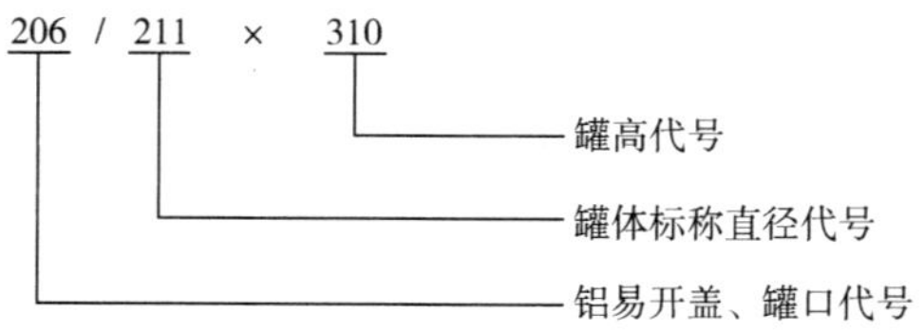

5　要求

5.1　基本要求

5.1.1　产品结构尺寸应符合 4.3 要求或由供需双方商定。

5.1.2　产品内壁涂料应符合 GB 11677 要求的规定。

5.1.3　产品灌装内容物的不同，对内涂膜及密封胶的理化性能要求各异，生产企业应向需方提供样品做灌装试验，并取得确认。

5.2　罐体

5.2.1　罐体的物理性能应符合表 3 的规定。

表 3　　**罐体物理性能**

项目		性能指标
轴向承压力		≥1.00kN
耐压强度		≥610kPa
内涂膜完整性	啤酒罐体	单个≤75mA，平均≤50mA
	饮料罐体	单个≤30mA，平均≤8mA

5.2.2　涂膜质量

罐体内外涂膜应固化、附着良好。根据内容物的杀菌工艺要求在经巴氏杀菌或121℃高温杀菌后不得有脱落、变色和起泡等缺陷。

5.2.3　外观质量

5.2.3.1　产品的图案及颜色应由供需双方协商确定。

5.2.3.2　外观质量要求见表4。

表4　罐体外观质量要求

名称	不合格分类	缺陷内容	AQL
罐体	A类不合格	内涂膜含杂质、罐内明显的油污或其他杂物、针孔，罐身折曲或凹痕导致内涂层损伤、翻边缺损或撞凹，翻边不完全，翻边开裂，翻边有毛刺	0.65
	B类不合格	涂料在罐内壁成滴状和斑点，底部内涂膜有大于2mm气泡，底部变形、罐身折曲或凹痕长度大于10mm且未导致内涂膜损伤，缩颈褶皱	2.5
	C类不合格	内涂膜斑迹，印色轻微错位，印色以及罩光漆局部不完整、小划痕，印色与色版有轻微差别，缩颈部微折，底部金属轻微损伤	4.0

5.3　易开盖

5.3.1　易开盖物理性能应符合表5的规定。

表5　易开盖物理性能

项目名称		性能指标
耐压强度		≥610kPa
密封性		不允许泄漏
内涂膜完整性	啤酒盖	单个≤75mA，平均≤50mA
	饮料盖	单个≤30mA，平均≤8mA
启破力		≤31N，平均≤20N
全开力		≤45N，平均≤36N
开启可靠性		开启时拉环（片）不脱落及完全开启
封口胶干膜质量		25～50mg

5.3.2　涂膜质量

罐盖内外涂膜应固化、附着良好。根据内容物的杀菌工艺要求在经巴氏杀菌或121℃高温杀菌后不得有脱落、变色和起泡等缺陷。

5.3.3　外观质量要求见表6。

表6　易开盖外观质量要求

名称	不合格分类	缺陷内容	AQL
易开盖	A类不合格	破损，盖内侧明显油污、污染，未涂封口胶，涂膜起层或脱落，钩边严重皱折，无拉环（片）	0.65
	B类不合格	封口胶粘连，局部漏涂大于$2mm^2$，明显的钩边变形	2.5
	C类不合格	内外涂膜划痕、擦伤但金属不裸露，钩边轻度皱折和变形，封口胶搭接不均匀	4.0

6 试验方法

6.1 外观检验

用目视，在自然光线下，用正常视力相距 60cm 检查。

6.2 尺寸检验

用专用或通用量具测量，量具最小读数值不大于 0.01mm。

6.3 罐体内涂膜完整性试验

使用最小读数值不大于 0.1mA 的内涂膜完整性测试仪，在罐内加入电解液，液面距罐口 3mm，读取第 4 秒的电流值。

电解液为 1%（质量浓度）氯化钠溶液。

6.4 罐体耐压强度试验

使用最小读数值不大于 1kPa 的罐底耐压强度测试仪，读取罐底部变形的最大读数值。

6.5 罐体轴向承压力试验

使用最小读数值不大于 10N 的罐体轴向承压力测试仪，读取罐体变形的最大读数值。

6.6 易开盖启破力、全开力试验

6.6.1 使用最小读数值不大于 1N 的启破力/全开力测试仪，仪器的全行程时间为 15s。

6.6.2 拉环式启破力、全开力试验

把易开盖放在测量支架上，支架固定在后倾 3°（即与水平成 60°）位置，先后读取盖开启瞬间及拉环舌片完全撕离盖体时的读数值。

6.6.3 留片式启破力、全开力试验

把易开盖放入水平的支架，支架与拉力链成 60°，先后读取盖开启瞬间及舌片按预刻线完全打开时的读数值。

6.7 易开盖耐压强度试验

使用最小读数值不大于 1kPa 的易开盖耐压强度测试仪，读取盖变形时的读数值。

6.8 易开盖内涂膜完整性试验

使用最小读数值不大于 0.1mA 的内涂膜完整性测试仪，对盖内涂膜测试，读取第 4 秒的电流值。

电解液为 1%（质量浓度）氯化钠溶液。

6.9 内外涂膜杀菌试验

6.9.1 巴氏杀菌，使用恒温水浴箱，将试样放入温度为 68℃±2℃ 的蒸馏水中，恒温 30min 后取出，检查内外涂膜有无变色、起泡、脱落等现象。

6.9.2 高温杀菌，罐体采用 80℃ 蒸馏水热灌装，并加盖封口密封，将试样放入高温蒸煮锅内，加入适量蒸馏水，加热至 121℃ 并保持 30min，冷却后倒出蒸馏水，自然干燥后，检查内外涂膜有无变色、起泡、脱落等现象。

6.10 易开盖密封性试验

在进行 6.7 试验时将测试压力保持在 610kPa，观察试样有无漏气现象。

6.11 封口胶干膜质量

使用感量为 0.1mg 的精密天平，把易开盖拉环除去，称重为 m_1，再用溶剂除去封口胶，烘干后称重为 m_2，封口胶干膜质量为 m_1 与 m_2 之差。

6.12 开启可靠性试验

用手或简单工具正向开启易拉盖，观察拉环（片）是否脱落及完全开启。

7 检验规划

7.1 产品质量按本标准规定的指标及方法进行检验，依照 GB/T 2828.1—2003 中 11.1.2 的二次

抽样方案进行抽样检验。

7.2　生产厂质量部门应按本标准的规定对产品进行检验并出具合格证。

7.3　产品检验分出厂检验和型式检验。

7.3.1　出厂检验

本标准中 5.1.1、5.2.3、5.3.3 为出厂检验项目。

7.3.2　型式检验

7.3.2.1　本标准中第 5 章（5.1.3 除外）内容为型式检验项目。

7.3.2.2　有下列情况之一时，应进行型式检验：

a）产品或老产品转产试制定型鉴定；

b）当结构、材料、工艺改变，可能影响产品性能时；

c）正常生产，每半年进行一次检验；

d）长期停产后，恢复生产时；

e）出厂检验结果与上次型式检验有较大差异时；

f）国家质量监督机构提出进行型式检验的要求时。

7.3.3　抽样检验规定

出厂检验和型式检验按表 7 和表 8 所列的规定抽样检验。

表 7　　检验项目 AQL 值

名称	检验项目	批检验水平（IL）	不合格分类	接收质量限（AQL）
罐体	外观	S-4	A 类不合格	0.65
			B 类不合格	2.5
			C 类不合格	4.0
	尺寸	S-3	C 类不合格	4.0
	耐压强度	S-1	B 类不合格	2.5
	轴向承压力	S-1	B 类不合格	2.5
	内涂膜完整性	S-1	A 类不合格	0.65
	涂膜质量	S-1	B 类不合格 A 类不合格（高温杀菌灌装）	2.5 0.65
易开盖	外观	S-4	A 类不合格	0.65
			B 类不合格	2.5
			C 类不合格	4.0
	尺寸	S-3	C 类不合格	4.0
	耐压强度	S-1	B 类不合格	2.5
	密封性	S-1	A 类不合格	0.65
	内涂膜完整性	S-1	A 类不合格	0.65
	启破力	S-1	B 类不合格	0.65
	全力开	S-1	B 类不合格	2.5
	开启可靠性	S-1	A 类不合格	2.5
	封口胶干膜质量	S-1	C 类不合格	4.0
	涂膜质量	S-1	B 类不合格 A 类不合格（高温杀菌灌装）	2.5 0.65

表 8　　正常检验二次抽样方案

检查水平	批量范围	合格质量水平（AQL）	样本数	判定数组 [A_{c_1}，A_{c_2}，A_{e_1}，A_{e_2}]
S-1	≥35001	0.65	$n=20$	[0，1]
		2.5	$n=5$	[0，1]
		4.0	$n_1=n_2=8$	[0，1，2，2]
S-3	35001～500000	4.0	$n_1=n_2=20$	[1，4，3，5]
	≥500001	4.0	$n_1=n_2=32$	[2，5，5，7]
S-4	≥35001～500000	0.65	$n_1=n_2=50$	[0，1，2，2]
		2.5		[2，6，5，7]
		4.0		[3，9，6，10]
	≥500001	0.65	$n_1=n_2=80$	[0，3，3，4]
		2.5		[3，9，6，10]
		4.0		[5，12，9，13]

7.4 用户有权按表 7、表 8 所列的规定或订货合同进行检验，检验结果如果不合格数超过规定数时，可以拒收，但允许有缺陷的产品剔除后，再次提交验收，其严格程度不变，但仍不合格时，判定该批产品不合格。

8 标志

8.1 罐体及易拉盖应有制造厂家的标志。

8.2 产品的托盘包装或包装箱应附有检验合格证，合格证上应注明制造厂名、产品名称、规格、制造日期、批号、数量和检验标记。

9 包装

9.1 包装材料要求

包装材料应清洁、干燥，无毒、无害，不允许有异味和污染等。

9.2 罐体包装

9.2.1 罐体采用托盘包装。托盘尺寸根据用户与运输的要求确定。每层罐数及层数由供需双方商定，层与层之间用中性纸板或适宜的材料隔开，放上顶板后用打包带捆扎，然后用塑料薄膜包封。

9.2.2 顶板和托盘为木质或其他适宜的材料制造。

9.3 易开盖包装

9.3.1 易开盖采用中性包装纸袋或适宜材料包装，不允许用书钉、铁钉封袋。

9.3.2 易开盖装袋后用包装箱或托盘包装，也可用其他可靠的方式包装。

10 运输

10.1 运输工具应清洁、干燥，不允许有异味、污染等，采用集装箱方式装运或其他方式运输时，应避免雨淋、暴晒、受潮污染及损伤。

10.2 运输的其他要求按有关规定执行。

11 贮存

产品应贮存在干燥、通风、清洁的仓库内，不得有污染、损伤和阳光直照。

（六）GB/T 29345—2012《包装容器　铝易开盖钢制两片罐》

1　范围

本标准规定了铝易开盖钢制两片罐的分类、技术要求、试验方法、检验规则及标志、包装、运输、贮存。

本标准适用于盛装啤酒、充碳酸气及充氮软饮料的未经使用的铝易开盖钢制两片罐的制造、使用、流通和监督检验。

2　规范性引用文件

下列文件对于本文件的应用是必不可少的。凡是注日期的引用文件，仅注日期的版本适用于本文件。凡是不注日期的引用文件，其最新版本（包括所有的修改单）适用于本文件。

GB/T 2828.1—2003　计数抽样检验程序　第1部分：按接收质量限（AQL）检索的逐批检验抽样计划

GB/T 4122.1　包装术语　第1部分：基础

GB 4806.1　食品用橡胶制品卫生标准

GB 5009.60　食品包装用聚乙烯、聚苯乙烯、聚丙烯成型品卫生标准的分析方法

GB 5009.64　食品包装用橡胶垫片（圈）卫生标准的分析方法

GB 5009.69　食品罐头内壁环氧酚醛涂料卫生标准的分析方法

GB 11677　水基改性环氧易拉罐内壁涂料卫生标准

GB/T 18455　包装回收标志

3　术语、定义和符号

3.1　术语和定义

GB/T 4122.1界定的术语和定义适用于本文件。

3.2　符号

下列符号适用于本文件。

3.2.1　缩颈翻边罐体

B——翻边宽度；

D_1——罐体外径；

D_2——缩颈内径；

H——罐体高度。

3.2.2　铝易开盖

b——钩边开度；

e——每50.80mm盖钩边的重叠个数；

d——钩边外径；

h_1——埋头度；

h_2——钩边高度。

4　铝易开盖钢制两片罐分类

4.1　钢制两片罐

钢制两片罐按型号分为206/211×310（250mL）、206/211×314（275mL）、206/211×408（330mL）、206/211×413（355mL）、206/211×610（500mL）。

注：特殊型号由供需双方商定。

钢制两片罐型号示例：

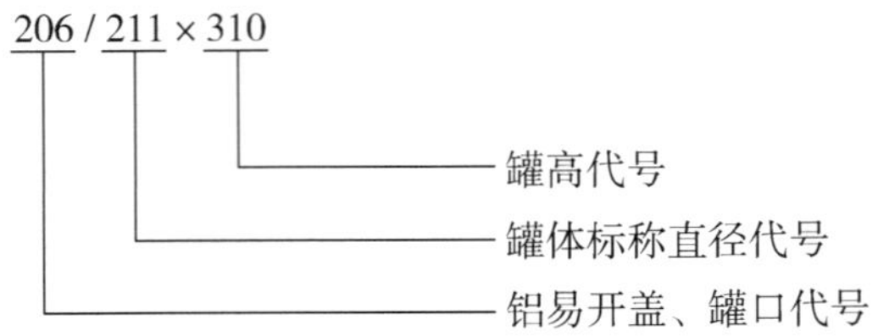

4.2 铝易开盖

4.2.1 铝易开盖分为拉环式和留片式易开盖，见图 1。

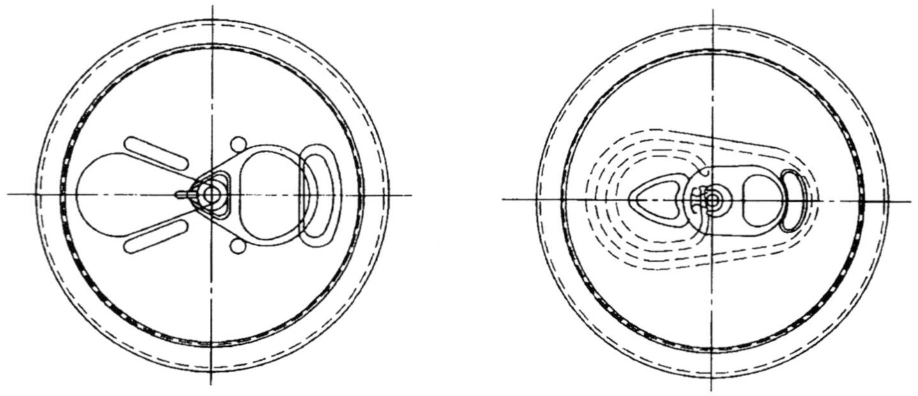

(a) 拉环式　　(b) 留片式

图 1　易开盖示意图

4.2.2 钢制两片罐使用高肩部注胶盖，注胶部位见图 2。

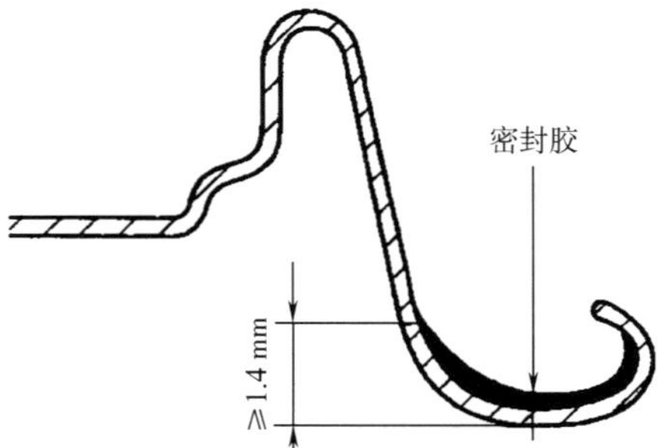

图 2　注胶部位示意图

4.3 结构尺寸

4.3.1 缩颈翻边罐体的主要尺寸和极限偏差

缩颈翻边罐体的主要尺寸和极限偏差应符合图 3 和表 1 的规定。

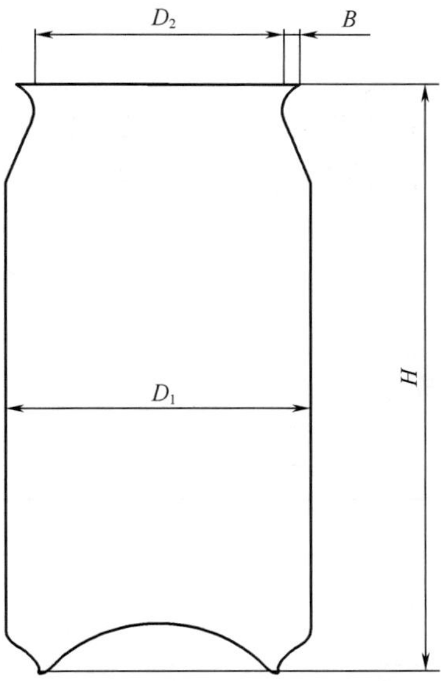

图 3　罐体主要尺寸示意图

表 1　　**罐体主要尺寸**　　单位为毫米

名称	符号	公称尺寸					极限偏差
		250mL	275mL	330mL	355mL	500mL	
罐体高度	H	90.93	98.95	115.20	122.22	167.84	±0.38
罐体外径[a]	D_1	66.04					—
缩颈内径	D_2	57.40					±0.25
翻边宽度	B	2.24					±2.25

注：a 工具保证尺寸。

4.3.2　易开盖的主要尺寸和极限偏差

易开盖的主要尺寸和极限偏差应符合图 4 和表 2 的规定。

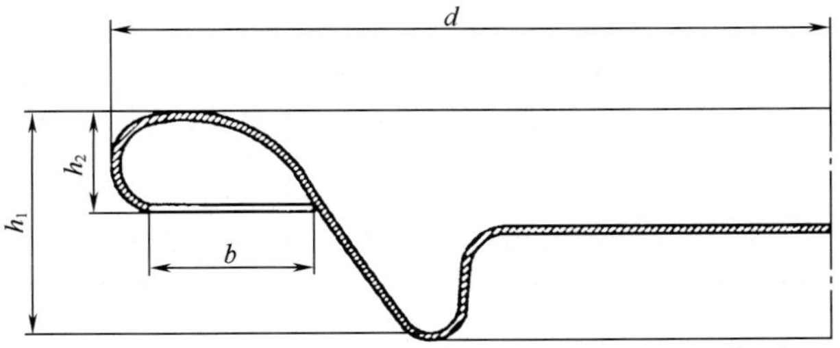

图 4　易开盖主要尺寸示意图

表 2　　**易开盖主要尺寸**　　单位为毫米

名称	符号	公称尺寸	极限偏差
钩边外径	d	64.82	±0.25
钩边开度	b	≥2.72	—
埋头度	h_1	6.35	±0.13
钩边高度	h_2	2.01	±0.20
每 50.80mm 盖钩边的重叠个数	e	26±2	

5 技术要求

5.1 基本要求

5.1.1 产品结构尺寸应符合本标准 4.3 要求，特殊要求由供需双方商定。

5.1.2 产品灌装内容物的不同，对内涂膜及密封胶的理化性能要求各异，生产企业应向需方提供样品做灌装试验，并取得确认。

5.2 罐体

5.2.1 物理性能

罐体的物理性能应符合表 3 的规定。

表 3　罐体物理性能

项目		要求
轴向承压力/kN		≥1.00
罐底耐压强度/kPa		≥620
内涂膜完整性/mA	啤酒罐体	单个不大于 10，平均不大于 3
	软体料罐体	单个不大于 5，平均不大于 1

5.2.2 涂膜质量

罐体内外涂膜应固化、附着良好。若内容物有杀菌工艺要求，根据杀菌工艺要求在经巴氏杀菌或高温杀菌后不得有脱落、变色和起泡等缺陷。

5.2.3 感官质量

5.2.3.1 感官质量要求见表 4。

表 4　罐体感官质量要求

名称	不合格分类	缺陷内容	接收质量限（AQL）
罐体	A 类不合格	内涂膜含杂质、罐内明显的油污或其他杂物、针孔、罐身折曲或凹痕导致内涂膜损伤、翻边缺损或撞凹、翻边不完全、翻边开裂、翻边有毛刺，有明显异味	0.65
	B 类不合格	涂料在罐内壁成滴状和斑点、底部内涂膜有大于 2mm 气泡、底部变形、罐身折曲或凹痕长度大于 10mm 且未导致内涂膜损伤、缩颈褶皱	2.5
	C 类不合格	内涂膜斑迹、印色轻微错位、印色以及罩光漆局部不完整、小划痕、印色与色版有轻微差别、缩颈部微折、底部金属轻微损伤	4.0

5.2.3.2 产品的图案及颜色应由供需双方协商确定。

5.3 易开盖

5.3.1 物理性能

易开盖物理性能应符合表 5 的规定。

表 5　易开盖物理性能

项目名称	要求
耐压强度/kPa	≥620
密封性	不允许泄漏

续表

项目名称		要求
内涂膜完整性/mA	啤酒盖	单个不大于75，平均不大于50
	软饮料盖	单个不大于30，平均不大于8
启破力/N		单个不大于31，平均不大于20
全开力/N		单个不大于45，平均不大于36
开启可靠性		开启时拉环（片）不脱落及完全开启
封口胶干膜体积/mm^3		40±5

5.3.2　涂膜质量

易开盖内外涂膜应固化、附着良好。若内容物有杀菌工艺要求，根据杀菌工艺要求在经巴氏杀菌或高温杀菌后不得有脱落、变色和起泡等缺陷。

5.3.3　感官质量

感官质量要求见表6。

表6　易开盖感官质量要求

名称	不合格分类	缺陷内容	接收质量限（AQL）
易开盖	A类不合格	破损、盖内侧明显油污、污染、未涂封口胶、肩部胶位高度小于1.4mm、有明显异味、涂膜起层或脱落、钩边严重皱折、无拉环（片）	0.65
	B类不合格	封口胶粘连、局部漏涂大于2mm^2、明显的钩边变形	2.5
	C类不合格	内外涂膜划痕、擦伤但金属不裸露、钩边轻度皱折和变形、封口胶搭接不均匀	4.0

5.4 卫生要求

5.4.1　产品内壁涂料应符合 GB 11677 的规定。

5.4.2　易开盖密封胶应符合 GB 4806.1 的规定。

6　试验方法

6.1　感官检验

用目视，在自然光线下，用正常视力相距60cm检查。

6.2　尺寸检验

用专用或通用量具（仪）测量，量具（仪）最小读数值不大于0.01mm。

6.3 罐体内涂膜完整性试验

使用最小读数值不大于0.1mA的内涂膜完整性测试仪，在罐内加入电解液，液面距罐口3mm，读取第4秒的电流值。

电解液为2%（质量浓度）硫酸钠水溶液。

6.4　罐底耐压强度试验

使用最小读数值不大于1kPa的罐底耐压强度测试仪，读取罐底部变形的最大读数值。

6.5　罐体轴向承压力试验

使用最小读数值不大于10N的罐体轴向承压力测试仪，读取罐体变形的最大读数值。

6.6 易开盖启破力、全开力试验

6.6.1 使用最小读数值不大于1N的启破力/全开力测试仪，试验的全行程时间为15s。

6.6.2 拉环式启破力、全开力试验：把易开盖放在测量支架上，支架固定在后倾30°（即与水平成60°）位置，先后读取盖开启瞬间及拉环舌片完全撕离盖体时的读数值。

6.6.3 留片式启破力、全开力试验：把易开盖放入水平的支架，支架与拉力链成60°，先后读取盖开启瞬间及舌片按预刻线完全打开时的读数值。

6.7 易开盖耐压强度试验

使用最小读数值不大于1kPa的易开盖耐压强度测试仪，读取盖变形时的读数值。

6.8 易开盖内涂膜完整性试验

使用最小读数值不大于0.1mA的内涂膜完整性测试仪，对盖内涂膜测试，读取第4秒的电流值。电解液用1%（质量浓度）氯化钠水溶液。

6.9 内外涂膜杀菌试验

6.9.1 巴氏杀菌，使用恒温水浴箱，将试样放入温度为（68±2)℃的蒸馏水中，恒温30min后取出，检查内外涂膜有无变色、起泡、脱落等现象。

6.9.2 高温杀菌，罐体采用80℃蒸馏水热灌装，并加盖封口密封，将试样放入高温蒸煮锅内，加入适量蒸馏水，加热至121℃并保持30min，取出试样，冷却后倒出试样内的蒸馏水，自然干燥后，检查内外涂膜有无变色、起泡、脱落等现象。

6.10 易开盖泄漏试验

在进行6.7试验时将测试压力保持在620kPa，保压1min。观察试样有无漏气现象。

6.11 封口胶干膜体积

使用感量为0.1mg的分析天平，把易开盖拉环除去，称重为m_1，再除去封口胶，烘干后称重为m_2，封口胶干膜质量为m_1与m_2之差。根据公式$V=(m_1-m_2)/\rho$进行计算，计算结果应符合表5的规定。ρ值为供应商提供的该种密封胶的密度。

6.12 开启可靠性试验

用于或简单工具正向开启易开盖，观察拉环（片）是否脱落及完全开启。

6.13 卫生检验

卫生要求按GB 5009.60、GB 5009.64、GB 5009.69进行。

7 检验规则

7.1 同批交货的同品种、同规格的产品为同一检验批。

7.2 产品质量按本标准规定的指标及方法进行检验，依照GB/T 2828.1—2003的11.1.2的二次抽样方案进行抽样检验。

7.3 生产厂质量部门应按本标准的规定对产品进行检验并出具合格证。

7.4 产品检验分出厂检验和型式检验。

7.4.1 出厂检验

本标准中5.1.1、5.2.3、5.3.3为出厂检验项目。

7.4.2 型式检验

7.4.2.1 本标准中第5章（5.1.2条除外）内容为型式检验项目。

7.4.2.2 有下列情况之一时，应进行型式检验：

a）产品或老产品转产试制定型鉴定；

b）当结构、材料、工艺改变，可能影响产品性能时；

c）正常生产，每半年进行一次检验；

d）长期停产后，恢复生产时；

e）出厂检验结果与上次型式检验有较大差异时；

f）国家质量监督机构提出进行型式检验的要求时。

7.4.3　抽样检验规定

出厂检验和型式检验（除卫生要求）按表 7 和表 8 所列的规定抽样检验。

表 7　检验项目 AQL 值

名称	检验项目	批检验水平（IL）	不合格分类	接收质量限（AQL）
罐体	感官	S-4	A 类不合格	0.65
			B 类不合格	2.5
			C 类不合格	4.0
	尺寸	S-3	C 类不合格	4.0
	耐压强度	S-1	B 类不合格	2.5
	轴向承压力	S-1	B 类不合格	2.5
	内涂膜完整性	S-1	A 类不合格	0.65
	涂膜质量	S-1	B 类不合格 A 类不合格（高温杀菌灌装）	2.5 0.65
易开盖	感官	S-4	A 类不合格	0.65
			B 类不合格	2.5
			C 类不合格	4.0
	尺寸	S-3	C 类不合格	4.0
	耐压强度	S-1	B 类不合格	2.5
	密封性	S-1	A 类不合格	0.65
	内涂膜完整性	S-1	A 类不合格	0.65
	启破力	S-1	B 类不合格	2.5
	全开力	S-1	B 类不合格	2.5
	开启可靠性	S-1	A 类不合格	0.65
	封口胶干膜质量	S-1	C 类不合格	4.0
	涂膜质量	S-1	B 类不合格 A 类不合格（高温杀菌灌装）	2.5 0.65

表 8　正常检验二次抽样方案

检验水平	批量范围	接收质量限（AQL）	样本数	判定数组 [A_{c_1}，A_{c_2}，R_{e_1}，R_{e_2}]
S-1	≥35001	0.65	n=20	[0，1]
		2.5	n=5	[0，1]
		4.0	$n_1=n_2=8$	[0，1，2，2]
S-3	35001～500000	4.0	$n_1=n_2=20$	[1，4，3，5]
	≥500001	4.0	$n_1=n_2=32$	[2，6，5，7]

续表

检验水平	批量范围	接收质量限（AQL）	样本数	判定数组 [A_{c_1}，A_{c_2}，R_{e_1}，R_{e_2}]
S-4	≥35001～500000	0.65	$n_1=n_2=50$	[0，1，2，2]
		2.5		[2，6，5，7]
		4.0		[3，9，6，10]
	≥500001	0.65	$n_1=n_2=80$	[0，3，3，4]
		2.5		[3，9，6，10]
		4.0		[5，12，9，13]

7.4.4　合格批判定

所有检验项目检验结果全部合格，则判该批产品合格。

7.5　用户可按表 7、表 8 所列的规定或订货合同进行检验。

8　标志

8.1　罐体及易开盖应有制造厂家的标识。

8.2　产品的托盘包装或包装箱应附有检验合格证，合格证上应注明制造厂名、产品名称、规格、制造日期、批号、数量和检验标记。

8.3　回收标志应符合 GB/T 18455 规定。

9　包装

9.1　包装材料要求

包装材料应清洁、干燥，无毒、无害，不允许有异味和污染等。

9.2　罐体包装

9.2.1　罐体采用托盘包装。托盘尺寸根据用户与运输的要求确定。每层罐数及层数由供需双方商定，层与层之间用中性纸板或适宜的材料隔开，放上顶板后用打包带捆扎，然后用塑料薄膜包封。

9.2.2　顶板和托盘为未经化学处理的木材或其他适宜的材料制造。

9.3　易开盖包装

9.3.1　易开盖采用中性包装纸袋或适宜材料包装，不允许用书钉、铁钉封袋。

9.3.2　易开盖装袋后用包装箱或托盘包装，也可用其他可靠的方式包装。

10　运输

10.1　运输工具应清洁、干燥，不允许有异味、污染等，采用集装箱方式装运或其他方式运输时，应避免雨淋、暴晒、受潮污染及损伤。

10.2　运输的其他要求按有关规定执行。

11　贮存

产品应贮存在干燥、通风、清洁的仓库内，不得有污染、损伤和阳光直照。

（七）GB/T 17590—2008《铝易开盖三片罐》

1　范围

本标准规定了铝盖易开盖三片罐的要求、试验方法、检验规则及标志、包装、运输、贮存。

本标准适用于以镀锡（铬）薄钢板、铝合金薄板为原材料用以灌装非充气饮料，经密封杀菌后达到商业无菌要求的铝易开盖三片罐的制造、使用、流通和监督检验。其他类似产品可参照执行。

2 规范性引用文件

下列文件中的条款通过本标准的引用而成为本标准的条款。凡是注日期的引用文件。其随后所有的修改单（不包括勘误的内容）或修订版均不适用于本标准，然而，鼓励根据本标准达成协议的各方研究是否可使用这些文件的最新版本。凡是不注日期的引用文件，其最新版本适用于本标准。

GB/T 191　包装储运图示标志（GB/T 191—2008，ISO 780：1997. MOD）

GB/T 2520　冷轧电镀锡薄钢板（GB/T 2520—2000，eqv ISO 11949：1995）

GB/T 2828.1　计数抽样检验程序　第1部分：按接收质量限（AQL）检索的逐批检验抽样计划（GB/T 2828.1—2003，ISO 2859—1：1999. IDT）

GB 4805　食品罐头内壁环氧酚醛涂料卫生标准

GB 4806.1　食品用橡胶制品卫生标准

GB/T 13040　包装术语　金属容器

GB/T 14251　镀锡薄钢板圆形罐头容器技术条件

QB/T 1877　包装装潢镀锡（铬）薄钢板印刷品

QB/T 2763　涂覆镀锡（或铬）薄钢板

3 术语、定义和符号

3.1 术语和定义

GB/T 13040 确立的以及下列术语和定义适用于本标准。

3.1.1　铝易开盖三片罐　three-piece can with aluminum easy open end

分别将铝易开盖、底盖和罐体卷封而成的金属罐。

3.1.2　缩颈罐　necked-in can

罐体横截面有一端或两端缩小的罐。

3.1.3　直身罐　straight-body can

罐体从顶部到底部横截面恒定，局部的滚筋可忽略不计。

3.1.4　液体补涂罐　liquid striped can

对罐体焊缝内侧采用液体涂料进行补涂的罐。

3.1.5　粉末补涂罐　powder striped can

对罐体焊缝内侧采用粉末涂料进行补涂的罐。

3.1.6　全喷涂罐　sprayed can

对补涂罐内壁进行全喷涂的罐。

3.1.7　飞溅点　splash point

移动焊接时，焊温过高，使焊点中心温度达到或超过铁的熔点，熔融金属被挤压抛出的形成物。俗称毛刺。

3.1.8　冷焊　cold welding

焊温过低时，被焊两薄钢板未能达到塑熔（仅锡被熔融）状态的焊接。俗称假焊或虚焊。

3.1.9　孔洞　pin hole

焊接时，热熔的镀锡薄钢板因冷却速度较镀锡薄钢板收缩为慢，而形成的穿透性孔隙。

3.1.10　击穿　puncture

焊缝中个别焊点，由于焊接电流突然过大（如因残留涂膜等引起），而使该点被熔化穿孔。

3.1.11　漏焊　miss-welding

焊缝中一个或一个以上焊点无电流通过。

3.1.12　补涂带　stripe

以辊涂、喷涂、流涂或静电喷涂方式，在焊缝及其两侧覆盖的防蚀涂层。

3.1.13　内涂膜完整性　enamel rate

以缺陷电流表示，因原材料及加工工艺不当，导致内涂膜表面出现不应有的微孔而引起的电流。

3.2　符号

3.2.1　罐体

D——罐体内径；

d——罐颈内径；

H——罐体高度；

B——翻边宽度。

3.2.2　易开盖、底盖

D_1——钩边外径；

b——钩边开度；

c——埋头度；

h——钩边高度。

4　分类

4.1　罐体

4.1.1　按罐型分为缩颈罐和直身罐，见图1、图2。

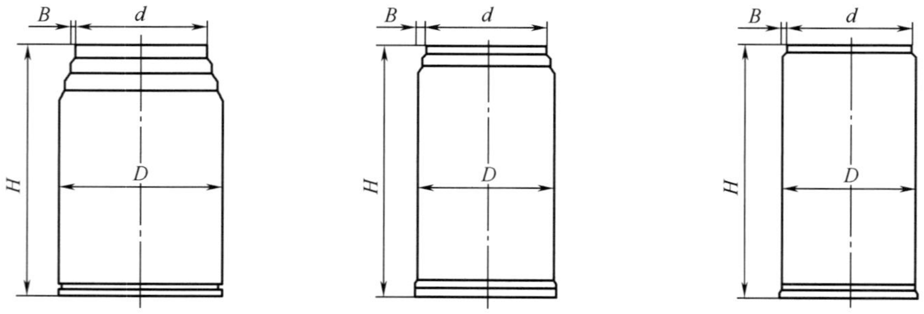

(a) 三缩颈罐　(b) 二缩颈罐　(c) 单缩颈罐

图1　缩颈罐

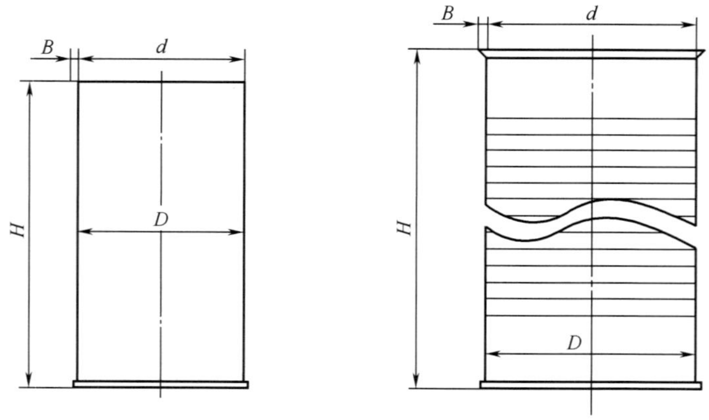

(a) 无滚筋罐　(b) 滚筋罐

图2　直身罐

4.1.2　按罐体结构分为封铝易开盖罐和封底盖罐。

4.1.3　按罐体的补涂形式分为液体补涂罐、粉末补涂罐。

4.1.4　按罐体的喷涂方式分为全喷涂罐和非全喷涂罐。

4.2　铝易开盖

按结构分为拉环式、留片式和全开式易开盖，见图 3。

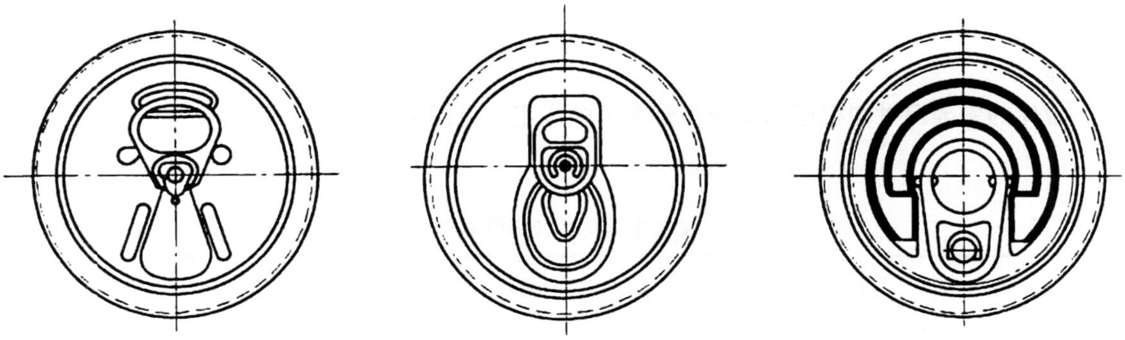

(a) 拉环式　　(b) 留片式　　(c) 全开式

图 3　易开盖

4.3　底盖

接材料分为镀锡（铬）薄钢板和铝合金薄板底盖，见图 4。

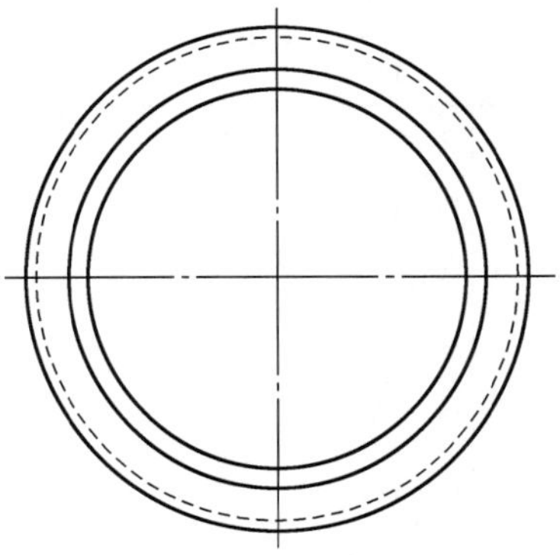

图 4　底盖

4.4　铝易开盖三片罐型号

示例：

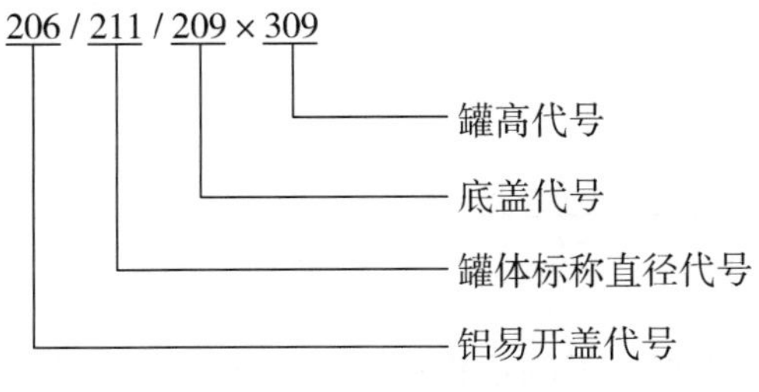

5　材料

5.1　镀锡薄钢板性能应符合 GB/T 2520 的规定。

5.2　镀铬薄钢板的镀铬层，最小平均金属铬层质量为 $30mg/m^2$，水合氧化铬层为 $5mg/m^2$；其外观质量参照 GB/T 2520 的规定。

5.3　涂覆镀锡（或铬）薄钢板的附着力、抗冲击性应符合 QB/T 2763 的规定。

5.4　铝合金薄板应采用有适当抗拉强度、屈服强度、延伸率及厚度的铝镁合金薄板。

5.5　密封胶应符合 GB 4806.1 的规定，并应适合相应内容物特性。

5.6　环氧酚醛型涂料应符合 GB 4805 规定。其他内涂膜应符合国家相关的食品卫生要求。

6　要求

6.1　罐体

6.1.1　罐体的主要尺寸和极限偏差应符合表 1 的规定，见图 1、图 2。

表 1　　罐体主要尺寸和极限偏差

<table>
<tr><th rowspan="2">型号</th><th rowspan="2">标称容量/mL</th><th rowspan="2" colspan="2">罐体内径 D/mm</th><th rowspan="2" colspan="2">罐体高度 H/mm</th><th colspan="4">翻边宽度 B/mm</th><th colspan="4">罐颈内径 d/mm</th></tr>
<tr><th colspan="2">封易开盖罐</th><th colspan="2">封底盖罐</th><th colspan="2">封易开盖罐</th><th colspan="2">封底盖罐</th></tr>
<tr><td>113/202/200×402</td><td>180</td><td>52.30</td><td rowspan="12">±0.15</td><td>104.33</td><td rowspan="12">±0.30</td><td>2.50</td><td rowspan="12">±0.20</td><td>2.40</td><td rowspan="12">±0.20</td><td>46.55</td><td rowspan="12">±0.15</td><td>50.00</td><td rowspan="12">±0.15</td></tr>
<tr><td>113/202/200×504</td><td>250</td><td>52.30</td><td>132.90</td><td>2.50</td><td>2.40</td><td>46.55</td><td>50.00</td></tr>
<tr><td>200/202/200×402</td><td>180</td><td>52.30</td><td>104.33</td><td>2.50</td><td>2.50</td><td>50.00</td><td>50.00</td></tr>
<tr><td>200/202/200×504</td><td>250</td><td>52.30</td><td>132.90</td><td>2.50</td><td>2.50</td><td>50.00</td><td>50.00</td></tr>
<tr><td>202/202/202×504</td><td>250</td><td>52.30</td><td>132.90</td><td>2.50</td><td>2.50</td><td>52.30</td><td>52.30</td></tr>
<tr><td>206/211/209×214</td><td>180</td><td>65.30</td><td>73.45</td><td>2.65</td><td>2.30</td><td>62.50</td><td>57.10</td></tr>
<tr><td>206/211/209×309</td><td>275</td><td>65.30</td><td>91.50</td><td>2.65</td><td>2.30</td><td>62.50</td><td>57.10</td></tr>
<tr><td>206/211/209×408</td><td>310</td><td>65.30</td><td>113.60</td><td>2.65</td><td>2.30</td><td>62.50</td><td>57.10</td></tr>
<tr><td>206/211/209×413</td><td>355</td><td>65.30</td><td>121.95</td><td>2.65</td><td>2.30</td><td>62.50</td><td>57.10</td></tr>
<tr><td>209/211/209×309</td><td>275</td><td>65.30</td><td>91.50</td><td>2.65</td><td>2.65</td><td>62.50</td><td>62.50</td></tr>
<tr><td>206/211/209×413</td><td>355</td><td>65.30</td><td>121.95</td><td>2.65</td><td>2.65</td><td>62.50</td><td>62.50</td></tr>
<tr><td>209/211/209×508</td><td>420</td><td>65.30</td><td>140.00</td><td>2.65</td><td>2.65</td><td>62.50</td><td>62.50</td></tr>
</table>

注：规格尺寸可由供需双方协商确定。

6.1.2　二重卷边封口结构应符合表 2 的要求。

表 2　　二重卷边封口结构

项目	封铝合金薄板易开盖或底盖的罐	封镀锡（铬）薄钢板底盖的罐
迭接长度/mm	≥0.76	≥1.00
紧密度/%	≥60	≥50
迭接率/%	≥50	

6.1.3　罐体外观质量

6.1.3.1　罐体应翻边完整、无变形、无明显伤蚀、无污染、无异味。

6.1.3.2　二重卷边封口光滑均匀，卷边部位不得有快口、假卷和大塌边，也不应有卷边不完全、卷边牙齿、铁舌、跳封、卷边碎裂、填料挤出、锐边、垂唇、双线等缺陷。

6.1.3.3　焊缝平整光滑，不得有冷焊、孔洞，焊缝内侧不应有飞溅点，焊缝端部拖尾和错位之和不大于 0.5mm，补涂完整。

6.1.3.4　印刷质量应符合 QB/T 1877 要求。

6.1.3.5　内外涂膜均匀光滑、完整、清洁。

6.1.4　罐体主要性能应符合表 3 的规定。

表 3　　罐体主要性能

项目			性能指标
内外涂膜性能	内外涂膜固化		经 100℃或 121℃涂膜固化试验后，内涂膜无泛白、剥离、脱落，外涂膜无明显失光、剥离、脱落，印刷图案无明显褪色
	内涂膜耐蚀性		根据内容物特性及杀菌工艺要求，罐体经 100℃或 121℃耐蚀试验后，其内涂膜无剥离、脱落和明显腐蚀
焊缝外补涂带完整性			经试验后应无线状腐蚀或密集腐蚀点
内涂膜完整性/mA	非全喷涂罐	液体补涂罐	单个值≤50，平均值≤30
		粉末补涂罐	单个值≤30，平均值≤15
	全喷涂罐		单个值≤15，平均值≤8
耐压强度			在 150kPa（罐高大于 2 倍罐径时 180kPa）气压下，保压 1min，无永久变形
密封性			在 150kPa（罐高大于 2 倍罐径时 180kPa）气压下，保压 1min，不允许泄漏

6.1.5　相容性

用户应根据盛装内容物不同，对空罐进行产品相容性试验，并予以确认。

6.2　铝易开盖、底盖

6.2.1　锡易开盖、底盖的主要尺寸和极限偏差应符合表 4、表 5 规定，见图 5、图 6。

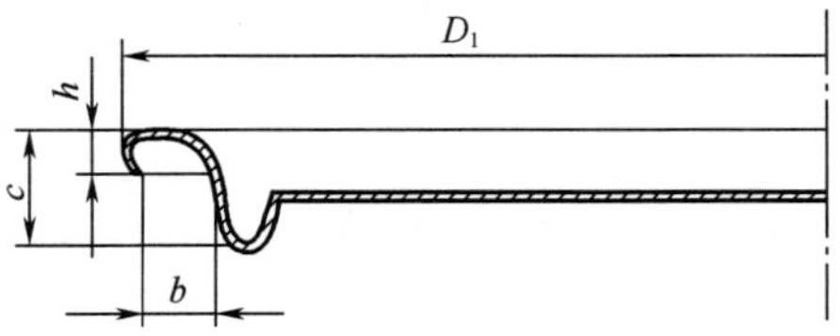

图 5　铝易开盖主要尺寸示意

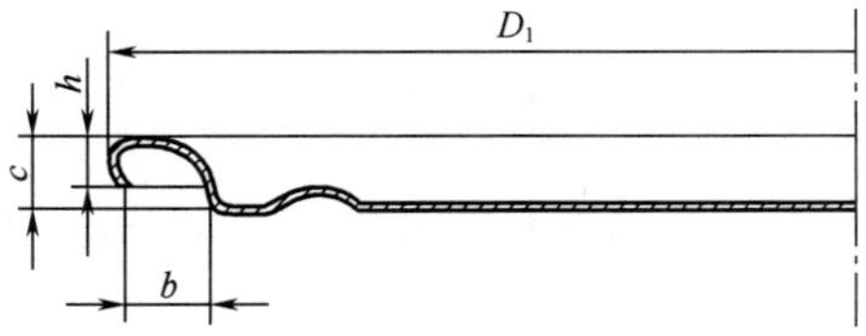

图 6　底盖主要尺寸示意

表 4　　铝易开盖主要尺寸

代号		钩边外径 D_1/mm		钩边开度 b/mm	埋头度 c/mm		钩边高度 h/mm		50.80mm 盖的个数
拉环式	113	54.40	±0.25	≥2.50	5.40	±0.13	2.00	±0.20	24～27
	200	59.10		≥3.07	6.00		2.20		22～25
	202	61.24		≥3.07	6.00		2.20		22～25
	206	64.77		≥2.72	6.35		2.00		24～27
留片式	200	59.10		≥3.07	6.00		2.20		22～25
	206	64.77		≥2.72	6.40		2.00		22～27
全开式	209	72.14		≥3.07	4.80		2.00		24～27

注：规格尺寸可由供需双方协商确定。

表 5　　　　　　　　　　　　　　　　　　　　底盖主要尺寸

代号	钩边外径 D_1/mm		钩边开度 b/mm	埋头度 c/mm	钩边高度 h/mm	50.80mm 盖的个数
200	59.20	±0.20	≥3.07	3.10±0.13	2.00±0.20	24～27
202	61.50					
209	72.10					

注：规格尺寸可由供需双方协商确定。

6.2.2　铝易开盖、底盖外观质量

6.2.2.1　结构应完整无缺，钩边不得有明显皱折及变形。

6.2.2.2　盖应清洁，内外涂膜完整。

6.2.2.3　密封胶完整，均匀。

6.2.3　铝易开盖、底盖主要性能应符合表 6 的规定。

表 6　　　　　　　　　　　　　　　　铝易开盖、底盖主要性能

项目		铝易开盖					底盖		
		113	200	202	206	209 全开式	200	202	209
密封胶干膜质量/mg		30～55				40～65	30～55		40～65
启破力/N	拉环式	6.7～15				10～20	—		
	留片式	6.7～20							
全开力/N	拉环式	15～40				25～45	—		
	留片式	15～30							
开启可靠性		开启时拉环（片）不脱落并完全开启							
内外涂膜性能	内外涂膜固化	经 100℃或 121℃涂膜固化试验后，内涂膜无泛白、剥离、脱落，外涂膜无明显失光、剥离、脱落，印刷图案无明显褪色							
	内涂膜耐蚀性	根据内容物特性及杀菌工艺要求，盖经 100℃或 121℃耐蚀试验后，其内涂膜无剥离、脱落和明显腐蚀							
内涂膜完整性/mA		单个值≤15，平均值≤8							
耐压强度		在 180kPa 气压下保压 1min，无永久变形							
密封性		在 180kPa 气压下保压 1min，不允许泄漏							

注：本表采用的密封胶干胶密度为 1.3mg/mm^3。

6.3　卫生要求

铝易开盖三片罐应符合国家相关食品卫生要求。

7　试验方法

7.1　外观质量检查

目视检查。

7.2　主要尺寸测量

罐体，易开盖、底盖主要尺寸，用专用或通用量具测量。量具的最小读数值不大于 0.01mm。

7.3　二重卷边封口结构测量

迭接长度、迭接率、紧密度的测量按 GB/T 14251 规定进行。

7.4 内外涂膜质量检验

7.4.1 内外涂膜固化试验

7.4.1.1 内涂膜固化试验

根据杀菌要求将罐体或盖整体放入惰性容器中，加入蒸馏水浸没试样并密封，加温至100℃或121℃，恒温30min后取出，冷却干燥后目视检查。

7.4.1.2 外涂膜固化试验

根据杀菌要求将罐体或盖整体放入蒸煮锅中，加入蒸馏水浸没试样，加温至100℃或121℃。恒温30min后取出，冷却干燥后目视检查。

7.4.2 内涂膜固化试验

根据内容物的特性及杀菌要求，将罐体或盖浸没于盛有表7所列相应试验溶液的惰性容器中并密封，按其中之一条件进行试验，经试验后，立即冷却，清水洗净干燥，目视检查。

表7　　内涂膜耐蚀试验

内容物特性	试验溶液	试验条件
采用常压杀菌的酸性内容物	2%（质量浓度）柠檬酸（$C_6H_8O_7 \cdot H_2O$）溶液	100℃，30min
采用高压杀菌的含蛋白质内容物	0.05%（质量浓度）硫化钠（$Na_2S \cdot 9H_2O$）溶液以3%（体积分数）乙酸调整pH至6.0	121℃，30min
采用高压杀菌的低酸或其他内容物	2%（质量浓度）柠檬酸（$C_6H_8O_7 \cdot H_2O$）溶液	121℃，30min

注：试验溶液采用分析纯试剂、蒸馏水配制。

7.5 外补涂带完整性试验

将焊缝外补涂带浸入20%（质量浓度）硫酸铜（$CuSO_4 \cdot 5H_2O$）和10%（体积分数）盐酸的混合溶液中，1min后取出试样，清水冲净、干燥后，目视检查。

7.6 内涂膜完整性试验

7.6.1 仪器和电解液

7.6.1.1 内涂膜完整性测试仪：直流电压6.3V，最小读数值不大于0.1mA。

7.6.1.2 电解液：2%（质量浓度）硫酸钠溶液，1%（质量浓度）氯化钠溶液。

注：试验溶液采用分析纯试剂、蒸馏水配制。

7.6.2 罐体内涂膜完整性试验

使用内涂膜完整性测试仪，罐体接正极，在罐内加2%（质量浓度）硫酸钠溶液，液面距罐口3mm。插入不锈钢棒接负极，读取第4秒的内涂膜缺陷电流值。

7.6.3 易开盖、底盖内涂膜完整性试验

7.6.3.1 铝合金薄板易开盖和底盖：使用内涂膜完整性测试仪，用1%（质量浓度）氯化钠溶液进行测试，读取第4秒的内涂膜缺陷电流值。

7.6.3.2 镀锡（铬）薄钢板底盖：使用内涂膜完整性测试仪，用2%（质量浓度）的硫酸钠溶液进行测试，读取第4秒的内涂膜缺陷电流值。

7.7 罐体耐压试验

将罐体浸入水中，罐内充入压缩空气缓慢升压至规定值（表压），保压1min，卸压后观察罐体有无永久变形。

7.8 罐体密封性试验

在进行7.7试验时，观察罐体有无泄漏现象。

7.9　密封胶干膜质量检测

使用感量为0.001g的天平，对已注胶的盖称量为m_1，除去密封胶，烘干后称量为m_2，密封胶干膜质量（m）等于m_1减去m_2。

7.10　铝易开盖启破力、全开力试验

使用读数值不大于1N的启破力、全开力测试仪对盖进行检测，读取拉环开启瞬间和拉环完全脱离时的最大值。

7.11　铝易开盖开启可靠性试验

经200℃、5min烘烤，冷却后，用手或简单工具开启铝易开盖。

7.12　铝易开盖及底盖耐压试验

使用读数值不大于10kPa的盖耐压强度测试仪，对盖缓慢升压至180kPa（表压），保压1min，卸压后观察盖有无永久变形。

7.13　铝易开盖及底盖密封性试验

在进行7.12试验过程中，观察试样有无泄漏现象。

8　检验规则

8.1　同批交货的同品种、同规格的产品为同一检验批。

8.2　产品的检验分出厂检验和型式检验。产品交货时应进行出厂检验。

8.3　出厂检验项目为6.1、6.2，型式检验项目为第6章全部内容。产品有下列情况之一时应进行型式检验。

a）新产品或老产品转产试制定型鉴定；

b）当结构、材料、工艺改变，可能影响产品性能时；

c）正常生产，每半年进行一次检验；

d）长期停产后，恢复生产时；

e）出厂检验结果与上次型式检验有较大差异时；

f）国家质量监督机构提出进行型式检验的要求时。

8.4　铝易开盖、底盖和罐体的不合格分类见表8和表9。

表8　　易开盖、底盖外观缺陷分类

名称	不合格分类	缺陷内容
易开盖、底盖	A类不合格	缺损，断胶，盖内侧明显油污、异物污染、金属暴露，涂膜剥离或脱落，钩边严重皱折，易开盖无拉环
	B类不合格	密封胶污染、局部漏涂大于2mm²、钩边明显变形
	C类不合格	内外涂膜划痕、擦伤但金属不暴露，钩边轻度皱折和变形，密封胶搭接不均匀，表面锈蚀

表9　　罐体外观缺陷分类

名称	不合格分类	缺陷内容
罐体	A类不合格	罐内明显油污、异物污染、金属暴露、冷焊、孔洞、击穿、翻边裂口、二重卷边假卷、大塌边、快口
	B类不合格	内涂膜及内补涂带明显气泡、焦黄，罐身凹痕最大不超过1cm²，且未导致内涂膜损伤，明显划痕，印刷图案倒置，内印色，卷边不完全、跳封、碎裂
	C类不合格	印色与样板有轻微差别，印刷图案轻微错位，不暴露金属的小划痕，卷边溢胶，焊缝错位、拖尾超过0.5mm，表面锈蚀

8.5 抽样方案

8.5.1 内涂膜固化、耐蚀性按表10进行检验。

表10　　内涂膜固化、耐蚀性检验抽样方案及判定

名称	检验项目	不合格分类	批量范围	样本数	判定数组
铝易开盖、底盖、罐体	内涂膜固化	A类不合格	≥35001	3	[0　1]
	耐蚀性				

8.5.2 其他出厂检验和型式检验项目按GB/T 2828.1中正常检验二次抽样方案进行检验，见表11和表12。

表11　　检验水平和接收质量限AQL

名称	检验项目	批检查水平	不合格分类	接收质量限AQL
易开盖、底盖	外观	S-4	A类不合格	0.65
			B类不合格	2.5
			C类不合格	4.0
	尺寸	S-3	C类不合格	4.0
	密封胶干膜质量	S-1	B类不合格	2.5
	内涂膜完整性	S-1	A类不合格	1.0
	启破力	S-1	B类不合格	2.5
	全开力	S-1	B类不合格	2.5
	开启可靠性	S-1	A类不合格	1.0
	耐压强度	S-1	A类不合格	1.0
	密封性	S-1	A类不合格	1.0
罐体	外观	S-4	A类不合格	0.65
			B类不合格	2.5
			C类不合格	4.0
	尺寸	S-3	C类不合格	4.0
	二重卷边结构	S-1	A类不合格	1.0
	内涂膜完整性	S-1	A类不合格	1.0
	焊缝补涂带完整性	S-1	A类不合格	1.0
	耐压强度	S-1	A类不合格	1.0
	密封性	S-1	A类不合格	1.0

表 12　　正常检查二次抽样方案

检查水平	批量范围	接收质量限 AQL	样本数	判定数组 Ac　Re
S-1	≥35001	1.0	13	[0　1]
		2.5	5	[0　1]
S-3	35001～500000	4.0	20 20	[1　3] [4　5]
	≥500001	4.0	32 32	[2　5] [6　7]
S-4	35001～500000	0.65	50 50	[0　2] [1　2]
		2.5	50 50	[2　5] [6　7]
		4.0	50 50	[3　6] [9　10]
	≥500001	0.65	80 80	[0　3] [3　4]
		2.5	80 80	[3　6] [9　10]
		4.0	80 80	[5　9] [12　13]

9　标志、包装、运输与贮存

9.1　标志

9.1.1　罐体上应有生产厂家的标记。

9.1.2　出厂产品应有产品检验合格证，标志应符合 GB/T 191 的规定。合格证上应有生产厂名称、产品名称、产品规格、生产编号、生产日期、数量等。

9.2　包装

应满足集装或运输要求，包装材料应清洁，不允许有异味和污染等。

9.2.1　铝易开盖、底盖包装

9.2.1.1　用于铝易开盖、底盖的包装纸袋应呈中性。

9.2.1.2　铝易开盖、底盖装袋后用纸箱或托盘包装，用纸箱包装的要封闭箱口。用托盘包装的，外加捆扎带和塑料薄膜包封。

9.2.2　罐体包装

罐体采用托盘包装。其他包装形式由供需双方商定，层与层之间用呈中性的纸板隔开，外加捆扎和塑料薄膜包封。

9.3　运输

运输工具应清洁、干燥，不允许有异味、污染。装运时应避免雨淋、暴晒、受潮及损毁。

9.4　贮存

9.4.1　产品应贮存在通风、干燥、清洁的库房内，避免阳光直接照射。

9.4.2　在正常贮存条件下、产品自生产之日起保质期为 2 年。

（八）GB/T 13521—2016《冠形瓶盖》

1　范围

本标准规定了由电镀锡（或镀铬）薄钢板制成的用于啤酒、饮料等食品包装的冠形瓶盖（以下简称“瓶盖”）的尺寸、要求、试验方法、检验规则和标志、包装、运输和贮存。

本标准适用于瓶口符合 QB/T 3729 的封口用瓶盖，其他材质容器的封口用瓶盖可参照执行。

2　规范性引用文件

下列文件对于本文件的应用是必不可少的。凡是注日期的引用文件，仅注日期的版本适用于本文件。凡是不注日期的引用文件，其最新版本（包括所有修改单）适用于本文件。

GB/T 191　包装储运图示标志

GB/T 2520　冷轧电镀锡薄钢板及钢带

GB/T 24180　冷轧电镀铬钢板及钢带

QB/T 3729　玻璃容器冠形瓶口尺寸

3　术语和定义

下列术语和定义适用于本文件。

3.1　冠形瓶盖　crown cap

由周边有齿、形似皇冠的金属基体及其内嵌的密封垫片两部分组合而成一种瓶盖，用于密封符合 QB/T 3729 规定的瓶口，以满足啤酒、饮料等有气密性要求的产品包装。

4　产品结构

瓶盖结构示意图见图 1。

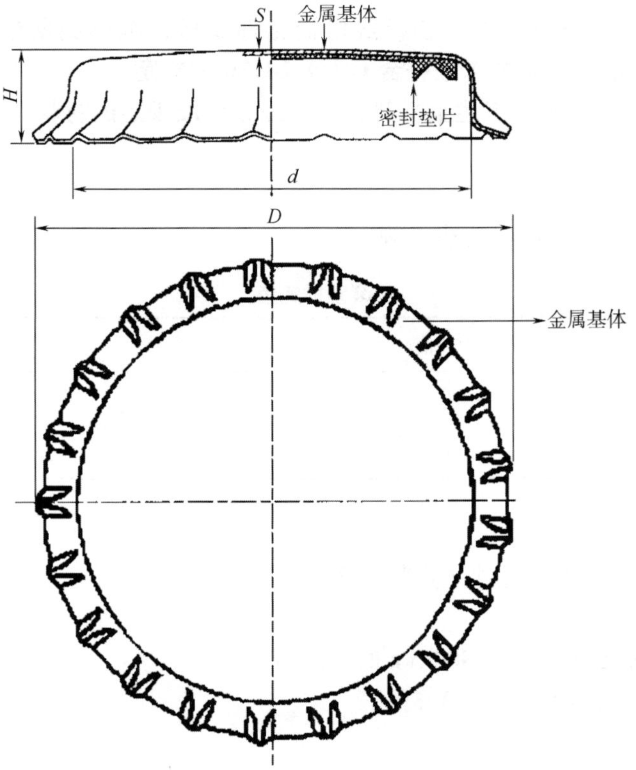

图 1　结构示意图

S—基体厚度　*D*—外径　*d*—内径　*H*—盖高

5 要求

5.1 瓶盖外观

5.1.1 瓶盖不应有毛刺、疵点和裂痕等，不得沾有污物。

5.1.2 图案清晰、商标文字正确。

5.1.3 图案位置允差≤0.8mm。

5.1.4 瓶盖垫片应平整，无缺陷、异物。

5.1.5 瓶盖垫片和瓶盖黏结牢固。

5.2 瓶盖基本尺寸及偏差

瓶盖基本尺寸及偏差见表1。

表1 瓶盖基本尺寸及偏差 单位为毫米

名称	基本尺寸		偏差
基体厚度 S	0.22～0.25		—
外径 D	32.10		±0.20
内径 d	26.75		±0.15
盖高 H	6.00	6.60	±0.15
齿数	21		—

注：特殊尺寸由供需双方商定。

5.3 瓶盖垫片

经杀菌处理，开瓶后垫片不自然脱离。

5.4 瓶盖材料

5.4.1 瓶盖基体材料：采用电镀锡薄钢板或电镀铬薄钢板，电镀锡薄钢技术要求应符合 GB/T 2520 的规定，电镀铬薄钢板技术要求应符合 GB/T 24180 的规定。

5.4.2 瓶盖垫片：采用无异味，卫生指标符合有关国家标准规定的材料。

5.5 瓶盖特性

5.5.1 耐磨性

25 只瓶盖的滚动损耗值，应符合表2规定。

表2 滚动损耗值 单位为毫克

类别	滚动损耗值	类别	滚动损耗值
单色	≤17	三色	≤25
双色	≤20	四色	≤30

5.5.2 耐腐蚀性

瓶盖经试验后除切边外无明显连续点状锈斑。

5.5.3 密封性

5.5.3.1 瞬时耐压：加压在压力至 800kPa 时不漏气。

5.5.3.2 持续耐二氧化碳泄漏量：≤3.5%。

6 试验方法

6.1 瓶盖外观

在自然光线下目测。

6.2　瓶盖基本尺寸及偏差

使用通用或专用量规（最小分度不少于 0.01mm）进行测量。

6.3　瓶盖垫片

瓶盖用封盖机封在装水的瓶口上，检测外径，在 28.58～28.83mm；将封好的瓶子全部置于恒温水浴箱中，经过温度 70℃及时间 30min 杀菌处理，开瓶后垫片不自然脱离。

6.4　耐磨性试验

6.4.1　任取 50 只有垫片的瓶盖分为 2 组，每组 25 只，清洁样盖，称取质量，精确到 0.1mg。

6.4.2　将瓶盖放入滚动损耗仪内，以 20r/min 的速度转动 50min。磨耗仪采用玻璃材质滚筒（内径 100mm，壁厚 4.5mm）；内置两个磨块，材质为 45 号钢，质量为（75±5)g，尺寸为长 40mm×宽 25mm×高 10mm。

6.4.3　取出瓶盖，然后清洁瓶盖，称取质量，精确到 0.1mg。

6.4.4　取两组瓶盖滚动前后质量差值的平均数为瓶盖滚动损耗值。

6.5　耐腐蚀性试验

6.5.1　把 84mL 的浓盐酸（密度为 1.19g/cm³）徐徐加入 700mL 蒸馏水中，然后加 200g 硫酸铜完全溶解于酸溶液中。

6.5.2　把瓶盖放入硫酸铜溶液中，充分浸泡 30s 取出，用水冲洗干净，观察除切边外的锈斑。

6.6　密封性试验

6.6.1　瞬时耐压

6.6.1.1　取 10 只带有完整垫片的瓶盖为一组，将瓶盖用封盖机封在装水的瓶口上，检测外径，在 28.58～28.83mm，将其连接到装有单向阀和压力表耐压装置的瓶口上，瓶口应符合 QB/T 3729 规定。

6.6.1.2　瓶盖封口后放入水箱中，对瓶内充气（压缩空气）加压，从 600kPa 开始，每升压 100kPa 停 1min，至压力 800kPa 或预定的压力值为止，观察有无漏气现象，并做记录。

6.6.2　持续耐二氧化碳泄漏量

6.6.2.1　将 0.15mol/L 浓度的盐酸溶液注入 24 只符合 QB/T 3729—1999 规定的瓶内，并在瓶内留存 3cm 左右高度的空间。

6.6.2.2　按 0.15mol/L 浓度的盐酸溶液中加入 12.6g 的比例往瓶内放入片状碳酸氢钠，并立即用待测瓶盖封瓶，封口后瓶盖外径为 28.58～28.83mm。

6.6.2.3　将封好的瓶子全部置于恒温水浴箱中，经过温度 62～68℃及时间 30min 的灭菌处理，并注意有无漏气现象。

6.6.2.4　将灭菌后的瓶子置于 20～25℃环境中，7d 后取其半数瓶恒温至 23℃，用 CO_2 测定仪测得 CO_2 压力 p_1；其余在 20～25℃环境中继续存放至 21d，取其半数瓶恒温至 23℃，再用 CO_2 测定仪测得 CO_2 压力 p_2，将测得的两次 CO_2 压力进行对比，计算出相应的 CO_2 泄漏量，见式(1)。

$$CO_2 = \frac{\overline{p_1} - \overline{p_2}}{\overline{p_1}} \times 100\% \tag{1}$$

式中　$\overline{p_1}$——灭菌后的瓶子室温 7d 后，测得 CO_2 的平均压力，单位为兆帕（MPa）

$\overline{p_2}$——其余灭菌后的瓶子在室温下继续存放至 21d，测得 CO_2 的平均压力，单位为兆帕（MPa）

6.7　卫生性能

垫片及微生物指标按照国家法律法规及相关卫生标准规定执行。

7 检验规则

7.1 组或批

检验应按货批或货组进行，按一次交货的同一规格的产品为一个货批。同一个货批，经双方协商，可分为若干货组，货组应为整数倍的包装件。

7.2 检验分类

产品的检验分出厂检验和型式检验。

7.2.1 出厂检验

出厂检验项目包括产品的外观、基本尺寸、偏差及瞬时耐压。

7.2.2 型式检验

型式检验为除 5.4.1 外本标准要求中规定的全部项目，有下列情况之一者应进行型式检验：

——新产品试制定型鉴定时；

——原材料及工艺有较大改变，可能影响产品性能时；

——出厂检验结果与上次型式检验有较大差异时；

——国家质量监督机构提出进行型式检验的要求时；

——长期停产后，恢复生产时；

——正常生产时，每一年进行一次检验。

8 标志、包装、运输和贮存

8.1 标志

应符合 GB/T 191 的规定，包装箱或包装袋上应附上合格的标签，注明生产单位、产品名称、内装数量、生产日期、出厂日期、保质期。

8.2 包装

冠形瓶盖须先用符合食品卫生要求的包装袋包装，外层用纸箱或按用户要求包装。

8.3 运输和贮存

8.3.1 运输工具必须清洁干燥，在搬运和贮存过程中防止雨雪侵袭和雨淋，产品包装不得破损，不得接触有腐蚀性和有毒的化学品。

8.3.2 成品仓库应干燥通风，无异味。上述贮存条件下产品保质期为 2 年。

(九) GB/T 29335—2012《爪式旋开盖》

1 范围

本标准规定了爪式旋开盖的术语和定义，产品规格、型号及分类，要求，试验方法，检验规则，标志、包装、运输和贮存等要求。

本标准适用于用镀锡薄钢板制成的，用于杀菌或不杀菌的瓶装食品密封包装的爪式旋开盖。

2 规范性引用文件

下列文件对于本文件的应用是必不可少的。凡是注日期的引用文件，仅注日期的版本适用于本文件。凡是不注日期的引用文件，其最新版本（包括所有的修改单）适用于本文件。

GB/T 2520 冷轧电镀锡薄板及钢带

GB/T 2828.1 计数抽样检验程序 第 1 部分：按接收质量限（AQL）检索的逐批检验抽样计划

GB/T 5009.67　食品包装用聚氯乙烯成型品卫生标准的分析方法

GB/T 5009.69　食品罐头内壁环氧酚醛涂料卫生标准的分析方法

GB/T 6682　分析实验室用水规格和试验方法

GB/T 21928　食品塑料包装材料中邻苯二甲酸酯的测定

QB/T 1877　包装装潢镀锡（铬）薄钢板印刷品

QB/T 2763　涂覆镀锡（或铬）薄钢板

3　术语和定义

下列术语和定义适用于本文件。

3.1　突环型爪式旋开盖　regular twist-step caps

密封垫圈注胶槽顶面成环形台阶状的盖。

3.2　高盖型爪式旋开盖　deep twist-off caps

盖高为中等程度以上的高型盖。

3.3　安全钮型爪式旋开盖　regular twist-off caps with safty button

盖中央带有圆形真空安全突钮的盖。

3.4　加压杀菌爪式旋开盖　twist-off caps for sterilization

适用于杀菌温度高于100℃的盖。

3.5　常压杀菌爪式旋开盖　regular twist-off caps for pasteurism

适用于沸水杀菌的盖。

3.6　热灌装爪式旋开盖　twist-off caps for hot filling

适用于灌装物料温度高于80℃，密封后不再杀菌的盖。

3.7　实心密封垫片　solid gasket

采用聚氯乙烯树脂及其他辅料制成的胶，经注胶、烘烤、塑化制成黏结于瓶盖内壁的实心状的密封垫圈。

3.8　发泡密封垫片　foaming gasket

采用聚氯乙烯树脂并加入发泡剂及其他辅料制成的胶，经注胶、烘烤、塑化制成黏结于瓶盖内壁的有微型气孔的密封垫片。

4　产品规格、盖型及分类

4.1　产品规格

产品规格包括公称直径为30mm、38mm、43mm、48mm、53mm、58mm、63mm、66mm、70mm、77mm、82mm、100mm的爪式旋开盖。

4.2　产品盖型

产品盖型见表1。

表1　　　　产品盖型

产品名称	产品盖型	产品名称	产品盖型
常规型爪式旋开盖	RTO	中高盖型爪式旋开盖	MTO
安全钮常规型爪式旋开盖	RTB	安全钮中高型爪式旋开盖	MTB
突环型爪式旋开盖	RTS	高盖型爪式旋开盖	DWO
安全钮突环型爪式旋开盖	RSB	安全钮高盖型爪式旋开盖	DWB

4.3　产品分类

根据灌装食品杀菌方式不同分为加压杀菌爪式旋开盖、常压杀菌爪式旋开盖和热灌装爪式旋开盖。

5　要求

5.1　原辅材料

5.1.1　镀锡薄钢板

5.1.1.1　电镀锡薄钢板应符合 GB/T 2520 规定。即经在线检查的、在正常贮存条件下适合整张印涂的电镀锡薄钢板，且不得有下列缺陷：

a）穿透钢板厚度的针孔；

b）对使用有影响的伤痕、凹坑、折皱、锈迹等表面缺陷；

c）对使用有影响的形状缺陷。

5.1.1.2　电镀锡薄钢板的镀锡量、耐冲击性能、厚度、调质度及厚度和调质度的允许偏差均应符合相关要求。带安全钮的爪式旋开盖应采用二次冷轧铁，相应的规格、参数及特殊质量要求应由供需双方商定。

5.1.2　内壁涂料

内壁涂膜的性能应符合 QB/T 2763 的规定，内壁涂料应能满足罐装内容物对涂膜抗性的要求，内涂膜厚度等质量应符合相关要求。

5.1.3　密封垫片

密封垫片类型应满足供需双方确认的杀菌工艺要求。

5.1.4　外壁涂料

应选用耐高温烘烤、耐冲压、耐蒸煮的印铁油墨和涂料。

5.1.5　其他原辅材料

其他原辅材料应符合相应的食品安全国家标准的规定。

5.2　产品的基本结构、尺寸和规格尺寸

5.2.1　产品的基本结构参见附录 A。

5.2.2　规格尺寸应符合表 2 规定。

表 2　　规格尺寸

<table>
<tr><th rowspan="3">规格</th><th colspan="2" rowspan="2">盖外径
O. D/mm</th><th rowspan="2">盖内径
C. D/mm</th><th colspan="2" rowspan="2">爪直径距
L. D/mm</th><th colspan="2" rowspan="2">盖高
H/mm</th><th colspan="2" rowspan="2">爪高
S/mm</th><th colspan="4">密封垫片厚度 D/mm</th><th rowspan="3">爪数
/只</th></tr>
<tr><th colspan="2">实心</th><th colspan="2">发泡</th></tr>
<tr><th>基本尺寸</th><th>偏差</th><th>最小值</th><th>基本尺寸</th><th>偏差</th><th>基本尺寸</th><th>偏差</th><th>基本尺寸</th><th>偏差</th><th>最小值</th><th>最大值</th><th>最小值</th><th>最大值</th></tr>
<tr><td>30</td><td>33.55</td><td rowspan="13">±0.15</td><td>29.10</td><td>26.75</td><td rowspan="13">±0.20</td><td>12.65</td><td rowspan="13">±0.30</td><td>11.50</td><td rowspan="13">±0.25</td><td rowspan="13">0.75</td><td rowspan="10">1.4</td><td rowspan="13">0.75</td><td rowspan="13">1.55</td><td>3</td></tr>
<tr><td>38</td><td>42.05</td><td>37.60</td><td>35.20</td><td>9.65</td><td>8.60</td><td>3</td></tr>
<tr><td>43</td><td>44.75</td><td>40.90</td><td>38.60</td><td rowspan="2">8.60</td><td rowspan="2">7.45</td><td>4</td></tr>
<tr><td>48</td><td>49.85</td><td>46.00</td><td>43.70</td><td>4</td></tr>
<tr><td>53</td><td>56.25</td><td>52.40</td><td>49.35</td><td rowspan="4">9.70</td><td rowspan="4">8.50</td><td>4</td></tr>
<tr><td>58</td><td>60.15</td><td>56.30</td><td>53.25</td><td>4</td></tr>
<tr><td>63</td><td>66.35</td><td>62.55</td><td>59.50</td><td>4</td></tr>
<tr><td>66</td><td>69.25</td><td>65.45</td><td>62.40</td><td>4</td></tr>
<tr><td>70</td><td>73.25</td><td>69.45</td><td>66.40</td><td>9.80</td><td>8.65</td><td>4</td></tr>
<tr><td>77</td><td>80.03</td><td>76.23</td><td>73.10</td><td>10.90</td><td>9.70</td><td>6</td></tr>
<tr><td>82</td><td>85.05</td><td>81.25</td><td>78.20</td><td>13.65</td><td>12.30</td><td rowspan="3">1.55</td><td>6</td></tr>
<tr><td>100</td><td>103.25</td><td>99.45</td><td>96.95</td><td>14.50</td><td>13.30</td><td>6</td></tr>
<tr><td>63
高盖</td><td>66.35</td><td>62.55</td><td>59.50</td><td></td><td></td><td>6</td></tr>
</table>

5.2.3　密封垫片宽度

规格 30 的爪式旋开盖应不小于 5.5mm；规格 38～82 的爪式旋开盖应不小于 7mm。

5.2.4　密封垫片厚度偏差

5.2.4.1　实心密封垫片：每只盖同一圆周上的厚度偏差应不大于 0.4mm。

5.2.4.2　发泡密封垫片：每只盖同一圆周上的厚度偏差应不大于 0.45mm。

5.3　爪式旋开盖的外观质量

5.3.1　盖形状完整，无明显碰凹皱褶，不应沾有污物。

5.3.2　盖的爪应平整，大小基本一致，双层铁皮应卷紧。

5.3.3　印刷图案清晰，商标文字正确，其他外观指标应符合 QB/T 1877 的相应要求。

5.3.4　图案位置：印刷图案中心点与盖中心点的偏差不大于 1.2mm。

5.3.5　内壁涂膜不应有暴露镀层的划伤。

5.3.6　密封垫片表面平整，色泽均匀，无缺损。

5.4　爪式旋开盖的外壁涂膜质量

5.4.1　耐杀菌性

经试验后，涂膜应不褪色、不渗色、不起泡、不脱落、无明显失光。

5.4.2　耐腐蚀性

经试验后，应无连续点状腐蚀。

5.5　爪式旋开盖的内壁涂膜质量

5.5.1　耐腐蚀性

经试验后，应无连续点状腐蚀。

5.5.2　抗酸性

经试验后，应无气泡、无脱落、无变色、无泛白。无抗酸要求的旋开盖，此项指标不作要求。

5.5.3　抗硫性

经试验后，应无明显硫斑、不脱落。无抗硫要求的旋开盖，此项指标不作要求。

5.5.4　抗油性

经试验后，应不变色、不脱落。

5.6　爪式旋开盖的密封垫片质量

5.6.1　塑化程度

塑化良好，垫片不断裂。

5.6.2　附着力

垫片与盖内涂膜及内涂膜与镀锡薄钢板均应粘接牢固，不移位。

5.6.3　抗油性

耐油性良好，密封后应不渗油、不漏油。

5.7　爪式旋开盖的开启性

徒手较易开启，开启扭力矩参见附录 B。

5.8　爪式旋开盖的真空安全钮

技术要求参见附录 B。

6　试验方法

本试验方法中所用的水，在未注明其他要求时，均指符合 GB/T 6682 规定的三级以上的水。

本试验方法中所用的试剂，在未注明规格时，均指分析纯（AR）。若有特殊要求须另作明确规定。

本试验所用溶液在未注明用何种溶剂配制时，均指水溶液。

6.1　原辅材料

6.1.1　内壁涂料试验

卫生指标按 GB/T 5009.69 的规定试验。

6.1.2　密封垫片试验

选用瓶盖配套的标准玻璃瓶作为检测容器，根据瓶盖密封垫片与罐装内容物接触面积计算浸泡溶液量，按 GB/T 5009.67 的规定试验，邻苯二甲酸酯类按 GB/T 21928 的规定试验。

6.2　规格尺寸的测定

6.2.1　仲裁法

盖外径、盖内径、爪直径距、盖高用通规、止规专用量具测量。

6.2.2　常规法

用精度为 0.02mm 的量具或专用量具测量。

6.2.3　爪高的测定

采用百分表测定。将百分表测杆上的专用测头钩入盖爪底部，用瓶盖顶面作为基准面放在测量平台上，测量盖顶面至爪底部的最高距离 S。测试方法见图 1。

6.2.4　密封垫片厚度的测定

用瓶盖顶面作为基准面放在测量平台上用百分表测量。测点至盖外壁的径向距离 d 按表 3 规定，测试方法见图 2，瓶盖应紧贴 V 型定位块旋转一周记下百分表的最大最小读数，密封垫片厚度（D）按式（1）计算，密封垫片同圆周厚度偏差（Δ）按式（2）计算。

$$D=T_{max}（或\ T_{min}）-t \tag{1}$$

式中　D——密封垫片厚度，单位为毫米（mm）

T_{max}——盖顶面至垫片的最大尺寸，单位为毫米（mm）

T_{min}——盖顶面至垫片的最小尺寸，单位为毫米（mm）

t——涂料铁厚度，单位为毫米（mm）

$$\Delta=T_{max}-T_{mim} \tag{2}$$

式中　Δ——密封垫片同圆周厚度偏差，单位为毫米（mm）

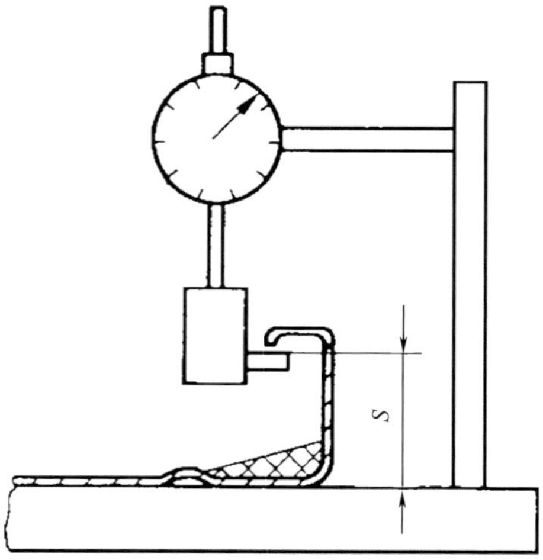

图 1　爪高的测定

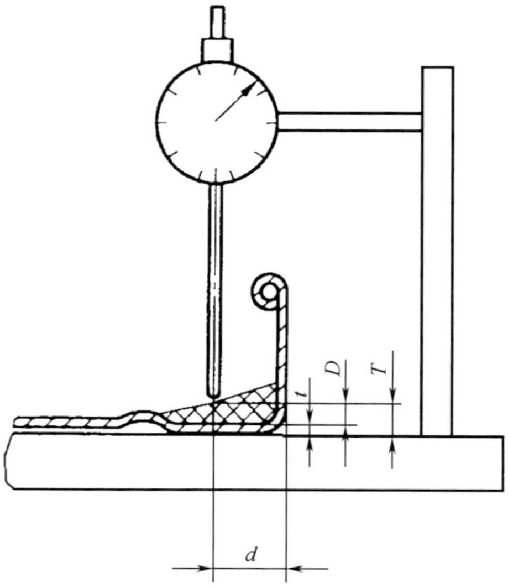

图 2　密封垫片厚度的测定

t—涂料铁厚度　D—密封垫片厚度

T—盖顶面至垫片的尺寸　d—测点到盖外壁的径向距离

表 3　　测点至盖外壁的径向距离

规格	d/mm
30	4.80
43、48	5.40
38、53、58、63、66、70、77、82、100	5.00

6.2.5　密封垫片宽度测定

用游标卡尺测量盖外壁至垫片内圆周边的最小距离 W，即密封垫片宽度，见图 3。

6.3　爪式旋开盖的外观质量

6.3.1　目测检查

在正常光照和视力下，采用目测检查。

6.3.2　图案位置的测定

测量试样左、右（上、下）任一对称部位的空白宽度 b_{max}、b_{min} 见图 4（精确到 0.1mm），测量结果按式（3）计算。

$$a=(b_{max}-b_{min})/2 \tag{3}$$

式中　a——图案位置偏差，单位为毫米（mm）

b_{max}——最大空白宽度，单位为毫米（mm）

b_{min}——最小空白宽度，单位为毫米（mm）

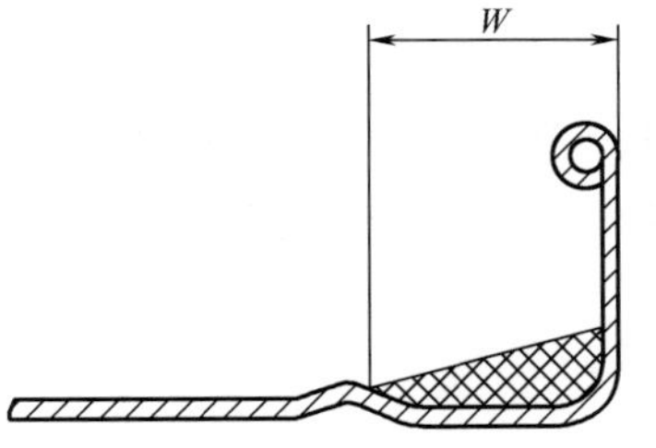

图 3　密封垫片宽度的测定

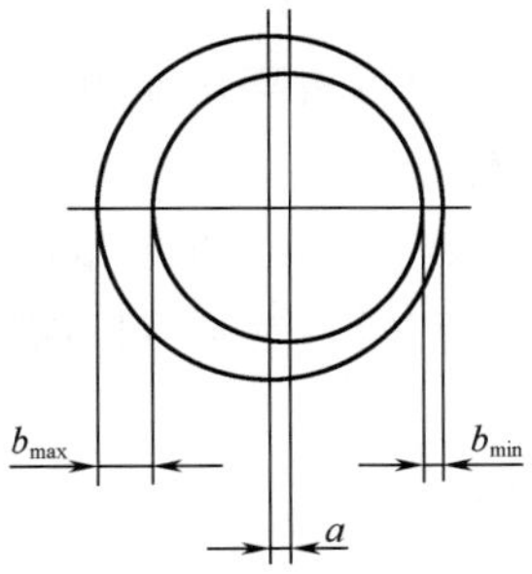

图 4　图案位置测定

6.4　爪式旋开盖的外壁涂膜质量

6.4.1　耐杀菌性试验

6.4.1.1　热灌装爪式旋开盖

瓶盖封在匹配的玻璃瓶口上，在 85℃热水中保温 30min 后，取出冷却至室温，观察外壁涂膜。

6.4.1.2　常压杀菌爪式旋开盖

瓶盖封在匹配的玻璃瓶口上，在沸水中加热 30min 后，取出冷却至室温，观察外壁涂膜。

6.4.1.3　加压杀菌爪式旋开盖

瓶盖封在匹配的玻璃瓶口上，在 121℃水中加热 30min 后，取出冷却至室温，观察外壁涂膜。

6.4.2　耐腐蚀性试验

6.4.2.1　试剂和溶液

6.4.2.1.1　分析用水：二级水。

6.4.2.1.2　浓盐酸：密度 1.19g/cm³。

6.4.2.1.3　蒸馏水。

6.4.2.1.4　硫酸铜 $CuSO_4 \cdot 5H_2O$。

6.4.2.1.5　硫酸铜盐酸溶液：将 84mL 浓盐酸（密度 1.19g/cm³）边搅拌边加入到 700mL 蒸馏水中，然后将硫酸铜 200g 溶解于上述酸溶液中。

6.4.2.2　试验步骤

将瓶盖放入硫酸铜盐酸溶液中浸泡 2min 后取出用水冲洗干净，观察内壁。

6.5　爪式旋开盖的内壁涂膜质量

6.5.1　耐腐蚀性试验

同 6.4.2。

6.5.2　抗酸性试验

6.5.2.1　试剂和溶液

柠檬酸溶液：称取柠檬酸（$C_6H_8O_7 \cdot H_2O$）20g，用水溶解并稀释至 1000mL。

6.5.2.2　试验步骤

将柠檬酸溶液倒入与瓶盖相匹配的样瓶内，并加注到离瓶口 5～10mm 处。瓶盖在沸水中加热 30s 后，立即与样瓶密封，然后将样瓶置于温水中，经 121℃加热 30min 后，冷却至室温，开盖检查盖内壁。

6.5.3　抗硫性试验

6.5.3.1　试剂和溶液

L 型半胱氨酸盐酸盐（0.5g/L）、磷酸二氢钾（3.6g/L）和磷酸氢二钠（7.2g/L）的混合溶液：称取 L 型半胱氨酸盐酸盐 0.5g、磷酸二氢钾 3.6g、磷酸氢二钠 7.2g，分别用水溶解后，混合稀释至 1000mL。混合溶液应在配制后 4h 内使用。

6.5.3.2　试验步骤

将试验溶液倒入与瓶盖相匹配的样瓶内，并加注到离瓶口 5～10mm 处。瓶盖在沸水中加热 30s 后，立即与样瓶密封，然后将样瓶置于温水中，经 121℃加热 30min 后，冷却至室温，开盖检查盖内壁。

6.5.4　抗油性试验

6.5.4.1　试剂和溶液

食用植物油（色拉油）。

6.5.4.2　试验步骤

将 70～80℃的植物油倒入预热好的样瓶内，加注到离瓶口 5～10mm 处，瓶盖在沸水中加热 30s 后，立即与样瓶密封。封盖后将样瓶直立置于卧式加压杀菌釜进行高压水杀菌，应确保杀菌釜内水位高于最上层样瓶的瓶盖表面 15cm，杀菌时保持 121℃恒温 30min，恒温时杀菌釜压力表保持在 0.18MPa。杀菌后冷却样瓶中心温度至 40℃出水，冷却时保持杀菌釜压力表保持在 0.18MPa。样瓶冷却至室温后，开盖检查盖内壁。

6.6　爪式旋开盖的密封垫片质量

6.6.1　塑化程度试验

6.6.1.1　热灌装盖

将 70～80℃的热水倒入预热好的与盖相匹配的样瓶内，加注到离瓶口 5～10mm 处，盖在沸水中加热 30s 后，立即与样瓶密封，冷却至室温，开盖观察垫片。

6.6.1.2　常压杀菌盖

将70～80℃的热水倒入预热好的与盖相匹配的样瓶内，加注到离瓶口5～10mm处，盖在沸水中加热30s后，立即与样瓶密封，然后将样瓶放入温水中，加热煮沸30min后，冷却至室温，开盖观察垫片。

6.6.1.3　加压杀菌盖

将70～80℃的热水倒入预热好的与盖相匹配的样瓶内，加注到离瓶口5～10mm处，盖在沸水中加热30s后，立即与样瓶密封。封盖后将样瓶直立置于卧式加压杀菌釜进行高压水杀菌，确保杀菌釜内水位高于最上层样瓶瓶盖表面15cm，杀菌时保持121℃恒温30min，恒温时杀菌釜压力表保持在0.18MPa。杀菌后冷却样瓶内植物油的中心温度至40℃出水，冷却时，杀菌釜压力表应在0.18MPa。样瓶冷却至室温后，开盖观察垫片。

6.6.2　附着力试验

6.6.2.1　热灌装盖

按6.6.1.1方法试验后，观察垫片。

6.6.2.2　常压杀菌盖

按6.6.1.2方法试验后，观察垫片。

6.6.2.3　加压杀菌盖

按6.6.1.3方法试验后，观察垫片。

6.6.3　抗油性试验

6.6.3.1　试剂和溶液

食用植物油（色拉油）。

6.6.3.2　试验步骤

6.6.3.2.1　热灌装盖抗油性试验

将85℃以上的植物油倒入预热好的样瓶内，并加注到离瓶口5～10mm处，瓶盖在沸水中加热30s后，立即与样瓶密封，冷却至室温，倒置于滤纸上24h后观察。

6.6.3.2.2　常压杀菌盖抗油性试验

将70～80℃的植物油倒入预热好的样瓶内，并加注到离瓶口5～10mm处，瓶盖在沸水中加热30s后，立即与样瓶密封，然后将样瓶放入温水中，加热煮沸30min后，冷却至室温，倒置于滤纸上24h后观察是否有渗油、漏油。

6.6.3.2.3　加压杀菌盖抗油性试验

将70～80℃的植物油倒入预热好的样瓶内，并加注到离瓶口5～10mm处，瓶盖在沸水中加热30s后，立即与样瓶密封。封盖后将玻璃瓶直立置于卧式加压杀菌釜进行高压水杀菌，确保杀菌釜内水位高于最上层样瓶瓶盖表面15cm，杀菌时保持121℃恒温30min，恒温时杀菌釜压力表应在0.18MPa。杀菌后冷却至样瓶内植物油的中心温度至40℃时出水，冷却时杀菌釜压力表应在0.18MPa不变。冷却至室温，倒置于滤纸上24h后观察是否有渗油、漏油。

6.7　爪式旋开盖开启性的测定

6.7.1　仪器和设备

扭力矩测试仪。

6.7.2　试验步骤

6.7.2.1　热灌装盖

按6.6.1.1方法试验后，用扭力矩测试仪徒手开启瓶盖，并观察开启扭力矩的数值。

6.7.2.2　常压杀菌盖

按 6.6.1.2 方法试验后，用扭力矩测试仪徒手开启瓶盖，并观察开启扭力矩的数值。

6.7.2.3　加压杀菌盖

按 6.6.1.3 方法试验后，用扭力矩测试仪徒手开启瓶盖，并观察开启扭力矩的数值。

7　检验规则

7.1　基本要求

7.1.1　产品出厂前由制造单位的检验部门按标准规定逐批进行检验，符合标准要求并附有产品合格证方可出厂。

7.1.2　以相同材料、相同工艺、相同规格、同一条生产线连续生产的产品为一批。

7.1.3　产品检验按 GB/T 2828.1 正常检验二次抽样方案。

7.2　出厂检验

7.2.1　出厂检验项目

出厂检验项目为表 4 中第 3 项～第 11 项和第 13 项～第 15 项。

表 4　　抽样检验表

<table>
<tr><th>序号</th><th>项目名称</th><th>技术要求</th><th>试验方法</th><th>不合格分类</th><th>检验水平
IL</th><th>接收质量限
AQL</th></tr>
<tr><td>1</td><td>内壁涂料</td><td>5.1.2</td><td>6.1.1</td><td rowspan="3">A</td><td rowspan="2">—</td><td rowspan="2">全部合格</td></tr>
<tr><td>2</td><td>密封垫片</td><td>5.1.3</td><td>6.1.2</td></tr>
<tr><td>3</td><td>塑化程度</td><td>5.6.1</td><td>6.6.1</td><td rowspan="6">S-3</td><td rowspan="6">1.0</td></tr>
<tr><td>4</td><td>附着力</td><td>5.6.2</td><td>6.6.2</td><td rowspan="9">B</td></tr>
<tr><td>5</td><td>抗油性</td><td>5.6.3</td><td>6.6.3</td></tr>
<tr><td>6</td><td>内壁耐腐蚀性</td><td>5.5.1</td><td>6.5.1</td></tr>
<tr><td>7</td><td>抗酸性</td><td>5.5.2</td><td>6.5.2</td></tr>
<tr><td>8</td><td>抗硫性</td><td>5.5.3</td><td>6.5.3</td></tr>
<tr><td>9</td><td>爪式旋开盖的规格尺寸</td><td>5.2</td><td>6.2</td><td rowspan="6">S-4</td><td>2.5</td></tr>
<tr><td>10</td><td>爪式旋开盖的外观质量</td><td>5.3.1
5.3.2
5.3.5
5.3.6</td><td>6.3.1</td><td rowspan="3">4.0</td></tr>
<tr><td>11</td><td>爪式旋开盖的外壁涂膜质量</td><td>5.4</td><td>6.4</td></tr>
<tr><td>12</td><td>镀锡薄钢板</td><td>5.1.1</td><td>6.3.1</td></tr>
<tr><td>13</td><td>印刷图案</td><td>5.3.3</td><td>6.3.1</td><td rowspan="3">C</td><td rowspan="3">6.5</td></tr>
<tr><td>14</td><td>图案位置</td><td>5.3.4</td><td>6.3.2</td></tr>
<tr><td>15</td><td>爪式旋开盖的开启性</td><td>5.7</td><td>6.7</td><td>S-3</td></tr>
</table>

7.2.2 判定规则

7.2.2.1 判为A类不合格的产品不得出厂，制造单位应对该批产品作全数检验或返工处理，然后再次提交检验，合格后方可出厂。

7.2.2.2 判为B类、C类不合格的批产品，原则上不得出厂，具体处理办法可由供需双方协商解决。

7.3 型式检验

7.3.1 每种盖型一般每年进行一次型式检验。有下列情况之一，也应进行型式检验：

a）主要原辅材料或关键工艺改变，可能影响产品性能时；

b）停产六个月以上，恢复生产时；

c）出厂检验结果与上次型式检验有较大差异时；

d）国家质量监督机构提出进行型式检验的要求时。

7.3.2 型式检验项目为抽样检验表（见表4）中全部项目。

7.3.3 型式检验用的试样，应从出厂检验合格货批中抽取。

7.3.4 型式检验的判定规则按7.3.2规定，并应改进生产至新的型式检验合格后，方可恢复生产。

7.4 转移规则

在连续生产过程中，可使用符合GB/T 2828.1规定的转移规则。

8 标志、包装、运输、贮存

8.1 标志

产品包装箱应有制造单位、产品名称、规格、数量、采用标准号、生产日期，并附有检验合格标签。

8.2 包装

产品应先用清洁无毒塑料薄膜袋包装，外层用运输包装箱包装，包装箱应紧固。

8.3 运输

运输工具应清洁干燥，运输时应轻装轻卸，防止潮湿、雨雪浸淋和包装污染、破损。

8.4 贮存

产品应贮存在干燥、清洁的库房内，防止受潮、污染、锈蚀，不得与有毒、有害物品存放一起。

8.5 保质期

符合8.3、8.4规定时，产品自生产之日起，产品保质期为两年。

附录 A
(资料性附录)
爪式旋开盖的基本结构示意图

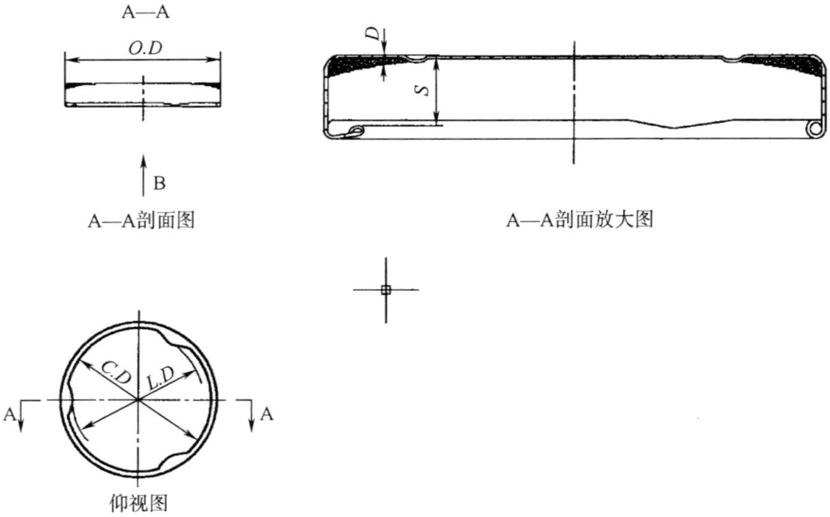

图 A.1　三爪-爪式旋开盖的基本结构示意图

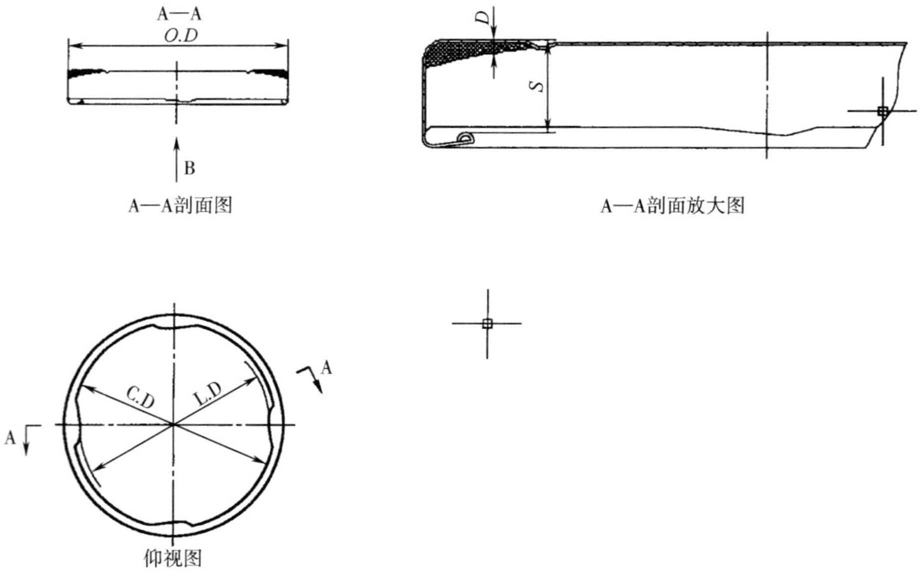

图 A.2　四爪-爪式旋开盖的基本结构示意图

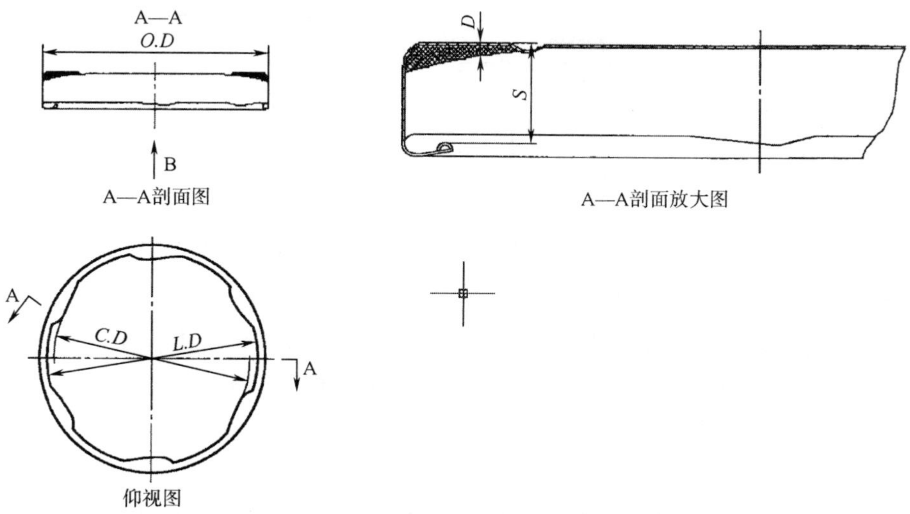

图 A.3　六爪-爪式旋开盖的基本结构示意固

附录 B
（资料性附录）
开启扭力矩和真空安全钮的技术要求

B.1　开启扭力矩技术要求

按 6.7 试验后，用扭力矩测试仪徒手较易开启。开启扭力矩在 0.024～0.064MPa 真空度下参考指标见表 B.1。

表 B.1　　开启扭力矩要求

规格	开启扭力矩/（N·m）	规格	开启扭力矩/（N·m）
30	0.50～2.60	66	2.70～5.40
38	1.00～3.28	70	2.85～5.70
43	1.75～3.50	77	3.30～6.60
48	1.95～3.90	82	3.50～7.00
53	2.20～4.40	100	6.00～12.00
58	2.35～4.70	63 高盖	2.60～5.20
63	2.60～5.20		

B.2　真空安全钮的技术要求

B.2.1　真空安全钮吸下、弹起真空度的参考限定值见表 B.2。

表 B.2　　弹起真空度的参考限定值

规格	真空度		吸下和弹起值之差最小值/MPa
	吸下最大值/MPa	弹起最小值/MPa	
30	0.051	0.007	0.007
38、43、48	0.044		
53～100	0.040		

B.2.2　检验方法

用口径相适应的钢制圆形测量杯测量。将瓶盖朝下盖在杯口上，开动真空泵缓慢抽出杯内空气，当瓶盖的安全钮被完全吸下时，此时读取压力表上的数值，即为吸下真空度值。然后缓慢释放真空，当安全钮被弹起时，此时压力表上的读数值即为弹起真空度值。

（十）GB/T 18927—2002《包装容器　金属辅件》

1　范围

本标准规定了包装容器起吊护铁、包角角铁、包棱角铁、通风窗等金属辅件的技术要求。

本标准适用于运输包装容器的防护用金属辅件。

2　规范性引用文件

下列文件中的条款通过本标准的引用而成为本标准的条款。凡是注日期的引用文件，其随后所有的修改单（不包括勘误的内容）或修订版均不适用于本标准，然而，鼓励根据本标准达成协议的各方研究是否可使用这些文件的最新版本。凡是不注日期的引用文件，其最新版本适用于本标准。

GB/T 699—1999　优质碳素结构钢

GB/T 700—1988　碳素结构钢（neq DIN 630：1987）

GB/T 709—1988　热轧钢板和钢带的尺寸、外形、重量及允许偏差（neq TOCT 19903：1974）

GB/T 2828—1987　逐批检查计数抽样程序及抽样表（适用于连续批的检查）

GB/T 4122.4—2002　包装术语　木容器

GB/T 1800.2—1998　极限与配合　基础　第 2 部分：公差、偏差和配合的基本规定（eqv ISO 286-1：1988）

GB/T 1800.3—1998　极限与配合　基础　第 3 部分：标准公差和基本偏差数值表（eqv ISO 286-1.1988）

3　术语和定义

GB/T 4122.4 确立的以及下列术语和定义适用于本标准。

3.1

金属辅件　master accessory

运输包装容器中用于部分加强结构所用的金属件。

4　一般要求

4.1　各种金属辅件应采用 GB/T 709 规定的热轧钢板或 GB/T 700 规定的普通碳素钢以及 GB/T 699 规定的优质碳素结构钢。

4.2　尺寸公差应符合 GB/T 1800.2—1998 和 GB/T 1800.3—1998 公差等级 IT14 的规定。

4.3　各种辅件应进行防锈处理。

4.4　各种辅件的表面应光滑，不应有毛刺。

4.5　金属构件的结构型式与尺寸要求可依据包装箱的情况适当改变，但尺寸要求一般不应小于本标准的规定。

5　技术要求

5.1　起吊护铁的结构型式与尺寸

根据安装位置的不同，起吊护铁分为底座用起吊护铁和顶盖用起吊护铁。起吊护铁的弯角半径应为3～6mm，当内装物大于10t时，起吊炉护铁的弯角半径应为5～8mm。各种金属辅件的弯角半径一般应小于4mm。

5.1.1　底座用起吊护铁的结构型式与尺寸要求分内装物在6000kg以下的和内装物在6000kg以上的两种，内装物在6000kg以下的结构型式按图1、图2的规定，尺寸要求按表1的规定。

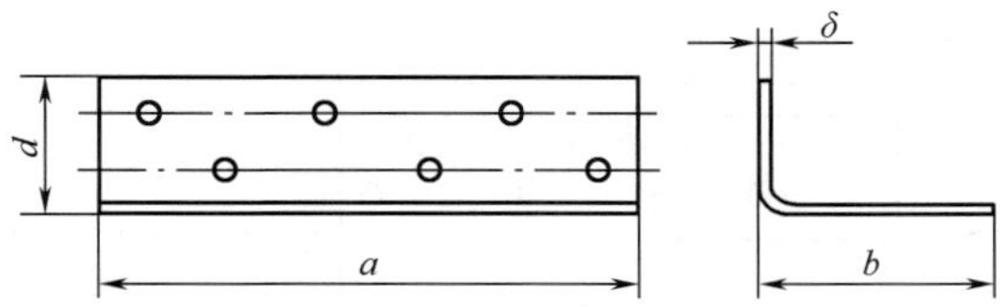

图1　内装物在6000kg以下的底座用起吊护铁的结构型式示意图

表1　　要求内装物在6000kg以下的底座用起吊护铁的尺寸要求　　单位为毫米

内装物质量/kg	a≥	b≥	d≥	δ
＜2000	150	50	50	1.0～2.0
2000～4000	200	60	60	1.5～3.0
4001～6000	250	80	80	2.5～5.0

内装物在6000kg以上的底座用起吊护铁结构型式按图1、图2的规定，尺寸要求按表2的规定。

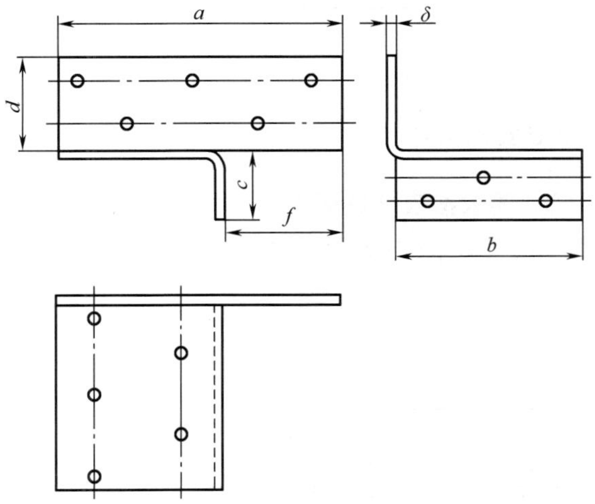

(a) 内装物在6000kg以上的底座用起吊右护铁的示意图

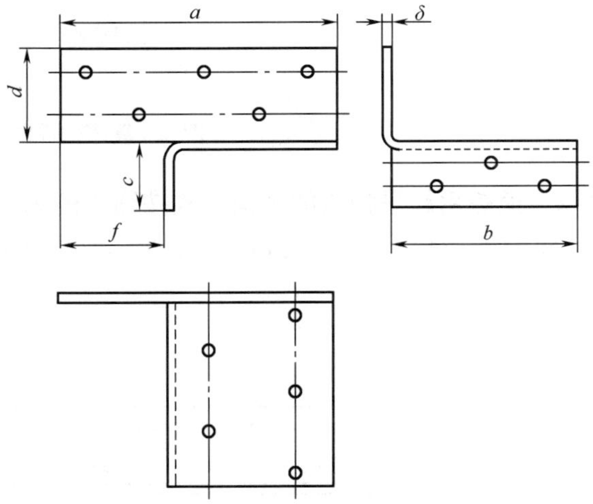

(b) 内装物在6000kg以上的底座用起吊左护铁示意图

图2

表 2　　　　内装物在 6000kg 以上的底座用起吊护铁的尺寸要求　　　　单位为毫米

内装物质量/kg	$a\geqslant$	$b\geqslant$	c	$d\geqslant$	f	$\delta\geqslant$
6001～10000	300	80	35	80	150	30
10001～20000	300	80	45	80	150	5.0
>20001	400	100	50	100	200	6.0

对于内装物在 4001～6000kg 的起吊护铁，当底座上的滑木与辅助滑木是两个独立构件时，采用图 3 所示的安装方式。

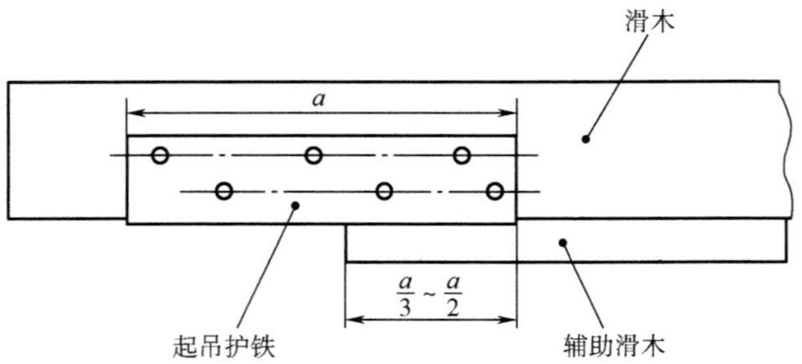

图 3　独立构件的起吊护铁安装示意图

当滑木与辅助滑木实际上是一根整体构件时，起吊护铁应采用图 2 所示的结构型式，其尺寸按表 2 中内装物重量为 6001～10000kg 一档所规定的尺寸要求，安装方式如图 4 所示。

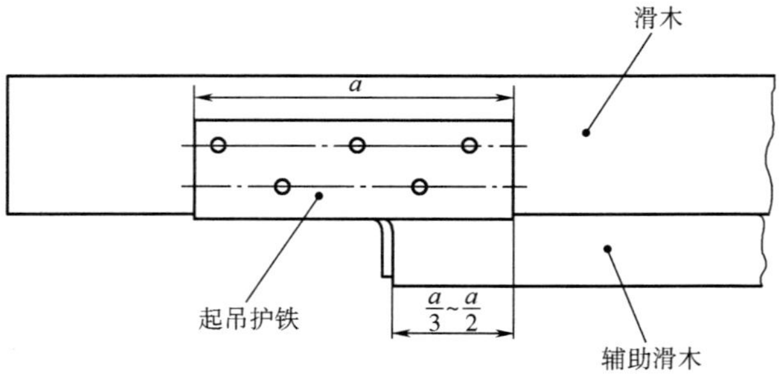

图 4　整体构件的起吊护铁安装示意图

5.1.2　顶盖用起吊护铁的结构型式按图 5 的规定，尺寸要求按表 3 的规定。

顶盖用起吊护铁的宽和高尺寸 b，可采用不等边尺寸，但小边尺寸不应小于表 3 中给定的尺寸。

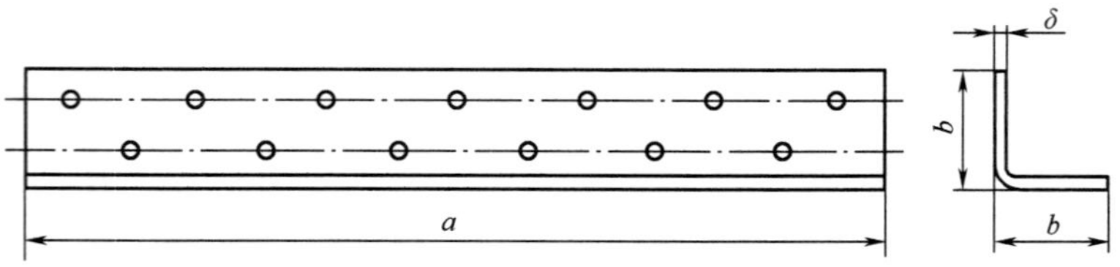

图 5　顶盖用起吊护铁的结构型式示意图

表 3　　顶盖用起吊护铁的尺寸要求　　单位为毫米

内装物质量/kg	包装箱长	$a \geqslant$	$b \geqslant$	$\delta \geqslant$
<5000	≤2000	300	50	2.0
	2001～3500	400		
	>3500	500		
5001～10000	≤2000	400	60	3.0
	2001～3500	500		
	>3500	600		
10001～20000	≤2000	500	80	5.0
	2001～3500	600		
	>3500	700		
20001～30000	≤2000	800	80	5.0
	2001～3500			
	>3500			

5.1.3　钉孔的数量与尺寸要求：各种起吊护铁均应在各面布置两排固定用钉孔。每排中，钉孔的间隔不大于 120mm。两排钉孔之间的间隔约为护铁面宽的 60%。两排钉孔的位置应错开排列。

钉孔的直径由所用钢钉的直径确定。内装物在 3000kg 以下时，孔径为 ϕ2.5～3mm；内装物在 20000kg 及其以下时，孔径为 ϕ3.0～3.5mm；内装物在 20000kg 以上时，孔径为 ϕ3.5～4.5mm。钉孔倒角不小于 120°。

5.2　包角角铁

包角角铁的结构型式按图 6 的规定，尺寸要求按表 4 的规定。

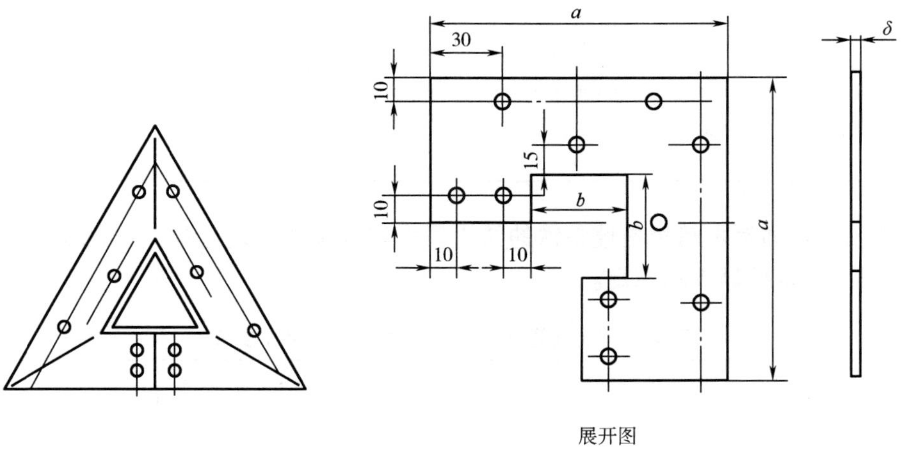

图 6　包角角铁的结构型式示意图

表 4	包角角铁的尺寸要求	单位为毫米

包装箱体积/m^3	a	b	δ	钉孔直径	钉孔数量/个	备注
<4	100	25	0.5～0.8	φ1.5～2.5	10	弯成三角锥形
5～8	140	45	0.8～1.0			
9～18	170	55	1.0～1.5			
>18	200	65				

5.3 包棱角铁

包棱角铁分为框架木箱、普通木箱、普通滑木箱用包棱角铁。包棱角铁的尺寸 a 可采用不等边结构，但小边尺寸要求不应小于表 6 中的规定。

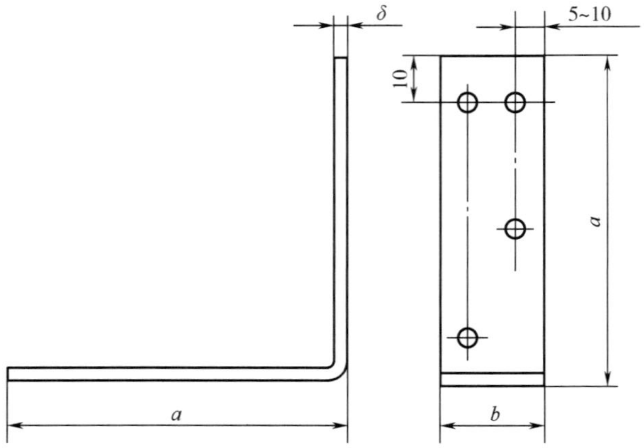

图 7　包棱角铁的结构型式示意图

5.3.1　框架木箱用包棱角铁结构型式按图 7 的规定，尺寸要求按表 5 的规定。

表 5	框架木箱用包棱角铁的尺寸要求	单位为毫米

内装物质量/kg	a	b	δ
3000～5000	100	30	0.5～0.8
5001～10000	140	30	
10001～20000	140	40	0.8～1.0
>20000	160	50	>1.0

5.3.2　普通木箱、普通滑木箱用包棱角铁的结构型式与框架木箱用包棱角铁的结构型式相同，按图 7 的规定，尺寸要求按表 6 的规定。

表 6	普通木箱、普通滑木箱用包棱角铁的尺寸要求	单位为毫米

内装物质量/kg	a	b	e
20～50	60	40	0.5～0.8
51～200	75	60	0.8～1.0

5.4 通风窗

通风窗的结构型式按图 8 的规定，尺寸要求按表 7 的规定。

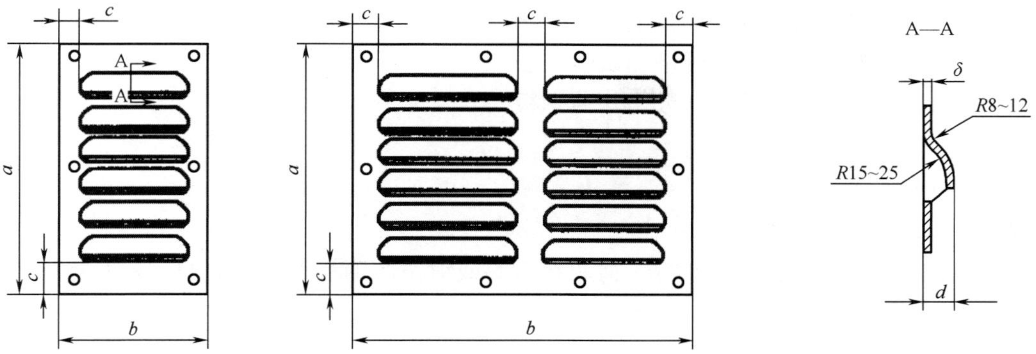

图 8　通风窗的结构型式示意图

表 7　　通风窗的尺寸要求　　单位为毫米

<table>
<tr><th>型式</th><th>a</th><th>b</th><th>c</th><th>d</th><th>δ</th><th>孔径</th><th>钉孔个数</th><th>槽孔条数</th></tr>
<tr><td rowspan="3">Ⅰ</td><td>120</td><td>90</td><td>10</td><td>4</td><td>0.5～0.8</td><td>ϕ2.5</td><td>4</td><td rowspan="3">4～6</td></tr>
<tr><td>140</td><td>130</td><td>12</td><td rowspan="3">6</td><td rowspan="3">0.8～1.5</td><td rowspan="3">ϕ3～3.5</td><td rowspan="2">6</td></tr>
<tr><td>200</td><td>150</td><td>15</td></tr>
<tr><td>Ⅱ</td><td>140</td><td>250</td><td>12</td><td>8</td><td>12</td></tr>
</table>

6　检验规则

6.1　尺寸检验

各种金属辅件的尺寸应符合 4.1、4.2 的有关要求。

6.2　外观检验

各种金属辅件的外观应符合 4.3、4.4 的有关要求。

6.3　合格判定

各种金属辅件的合格判定应符合 GB/T 2828 的有关要求。

7　标志、贮存

7.1　标志

可按用户需求进行产品标志。

7.2　贮存

合格辅件应贮存在干燥、防湿的环境中。

(十一) GB/T 14251—2017《罐头食品金属容器通用技术要求》

1　范围

本标准规定了罐头食品金属容器的术语和定义、产品分类、质量要求、食品安全要求、试验方法、检验规则、标志、包装、运输与贮存等要求。

本标准适用于以镀锡或镀铬薄钢板、铝合金薄板制成的罐头食品空罐和实罐容器。

2　规范性引用文件

下列文件对于本文件的应用是必不可少的。凡是注日期的引用文件，仅注日期的版本适用于本文件。凡是不注日期的引用文件，其最新版本（包括所有的修改单）适用于本文件。

GB/T 2828.1　计数抽样检验程序　第 1 部分：按接收质量限（AQL）检索的逐批检验抽样计划

GB 4806.9　食品安全国家标准　食品接触用金属材料及制品

GB/T 5231—2012　加工铜及铜合金牌号和化学成分

GB/T 6682　分析实验室用水规格和试验方法

QB/T 2763—2006　涂覆镀锡（或铬）薄钢板

3　术语和定义

下列术语和定义适用于本文件。

3.1　覆膜铁　laminated steel

通过熔融法或胶粘法贴合一层高分子薄膜在镀锡或镀铬薄钢板表面而成的一种兼有高分子材料和金属材料双重性能的复合材料。

3.2　覆膜铝　laminated aluminum

通过熔融法或胶粘法贴合一层高分子薄膜在铝合金薄板表面而成的一种兼有高分子材料和金属材料双重性能的复合材料。

3.3　罐体　can body

由金属罐身与顶盖或底盖结合或用整块金属薄板冲压拉拔成型而成的容器。

3.4　三片罐　three-piece can

由金属顶盖、罐身和底盖三片材料结合而成的包装容器。

3.5　两片罐　two-piece can

罐底和罐身用整块金属薄板冲压拉拔成型的罐体与金属顶盖密封而成的容器。

3.6　浅冲两片罐　two-piece drawn can

罐底和罐身用整块金属薄板一次冲压拉拔成型的罐体与金属顶盖结合而成的包装容器，其罐高与罐径之比小于1。

3.7　素铁罐　plain tinplate can

罐身采用内壁无覆膜或涂膜的镀锡薄钢板制成的包装容器。

3.8　涂料铁罐　coated steel can

罐身采用内壁涂膜的镀锡（铬）薄钢板制成的包装容器。

3.9　涂料铝罐　coated aluminium can

罐身采用内壁涂膜的铝合金薄板制成的包装容器。

3.10　覆膜铁罐　laminated steel can

罐身采用覆膜铁材料制成的包装容器。

3.11　覆膜铝罐　laminated aluminum can

罐身采用覆膜铝材料制成的包装容器。

3.12　圆罐　round can

外形为圆柱体的金属罐。

3.13　异形罐　irregular can

外形为非圆柱体金属罐的总称。

3.14　扩口罐　expanding can

罐身的顶端横截面扩大的罐，可以使用尺寸较大的全拉开罐盖。

3.15　直身罐　straight-wall can

罐体从顶部到底部横截面直径恒定的罐。

3.16　缩颈罐　necked-in can

罐身的一端或两端横截面直径缩小的罐。

3.17　焊缝补涂罐　striped can

对罐身焊接罐的焊缝进行补涂的罐。

3.18 滚筋罐 beaded can

在罐身上滚压成多条有规则的凹凸棱状的金属罐。

3.19 撑胀罐 expanded can

罐身在成圆后再撑胀成形的金属罐，以获得更好的刚性或罐身外观。

3.20 卷开罐 key open can

罐身上部预先刻痕并带有舌状小片，用开罐钥匙卷开的金属罐。

3.21 易开盖 easy open end；EOE

由铝合金薄板、镀锡或镀铬薄钢板制成，在开启部位有刻痕，并铆有拉环，以方便开启的罐盖。

3.22 易撕盖 easy peelable end；EPE

由铝合金薄板或镀锡（铬）薄钢板制成的盖圈与铝塑复合材料或高分子膜贴合而成，开启时能将铝塑膜撕开的盖。

3.23 罐盖 end

顶底盖

金属罐的构件，用于三片金属罐顶部或底部的盖。

3.24 补涂带 stripe

以液体辊涂、喷涂或粉末静电喷涂方式，在焊缝及其两侧覆盖的防蚀涂层。

3.25 毛刺 splash

因焊接温度过高，使焊点中心温度达到或超过铁的熔点，熔融金属被挤压抛出的形成物。当该形成物位于罐壁时称为飞溅点。

3.26 冷焊 cold weld

假焊或虚焊

因焊接温度过低，两薄钢板被焊部位未能达到塑熔（仅锡被熔融）状态。

3.27 针孔 pin hole

焊接时，热熔的镀锡薄钢板因冷却速度较镀锡薄钢板收缩慢，而形成的穿透性孔隙。

3.28 击穿 puncture

焊缝中个别焊点，由于焊接电流突然过大（如因残留涂膜等引起），而使该点被熔化穿孔。

3.29 漏焊 missing welding

焊缝中一个或一个以上焊点无电流通过或电流过小、未能熔接的状态。

3.30 内涂膜完整性 enamel rate value；ERV

因原材料及加工工艺等因素，导致内涂膜表面出现不应有的微孔、划伤等缺陷，以缺陷引起的传导电流值表示。

3.31 二重卷边 double seam

通过头道滚轮和二道滚轮操作，使罐身的翻边和顶（底）盖的钩边相互钩叠、压紧形成的密封结构，二重卷边由三层顶（底）盖厚度和二层罐身厚度构成。

3.32 划线不良 faulty score

卷开罐罐身划线有缺陷，致使罐身泄漏，或开罐时卷不开、卷不到头以及因划线而造成外部印铁严重爆漆等现象。

3.33 卷边不完全 dead head；spinner；skidder；slip seam

滑口

封罐过程中，由于压头打滑或滚轮转动不良等原因所造成的局部卷边未完全压紧的现象。见图1。

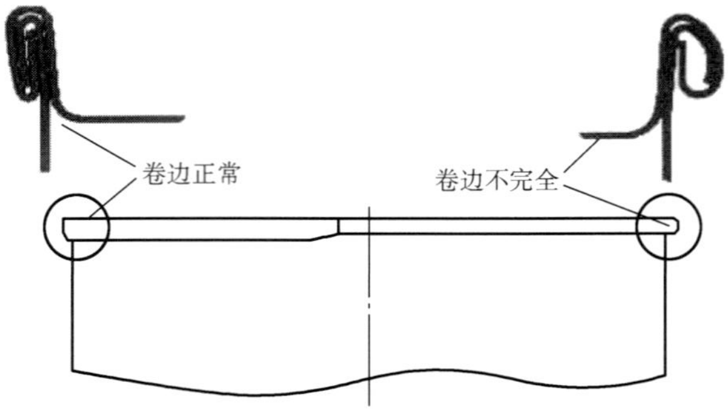

图 1　卷边不完全

3. 34　跳封　jumped seam

由于焊缝处卷边较厚，滚轮经过焊缝时跳过而未能将卷边压紧的现象。见图 2。

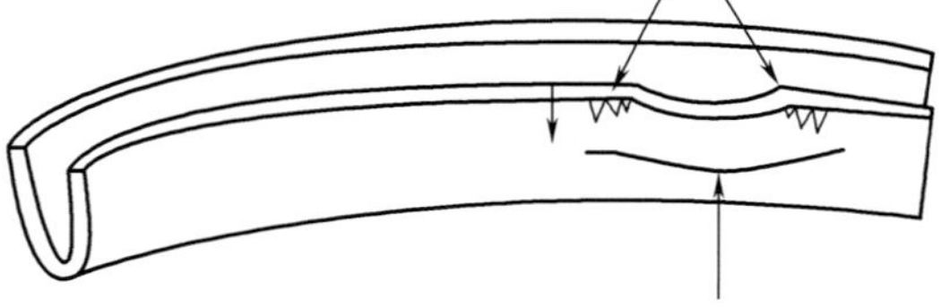

图 2　跳封

3. 35　假卷　false seam

假封

折叠的盖钩紧压折叠的身钩，但未相互钩合的卷边。见图 3。

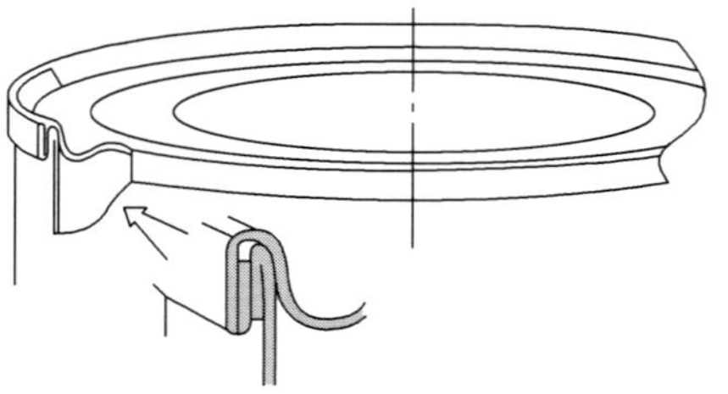

图 3　假卷

3. 36　大塌边　knocked-down flange; soft crab

封罐时由于罐身翻边或罐盖边缘严重碰瘪，致使罐身、罐盖没有相互钩合，在卷边下部有明显的罐身翻边露出现象。见图 4。

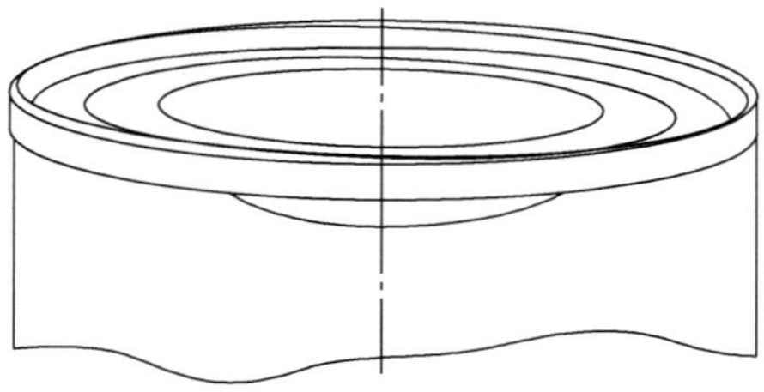

图 4　大塌边

3.37　锐边　sharp seam

卷边顶部内侧的锋口。见图 5。

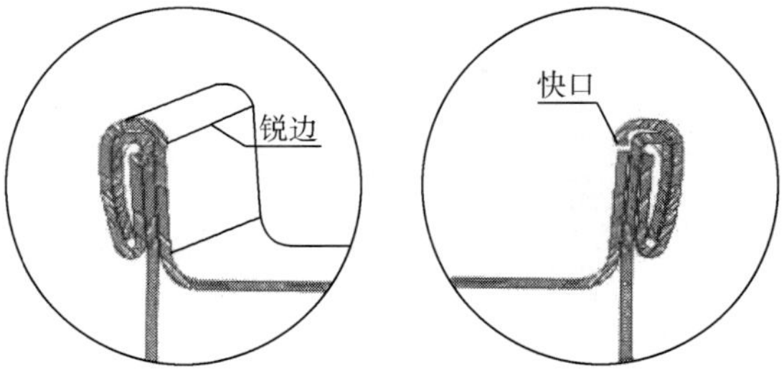

图 5　锐边和快口

3.38　快口　cut-over

当锐边达到金属薄板断裂的程度。见图 5。

3.39　卷边“牙齿”　vee; pinlip

封罐不良，盖钩和身钩局部未叠接，在卷边下缘所形成的 V 形突出。见图 6。

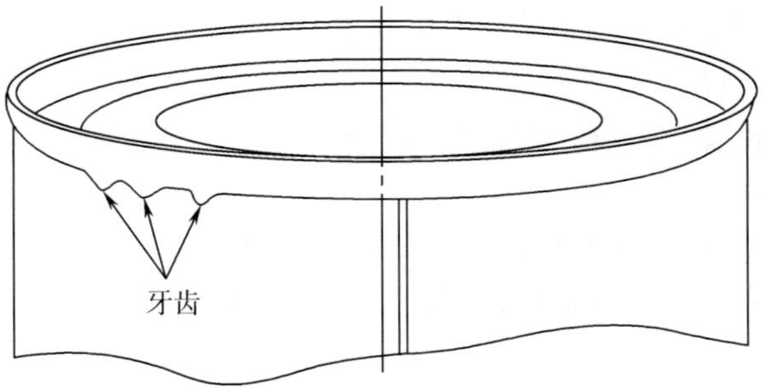

图 6　卷边“牙齿”

3.40　铁舌　droop

因封罐不良，在卷边下缘明显露出的影响外观的舌状部分。见图 7。

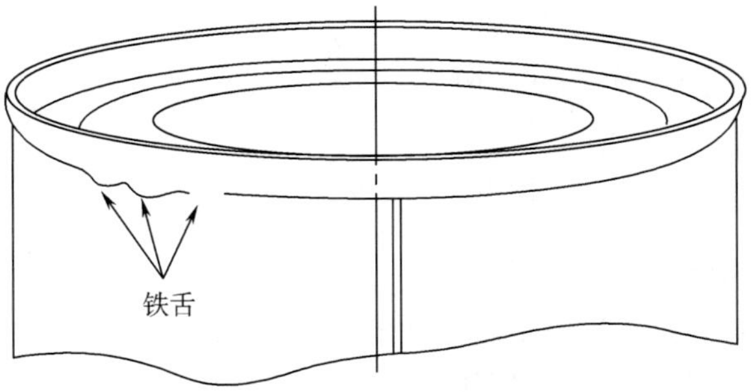

图 7　铁舌

3.41　垂唇　droop at juncture

在罐身焊缝处超过卷边宽度 20％的铁舌称垂唇。见图 8。

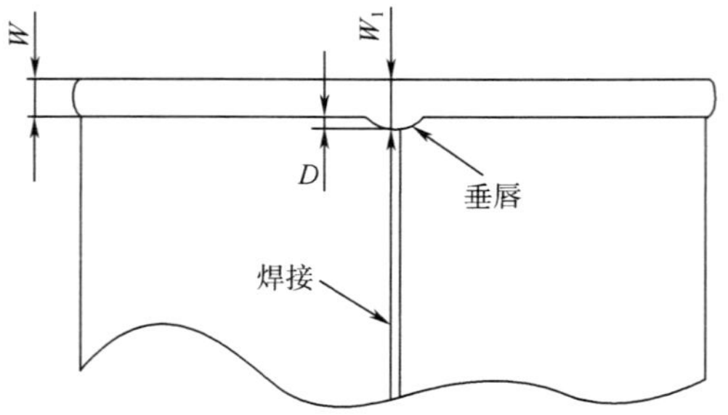

图 8　垂唇

3.42　卷边碎裂　cut seam; fractured seam

因封罐不良，卷边外层金属薄板断裂现象，一般发生在罐身焊缝处。见图 9。

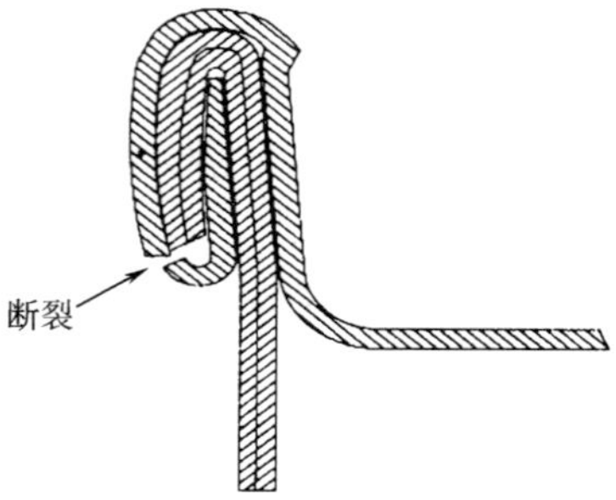

图 9　卷边碎裂

3.43　双线　double line

在卷边下缘被卷边滚轮轧出的二重线状明显损坏金属薄板的轧痕。

3.44　叠接长度　overlap length; *OL*

卷边内部盖钩与身钩相互重叠成搭接状态的长度。

3.45　叠接率　overlap percent

卷边内部身钩和盖钩重叠的程度，用百分数表示。

3.46　皱纹度　wrinkle rating

卷边解体后，盖钩内侧周边凹凸不平的皱曲程度占整个盖钩长度的比例，以百分数表示，皱纹不包括在卷边过程中皱纹滚压平整后所留下的痕迹。见图 10。

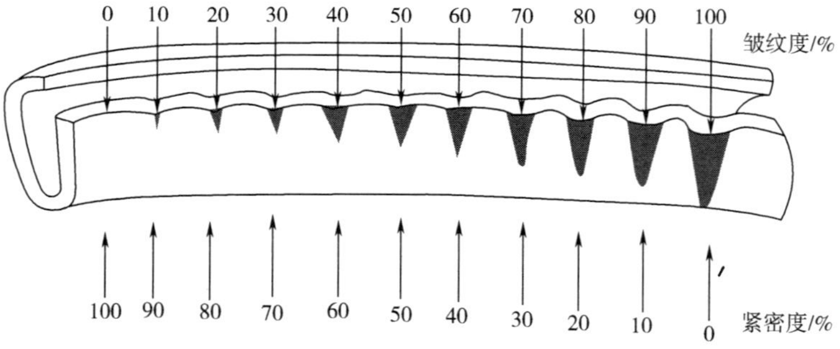

图 10　皱纹度和紧密度

3.47　紧密度　tightness rating

卷边解体后，盖钩内侧平整部分占整个盖钩的比例。见图 10。

3.48　身钩卷入率　body hook butting; BHB

接缝交叠处罐身钩占理论身钩长度的百分率。

3.49　盖钩卷入率　cover hook butting; CHB

接缝交叠处罐盖钩占理论盖钩长度的百分率。

3.50　外挤胶　external squeezing of compound

罐外卷边下缘露出密封胶的现象。

3.51　内流胶　internal squeezing of compound

罐头容器内部卷边沟槽露出密封胶的现象。

3.52　漏罐　leaked can

罐头密封性存在缺陷，或由于撞击而破坏密封，或罐壁因腐蚀而穿孔等原因造成泄漏的现象。

3.53　瘪罐　dent can

罐头受外力作用或真空度过高等造成的显著瘪陷变形现象。

3.54　凸角　buclke; peaking

罐头容器的底部或顶盖出现角状凸起的现象。

3.55　擦伤　scratches

镀锡层、覆膜、涂膜或外印漆膜上，受外力摩擦或损伤造成的磨损或划伤。

3.56　焊缝错位　off-set

因端面搭接不良导致焊缝端口不平的现象。

3.57　焊缝拖尾　fishtail

因焊接不良导致焊缝尾端突出的现象。

3.58　涂膜脱落　lacquer off

罐内涂膜因腐蚀或机械作用成片状脱落，或涂膜已与金属薄板成片分离尚未脱落均称涂膜脱落。

3.59　硫化铁　ferric sulphide

内容物中的含硫化合物与罐壁铁基板作用而产生的疏松易脱落的黑色物质。

3.60　硫化斑　sulphide stains

内容物中的含硫化合物与罐壁锡层作用而产生的褐色至棕紫色的硫化锡斑痕。

3.61　氧化圈　oxidation circle

素铁罐开罐后罐内壁的两端或一端的液面处出现的暗色腐蚀圈。

3.62　胀罐　swelled can

胖听

由于实罐罐内电化学作用、微生物活动产生气体或物理性原因，在罐内形成正压，使罐盖、罐底一端或两端、罐身外凸的现象。

3.63　罐内壁腐蚀　corrosion inside the can

实罐内壁与内容物作用发生了化学或电化学腐蚀，使金属离子等进入内容物。

3.64　均匀腐蚀　detinning

素铁罐内壁有全面均匀的熔锡现象，其表面呈现浅灰色的锡晶粒。

3.65　集中腐蚀　pitting

罐内壁有点状或片状熔锡或熔铁现象。

3.66　异常熔锡　abnormally rapid detinning

实罐经短期储藏后罐内壁快速熔锡，其整个表面呈现深灰色至黑色的腐蚀斑痕。

4　产品分类

4.1　按基板种类分为镀锡薄钢板罐、镀铬薄钢板罐、铝合金薄板罐。

4.2　按罐身内壁特性分为素铁罐、涂料铁罐，涂料铝罐、覆膜铁罐、覆膜铝罐。

4.3　按容器结构分为三片罐和两片罐。

示例见图11。

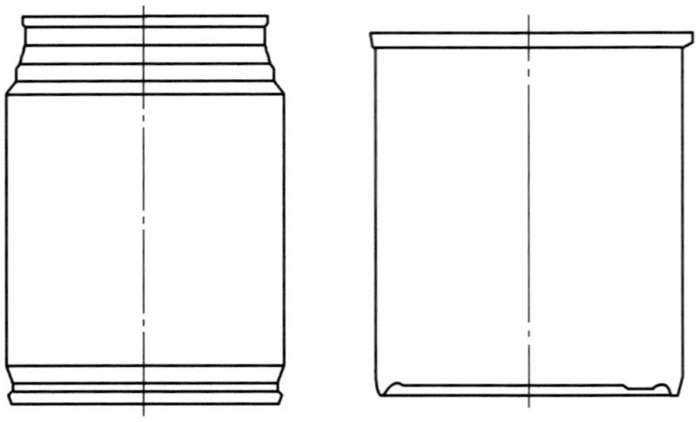

(a) 三片罐　　(b) 两片罐

图 11　三片罐和两片罐结构示意图

4.4　按容器形状分为圆罐和异形罐（方罐、长圆罐、椭圆罐、马蹄罐、梯形罐等）。

示例见图 12。

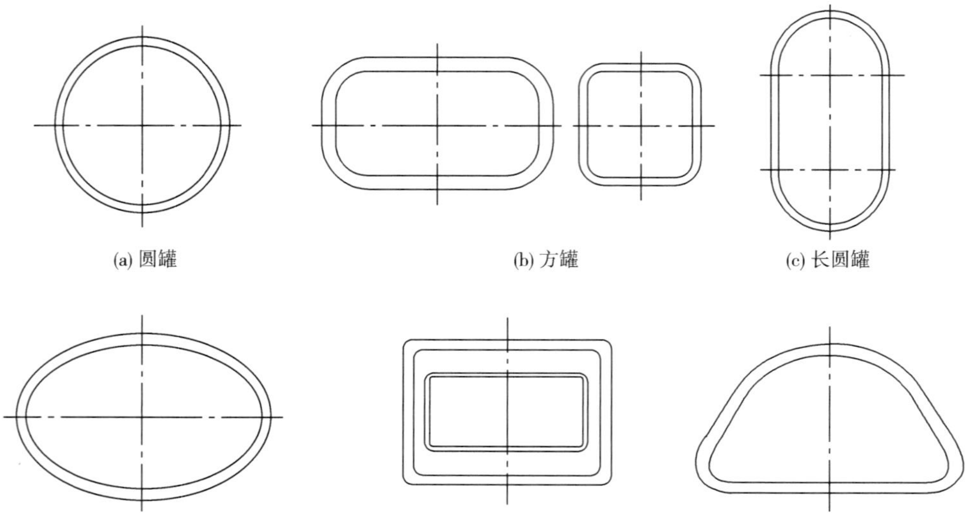

(a) 圆罐　　(b) 方罐　　(c) 长圆罐

(d) 椭圆罐　　(e) 梯形罐　　(f) 马蹄罐

图 12　圆罐和异形罐横截面示意图

4.5　按罐身形状为直身罐、锥形罐、缩颈罐、扩口罐、滚筋罐、撑胀罐等。

示例见图 13。

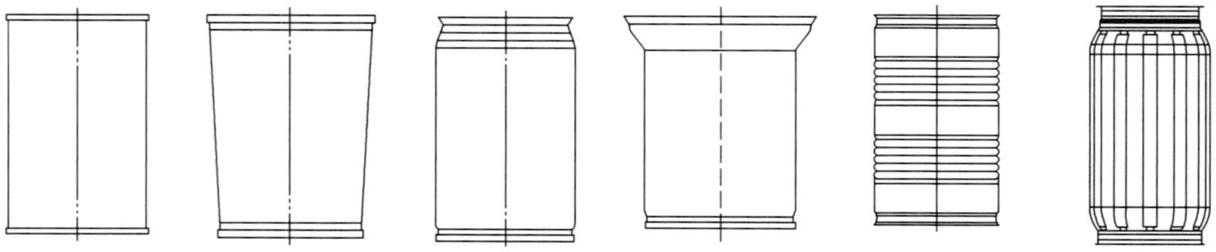

(a) 直身罐　　(b) 锥形罐　　(c) 缩颈罐　　(d) 扩口罐　　(e) 滚筋罐　　(f) 撑胀罐

图 13　罐身形状示意图

4.6 按开启方式分为易开盖罐、易撕盖罐、平底盖罐、卷开罐。

5 质量要求

5.1 原辅料要求

5.1.1 镀锡或镀铬薄钢板、铝合金薄板

应符合 GB 4806.9 的规定及相应质量标准的规定。

5.1.2 铜线

应符合附录 A 的规定。

5.1.3 其他辅料

应符合相关标准要求。

5.2 空罐、盖质量

5.2.1 外观质量

5.2.1.1 空罐应无污染、无油污、无异味、完整、无变形、无明显锈蚀；除素铁罐外，不应有金属暴露。

5.2.1.2 印刷的主要图案和文字清晰。

5.2.1.3 卷开罐的划线应均匀，无划线不良及卷开舌头被焊死现象。

5.2.1.4 罐身加强筋应均匀、光滑完整，无首尾不接、凹凸皱纹和深浅不一现象，加强筋处的焊缝不得有裂纹。

5.2.1.5 顶底盖应无破损、无明显污染，表面无锈蚀，钩边无皱褶及变形，密封胶无堆胶、断胶、拖尾和明显气泡，易开盖拉环应无破损等其他缺陷。

5.2.2 焊缝质量

5.2.2.1 焊缝平整光滑，搭接均匀一致，焊点均匀连接，不得有冷焊、漏焊、针孔、击穿，不应有明显锈蚀、毛刺现象。

5.2.2.2 焊缝搭接量应满足制罐的加工要求。焊缝厚度应不大于原板厚度的 1.5 倍。

5.2.2.3 封铁盖罐：焊缝错位和拖尾之和应不大于 0.5mm。封铝盖罐：焊缝错位和拖尾之和应不大于 0.2mm。

5.2.2.4 直身罐焊缝应能整条撕下，不应有分层和断裂。

5.2.2.5 焊缝加工变形部位不应有分层和断裂。

5.2.3 补涂带质量

5.2.3.1 焊缝补涂带应平滑均匀，完全覆盖焊缝及涂料留空部分，应无大气泡、焦黄和露铁点，液体补涂带不应有飞溅点。

5.2.3.2 补涂带应固化完全，经试验后应无泛白、剥离、脱落。

5.2.3.3 补涂带的厚度应满足内容物的要求，经硫酸铜试验后不得有密集腐蚀或线状腐蚀。

5.2.3.4 粉末补涂带附着力撕拉长度，在杀菌前应不大于 12mm，杀菌后不大于 20mm，液体补涂带划格法附着力应达到 1 级。

5.2.4 卷边质量

5.2.4.1 卷边应完整，无明显擦伤、锈蚀、内流胶和外挤胶现象。

5.2.4.2 卷边部位不应有卷边不完全、快口、假卷、大塌边、牙齿、铁舌和垂唇、跳封、卷边碎裂、锐边、双线等和因压头及卷边滚轮故障引起的其他缺陷。

5.2.4.3 卷边结构应由供需双方商定，主要指标要求应符合表 1、表 2 的规定。

表 1　　常规二重卷边结构要求

项目	封铁盖罐			封铝盖罐		
	圆罐/其他罐	方罐/梯形罐		圆罐/其他罐	方罐/梯形罐	
		直边	圆角		直边	圆角
叠接长度/mm	≥1.00	≥1.00	≥0.9	≥1.00	≥1.00	≥0.9
叠接率/%	≥50	≥50	≥45	≥55	≥50	≥45
紧密度/%	≥50	≥50	≥50	≥80	≥50	≥50
盖钩卷入率/% 身钩卷入率/%	70～95	70～95	70～95	70～95	70～95	70～95

注：其他罐包括长圆罐、椭圆罐、马蹄罐等异形罐，不包括方罐和梯形罐。

表 2　　封铁盖罐微型二重卷边结构要求

项目	封铁盖罐	项目	封铁盖罐
叠接长度/mm	≥0.76	身钩卷入率/%	75～95
叠接率/%	≥55	卷边间隙/mm	≤0.03
紧密度/%	≥70	卷边宽度/mm	2.5±0.20
盖钩卷入率/%	75～95		

5.2.5　密封性能

罐体经加压试验或减压试验后应无泄漏。

5.2.6　耐压强度

经耐压强度测试后，罐体及罐盖应无永久变形，不同罐型耐压强度宜符合表 3 的要求。

表 3　　耐压强度要求

罐型	直径/mm	耐压强度/kPa
圆罐	≤73.0	150
	73.0～99.0	80
圆罐及异形罐	>99.0	40
浅冲两片罐	≥52.3	80

注：不同产品对耐压强度要求不同，供需双方共同协商满足产品要求。

5.2.7　涂膜性能

5.2.7.1　内涂膜完整性

内涂膜完整性应符合表 4 的要求。

表 4　　内涂膜完整性要求

名称	单个电流值/mA	平均值/mA
液体补涂罐	≤30	≤15
粉末补涂罐	≤15	≤8
盖内涂膜完整性	≤8	≤5

注：供需双方应根据内容物特性，确定具体要求。

5.2.7.2　**内外涂膜固化性**

经试验后，罐身、罐盖内壁应无腐蚀，内涂膜应无泛白、剥离、脱落和起泡，外涂膜应无失光、剥离、脱落、起泡，印刷图案无明显褪色。

5.2.7.3　**抗酸性**

经试验后，罐身及罐盖内壁应无腐蚀，内涂膜应无泛白、剥离、脱落和起泡。

5.2.7.4　**抗硫性**

经试验后，罐身及罐盖内壁应无硫化铁及硫斑，内涂膜应无泛白、剥离、脱落和起泡。

5.2.7.5　**抗盐性**

经试验后，罐身及盖内壁应无密集腐蚀点，内涂膜应无泛白、剥离、脱落和起泡。

注：根据内容物的特性对抗酸性、抗硫性、抗盐性进行要求。

5.2.8　**密封胶性能**

5.2.8.1　**密封胶耐水性**

经水煮后密封胶不应有卷曲、发黏、异味、脱落等现象。

5.2.8.2　**密封胶含水率**

含水率不大于5%。

5.3　**实罐容器质量**

5.3.1　**外观质量**

实罐容器应完好，无漏罐、胀罐、瘪罐及凸角。

5.3.2　**罐内壁质量**

5.3.2.1　**素铁罐内壁**

无明显的氧化圈，无集中腐蚀、异常溶锡及穿孔，无漏罐、胀罐，无内流胶。

5.3.2.2　**涂料铁罐、涂料铝罐内壁**

无内流胶，内壁涂膜应完整，不应剥离或脱落，不应有硫化铁和明显的硫化斑，也不应有集中腐蚀或腐蚀扩散现象及穿孔。

5.3.2.3　**覆膜铁罐、覆膜铝罐内壁**

无内流胶，内壁覆膜应完整，不应剥离或脱落，不应有硫化铁和明显的硫化斑，也不应有集中腐蚀或腐蚀扩散现象及穿孔。

5.3.3　**卷边质量要求**

应符合表1和表2的要求。封铁盖罐的方罐/梯形罐圆角的紧密度应不小于40%。

6　**食品安全要求**

应符合相应食品安全国家标准的要求。

7　**试验方法**

7.1　**外观、焊缝、卷边**

7.1.1　**仪器和设备**

7.1.1.1　**开罐刀，见图14。**

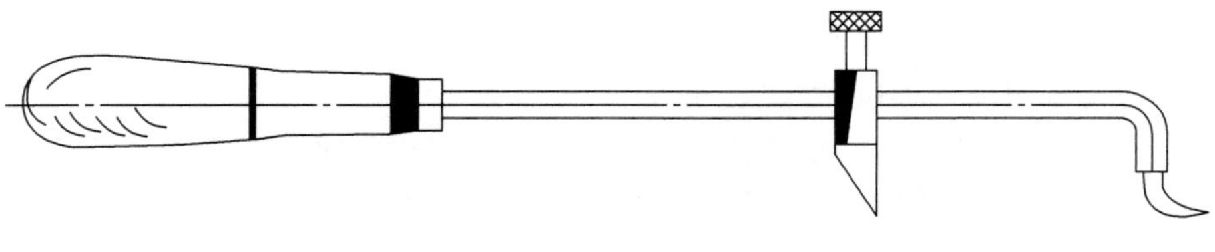

图14　开罐刀示意图

7.1.1.2　罐头工业专用卡尺，见图15。

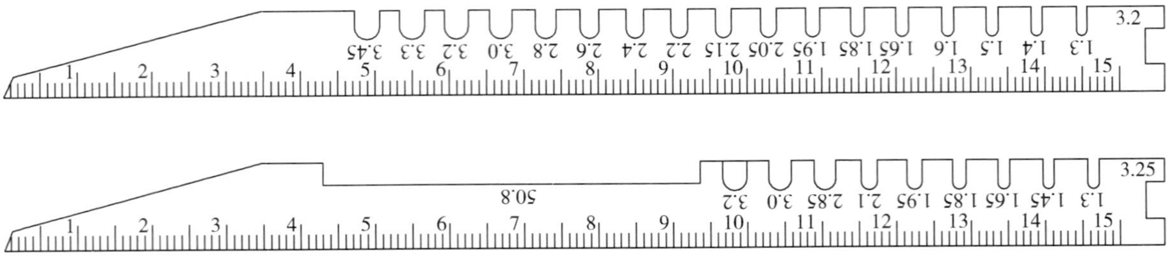

图15　罐头工业专用卡尺

7.1.1.3　螺旋测微计，见图16。

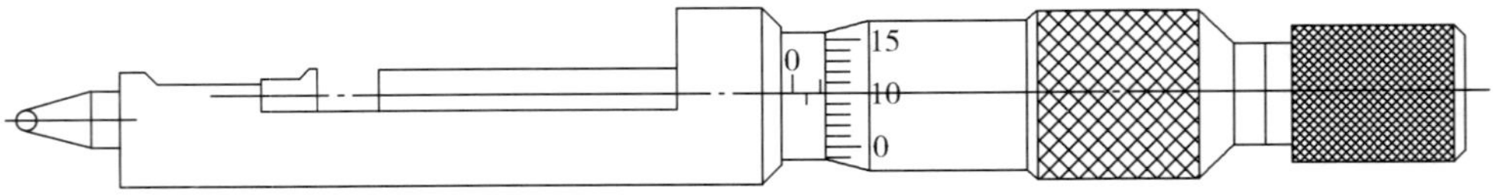

图16　螺旋测微计

7.1.1.4　千分尺。

7.1.1.5　游标卡尺、深度尺。

7.1.1.6　卷边切割机或卷边专用锯。

7.1.1.7　卷边投影仪。

7.1.1.8　胀罐器。

7.1.1.9　钢丝钳、平口钳。

7.1.1.10　体视显微镜。

7.1.2　试验步骤

7.1.2.1　外观

目视检验容器外观质量。

7.1.2.2　焊缝

7.1.2.2.1　外观：目视焊缝整体；将焊缝撕下，经180°弯折后拉平观察是否有分层、断裂。

7.1.2.2.2　焊缝厚度：将焊缝撕下，观察剖面，用体式显微镜量取焊缝厚度，并记录数值。

7.1.2.2.3　焊缝搭接量：焊缝宽度和搭接量的关系按式（1）计算：

$$W=\frac{R}{\frac{T}{t}-1} \tag{1}$$

式中　W——焊缝宽度，单位为毫米（mm）

R——搭接量，单位为毫米（mm）

T——焊缝厚度，单位为毫米（mm）

t——镀锡薄板厚度，单位为毫米（mm）

7.1.2.2.4　焊缝错位和拖尾：将焊缝整体剪下，用体式显微镜观察，量取错位和拖尾长度。

7.1.2.2.5　直身罐焊缝、罐加工变形部位：将焊缝撕下，经180°弯折后拉平观察是否有分层、断裂。

7.1.2.3 卷边

7.1.2.3.1 检测部位

卷边外部及卷边结构检测按图17所示取样进行。

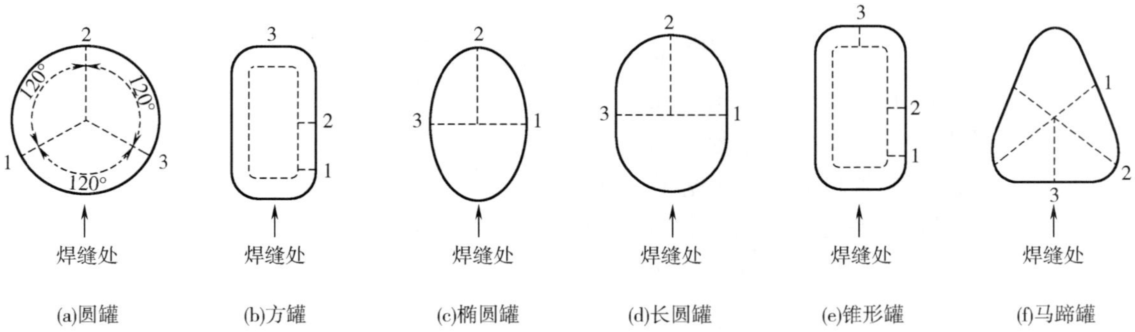

图17 检测部位

7.1.2.3.2 卷边宽度、卷边厚度

在图17的1、2、3部位，用螺旋测微计测量。

7.1.2.3.3 叠接长度（OL），叠接率（$\dot{OL}$%）

主要包括以下方法：

——投影法（仲裁法）：在图17的1、2、3部位，用卷边切割机或卷边专用锯切取卷边截面，然后用卷边投影仪测定图18所示卷边的a、b值，其中a为叠接长度（OL），即盖钩与身钩的重合长度，b为理论叠接长度，并按$a/b\times100\%$计算叠接率。

——计算法和查表法见资料性附录B.1。

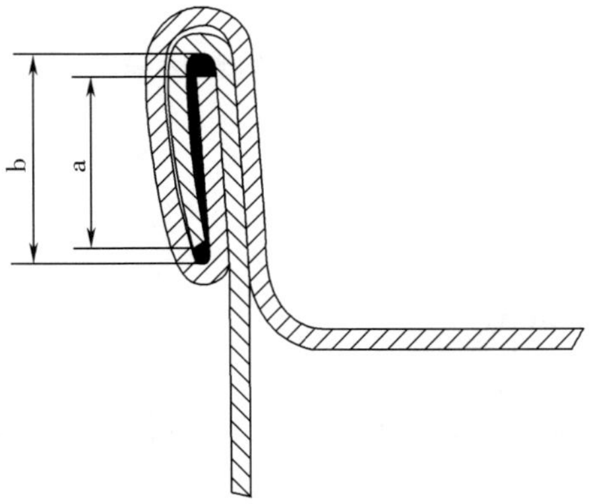

图18 叠接长度和叠接率测量图

7.1.2.3.4 紧密度（TR）

用钳子沿罐边拉去罐盖，轻轻敲下整圈盖钩，观察盖钩的皱曲状态，接缝处盖钩下垂程度和罐身的压痕情况，按3.41中的图10所示测量，紧密度和皱纹度成对应关系，见式（2）：

$$TR=1-WR \tag{2}$$

式中 TR——紧密度，%

WR——皱纹度，%

7.1.2.3.5 身钩卷入率和盖钩卷入率

身钩和盖钩示意图见图 19，用卷边投影仪测量身钩长度，盖钩长度，卷边宽度，然后按式（3）和式（4）计算：

$$BHB=\frac{BH-1.1t_b}{W-1.1(2t_c+t_b)}\times 100\% \quad (3)$$

$$CHB=\frac{CH-1.1t_c}{W-1.1(2t_c+t_b)}\times 100\% \quad (4)$$

式中 BH——身钩长度，单位为毫米（mm）

CH——盖钩长度，单位为毫米（mm）

t_c——罐盖用铁厚度，单位为毫米（mm）

t_b——罐身用铁厚度，单位为毫米（mm）

W——卷边宽度，单位为毫米（mm）

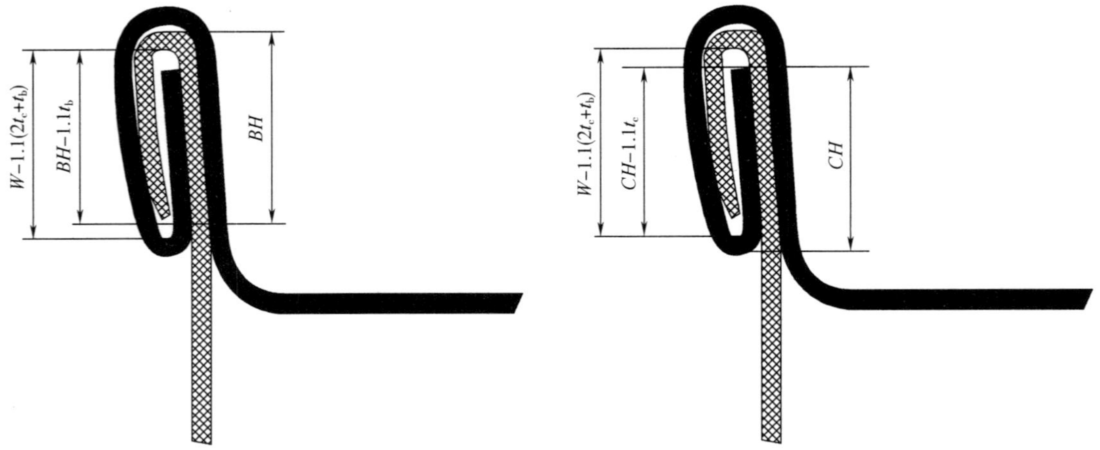

(a) 身钩　　(b) 盖钩

图 19　身钩和盖钩测量示意图

7.2 补涂带

7.2.1 仪器与设备

7.2.1.1 压力蒸汽灭菌锅。

7.2.1.2 黏着力至少为 47N/100mm。

7.2.2 试剂和溶液

本试验方法中所用的水，在未注明其他要求时，均指符合 GB/T 6682 分析实验室用水规格和试验方法三级以上的水。

本试验方法中所用的试剂，在未注明规格时，均指分析纯（AR）。若有特殊要求需另作明确规定。

本试验所用溶液在未注明用何种溶剂配制时，均指水溶液。

7.2.2.1 试剂

7.2.2.2.1 硫酸铜（$CuSO_4 \cdot 5H_2O$）。

7.2.2.2.2 盐酸（36%的盐酸）。

7.2.2.2 硫酸铜盐酸溶液［20%（质量分数）硫酸铜、10%（体积分数）盐酸］配制

称取 250g 硫酸铜（$CuSO_4 \cdot 5H_2O$），加入 875mL 水，再量取 100mL 盐酸加入该溶液中，混匀，用水定容至 1000mL。

7.2.3 试验步骤

7.2.3.1 外观

目视试验。

7.2.3.2 固化性

在罐体中加水至液面距罐口约 3mm 处并密封，将样品放入蒸煮容器中，根据内容物的杀菌工艺确定加热温度和时间，加热结束后取出样品，放在自来水中冷却，开罐将水倒出，目视检查补涂带。

7.2.3.3 补涂带完整性

将 7.2.3.2 检验后的空罐补涂带浸没在硫酸铜盐酸溶液中，2min 后取出空罐，用自来水冲洗干净，干燥后用 10 倍的放大镜目视检查。

7.2.3.4 附着力

方法如下：

——粉末补涂带试验方法：如图 20，在离粉末补涂带 5mm 处，将焊缝补涂带剪下，在补涂带两边剪取对称的三角形小口，沿三角形尖端反复对折，直至把铁折断，但不能破坏粉末补涂带，固定一端，使另一端与固定端呈 60°角并用力拉至粉末涂膜断裂，测量固定端粉末补涂膜脱落的长度 L。

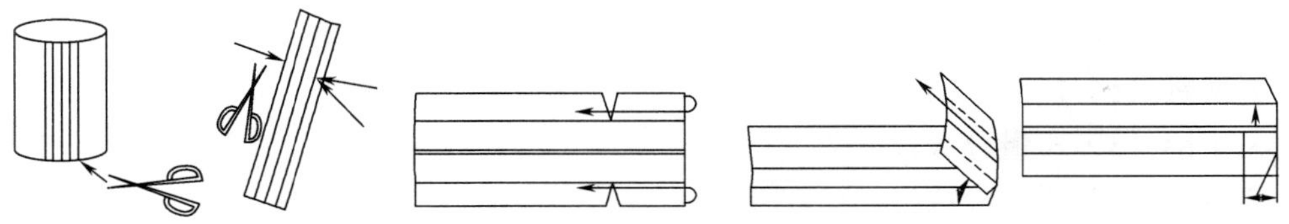

图 20　粉末补涂附着力试验示意图

——液体补涂膜附着力试验采用划格法，然后用符合 7.2.1.2 要求的胶带撕拉，观察补涂膜脱落面积，参照 QB/T 2763—2006 判定附着力级别。试验流程见图 21。

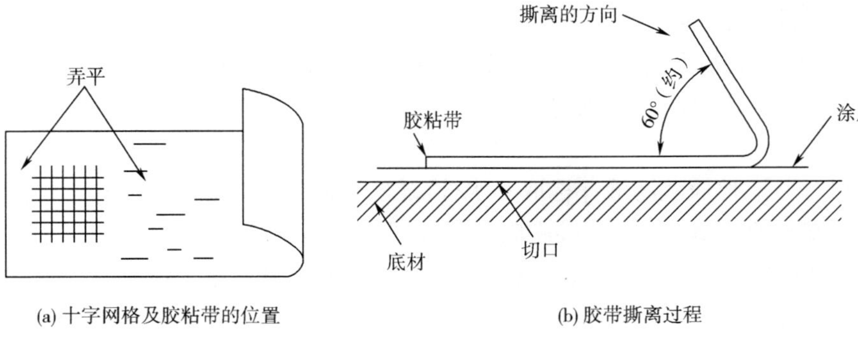

图 21　液体补涂附着力试验示意图

7.3 耐压强度

7.3.1 仪器和设备：耐压强度测试仪分度值不大于 10kPa。

7.3.2 耐压强度：将罐体缓慢升至相应压力，保压 2min 后，目视观察。

7.4 密封性

7.4.1 仪器和设备

罐体密封性测试仪。

7.4.2 试验方法

7.4.2.1 方法1：减压试验

将容器洗净，50℃，2h倒置烘干，在烘干的容器内注水，至容积的80%～90%，将一带橡胶圈的有机玻璃板放置罐头开启端的卷边上，使其保持密封。启动真空泵，用手按住盖板，控制抽气，使真空度表读数缓慢升到0.068MPa，并保持2min，仔细观察罐体卷边及焊缝处有无气泡产生。凡同一部位有连续气泡产生即判断为泄漏，标记漏气部位。

7.4.2.2 方法2：加压试验（仲裁法）

将容器洗净，50℃，2h倒置烘干，将容器浸在加压检漏仪水槽中，缓慢加压至0.26MPa并保持2min，仔细观察罐体，尤其是卷边焊缝处，有无气泡产生。凡同一部位连续产生气泡，即判断为泄漏，标记漏气部位。巴氏杀菌的样品测试压力可采用0.068MPa。

注：此密封性测试不适用于易撕盖。

7.5 内外涂膜性能

7.5.1 仪器和设备

压力蒸汽灭菌器、内涂膜完整性测试仪。

7.5.2 试剂和溶液

7.5.2.1 柠檬酸（$C_6H_8O_7 \cdot H_2O$）。

7.5.2.2 L型半胱氨酸盐酸盐（0.5g/L）。

7.5.2.3 磷酸二氢钾（3.6g/L）。

7.5.2.4 磷酸氢二钠（7.2g/L）。

7.5.2.5 氯化钠（3%质量分数）。

7.5.2.6 硫酸钠（2%质量分数）。

7.5.3 试验步骤

7.5.3.1 内涂膜完整性

将空罐121℃/30min模拟杀菌后，在罐内加2%（质量分数）硫酸钠溶液（称取硫酸钠20g，用水溶解并稀释至1000mL），液面距罐口3mm，使用6.3V涂膜完整性测试仪，罐体接正极，插入不锈钢棒接负极，读取第4秒的内涂膜缺陷电流值。

7.5.3.2 内外涂膜固化性试验

将罐体或盖整体放入高压杀菌锅中，加入蒸馏水浸没试样并密封，根据内容物的杀菌工艺确定杀菌温度和时间，试验后取出，放在冷水中冷却，干燥后目视检查。

7.5.3.3 抗酸性

将2%（质量分数）柠檬酸溶液[称取一水柠檬酸（$C_6H_8O_7 \cdot H_2O$）20g，用水溶解并稀释至1000mL]，加入空罐至距液面约3mm并密封，罐盖置于一惰性容器中，加入溶液并密封，根据内容物杀菌工艺确定加热温度和时间，试验后取出，放在自来水中冷却。开罐并用清水冲洗，干燥后目视检查。

7.5.3.4 抗硫性

L型半胱氨酸盐酸盐（0.5g/L）、磷酸二氢钾（3.6g/L）、磷酸氢二钠（7.2g/L）的混合溶液：

称取L型半胱氨酸盐酸盐（$C_3H_8NO_2SCl$）0.50g或一水合L型半胱氨酸盐酸盐（$C_3H_8NO_2SCl \cdot H_2O$）0.56g、十二水合磷酸二氧钾3.6g（$KH_2PO_4 \cdot 12H_2O$）、十二水合磷酸氢二钠（$Na_2HPO_4 \cdot 12H_2O$）7.2g，分别用水溶解后，混合并稀释至1000mL，混合溶液应在配制后4h内使用。

将溶液加入空罐至距液面约3mm并密封，罐盖置于一惰性容器中，加入溶液并密封，根据内容物杀菌工艺确定加热温度和时间，试验后取出容器，放在自来水中冷却，开罐并用清水冲洗，干燥后目视检查。

7.5.3.5　抗盐性

将3%（质量分数）氯化钠溶液（称取30g氯化钠，定容到1000mL，摇匀）加入空罐至距液面约3mm并密封，罐盖置于一惰性容器中，加入溶液并密封，根据内容物杀菌工艺确定杀菌温度和时间，试验后取出容器，放在冷水中冷却，开罐并用清水冲洗，干燥后目视检查。

7.6　密封胶性能

7.6.1　仪器和设备

分析天平：精度0.001g。

7.6.2　试验步骤

7.6.2.1　密封胶耐水性

将样盖放入盛有水的玻璃容器中，水没过样盖约50mm，将玻璃容器放入高压锅中，经100℃，20min水煮后，取出样盖，观察密封胶性能。

7.6.2.2　密封胶含水率

将密封胶挑下称取质量记为m_1，放入125℃烘箱中烘烤30min至质量恒定，取出后质量记为m_2，密封胶含水率按式（5）计算：

$$W=\frac{m_1-m_2}{m_1}\times 100\% \quad (5)$$

式中　W——密封胶含水率，%

m_1——密封胶烘干前的质量

m_2——密封胶经125℃烘烤30min后的质量

8　检验规则

8.1　检验应按货批或货组进行，按一次交货的同一规格的产品为一个货批。同一个货批，经双方协商可分为若干货组，货组应为整数倍的包装件。

8.2　产品检验包括出厂检验和型式检验项目。

8.3　出厂检验项目为外观、焊缝、补涂带，卷边、密封性能、耐压强度、内外涂膜性能、密封胶性能。型式检验项目为标准规定所有指标。

8.4　产品有下列情况之一时应进行型式检验：

a）新产品或老产品转产试制定型鉴定；

b）当结构、材料、工艺改变，可能影响产品性能时；

c）正常生产，每半年进行一次；

d）长期停产后，恢复生产时；

e）出厂检验结果与上次型式检验有较大差异时；

f）国家质量监督机构提出进行型式检验的要求时。

8.5　不合格分类见表5和表6。

表5　易开盖、顶底盖外观不合格分类

不合格分类	缺陷内容
A类不合格	盖破损，表面明显锈蚀，钩边严重皱褶变形，未涂密封胶，盖内面明显油污、异物污染、金属暴露，涂膜剥离或脱落，易开盖无拉环； 经固化性、耐酸性、抗硫性、抗盐性试验后，盖内涂膜有泛白、剥离、脱落和起泡

续表

不合格分类	缺陷内容
B类不合格	钩边明显皱褶，密封胶断胶、堆胶、拖尾、有明显气泡，盖内面有少量污染、锈蚀
C类不合格	内外涂膜有划痕、擦伤但金属尚未暴露，钩边轻度皱褶和变形，密封胶搭接不均匀

表6　　罐体不合格分类

不合格分类	缺陷内容
A类不合格	空罐： a）罐体变形，罐体内明显油污、异物污染、异味、明显锈蚀、涂料铁金属暴露； b）印刷图案和文字倒置，外涂膜明显失光，剥离、脱落； c）焊缝搭接不一致、焊点连接不均匀、有冷焊、漏焊、针孔、击穿、明显锈蚀，在加工部位焊缝有裂口、分层； d）二重卷边有假卷，大塌边、快口、卷边破碎； e）经耐压试验有永久变形； f）经固化性、抗酸性、抗硫性、抗盐性试验后内涂膜有泛白、剥离、脱落和起泡。 实罐： a）外观：有漏罐、胀罐（包括假胀罐）、严重瘪罐； b）经密封性试验有泄漏； c）实罐内壁腐蚀：有硫化铁已明显污染内容物，或有严重硫化斑；涂料铁罐内壁腐蚀扩散，涂膜呈片状大面积剥离或脱落，有集中腐蚀或穿孔，素铁罐内壁严重腐蚀、脱锡呈灰黑色或集中腐蚀、穿孔。
B类不合格	空罐： a）卷开罐的划线不均匀，卷开舌头有被焊死现象； b）罐体内涂膜有明显气泡、焦黄，明显划痕已有少量金属暴露；外涂膜轻度失光、剥离，脱落、印刷图案褪色；底盖表面的锈蚀明显已影响外观；液体补涂罐的焊缝有飞溅点、补涂膜附着力劣于1级；粉末补涂带附着力杀菌前大于12mm，杀菌后大于20mm； c）卷边有较明显的铁舌、垂唇、牙齿；卷边不完全、明显擦伤，跳封、填料挤出； d）卷边受到较大影响的瘪罐。 实罐： a）罐内壁腐蚀：有明显硫化斑，或有少量硫化铁，但尚未污染内容物；素铁罐内壁有局部脱锡或严重氧化圈，涂料铁罐有少量块状腐蚀； b）内流胶。
C类不合格	空罐： a）印色和样板有轻微差别，印刷图案和文字轻微错位；未暴露金属的小划痕；卷边溢胶；底盖和卷边有可以擦去的表面锈蚀；锡层和外印铁有擦伤和机械损伤尚未暴露金属； b）对焊缝或卷边无影响的瘪罐；焊缝厚度大于原板厚度的1.5倍，封铁盖罐焊缝和拖尾总和超过0.5mm，封铝盖罐焊缝和拖尾总和超过0.2mm； c）加强筋缺滚、首尾不接，焊缝有分层和断裂； d）较轻微的锐边，铁舌、垂唇、牙齿、双线和因压头及卷边滚轮故障引起的其他缺陷。

8.6　内涂膜固化、抗酸性、抗硫性、抗盐性按一次抽样方案进行检验、判定，见表 7。

表 7　　　　　　　　　　　　内涂膜性能检验抽样方案及判定

名称	检验项目	检查水平	不合格分类	批量范围	接收质量限 AQL	样本数	判定数组
易开盖、底盖、罐体	内涂膜固化	S1	A 类不合格	≥35001	0.65	12	[0　1]
	抗酸性						
	抗硫性						
	抗盐性						

8.7　其他出厂检验和型式检验项目按 GB/T 2828.1 中正常检验二次抽样方案进行检验、判定，见表 8 和表 9。

表 8　　　　　　　　　　　　检查水平和接收质量限（AQL）

名称	检验项目	批检查水平	不合格分类	接收质量限 AQL
易开盖、顶底盖	外观	S-4	A 类不合格	0.65
			B 类不合格	2.5
			C 类不合格	4.0
	内外涂膜性能	S-1	A 类不合格	1.0
	密封胶膜含水率	S-1	B 类不合格	2.5
	密封胶耐水性	S-1	B 类不合格	2.5
	耐压强度	S-1	A 类不合格	1.0
罐体	外观	S-4	A 类不合格	0.65
			B 类不合格	2.5
			C 类不合格	4.0
	卷边结构	S-1	A 类不合格	1.0
	内外涂膜性能	S-1	A 类不合格	1.0
	焊缝补涂完整性	S-1	A 类不合格	1.0
	耐压强度	S-1	A 类不合格	1.0
	密封性	S-1	A 类不合格	1.0
实罐容器	外观	S-1	A 类不合格	1.0
	密封性	S-1	A 类不合格	1.0
	罐内壁腐蚀	S-1	A 类不合格	1.0
		S-4	B 类不合格	0.65
	内流胶	S-4	B 类不合格	0.65

表 9　　　　　　　　　　　　正常检验二次抽样方案

检查水平	批量范围	接收质量限 AQL	样本数	判定数组
S-1	≥35001	1.0	13	[0　1]
		2.5	5	[0　1]
S-4	35001～500000	0.65	50 50	[0　2] [1　2]
		2.5	50 50	[2　5] [6　7]
		4.0	50 50	[3　6] [9　10]
	≥500001	0.65	80 80	[0　3] [3　4]
		2.5	80 80	[3　6] [9　10]
		4.0	80 80	[5　9] [12　13]

8.8　判定规则

——出厂检验判定规则：出厂检验项目全部符合本标准，判定该批为合格。出厂检验如有不合格项目，可以再次抽样复检，复检后仍不合格的，判定该批为不合格。

——型式检验判定规则：型式检验项目全部符合本标准，判定型式检验合格。型式检验如有不合格项目，可以再次抽样复检，复检后仍不合格的，判为型式检验不合格。

9　标志、包装、运输与贮存

9.1　标志

产品外包装应有产品检验合格证和装箱单，内容应包括有生产厂的标记和名称、产品名称、产品规格、生产编号、生产日期、数量。

9.2　包装

9.2.1　包装应满足集装和运输要求，包装材料应清洁，不允许有异味和污染等。

9.2.2　易开盖、顶底盖可采用符合食品安全要求的中性纸包装袋包装或其他适合的包装。

9.2.3　易开盖、顶底盖装袋后用纸箱或托盘包装，用纸箱包装的要封闭箱口。用托盘包装的，外加捆扎带和塑料薄膜包封。

9.2.4　罐体采用托盘包装。包装罐数及层数由供需双方商定，层与层之间用中性纸板隔开，外加捆扎和塑料薄膜包封。

9.2.5　潮湿季节易受回潮影响的原辅材料及产品必要时应采取防潮措施或包装，防止回潮受损。

9.3　运输

运输及搬动工具应清洁、干燥，不允许有异味、污染。装运时应避免雨淋、暴晒、受潮及损毁。

9.4　贮存

9.4.1　产品应贮存在通风，干燥、清洁的库房内，避免阳光直接照射。

9.4.2　在正常贮存条件下，低铬铁空罐保质期为 6 个月，其他空罐及顶底盖保质期为两年。

附录 A
（规范性附录）
用于罐头金属容器焊接用的纯铜线质量要求

A.1　线材牌号、化学成分及供应状态

应符合 GB/T 5231—2012 中牌号 T2 型线材的化学成分规定，供应状态：软（M）。

A.2　线材直径及允许偏差

线材直径及允许偏差应符合表 A.1 的规定。

表 A.1　　线材直径允许偏差

线材直径/mm	允许偏差/mm	线材直径/mm	允许偏差/mm
≤1.30	+0.00 −0.04	1.50	+0.00 −0.04
1.38	+0.00 −0.04		

A.3　表面质量

A.3.1　线材表面应光滑，清洁，不应有裂纹、起皮、毛刺、粗拉道、折叠和夹杂。轻微的、局部的压入物、斑点、凹坑、划伤等缺陷，应不使线材直径超出允许偏差，并不影响焊接质量。

A.3.2　轻微的发红、发暗和氧化色及轻微的局部水迹、油迹，不影响焊接使用的不作报废依据。

A.4　机械性能

线材的抗拉强度和伸长率应符合表 A.2 的规定。

表 A.2　　线材抗拉强度和伸长率要求

线材直径/mm	抗拉强度/(N/mm^2)	伸长率 δ/% (IP=100mm)
1.30～1.50	225～285	≥20

注：IP 是指样品检测有效长度。

A.5　线材不圆度

线材不圆度应不超出直径允许偏差。

A.6　电阻系数

T2 型号的线材在 20℃时电阻系数应符合表 A.3 的规定。

表 A.3　　线材电阻系数要求

材料状态	电阻系数 β/(Ωmm^2/m)
软（M）	≤0.01800

A.7 采用线桶包装的线桶重量

A.7.1 应符合表 A.4 的规定

表 A.4　　线桶重量要求

线材直径/mm	每桶重量 不少于/kg	
	标准桶	较轻桶
1.30～1.50	140	100

A.7.2 每批可交付重量不大于 10%的较轻线桶，每桶线材不应多于 2 根线头，线材头、尾应有“头”“尾”标志。

附录 B
（资料性附录）
叠接长度和叠接率计算法、查表法

B.1 计算法

B.1.1 根据图 B.1 测量数据，由式（B.1）和式（B.2）计算叠接长度和叠接率。

$$OL = BH + CH + 1.1t_c - W \quad (B.1)$$

$$OL\ \% = \frac{OL}{W - (2.6t_c + 1.1t_b)} \quad (B.2)$$

式中 OL——叠接长度，单位为毫米（mm）

BH——身钩长度，单位为毫米（mm）

CH——盖钩长度，单位为毫米（mm）

t_c——底盖用铁厚度，单位为毫米（mm）

t_b——罐身用铁厚度，单位为毫米（mm）

W——卷边宽度，单位为毫米（mm）

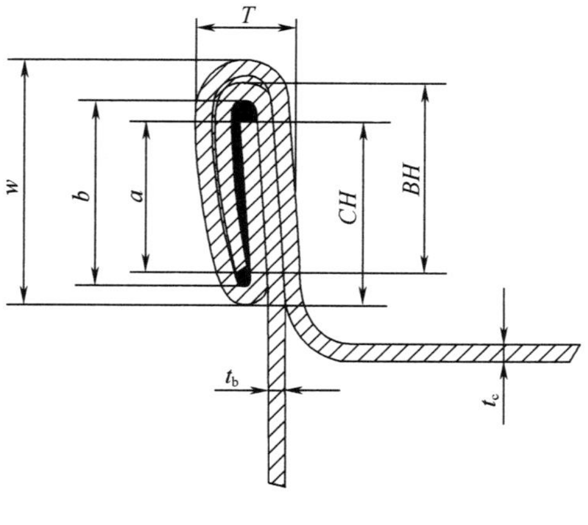

图 B.1

B.2 查表法

根据测量数据，查叠接率计算表，见表 B.1。

表 B.1 **叠接率计算表**

	t_c+t_b/mm											W/mm																$2t_c+t_b$/min
												2.65	2.70	2.75	2.80	2.85	2.90	2.95	3.00	3.05	3.10	3.15	3.20	3.25	3.30	3.35	3.40	0.80
												2.60	2.65	2.70	2.75	2.80	2.85	2.90	2.95	3.00	3.05	3.10	3.15	3.20	3.25	3.30	3.35	0.75
												2.55	2.60	2.65	2.70	2.75	2.80	2.85	2.90	2.95	3.00	3.05	3.10	3.15	3.20	3.25	3.30	0.70
												2.50	2.55	2.60	2.65	2.70	2.75	2.80	2.85	2.90	2.95	3.00	3.05	3.10	3.15	3.20	3.25	0.65
												2.45	2.50	2.55	2.60	2.65	2.70	2.75	2.80	2.85	2.90	2.95	3.00	3.05	3.10	3.15	3.20	0.60
	0.34	0.36	0.38	0.40	0.42	0.44	0.46	0.48	0.50	0.52	0.54	2.40	2.45	2.50	2.55	2.60	2.65	2.70	2.75	2.80	2.85	2.90	2.95	3.00	3.05	3.10	3.15	0.55
	3.07	3.08	3.09	3.10	3.11	3.12	3.13	3.14	3.15	3.16	3.17	49	45	41	37	33	29	27	24	21	18	15	13	10	8	5	3	
	3.12	3.13	3.14	3.15	3.16	3.17	3.18	3.19	3.20	3.21	3.22	52	48	44	40	36	32	29	26	23	20	17	15	12	10	7	5	
	3.17	3.18	3.19	3.20	3.21	3.22	3.23	3.24	3.25	3.26	3.27	55	51	46	32	39	35	31	28	25	22	20	17	14	12	9	7	
	3.22	3.23	3.24	3.25	3.25	3.27	3.28	3.29	3.30	3.31	3.32	58	54	49	45	41	38	34	30	27	25	22	19	16	14	12	9	
	3.27	3.28	3.29	3.30	3.31	3.32	3.33	3.34	3.35	3.36	3.37	61	57	52	48	42	40	37	33	30	27	24	21	19	16	14	11	
	3.32	3.33	3.34	3.35	3.36	3.37	3.38	3.39	3.40	3.41	3.42	64	59	55	51	47	43	39	36	33	29	26	24	21	18	16	13	
	3.37	3.38	3.39	3.40	3.41	3.42	3.43	3.44	3.45	3.46	3.47	67	62	58	53	49	45	42	38	35	32	29	26	23	20	18	15	
	3.42	3.43	3.44	3.45	3.46	3.47	3.48	3.49	3.50	3.51	3.52	70	65	61	56	52	48	44	41	37	34	31	28	25	23	20	18	
	3.47	3.48	3.49	3.50	3.51	3.52	3.53	3.54	3.55	3.56	3.57	73	68	63	59	55	51	47	43	40	36	33	30	27	25	23	20	
	3.52	3.53	3.54	3.55	3.56	3.57	3.58	3.59	3.60	3.61	3.62	76	71	66	62	57	53	49	46	42	39	36	33	30	27	24	22	
	3.57	3.58	3.59	3.60	3.61	3.62	3.63	3.64	3.65	3.66	3.67	79	74	69	64	60	56	52	48	45	41	38	35	32	29	26	24	
	3.62	3.63	3.64	3.65	3.66	3.67	3.68	3.69	3.70	3.71	3.72	82	77	72	67	62	58	54	51	47	44	40	37	34	31	28	26	
	3.67	3.68	3.69	3.70	3.71	3.72	3.73	3.74	3.75	3.76	3.77	85	80	75	70	65	61	57	53	49	46	43	39	36	33	31	28	
$BH+CH$ / mm	3.72	3.73	3.74	3.75	3.76	3.77	3.78	3.79	3.80	3.81	3.82	88	82	77	72	68	64	59	56	52	48	45	42	38	35	33	30	
	3.77	3.78	3.79	3.80	3.81	3.82	3.83	3.84	3.85	3.86	3.87	91	85	80	75	71	66	62	58	54	51	47	44	41	38	35	32	叠接率/%
	3.82	3.83	3.84	3.85	3.86	3.87	3.88	3.89	3.90	3.91	3.92	94	88	83	78	73	69	65	61	57	53	49	45	42	39	37	34	
	3.92	3.93	3.94	3.95	3.96	3.97	3.98	3.99	4.00	4.01	4.02		94	89	84	79	74	70	65	61	58	54	51	47	44	41	38	
	3.97	3.98	3.99	4.00	4.01	4.02	4.03	4.04	4.05	4.06	4.07		97	92	86	81	77	72	68	64	60	56	53	49	46	43	40	
	4.02	4.03	4.04	4.05	4.06	4.07	4.08	4.09	4.10	4.11	4.12			94	89	84	79	75	70	66	62	59	55	52	48	45	42	
	4.07	4.08	4.09	4.10	4.11	4.12	4.13	4.14	4.15	4.16	4.17			97	92	87	82	77	73	69	65	61	57	54	51	47	44	
	4.12	4.13	4.14	4.15	4.16	4.17	4.18	4.19	4.20	4.21	4.22				95	89	84	79	75	71	67	63	60	56	53	49	46	
	4.17	4.18	4.19	4.20	4.21	4.22	4.23	4.24	4.25	4.26	4.27				97	92	87	82	78	73	69	65	62	58	55	52	48	
	4.22	4.23	4.24	4.25	4.26	4.27	4.28	4.29	4.30	4.31	4.32					95	90	85	80	76	72	68	64	60	57	54	51	
	4.27	4.28	4.29	4.30	4.31	4.32	4.33	4.34	4.35	4.36	4.37					97	92	87	83	78	74	70	66	63	59	56	53	
	4.32	4.33	4.34	4.35	4.36	4.37	4.38	4.39	4.40	4.41	4.42						95	90	85	81	76	72	69	65	61	58	55	
	4.37	4.38	4.39	4.40	4.41	4.42	4.43	4.44	4.45	4.46	4.47						97	92	88	83	79	75	71	67	63	60	57	
	4.42	4.43	4.44	4.45	4.46	4.47	4.48	4.49	4.50	4.51	4.52							95	90	86	81	77	73	69	66	62	59	
	4.47	4.48	4.49	4.50	4.51	4.52	4.53	4.54	4.55	4.56	4.57							97	92	88	84	79	75	71	68	64	61	

（十二）GB 7098—2015《食品安全国家标准　罐头食品》

1　范围

本标准适用于罐头食品。

本标准不适用于婴幼儿罐装辅助食品。

2　术语和定义

2.1　罐头食品

以水果、蔬菜、食用菌、畜禽肉、水产动物等为原料，经加工处理、装罐、密封、加热杀菌等工序加工而成的商业无菌的罐装食品。

2.2　胖听

由于罐头内微生物活动或化学作用产生气体，形成正压，使一端或两端外凸的现象。

2.3　商业无菌

罐头食品经过适度热杀菌后，不含有致病性微生物，也不含有在通常温度下能在其中繁殖的非致病性微生物的状态。

3　技术要求

3.1　原料要求

原料应符合相应的食品标准和有关规定。

3.2　感官要求

感官要求应符合表1的规定。

表1　感官要求

项目	要求	检验方法
容器	密封完好，无泄漏、无胖听。容器外表无锈蚀，内壁涂料无脱落	GB/T 10786
内容物	具有该品种罐头食品应有的色泽、气味、滋味、形态	

3.3　理化指标

表2　理化指标

项目	指标	检验方法
组胺[a]/（mg/100g）　≤	10^2	GB/T 5009.208
米酵菌酸[b]/（mg/kg）　≤	0.25	GB/T 5009.189

注：a 仅适用于鲐鱼、鲹鱼、沙丁鱼罐头。
　　b 仅适用于银耳罐头。

3.4　污染物限量和真菌毒素限量

3.4.1　污染物限量应符合 GB 2762 的规定。

3.4.2　真菌毒素限量应符合 GB 2761 的规定。

3.5　微生物限量

3.5.1　应符合罐头食品商业无菌要求，按 GB 4789.26 规定的方法检验。

3.5.2　番茄酱罐头霉菌计数（%视野）≤50，按 GB 4789.15 规定的方法检验。

3.6　食品添加剂和食品营养强化剂

3.6.1　食品添加剂的使用应符合 GB 2760 的规定。

3.6.2　食品营养强化剂的使用应符合 GB 14880 的规定。

（十三）GB 8950—2016《食品安全国家标准　罐头食品生产卫生规范》

1　范围

本标准规定了罐头食品生产过程中原料采购、加工、包装、贮存和运输等环节的场所、设施、人员的基本要求和管理准则。

本标准适用于罐头食品的生产。

2　术语和定义

GB 14881—2013 中的术语和定义适用于本标准。

2.1　商业无菌

食品经过适度的热力杀菌后，不含有致病性微生物，也不含有在通常温度下能在其中繁殖的非致病性微生物的状态。

2.2　杀菌工艺规程

能使产品在一定的生产条件下达到商业无菌要求的热力杀菌技术参数和操作要求。

2.3　余氯（游离余氯）

以次氯酸、次氯酸根或氯离子形式残存于水中的氯。

2.4　杀菌偏差

在热力杀菌过程中，凡是未能满足热力杀菌工艺规程的任何现象。

2.5　热力杀菌关键因子

产品的性质、特征、条件、形态或其他影响传热的参数，当这些因素稍有变化时，就会直接影响产品达到商业无菌的效果，它是制定杀菌规程的依据。

3　选址及厂区环境

应符合 GB 14881—2013 中第 3 章的相关规定。

4　厂房和车间

应符合 GB 14881—2013 中第 4 章的相关规定。

5　设施和设备

5.1　一般要求

应符合 GB 14881—2013 中第 5 章的相关规定。

5.2　基本要求

5.2.1　罐头食品加工车间内接触食品的设备、传送带、操作台、运输车、工器具和容器等，应采用无毒无味、耐腐蚀、不易脱落、无吸收性、易清洗、表面光滑的材料制作，并应易于清洁和保养。不应使用竹木工器具和容器。生产车间避免使用纤维类材质的工器具，如棉纱手套，布质的过滤袋、网，清洁抹布等，如生产需要，企业应制定相应的管理制度，加强安全卫生管理。

5.2.2　罐头食品加工车间内所用设备、工器具的结构和固定设备的安装位置都应便于彻底清洗、消毒。

5.2.3　盛装废弃物的容器不应与盛装食品的容器混用。废弃物容器应选用耐腐蚀、易清洗的材料制成，并有明显的标识。

5.3　供水设施

罐头食品杀菌冷却水水质应良好、流量充足，可直接使用符合 GB 5749 要求的生活饮用水。如使用非集中式供水，或输配水管网供水进入池、塔、槽等中间环节，或冷却方法为外循环则应加氯处理，冷却水排放口余氯含量应不低于 0.5mg/L。冷却方法为内循环不需加氯杀菌。

5.4 通风和温控装置

5.4.1 罐头食品加工车间应安装通风设备，保持车间内空气流通。生产过程中产生大量蒸汽或油烟的工艺环节，应相对集中，并采用排风效果好的设备或其他有效的处理措施将其排出车间，通风口应装有耐腐蚀网罩，并保持清洁。

5.4.2 罐头食品加工车间应根据不同产品加工温度要求安装温控设备。

5.5 杀菌设备

5.5.1 杀菌设备应符合杀菌工艺要求；杀菌锅应符合国家规定的压力容器相关标准。

5.5.2 杀菌设备安装后应对其进行热分布测试，确认热分布均匀后方可投入使用。在保证热量供给和传热介质通畅的前提下，每三年至少进行一次热分布测试。如该设备结构、管道、阀门、程序等发生变化及必要时应重新进行热分布测试。

5.5.3 杀菌附属设施

5.5.3.1 温度指示装置

每台杀菌设备至少安装一支水银温度计或其他温度指示装置测定杀菌的基准温度。

水银温度计应至少满足：最小刻度为0.5℃，每厘米标度范围内不超过4℃；水银温度计每年至少送法定计量单位检定一次，并贴上记录有检定日期、有效期、检定负责人等信息的标签。

5.5.3.2 温度、时间记录装置

每台杀菌设备应装配一套温度—时间记录装置。杀菌时记录的温度应等于或小于杀菌的基准温度，不应高于基准温度，如有偏差，应做好记录。自动温度记录仪表应有专人负责校准。应采取措施防止随意变更温度记录装置。

5.5.3.3 蒸汽自动控制器

每台杀菌设备应配备蒸汽自动控制器。

5.5.3.4 压力表

每台杀菌锅应至少安装一只压力表，杀菌锅的安全工作压力应该在压力表全部刻度的2/3处。表盘直径不小于100mm，标度为0.01MPa，至少每年校验一次。

5.5.3.5 安全阀

每台杀菌锅应装有可调式压力释放阀，以保证受压容器的安全性，应至少每年校验一次。

6 卫生管理

应符合GB 14881—2013中第6章的相关规定。

7 食品原料、食品添加剂和食品相关产品

7.1 应符合GB 14881—2013中第7章的相关规定。

7.2 畜肉、禽、水产、果蔬等原料应按相关标准验收合格后方可投入使用。

7.3 包装容器应密封性能良好，能耐化学腐蚀、机械加工、杀菌热应力的冲击，软包装容器不得有分层现象。

7.4 包装容器应存放在通风、干燥、无尘、无污染的仓库中。

7.5 罐头食品所使用包装容器的材质、内涂料、接缝补涂料及密封胶应符合相关安全标准要求。

7.6 包装容器应按相关标准检查验收，合格后方可使用。

8 生产过程的食品安全控制

8.1 一般要求

应符合GB 14881—2013中第8章的相关规定。

8.2 包装容器的清洗和使用

8.2.1 包装容器的清洗

8.2.1.1 金属容器应在灌装或装罐前以恰当的方式进行清洁，如容器倒置后用蒸汽、水等手段清洗并沥干水分。

8.2.1.2 玻璃瓶应经倒置冲洗彻底清除内部的玻璃碎屑等杂物后使用。

8.2.2 包装容器的使用

8.2.2.1 罐头食品加工车间内的包装容器任何时候不得盛放其他物品。

8.2.2.2 硬包装容器（如金属容器、玻璃容器等）在生产、搬运过程中应采取有效措施避免碰撞等，以免损坏罐边、瓶口等。

8.2.2.3 半刚性（如铝塑复合容器等）及软包装容器从其外包装（纸箱、塑料袋）取出后，应保持清洁，避免污染。

8.3 装罐或灌装

应严格执行产品工艺规程，控制最大装罐量、pH、顶隙、装罐温度等，并注意保持封口处的清洁（特别是软包装罐头）。

8.4 密封

8.4.1 企业应按密封设备和容器类型分别制定封口操作规程。按工艺要求控制封罐内容物的温度、封口真空度等。

8.4.2 封口设备应在投入生产前进行调试，保持正常运转。

8.4.3 密封性能的检查

8.4.3.1 每班开机前，应检查封口设备的密封质量，合格后投入生产。

8.4.3.2 生产过程中应按封口操作规程的要求，做好外观质量和密封性能的控制与检测，并做好记录。

8.4.4 密封后的半成品应在2h内进行杀菌。

8.5 热力杀菌

8.5.1 杀菌工艺规程

8.5.1.1 杀菌工艺规程应由企业技术部门或相关研究机构制定，并进行科学验证，保证达到商业无菌的要求。

8.5.1.2 制定杀菌工艺规程时，至少应考虑下列热力杀菌关键因子：杀菌锅的类别、食品的特性、罐头容器类型及大小、技术及卫生条件、水分活度、最低初温及临界因子等。

8.5.1.3 当产品工艺技术条件发生改变时，应分析评估其对杀菌效果是否有影响，如发现原杀菌工艺已不适用，应重新制定杀菌工艺规程。

8.5.2 杀菌操作

8.5.2.1 应严格执行杀菌操作工艺规程，尽可能避免产生杀菌偏差。

8.5.2.2 冷却：应严格按照杀菌工艺规程进行冷却，如采用反压冷却操作时，降压速度应根据罐内外压力相平衡的原理，采取逐步稳定缓慢降压的方式进行操作。金属罐要防止瘪罐、凸角，对玻璃瓶产品，要同时控制玻璃瓶内外的温差，防止发生跳盖、破瓶等现象，直至容器内中心温度冷却到40℃以下。对某些热敏性差的产品（如粥类罐头等），中心温度可冷却到45℃以下。

8.5.3 杀菌安全性评估与管理

8.5.3.1 企业应制定杀菌安全性评估与管理程序，提出各类产品的纠偏方案。

8.5.3.2 杀菌偏差的处理

一旦发现杀菌过程中出现偏差，应立即向企业技术负责人汇报，按纠偏方案进行纠偏，并对产品进行隔离，查明原因，提出整改措施。

对隔离的产品，应按评估程序评定该批产品对消费者健康是否有危害。如果判定该批产品没有达到商业无菌要求，则应全部再杀菌或在严格的监督下做妥善处理。所采用的判定过程、结果和处理方法，都要做详细记录。

9 检验

应符合 GB 14881—2013 中第 9 章的相关规定。

10 贮存与运输

应符合 GB 14881—2013 中第 10 章的相关规定。

11 产品的召回管理

应符合 GB 14881—2013 中第 11 章的相关规定。

12 培训

12.1 应符合 GB 14881—2013 中第 12 章的相关规定。

12.2 封口操作人员、杀菌操作人员和检验人员应经过技术培训后方可上岗。

13 管理制度和人员

应符合 GB 14881—2013 中第 13 章的相关规定。

14 记录和文件管理

应符合 GB 14881—2013 中第 14 章的相关规定。

（十四）GB 4806.1—2016《食品安全国家标准　食品接触材料及制品通用安全要求》

1 范围

本标准规定了食品接触材料及制品的基本要求、限量要求、符合性原则、检验方法、可追溯性和产品信息。

本标准适用于各类食品接触材料及制品。

2 术语和定义

2.1 食品接触材料及制品

在正常使用条件下，各种已经或预期可能与食品或食品添加剂（以下简称食品）接触或其成分可能转移到食品中的材料和制品，包括食品生产、加工、包装、运输、贮存、销售和使用过程中用于食品的包装材料、容器、工具和设备，及可能直接或间接接触食品的油墨、黏合剂、润滑油等。不包括洗涤剂、消毒剂和公共输水设施。

2.2 复合材料及制品

由不同材质或相同材质材料通过黏合、热熔或其他方式复合而成的两层或两层以上食品接触材料及制品。

2.3 组合材料及制品

由两种或两种以上不同材质或相同材质的材料以装配、焊接、镶嵌等方式组合而成的食品接触材料及制品。

2.4 总迁移量

从食品接触材料及制品中迁移到与之接触的食品模拟物中的所有非挥发性物质的总量，以每千克食品模拟物中非挥发性迁移物的毫克数（mg/kg），或每平方分米接触面积迁出的非挥发性迁移物的毫克数（mg/dm^2）表示。对婴幼儿专用食品接触材料及制品，以 mg/kg 表示。

2.5 总迁移限量（OML）

从食品接触材料及制品中迁移到与之接触的食品模拟物中的所有非挥发性物质的最大允许

量，以每千克食品模拟物中非挥发性迁移物的毫克数（mg/kg），或每平方分米接触面积迁出的非挥发性迁移物的毫克数（mg/dm^2）表示。对婴幼儿专用食品接触材料及制品，以 mg/kg 表示。

2.6　最大使用量

在生产食品接触材料及制品时所加入的某种或某类物质的最大允许量，以质量分数（%）表示。

2.7　特定迁移量

从食品接触材料及制品中迁移到与之接触的食品或食品模拟物中的某种或某类物质的量，以每千克食品或食品模拟物中迁移物质的毫克数（mg/kg），或食品接触材料及制品与食品或食品模拟物接触的每平方分米面积中迁移物质的毫克数（mg/dm^2）表示。

2.8　特定迁移限量（SML）

从食品接触材料及制品迁移到与之接触的食品或食品模拟物中的某种或某类物质的最大允许量，以每千克食品或食品模拟物中迁移物质的毫克数（mg/kg），或食品接触材料及制品与食品或食品模拟物接触的每平方分米面积中迁移物质的毫克数（mg/dm^2）表示。

2.9　特定迁移总量

从食品接触材料及制品中迁移到与之接触的食品或食品模拟物中的两种或两种以上物质的总量，以每千克食品或食品模拟物中指定的某种或某类迁移物质（或基团）的毫克数（mg/kg），或食品接触材料及制品与食品或食品模拟物接触的每平方分米面积中指定的某种或某类迁移物质（或基团）的毫克数（mg/dm^2）表示。

2.10　特定迁移总量限量［SML（T）］

从食品接触材料及制品中迁移到与之接触的食品或食品模拟物中的两种或两种以上物质的最大允许总量，以每千克食品或食品模拟物中指定的某种或某类迁移物质（或基团）的毫克数（mg/kg），或食品接触材料及制品与食品或食品模拟物接触的每平方分米面积中指定的某种或某类迁移物质（或基团）的毫克数（mg/dm^2）表示。

2.11　残留量

食品接触材料及制品中某种或某类残留物质的量，以每千克食品接触材料及制品中残留物质的毫克数（mg/kg），或食品接触材料及制品与食品接触的每平方分米面积中残留物质的毫克数（mg/dm^2）表示。

2.12　最大残留量（QM）

食品接触材料及制品中某种或某类残留物质的最大允许量，以每千克食品接触材料及制品中残留物质的毫克数（mg/kg），或食品接触材料及制品与食品接触的每平方分米面积中残留物质的毫克数（mg/dm^2）表示。

2.13　非有意添加物质

食品接触材料及制品中含有的非人为添加的物质，包括原辅材料带入的杂质，在生产、经营和使用等过程中的分解产物、污染物以及残留的反应中间产物。

2.14　有效阻隔层

食品接触材料及制品中由一层或多层材料组成的屏障，该屏障用于阻止其后的物质迁移到食品中，保证迁移到食品中的未经批准的物质量不超过 0.01mg/kg，且食品接触材料及制品在推荐的使用条件下与食品接触时符合本标准 3.1 和 3.2 的要求。

3　基本要求

3.1　食品接触材料及制品在推荐的使用条件下与食品接触时，迁移到食品中的物质水平不应危害人体健康。

3.2　食品接触材料及制品在推荐的使用条件下与食品接触时，迁移到食品中的物质不应造成食品成分、结构或色香味等性质的改变，不应对食品产生技术功能（有特殊规定的除外）。
3.3　食品接触材料及制品中使用的物质在可达到预期效果的前提下应尽可能降低在食品接触材料及制品中的用量。
3.4　食品接触材料及制品中使用的物质应符合相应的质量规格要求。
3.5　食品接触材料及制品生产企业应对产品中的非有意添加物质进行控制，使其迁移到食品中的量符合本标准 3.1 和 3.2 的要求。
3.6　对于不和食品直接接触且与食品之间有有效阻隔层阻隔的、未列入相应食品安全国家标准的物质，食品接触材料及制品生产企业应对其进行安全性评估和控制，使其迁移到食品中的量不超过 0.01mg/kg。致癌、致畸、致突变物质及纳米物质不适用于以上原则，应按照相关法律法规规定执行。
3.7　食品接触材料及制品的生产应符合 GB 31603 的要求。

4　限量要求

4.1　一般要求

食品接触材料及制品的总迁移量，物质的使用量、特定迁移量、特定迁移总量和残留量等应符合相应食品安全国家标准中对于总迁移限量、最大使用量、特定迁移限量、特定迁移总量限量和最大残留量等的规定。

4.2　特殊要求

4.2.1　对于同时列在 GB 9685 和产品标准中的同一（组）物质，食品接触材料及制品终产品中该（组）物质应符合相应限量的规定，限量值不得累加。
4.2.2　复合材料及制品、组合材料及制品和涂层产品中的各类材质材料应符合相应食品安全国家标准的规定。各类材料有相同项目的限量时，食品接触材料及制品整体应符合相应限量的权重加和值。当无法计算权重加和值时，取该项目的最小限量值。

5　符合性原则

5.1　食品接触材料及制品中原料的使用应符合相应产品的食品安全国家标准和相关公告的规定。
5.2　食品接触材料及制品中添加剂的使用应符合 GB 9685 和相关公告的规定。
5.3　食品接触材料及制品应符合相应产品的食品安全国家标准的规定。

6　检验方法

6.1　食品接触材料及制品的迁移试验应符合 GB 31604.1 和 GB 5009.156 的规定。当产品的食品安全国家标准中有特殊规定时，按照产品标准的规定执行。
6.2　食品接触材料及制品相关项目的测定应采用国家标准检验方法，在尚无相应国家标准检验方法的情况下，可以采用经充分技术验证的其他检验方法。

7　可追溯性

7.1　食品接触材料及制品生产企业应建立产品追溯体系，保证食品接触材料及制品在各阶段的可追溯性。
7.2　追溯体系应保证能够获得食品接触材料及制品的来源和去向信息、相关物质或材料的合规性信息。

8　产品信息

8.1　产品标识信息应清晰、真实，不得误导使用者。
8.2　产品应提供充分的产品信息，包括标签、说明书等标识内容和产品合格证明，以保证有足够信息对食品接触材料及制品进行安全性评估。
8.3　标识内容应包括产品名称，材质，对相关法规及标准的符合性声明，生产者和（或）经销者的名称、地址和联系方式，生产日期和保质期（适用时）等内容。

8.4 符合性声明应包括遵循的法规和标准，有限制性要求的物质名单及其限制性要求和总迁移量合规性情况（仅成型品）等。

8.5 食品接触材料及制品终产品除应符合上述要求外，还应注明“食品接触用”“食品包装用”或类似用语，或加印、加贴调羹筷子标志（具体见附录A），有明确食品接触用途的产品（如筷子、炒锅等）除外。有特殊使用要求的产品应注明使用方法、使用注意事项、用途、使用环境、使用温度等。对于相关标准明确规定的使用条件或超出使用条件将产生较高食品安全风险的产品，应以特殊或醒目的方式说明其使用条件，以便使用者能够安全、正确地对产品进行处理、展示、贮存和使用。

8.6 上述标识内容应优先标示在产品或产品标签上，标签应位于产品最小销售包装的醒目处。当由于技术原因无法将信息全部显示在产品或产品标签上时，可显示在产品说明书或随附文件中。

附录A
调羹筷子标志图

调羹筷子标志图见图A.1。

图A.1　调羹筷子标志图

（十五）GB 4806.10—2016《食品安全国家标准　食品接触用涂料及涂层》

1　范围

本标准适用于食品接触用涂料及涂层。

本标准不适用于纸涂料及涂层。

2　术语和定义

2.1　食品接触用涂料和涂层

涂覆在食品接触材料及制品与食品直接接触面上的涂料，及其形成的涂层（膜）。

3　基本要求

食品接触用涂料及涂层应符合GB 4806.1的规定。

4 技术要求

4.1 原料要求

允许使用的树脂名单应符合附录 A 及相关公告的规定。

4.2 涂层感官要求

涂层感官要求应符合表 1 的规定。

表 1　感官要求

项目	要　求
感官	表面平整、色泽均匀、无气孔；浸泡后，应无龟裂、不起泡、不脱落
浸泡液	迁移试验所得浸泡液不应有着色、浑浊、沉淀、异臭等感官性的劣变

4.3 理化指标

4.3.1 理化指标应符合表 2 的规定。

表 2　理化指标

项目		指标	检验方法
总迁移量/（mg/dm^2）[a]	≤	10	GB 31604.8
高锰酸钾消耗量/（mg/kg） 蒸馏水（60℃，2h 或煮沸 0.5h，再室温放置 24h）[b]	≤	10	GB 31604.2
重金属（以 Pb 计）/（mg/kg） 4%乙酸（体积分数）（60℃，2h 或煮沸 0.5h，再室温放置 24h）[b]	≤	1	GB 31604.9

注：a 接触婴幼儿食品的涂料及涂层应根据实际使用中的面积体积比将结果换算为 mg/kg，且限量为≤60mg/kg。

b 炊饮具用涂层的试验条件采用“煮沸 0.5h，再室温放置 24h”，其他涂层的试验条件采用“60℃，2h”。

4.3.2 单体及其他起始物的特定迁移限量、特定迁移总量限量、最大残留量等理化指标应符合附录 A 及相关公告的规定。

4.4 添加剂

添加剂应符合 GB 9685 和相关公告的规定。

5 其他

5.1 迁移试验

迁移试验应按 GB 31604.1 和 GB 5009.156 的规定执行。

5.2 标签标识

标签标识除应符合 GB 4806.1 规定外，涂层材料及制品还应分别标示基材和涂层的材质名称。

附录 A
食品接触用涂料及涂层允许使用的基础树脂及使用要求

A.1 表 A.1 规定了食品接触用涂料及涂层允许使用的基础树脂名单及使用要求。

A.2 GB 9685—2016 附录 B 中特定迁移总量限量［SML（*T*）］及 SML（*T*）分组编号适用于本标准。

表 A.1　　食品接触用涂料及涂层允许使用的基础树脂及使用要求

序号	中文名称	CAS 号	SML/QM，mg/kg	SML（*T*），mg/kg	SML（*T*）分组编号	其他要求
1	(1,1′-联苯基)-4,4′-二醇与 1,1′-磺酰双（4-氯苯）的聚合物	25608-64-4；25839-81-0	6［(1,1′-联苯基)-4,4′-二醇：SML］；0.05［1,1′-磺酰基二（4-氯苯）：SML］			
2	(3R)-3-羟基丁酸与 4-羟基丁酸共聚物	125495-90-1		5（以 1，4-丁二醇计）	30	不得用于接触含乙醇食品；使用温度不得高于 100℃
3	(氧化-1,4-苯烯基硫化-1,4-苯烯基）聚合物、4,4′-磺酰基二苯酚与 1,1′-磺酰基二（4-氯苯）的聚合物	25667-42-9；25608-63-3	0.05（双酚 S：SML)；0.05（4,4′-二氯二苯砜：SML）			
4	［1，4-苯二羧酸与 1，6-己二胺（1∶1)］的化合物与六氢-2*H*-氮杂卓-2-酮的聚合物	51025-80-0	2.4（己二胺：SML）	15（以己内酰胺计）；7.5（以对苯二甲酸计）	4；28	
5	1，1，1，2，2，3，3-七氟-3-［（三氟乙烯基）氧］丙烷与四氟乙烯的聚合物	26655-00-5	0.05（1，1，1，2，2，3，3-七氟-3-［（三氟乙烯基）氧］丙烷：SML）0.05（四氟乙烯：SML)；0.2（氟：SML)；0.01（六价铬：SML）			
6	1,12-十二烷二酸与对苯二甲酸和 1，4-丁二醇的聚合物	61778-68-5		5（以 1，4-丁二醇计）	30	
7	1,1-二氯乙烯与丙烯酸甲酯的聚合物	25038-72-6	5（1，1-二氯乙烯：QM）或 ND（1，1-二氯乙烯：SML，DL=0.01mg/kg）	6（以丙烯酸计）	22	

续表

序号	中文名称	CAS号	SML/QM, mg/kg	SML (*T*), mg/kg	SML (*T*) 分组编号	其他要求
8	1,3,5-三氧环己烷与1,3-二氧环戊烷的聚合物	24969-26-4;24969-25-3	5(三聚甲醛：SML)；5(1,3-二氧戊烷：SML)；1[1,4-双(2,3-环氧丙氧基)丁烷：QM，以环氧基团计]；ND[1,4-双(2,3-环氧丙氧基)丁烷：SML，DL=0.01mg/kg]			使用温度不得高于121℃
9	1,3-苯二甲酸二甲酯与1,4-丁二醇、1,4-苯二甲酸和聚(1,4-丁二醇)的聚合物	9086-55-9		7.5(以对苯二甲酸计)；5(以1,4-丁二醇计)	28；30	使用温度不得高于121℃
10	1,3-苯二甲酸与1，4-苯二甲酸、2,2-二甲基-1，3-丙二醇、1,2-乙二醇和1,6-己二醇的聚合物	40471-06-5	0.05(1，6-己二醇：SML)；0.05(2,2-二甲基-1,3-丙二醇：SML)	30(以乙二醇计)；5(以间苯二甲酸计)；7.5(以对苯二甲酸计)	2；27；28	
11	1,3-苯二甲酸与1,4-苯二甲酸、2,2-二甲基-1,3-丙二醇和1,2-乙二醇的聚合物	27923-68-8	0.05(2，2-二甲基-1,3-丙二醇：SML)	30(以乙二醇计)；5(以间苯二甲酸计)；7.5(以对苯二甲酸计)	2；27；28	不得用于接触含乙醇食品
12	1,3-苯二甲酸与1,4-苯二甲酸和1,6-己二胺的聚合物	25750-23-6	2.4(1,6-己二胺：SML)	5(以间苯二甲酸计)；7.5(以对苯二甲酸计)	27；28	
13	1,3-苯二甲酸与1，4-丁二醇、1,4-二甲基1,4-苯二羟酸、己二酸和1,3-丙二醇的聚合物	1082203-23-3	0.05(1,3-丙二醇：SML)	5(以间苯二甲酸计)；5(以1，4-丁二醇计)	27；30	不得用于接触乙醇含量高于8%的食品
14	1,3-丙二醇与对苯二甲酸的聚合物	26590-75-0	0.05(1,3-丙二醇：SML)	7.5(以对苯二甲酸计)	28	

续表

序号	中文名称	CAS号	SML/QM，mg/kg	SML（T），mg/kg	SML（T）分组编号	其他要求
15	1,3-丁二烯低聚的均聚物	68441-52-1	1（丁二烯：QM）或ND（丁二烯：SML，DL＝0.01mg/kg）			
16	1,3-二氧杂环庚烷与1,3,5-三氧杂环己烷的聚合物	25214-85-1	ND（1,3-二氧杂环庚烷：SML，DL＝0.01mg/kg）；0.05mg/6dm^2（1，3-二氧杂环庚烷：QM）；5（三聚甲醛：SML）	15（以甲醛计）	15	使用温度不得高于121℃
17	1,4-苯二甲酸（二甲酯）与1,4-丁二醇，葵二酸和六亚甲基二异氰酸酯的聚合物	—	1（1,6-二异氰酰己烷：QM，以异氰酸根计）	7.5（以对苯二甲酸计）；5（以1，4-丁二醇计）	28；30	使用温度不得高于100℃
18	1,4-苯二甲酸（二甲酯）与1,4-丁二醇、己二酸和六亚甲基二异氰酸酯的聚合物	—	1（1,6-二异氰酰己烷：QM，以异氰酸根计）	7.5（以对苯二甲酸计）；5（以1，4-丁二醇计）	28；30	使用温度不得高于100℃
19	1,4-苯二甲酸二甲酯和1,4-环己烷二甲醇，2,2,4,4-四甲基-1,3-环丁二醇的聚合物	261716-94-3	5（2,2,4,4-四甲基-1,3-环丁二醇：SML）			使用温度不得高于100℃
20	1,4-苯二甲酸二甲酯与1,3-丙二醇的聚合物	36619-23-5	0.05（1，3-丙二醇：SML）	7.5（以对苯二甲酸计）	28	使用温度不得高于100℃
21	1,4-苯二甲酸二甲酯与1,4-丁二醇的聚合物；1,4-苯二甲酸、1,4-丁二醇的聚合物	30965-26-5；26062-94-2		7.5（以对苯二甲酸计）；5（以1，4-丁二醇计）	28；30	使用温度不得高于121℃
22	1,4-苯二甲酸与（1,1′-联苯）-4,4′-二醇、4-羟基苯甲酸、6-羟基-2-萘甲酸和*N*-（4-羟基苯基）乙酰胺的聚合物	147310-94-9	0.05（6-羟基-2-萘甲酸：SML）；6（4，4′-二羟基联苯：SML）；0.05［*N*-（4-羟基苯基）乙酰胺：SML］	7.5（以对苯二甲酸计）	28	不得用于接触乙醇含量高于8%的食品，及含油脂固态食品
23	1,6-己二酸与1,6-己二醇和新戊二醇的聚合物	25214-14-6	0.05（2,2-二甲基-1,3-丙二醇：SML）；0.05（1,6-己烷：SML）			用于片状结构时，不得用于接触乙醇含量高于8%的食品

续表

序号	中文名称	CAS号	SML/QM, mg/kg	SML（T），mg/kg	SML（T）分组编号	其他要求
24	2,6-二甲基苯酚与2,3,6-三甲基苯酚的聚合物	58295-79-7	0.05（2,6-二甲基苯酚：SML）；0.05（2,3,6-三甲基苯酚：SML）			
25	2-丙烯腈与1,3-丁二烯的聚合物；丁腈橡胶（170型）	9003-18-3	1（1,3-丁二烯：QM）或ND（1,3-丁二烯：SML，DL = 0.01mg/kg）；ND（丙烯腈：SML，DL = 0.01mg/kg）			不得用于生产饮料容器
26	2-丙烯酸丁基酯与2-甲基-2-丙烯酸丁酯、甲基丙烯酸-2-（二甲氨基）乙酯和甲基丙烯酸甲酯的聚合物	127573-73-3	ND［甲基丙烯酸-2-（二甲氨基）乙酯：SML，DL=0.01mg/kg］	6（以丙烯酸计）；6（以甲基丙烯酸计）	22；23	
27	2-甲基-2-丙烯酸、2-丙烯酸乙酯、2-甲基-2-丙烯酸甲酯的共聚物	25133-97-5		6（以丙烯酸计）；6（以甲基丙烯酸计）	22；23	
28	2-甲基-2-丙烯酸-2-（二甲氨基）乙酯与2-甲基-2-丙烯酸甲酯的聚合物	26222-42-4	ND［甲基丙烯酸-2-（二甲氨基）乙酯：SML，DL=0.01mg/kg］	6（以甲基丙烯酸计）	23	
29	2-甲基-2-丙烯酸甲酯与苯乙烯和顺丁烯二酸酐的聚合物	26809-51-8		30（以马来酸计）；6（以甲基丙烯酸计）	3；23	
30	2-甲基-2-丙烯酸乙酯与2-丙烯酸甲酯的聚合物	26572-20-3		6（以丙烯酸计）；6（以甲基丙烯酸计）	22；23	
31	2-甲基-2-丙烯酸与2-甲基-2-丙烯酸丁酯和2-甲基-2-丙烯酸甲酯的聚合物	28262-63-7		6（以甲基丙烯酸计）	23	
32	2-甲基-2-丙烯酸与2-甲基-2-丙烯酸甲酯的聚合物	25608-33-7		6（以甲基丙烯酸计）	23	
33	2-甲基-2-丙烯酸与2-甲基-2-丙烯酸甲酯和2-丙烯酸甲酯的聚合物	26936-24-3		6（以丙烯酸计）；6（以甲基丙烯酸计）	22；23	使用温度应低于100℃
34	2-甲基-2-丙烯酸正丁酯与2-甲基-2-丙烯酸甲酯和2-甲基-2-丙烯酸-2-羟丙基酯的聚合物	67874-31-1		6（以甲基丙烯酸计）	23	

续表

序号	中文名称	CAS号	SML/QM，mg/kg	SML（T），mg/kg	SML（T）分组编号	其他要求
35	3,3,4,4,5,5,6,6,6-九氟-1-己烯、乙烯、四氟乙烯的共聚物	68258-85-5	0.05（四氟乙烯：SML）；0.2（氟：SML）；0.01（六价铬：SML）			
36	4,4′-（1-甲基亚乙基）双苯酚和（氯甲基）环氧乙烷的聚合物与2-甲基-2-丙烯酸、顺丁烯二酸酐和1,3-二异氰酸基甲苯的聚合物	—	1［4,4′-（1-甲基亚乙基）双苯酚和（氯甲基）环氧乙烷的聚合物：QM］或ND［4,4′-（1-甲基亚乙基）双苯酚与（氯甲基）环氧乙烷的聚合物：SML］；1［甲苯二异氰酸酯（2,4-位与2,6-位的混合物）：QM］（以异氰酸根计）；0.6（双酚A：SML）；1（环氧氯丙烷：QM）；ND（环氧氯丙烷：SML：DL=0.01mg/kg）	30（以马来酸计）；ND（DL=0.01mg/kg）（以异氰酸根计）；6（以甲基丙烯酸计）	3；17；23	不得用于生产婴幼儿专用食品接触材料及制品
37	4,4′-（1-甲基亚乙基）双苯酚与1,1′-磺酰基-双（4-氯苯）的聚合物	25154-01-2	0.6（双酚A：SML）；0.05［1,1′-磺酰基二（4-氯苯）：SML］			使用温度不得高于121℃。不得用于生产婴幼儿专用食品接触材料及制品
38	4,4′-［5,5′-［（1-甲基亚乙基）双（4,1-亚苯氧基）双-1,3-异苯并顺丁烯二酸酐与4,4′-磺酰基双苯胺的聚合物	77699-82-2	0.05（SML，以双酚A二酐计）；5（SML，以4,4′-磺酰基双苯胺计）			
39	4-甲基-1-戊烯与乙烯的聚合物	25213-96-1	0.05（4-甲基-1-戊烯：SML）			
40	4-氯-1,3-异苯并顺丁烯二酸酐与1,3-苯二胺、5-氯-1,3-异苯并顺丁烯二酸酐、1,3-异苯并顺丁烯二酸酐和4,4′-（1-甲基亚乙基）双酚的聚合物	536741-00-1	0.6（双酚A：SML）；0.05（1,3-苯二胺：SML）；0.05（5-氯-1,3-异苯并顺丁烯二酸酐：SML，以4-氯代苯甲酸计）；0.05（4-氯-1,3-异苯并顺丁烯二酸酐：SML，以3-氯代苯甲酸计）			不得用于生产婴幼儿专用食品接触材料及制品
41	4-氯-1,3-异苯并顺丁烯二酸酐与间苯二胺、5-氯-1,3-异苯并顺丁烯二酸酐和4,4′-（1-甲基乙基缩醛）双酚的聚合物，以4-（1-甲基-1-苯乙基）苯酚为封端剂	911701-92-3	0.6（双酚A：SML）；0.05（1,3-苯二胺：SML）；0.05（5-氯-1,3-异苯并顺丁烯二酸酐：SML）；0.05（4-氯-1,3-异苯并顺丁烯二酸酐：SML）；0.05［4-（1-甲基-1-苯乙基）苯酚：SML］			不得用于生产婴幼儿专用食品接触材料及制品

续表

序号	中文名称	CAS号	SML/QM，mg/kg	SML（T），mg/kg	SML（T）分组编号	其他要求
42	5,5′-［（1-甲基亚乙基）双（4,1-亚苯氧基）］双-1,3-异苯并顺丁烯二酸酐与1,3-亚苯二胺的聚合物	61128-46-9	0.6（双酚A：SML）；0.05（1,3-苯二胺：SML）			不得用于生产婴幼儿专用食品接触材料及制品
43	6-（乙酰氧基）-2-萘甲酸与4-（乙酰氧基）苯甲酸的聚合物	70679-92-4	0.05（6-羟基-2-萘甲酸：SML）；6（4,4′-二羟基联苯：SML）；0.05［*N*-（4-羟基苯基）乙酰胺：SML］			不得用于接触乙醇含量高于8%的食品，及含油脂固态食品
44	e-己内酰胺与亚胺基六次甲基亚胺基己二酰的聚合物	24993-04-2	2.4（1,6-己二胺：SML）	15（以己内酰胺计）	4	
45	苯乙烯改性的环氧树脂	—	1（环氧氯丙烷：QM）；ND（环氧氯丙烷：SML，DL＝0.01mg/kg）；0.6（双酚A：SML）；3.0（游离酚：SML，以苯酚计）			仅用于生产水基改性环氧树脂涂料。涂料涂覆于全铝或钢的两片罐内壁，用于直接接触啤酒、碳酸型饮料、茶饮料、咖啡及能量运动饮料。不得用于生产婴幼儿专用食品接触材料及制品
46	苯乙烯与以下单体的聚合物：2-甲基-1,3-丁二烯、1,3-丁二烯	25038-32-8；9003-55-8	ND（异戊二烯：SML，DL＝0.01mg/kg）；1（异戊二烯：QM）；ND（1,3-丁二烯：SML，DL＝0.01mg/kg）或1（1,3-丁二烯：QM）			
47	丙烯酸改性的环氧树脂	—	1（环氧氯丙烷：QM）；ND（环氧氯丙烷：SML，DL＝0.01mg/kg）；0.6（双酚A：SML）；3.0（游离酚：SML，以苯酚计）	6（以丙烯酸计）	22	仅用于生产水基改性环氧树脂涂料。涂料涂覆于全铝或钢的两片罐内壁，用于直接接触啤酒、碳酸型饮料、茶饮料、咖啡及能量运动饮料。不得用于生产婴幼儿专用食品接触材料及制品

续表

序号	中文名称	CAS号	SML/QM，mg/kg	SML（T），mg/kg	SML（T）分组编号	其他要求
48	丙烯酸甲酯与丁二烯和丙烯腈的聚合物	27012-62-0	ND（丙烯腈：SML，DL=0.01mg/kg）；1（丁二烯：QM）或ND（丁二烯：SML，DL=0.01mg/kg）	6（以丙烯酸计）	22	用于接触水性、含油脂和干燥食品，不得用于生产饮料容器，使用温度不得高于66℃
49	丙烯与以下一种或多种单体的聚合物：顺丁烯二酸酐、乙烯、1-丁烯、其他α-烯烃，可含5-亚乙基-2-降冰片烯作改性单体，其中丙烯占最大质量分数	25722-45-6；107001-49-0；25895-47-0；29160-13-2；9010-79-1	0.05（5-亚乙基-2-降冰片烯：SML）	30（以马来酸计）	3	无5-亚乙基-2-降冰片烯的迁移量检测方法时可使用0.05mg/6dm^2（QM）作为其限量值。含有5-亚乙基-2-降冰片烯的材料及制品接触食品的面积与食品质量比不得高于2dm^2/kg
50	丙烯酸甲酯与1,1-二氯乙烯和丙烯腈的聚合物	24968-80-7	5（1,1-二氯乙烯：QM）或ND（1,1-二氯乙烯：SML，DL=0.01mg/kg）	6（以丙烯酸计）	22	
51	醋酸丙酸纤维素	9004-39-1				
52	醋酸丁酸纤维素	9004-36-8				
53	醋酸纤维素	9004-35-7				
54	对苯二甲酸二甲酯和2,2,4（或2,4,4）-三甲基-1,6-己二胺的聚合物	9069-93-6；26246-77-5	5mg/6dm^2（青霉胺：QM）			
55	对叔丁基苯酚封端的聚（碳酸-4,4′-亚异丙基二苯酯）	103598-77-2	0.6（4,4′-亚异丙基二苯酚：SML）；0.05（对叔丁基苯酚：SML）；1（碳酰二氯：QM）；ND（碳酰二氯：SML，DL=0.01mg/kg）			不得用于生产婴幼儿专用食品接触材料及制品
56	二甘醇-间苯二甲酸改性的聚对苯二甲酸乙二醇酯共聚物；由对苯二甲酸二甲酯或对苯二甲酸和乙二醇与以下物质缩合：间苯二甲酸二甲酯、间苯二甲酸和二甘醇	25038-59-9；25052-77-1；24938-04-3；27027-87-8		30（以乙二醇计）；5（以间苯二甲酸计）；7.5（以对苯二甲酸计）	2；27；28	

续表

序号	中文名称	CAS号	SML/QM, mg/kg	SML（T）, mg/kg	SML（T）分组编号	其他要求
57	二甲苯甲醛聚合物	26139-75-3	3.0（游离酚：SML，以苯酚计）	15（以甲醛计）	15	仅用于生产以乙二撑硬脂酸胺为脱模剂的食品罐头内壁涂料。涂料涂印在镀锡薄板上，经高温烘烤成涂膜
58	反式-1,4-环己二甲酸二甲酯与1,4-环己二甲醇的聚合物	219566-57-1				
59	癸二酸与2,2′-氧双乙醇、1,2-乙二醇、1,3-苯二甲酸、2,2-二甲基-1,3-丙二醇和1,4-苯二甲酸的聚合物	38497-35-7	0.05（2,2-二甲基-1,3-丙二醇：SML）	30（以乙二醇计）； 5（以间苯二甲酸计）； 7.5（以对苯二甲酸计）	2；27；28	不得用于接触含乙醇食品
60	过氯乙烯聚合物	—	1（氯乙烯：QM）或ND（氯乙烯：SML，DL＝0.01mg/kg）			仅用于生产以其为主要原料，配以颜料及助剂组成的涂料。经喷、刷工艺而制成的涂层，可用于接触酒类的贮存池、槽车等容器内壁，作为防腐蚀用
61	含1-甲基-1-丙基的2-甲基-1,3-丁二烯的聚合物	9010-85-9				
62	环己酮与甲醛的聚合物	25054-06-2		15（以甲醛计）	15	不得用于接触乙醇含量高于10%的食品或脂肪性食品
63	环氧聚酰胺树脂	—	1（环氧氯丙烷：QM）；ND（环氧氯丙烷：SML，DL＝0.01mg/kg）；0.6（双酚A：SML）	15（以己内酰胺计）	4	仅用于生产用于食品容器（包括用具、输送管道、贮存池、贮存罐、槽车等）内壁作为防腐蚀用的环氧聚酰胺树脂涂层。不得用于生产婴幼儿专用食品接触材料及制品

续表

序号	中文名称	CAS 号	SML/QM，mg/kg	SML（*T*），mg/kg	SML（*T*）分组编号	其他要求
64	己二酸与1,3-苯二甲胺的聚合物	25718-70-1	0.05（1,3-苯二甲胺：SML）			
65	己二酸与1,4-丁二醇、六亚甲基二异氰酸酯、1,6-己二醇和2,2-二甲基-1,3-丙二醇（<2%）的聚合物	29891-05-2	0.05（2,2-二甲基-1,3-丙二醇：SML）；0.05（1,6-己二醇：SML）；1（六亚甲基二异氰酸酯：QM，以异氰酸根计）	ND（以异氰酸根计：DL＝0.01mg/kg）；5（以1,4-丁二醇计）	17；30	使用温度不得高于200℃
66	己二酸与1,4-丁二醇和1,6-二异氰酸根合己烷的聚合物	28476-49-5	1（六亚甲基二异氰酸酯：QM，以异氰酸根计）	ND（以异氰酸根计：DL＝0.01mg/kg）；5（以1,4-丁二醇计）	17；30	使用温度不得高于200℃
67	己二酸与六氢-2H-氮杂卓-2-酮、1,6-己二胺和4,4′-亚甲基二（环己胺）的聚合物	25053-13-8	2.4（1,6-己二胺：SML）；0.05（4,4′-亚基双环己胺：SML）	15（以己内酰胺计）	4	
68	甲基丙烯酸丁酯与甲基丙烯酸羟乙酯，甲基丙烯酸甲酯和甲基丙烯酰胺的聚合物	394249-05-9	6（2-羟基乙基-2-甲基-2-丙烯酸酯：SML）；ND（甲基丙烯酰胺：SML，DL＝0.01mg/kg）	6（以甲基丙烯酸计）	23	
69	甲基丙烯酸丁酯与乙烯、甲基丙烯酸甲酯和丙烯的聚合物	127104-68-1		6（以甲基丙烯酸计）	23	
70	甲基丙烯酸甲酯与丙烯酸乙酯的共聚物	9010-88-2		6（以丙烯酸计）；6（以甲基丙烯酸计）	22；23	
71	甲基丙烯酸甲酯与丁二烯、苯乙烯和丙烯腈的共聚物	9010-94-0	1（丁二烯：QM）或ND（丁二烯：SML，DL＝0.01mg/kg）；ND（丙烯腈：SML，DL=0.01mg/kg）	6（以甲基丙烯酸计）	23	
72	甲醛与（氯甲基）环氧乙烷和苯酚的聚合物	9003-36-5	1（环氧氯丙烷：QM）；ND（环氧氯丙烷：SML，DL＝0.01mg/kg）；3.0（游离酚：SML，以苯酚计）	15（以甲醛计）	15	与酚醛树脂共聚用于生产食品罐头内壁环氧酚醛涂料。涂料经印铁高温成膜

续表

序号	中文名称	CAS号	SML/QM，mg/kg	SML（T），mg/kg	SML（T）分组编号	其他要求
73	间苯二甲酰氯与对苯二甲酰氯、间苯二酚、碳酰二氯、4,4′-亚异丙基二苯酚（双酚A）和4-（1-甲基-1-苯基乙基）苯基酯的聚合物	235420-85-6	0.6（双酚A：SML）；1（碳酰二氯：QM）；ND（碳酰二氯：SML，DL＝0.01mg/kg）；0.05（对枯基苯酚：SML）；2.4（1，3-苯二酚：SML）	5（以间苯二甲酸计）；7.5（以对苯二甲酸计）	27；28	不得用于生产婴幼儿专用食品接触材料及制品
74	间苯二甲酰氯与对苯二甲酰氯、碳酰二氯、4,4′-亚异丙基二苯酚（双酚A）、4-（1-甲基-1-苯乙基）苯酚（对枯基苯酚）和二[4-（1-甲基）-1-苯基乙基苯基]酯的聚合物	114096-64-9	0.6（双酚A，SML）；1（碳酰二氯，QM）；ND（碳酰二氯：SML，DL＝0.01mg/kg）；0.05（对枯基苯酚：SML）	5（以间苯二甲酸计）；7.5（以对苯二甲酸计）	27；28	不得用于生产婴幼儿专用食品接触材料及制品
75	间苯二甲酰氯与对苯二甲酰氯、碳酰二氯和4,4′-亚异丙基二苯酚（双酚A）的聚合物	71519-80-7	0.6（双酚A，SML）；1（QM，以碳酰二氯计）；ND（碳酰二氯：SML，DL＝0.01mg/kg）	5（以间苯二甲酸计）；7.5（以对苯二甲酸计）	27；28	不得用于生产婴幼儿专用食品接触材料及制品
76	聚（硫-1,4-亚苯基）；聚苯硫醚	26125-40-6；25212-74-2	12（1,4-二氯苯：SML）			使用温度不得高于121℃
77	聚丁二酸丁二醇酯	25777-14-4		5（以1，4-丁二醇计）	30	使用温度不得高于100℃
78	聚丁烯-1	9003-28-5				
79	聚对苯二甲酸丁二醇酯；聚（氧代-1,4-亚丁基氧基羰基-1,4-亚苯基羰基）	24968-12-5		7.5（以对苯二甲酸计）；5（以1，4-丁二醇计）	28；30	
80	聚对苯二甲酸丁二醇酯-聚四氢呋喃醚的嵌段共聚物与马来酸酐的聚合物	1224447-95-3	0.6（四氢呋喃：SML）	30（以马来酸计）；5（以1，4-丁二醇计）	3；30	使用温度不得高于121℃
81	聚对苯二甲酸-己二酸丁二醇酯	55231-08-8		7.5（以对苯二甲酸计）；5（以1，4-丁二醇计）	28；30	仅用作单一薄膜或厚度小于等于120μm的涂层。使用温度不得高于100℃，不可用于冷冻食品或冷藏食品

续表

序号	中文名称	CAS 号	SML/QM，mg/kg	SML（*T*），mg/kg	SML（*T*）分组编号	其他要求
82	聚己二酰丁二胺	50327-22-5；50327-77-0				
83	聚甲基苯基硅氧烷	—				仅用于生产以其为主要原料，配以一定添加剂制成的有机硅涂料，涂料涂覆于铝板、镀锡铁板等金属表面，经自然挥干、高温烘烤固化成膜
84	聚甲基丙烯酸甲酯	9011-14-7		6（以甲基丙烯酸计）	23	
85	聚甲基硅氧烷	—				仅用于生产以其为主要原料，配以一定添加剂制成的有机硅涂料，涂料涂覆于铝板、镀锡铁板等金属表面，经自然挥干、高温烘烤固化成膜
86	聚甲醛	25231-38-3；9002-81-7		15（以甲醛计）	15	使用温度不得高于 121℃
87	聚全氟乙烯-丙烯树脂；四氟乙烯六氟丙烯共聚物	25067-11-2	0.05（四氟乙烯：SML）；0.01（六氟丙烯：SML）；0.2（氟：SML）；0.01（六价铬：SML）			
88	聚乳酸	9051-89-2				使用温度不得高于 100℃
89	聚四氟乙烯	9002-84-0	0.05（四氟乙烯：SML）；0.2（氟：SML）；0.01（六价铬：SML）			涂覆于铝板、铁板、不锈钢等金属表面，经高温烧结，使用温度不得高于 250℃
90	聚酰胺 12	25038-74-8	5（氮杂环十三烷-2-酮：SML）			
91	聚酰胺 610	9008-66-6；9011-52-3；6422-99-7	2.4（1,6-己二胺：SML）			
92	聚酰胺 66T	25776-72-1	2.4（1,6-己二胺：SML）	7.5（以对苯二甲酸计）	28	

续表

序号	中文名称	CAS号	SML/QM，mg/kg	SML（T），mg/kg	SML（T）分组编号	其他要求
93	聚氧化（2,6-二甲基-1,4-亚苯基）树脂	25134-01-4	0.05（2,6-二甲基苯酚：SML）			
94	氢化的芳香族石油碳氢树脂	88526-47-0				由沸程不高于220℃的裂化石油馏分中的脂肪族、脂环族和/或单苯环芳香基链烯的二烯类和烯烃类，以及馏分中的单体经催化或热聚合及蒸馏、加氢和其他工艺加工而成。性质：高于120℃时，黏度＞3Pa·s；软化温度＞95℃；溴值＜40；该物质50%的甲苯溶液颜色应＜11（加德纳色标）；芳香族单体残留量≤50mg/kg
95	十二烷二酸与1,6-己二胺的聚合物	26098-55-5	2.4（1,6-己二胺：SML）			
96	双（4-氟苯基）甲酮与1,4-苯二酚的聚合物	29658-26-2	0.05（4,4′-二氟二苯甲酮：SML）；0.6（氢醌：SML）；0.2（氟：SML）			
97	缩水甘油封端双酚A环氧氯丙烷共聚物	25036-25-3	0.6（双酚A：SML）；1（环氧氯丙烷：QM）；ND（环氧氯丙烷：SML，DL＝0.01mg/kg）；3.0（游离酚：SML，以苯酚计）			与酚醛树脂共聚用于生产食品罐头内壁环氧酚醛涂料。涂料经印铁高温成膜。不得用于生产婴幼儿专用食品接触材料及制品
98	碳酰二氯与4,4′-环己亚基双（2-甲基苯酚）、4,4′-亚异丙基二苯酚（双酚A）和二［4-（1-甲基-1-苯基乙基）苯基］酯的聚合物	411234-34-9	0.6（双酚A：SML）；1（碳酰二氯：QM）；ND（碳酰二氯：SML，DL＝0.01mg/kg）			不得用于生产婴幼儿专用食品接触材料及制品
99	五氟乙基三氟乙烯基醚与四氟乙烯的聚合物	31784-04-0	0.05（四氟乙烯：SML）；0.2（氟：SML）；0.01（六价铬：SML）			

续表

序号	中文名称	CAS 号	SML/QM，mg/kg	SML（T），mg/kg	SML（T）分组编号	其他要求
100	乙烯醇均聚物	9002-89-5	12（乙酸乙烯酯：SML）			仅用于接触水分含量低的油脂和干燥固态食品，使用温度不得高于 100℃
101	乙烯-乙酸乙烯酯共聚物	24937-78-8	12（乙酸乙烯酯：SML）			
102	乙烯-乙烯醇共聚物	26221-27-2	12（乙酸乙烯酯：SML）			不得用于接触乙醇含量高于 8%的食品
103	乙烯与二环（2,2,1）庚-2-烯共聚物	26007-43-2	0.05［二环（2,2,1）庚-2-烯：SML］			
104	乙烯与以下一种或多种单体的聚合物：1-丁烯、丙烯、5-亚乙基-2-降冰片烯、甲基丙烯酸、1-己烯、2-丙烯酸、甲基丙烯酸环氧甲酯、1-辛烯、乙酸乙烯酯、一氧化碳、顺丁烯二酸酐、丙烯酸异丁酯、丙烯酸丁酯、2-丙烯酸乙基酯、乙酸锌、氢氧化钠、氢氧化钾（其中乙烯占最大质量分数）	25038-36-2；25053-53-6；25087-34-7；25103-74-6；25213-02-9；25608-26-8；25702-94-7；25750-82-7；25750-84-9；24937-78-8；25895-46-9；26061-90-5；26221-73-8；26337-35-9；26375-31-5；26376-80-7；28064-24-6；28208-80-2；28516-43-0；31069-12-2；106177-14-4；37433-35-5；52255-42-2；60785-11-7；61843-70-7；61843-71-8；63625-36-5；107137-84-8；64652-60-4；86286-09-1；108388-93-8；85023-55-8；85244-45-7；114571-44-7；88450-35-5；9006-26-2；106343-08-2；9010-77-9；9010-79-1；9010-86-0；9019-29-8；93228-27-4	0.05（5-亚乙基-2-降冰片烯：SML）；0.02（甲基丙烯酸环氧甲酯：SML）；3（己烯：SML）；15（辛烯：SML）；12（乙酸乙烯酯：SML）；25（乙酸锌：SML，以锌计）	30（以马来酸计）；6（以丙烯酸计）；6（以甲基丙烯酸计）	3；22；23	无 5-亚乙基-2-降冰片烯的迁移量检测方法时可使用 0.05mg/6dm²(QM) 作为其限量值。含有 5-亚乙基-2-降冰片烯的材料及制品接触食品的面积与食品质量比不得高于 $2dm^2/kg$

续表

序号	中文名称	CAS号	SML/QM，mg/kg	SML（T），mg/kg	SML（T）分组编号	其他要求
105	以3-（4-羟基-3-甲氧基苯基）丙基封端的聚二甲基硅氧烷和硅树脂与4，4′-亚异丙基二苯酚（双酚A），碳酰二氯和4-（1-甲基-1-苯乙基）苯酚的共聚物	202483-49-6	0.6（双酚A：SML）；1（碳酰二氯：QM）；ND（碳酰二氯：SML，DL＝0.01mg/kg）			不得用于生产婴幼儿专用食品接触材料及制品

（十六）GB 5009.156—2016《食品安全国家标准　食品接触材料及制品迁移试验预处理方法通则》

1　范围

本标准规定了食品接触材料及制品迁移试验预处理方法的试验总则、试剂和材料、设备与器具、采样与制样方法、试样接触面积、试样接触面积与食品模拟物体积比、试样的清洗和特殊处理、试验方法、迁移量的测定要求和结果表述要求。

本标准适用于食品接触材料及制品的迁移试验预处理。

2　术语和定义

2.1　迁移测试池

安装、固定待测试样，注入食品模拟物进行迁移试验预处理的装置。

2.2　空心制品

从制品口沿水平面至其内部最低水平面的深度大于25mm的制品。

2.3　扁平制品

从制品口沿水平面至其内部最低水平面的深度小于或等于25mm的制品。

3　试验总则

3.1　本标准为食品接触材料及制品迁移试验预处理方法，经预处理获得的浸泡液应按照相关检验方法标准的规定进行迁移量测定。相应食品安全国家标准对于迁移试验预处理有特殊规定时，应符合相应标准的规定。

3.2　食品接触材料及制品迁移试验条件及食品模拟物的选择应按照GB 31604.1及相关产品标准的规定执行。

3.3　迁移试验测定对象为在合理预期使用条件下可能与食品直接接触的面。

4　试剂和材料

除非另有说明，本方法所用试剂均为分析纯，水为GB/T 6682规定的一级水。

4.1　试剂

4.1.1　冰乙酸（CH_3COOH）。

4.1.2　无水乙醇（C_2H_5OH）。

4.1.3　异辛烷（C_8H_{18}）。

4.1.4　正庚烷（C_7H_{16}）。

4.1.5　正己烷（C_6H_{14}）。

4.1.6 95%乙醇（C_2H_5OH）。
4.1.7 植物油（橄榄油、玉米油）：参见附录 A 中表 A.1。
4.1.8 氢氧化钠（NaOH）。
4.1.9 硝酸（HNO_3），优级纯。
4.1.10 碳酸氢钠（$NaHCO_3$）。
4.1.11 硫酸镁（$MgSO_4 \cdot 7H_2O$）。
4.1.12 二水合氯化钙（$CaCl_2 \cdot 2H_2O$）。
4.1.13 一水合柠檬酸（$C_6H_8O_7 \cdot H_2O$）。
4.1.14 氯化钠（NaCl）。
4.1.15 碳酸钾（K_2CO_3）。
4.1.16 亚硝酸钠（$NaNO_2$）。
4.1.17 盐酸（HCl）。
4.2 试剂配制
4.2.1 4%乙酸溶液（体积分数）：量取 20.0mL 冰乙酸（4.1.1），加 480mL 水，混匀。
4.2.2 10%乙醇溶液（体积分数）：量取 50.0mL 无水乙醇（4.1.2），加 450mL 水，混匀。
4.2.3 20%乙醇溶液（体积分数）：量取 100.0mL 无水乙醇（4.1.2），加 400mL 水，混匀。
4.2.4 50%乙醇溶液（体积分数）：量取 250.0mL 无水乙醇（4.1.2），加 250mL 水，混匀。
4.2.5 65%乙醇溶液（体积分数）：量取 325.0mL 无水乙醇（4.1.2），加 175mL 水，混匀。
4.2.6 0.1mol/L 硝酸溶液：量取 6.4mL 硝酸（4.1.9）加入水中，并定容至 1000mL。
4.2.7 0.1mol/L 氢氧化钠溶液：称取 1.0g 氢氧化钠（4.1.8）于聚乙烯或聚四氟乙烯塑料烧杯中，加水溶解至 250mL。冷却后，转移到塑料（PET 除外）瓶中，待用。
4.2.8 5g/L 柠檬酸溶液：称取 5.47g 一水合柠檬酸（4.1.13），加水溶解至 1000mL。
4.2.9 1g/L 柠檬酸溶液：称取 1.09g 一水合柠檬酸（4.1.13），加水溶解至 1000mL。
4.2.10 人造自来水储备液：称取 1.2g 碳酸氢钠（4.1.10）、0.7g 硫酸镁（4.1.11）、1.2g 二水合氯化钙（4.1.12），加水溶解至 1000mL。
4.2.11 人造自来水：量取 500mL 人造自来水储备液（4.2.10），加水至 10L，混匀。用 0.1mol/L 硝酸溶液（4.2.6）或 0.1mol/L 氢氧化钠溶液（4.2.7）调节 pH 至 7.5，搅拌 10min。最终的人造自来水各离子浓度分别为（可允许误差为±20%）：Ca^{2+}，16.4mg/L；Mg^{2+}，3.3mg/L；HCO_3^-，44.0mg/L；Cl^-，28.4mg/L；SO_4^{2-}，13.0mg/L；Na^+，16.0mg/L。储存于密闭容器中，保存期不超过 7d。
4.2.12 0.1mol/L 盐酸溶液：量取 9mL 盐酸（4.1.17）加入水中，并定容至 1000mL。
4.2.13 人工唾液：将 4.2g 碳酸氢钠（4.1.10）、0.5g 氯化钠（4.1.14）、0.2g 碳酸钾（4.1.15）和 30mg 亚硝酸钠（4.1.16）溶于水中并稀释至 900mL。调节 pH 至 9.0，必要时滴加 0.1mol/L 盐酸溶液（4.2.12）或 0.1mol/L 氢氧化钠溶液（4.2.7）。转移至 1000mL 的容量瓶中，加水定容至刻度。
5 设备与器具
5.1 天平
感量为 1mg。
5.2 试样支架
试样支架应能够支撑试样，保持试样之间分开，且保证试样与模拟物完全接触，其材质不影响迁移量测定结果。支架的选择参见附录 B 中图 B.1、图 B.2，也可使用其他符合要求的支架。

5.3　玻璃棒和玻璃珠

用于对食品模拟物的液位进行细微调整，以使试样表面完全浸入模拟物中，也可采用其他合适方法。

5.4　迁移测试池

迁移测试池应无渗漏，其材质不影响迁移量测试结果。挥发性物质的测定应使用气密性的迁移测试池和顶部预留空间较小的迁移测试池。迁移测试池的种类参见附录B中图B.3～图B.6，也可使用其他符合要求的迁移测试池。

5.5　恒温设备

恒温设备（恒温箱、培养箱、水浴锅、冰箱等）应保证迁移试验达到规定的温度，并可控制食品模拟物温度，温度的误差应符合附录C中表C.1的规定。

6　采样与制样方法

6.1　所采样品应具有代表性。样品应完整、无变形、规格一致。采样数量应能满足检验项目对试样量的需要，供检测与复测之用。

6.2　样品的采集和存储应避免样品受污染和变质。当试样含有挥发性物质时，应采用低温保存或密闭保存等方式。

6.3　迁移试验预处理应尽可能在样品原状态下进行。如因技术原因无法对样品进行直接测试，可将样品进行切割或按照实际加工条件制得符合测试要求的试样。切割时，应避免对试样测试表面造成机械损伤，应尽可能将切割操作过程产生的试样温升降至最低。

6.4　对于组合材料及制品，应尽可能按接触食品的各材质材料的要求分别采样。

6.5　对于形状不规则、容积较大或难以测量计算表面积的制品，可采用其原材料（如板材）或取同批制品中有代表性制品裁剪一定面积板块作为试样。

6.6　对于树脂或粒料、涂料、油墨和黏合剂等与实际成型品有明显差异的食品接触材料，应当按照实际加工条件制成成型品或片材进行迁移试验预处理。

7　试样接触面积

7.1　一般要求

应采用合适的方法准确测定试样中与食品模拟物接触的面积。不同形态试样面积的测定参照7.2～7.6进行，也可采用其他准确测定面积的方法。

7.2　空心制品面积

空心制品的面积为接触食品模拟物的面积总和，即接触食品模拟物的空心制品的内底部和内侧面面积之和。有规格的空心制品按其规格计算；无规格的空心制品，食品模拟物液面与空心制品上边缘（溢出面）的距离不超过1cm。需加热煮沸的空心制品加入食品模拟物的量应能保证加热煮沸时液体不会溢出，接触容积不得小于容积的4/5。边缘有花彩者应浸过花面。

7.3　扁平制品面积

将扁平制品（一体的圆形口）反扣于纸上，沿制品边缘画下轮廓，记下此参考面积（S）。对于圆形的扁平制品可以量取其直径（D）按式（1）计算其参考面积。对于盛放食品模拟物时液面至上边缘的距离小于1cm的扁平制品，将制品反扣于纸上，沿制品边缘画下轮廓，轮廓面积即为制品单面面积。

$$S=\left(\frac{D}{2}-l\right)^2\pi \tag{1}$$

式中　S——面积，单位为平方厘米（cm^2）

D——直径，单位为厘米（cm）

l——食品模拟物至制品边缘距离，单位为厘米（cm）

π——圆周率，3.14

7.4　全浸没法中试样面积

全浸没试验时，试样厚度小于或等于0.5mm时，计算面积取试样的单面面积；试样厚度大于0.5mm并且小于或等于2mm时，计算面积取试样正反两面面积之和，即单面面积乘以2；试样厚度大于2mm时，计算面积取试样正反两面面积及其侧面积之和。

7.5　迁移测试池法中试样面积

试样面积以试样实际接触食品模拟物或其他化学溶剂的面积计算。

7.6　不同形状的制品面积测定方法举例

7.2～7.5未包含的部分特殊形状的制品面积测定方法实例参见附录D。

8　试样接触面积与食品模拟物体积比（*S/V*）

8.1　采用不同的试验方法，选择合适的*S/V*对试样进行迁移试验预处理。

8.2　因技术原因无法采用实际的*S/V*或常规*S/V*（$6dm^2$接触面积对应1L或1kg食品模拟物）时，可调整*S/V*使模拟物中待测迁移物达到合适的浓度以满足方法检测要求。

8.3　迁移试验预处理中试样*S/V*应确保在整个试验过程中，食品模拟物中待测迁移物的浓度始终处于不饱和状态。

9　试样的清洗和特殊处理

9.1　试样应洁净，无污染。

9.2　试样应按实际使用情形进行清洁。使用前无须清洗的试样（如一次性餐具）可用不脱绒毛布或软刷清除试样表面的异物。

9.3　使用前有清洗或特殊处理要求的试样，按照标签或说明书上的要求进行清洗或处理后，用蒸馏水或去离子水冲2～3次，自然晾干，必要时可用洁净的滤纸将试样表面水分吸干净，但纸纤维不得存留试样表面。

9.4　清洗或处理过的试样应防止污染，且不得用于直接接触试样表面，应用镊子夹持或戴棉质手套传递试样。

10　试验方法

10.1　一般要求

10.1.1　迁移试验预处理过程中，如食品模拟物受热蒸发导致体积减小，应加入食品模拟物定容至原体积。

10.1.2　测定挥发性物质时，应采用适宜的密封措施以防止待测物质损失。

10.1.3　迁移试验时间应从食品模拟物达到选定的迁移试验温度后开始计时，迁移试验时间的误差应符合附录C中表C.2的规定。

10.1.4　迁移试验预处理结束后，应将浸泡液立即转移至干净的器皿中以备后续迁移量测定使用。

10.1.5　进行迁移试验预处理时，应同时做空白试验。

10.2　灌装法

10.2.1　一般方法

将已达到试验温度的食品模拟物加入空心制品中。如果空心制品有指定的标准容量，可采用添加玻璃棒或玻璃珠等方法对食品模拟物的液位做细微调整。记录加入的食品模拟物体积，然后将试样置于已达到试验温度的恒温设备中，按规定的试验条件（温度、时间）进行迁移试验。塑料薄膜袋、复合包装袋等试样应取其预期接触食品的接触面作为测试面，将袋置于适当大小的烧杯中，在袋中加入适量已达到试验温度的食品模拟物，接触已计算面积的区域，并按该试样规定的试验条件进行迁移试验预处理。

10.2.2　制袋法

塑料膜（袋）、复合包装膜（袋）等也可采用制袋法，封合好后切开袋子的一角，其孔径便于注入食品模拟物，将试样袋放入试样支架（如图 B.2 所示的支架或类似装置）中。将已达到试验温度的食品模拟物注入试样袋中，开口角热封或用夹子固定。

10.3　全浸没法

在试验用容器中注入已达到试验温度的食品模拟物，将试样完全浸没在食品模拟物中，记录加入的食品模拟物体积，按规定的试验条件（温度、时间）进行迁移试验。为确保试样完全分开，可在每两片试样中间插入玻璃棒。可用添加玻璃棒和玻璃珠等方法压住易漂浮的试样（如薄膜等），使其完全浸入食品模拟物中。如试样无法完全浸入食品模拟物中，可采用添加玻璃棒或玻璃珠等方法对食品模拟物的液位做细微调整使试样表面完全浸入。薄膜、板材和样片也可使用支架来固定（见图 B.1、图 B.2）。

10.4　回流法

将试样置于全玻璃蒸馏器的烧瓶中，加入食品模拟物 200mL，确保试样完全浸入。保持温和回流至规定时间。

10.5　迁移测试池法

用量筒量取食品模拟物装入烧瓶中。将烧瓶及迁移测试池放入恒温设备中，使之达到试验温度。另取面积大于迁移测试池密封区域的试样，装入从恒温设备中取出的迁移测试池中，重新装配迁移测试池，拧紧螺丝。将装有食品模拟物的烧瓶从恒温设备中取出，通过加注孔将食品模拟物从烧瓶转移至迁移测试池中，记录加入的食品模拟物体积。将迁移测试池放回已达到试验温度的恒温设备中。试验结束后，将迁移测试池从恒温设备取出，尽快恢复至室温，当食品模拟物为精制橄榄油或玉米油时，冷却后温度不得低于 10℃。

11　迁移量的测定要求

11.1　特定迁移量的测定要求

取 10.2、10.3、10.4、10.5 获得的浸泡液适量做分析。对于挥发性物质，可以用注射器通过铝箔盖抽取，如果使用广口玻璃容器，则通过封口膜抽取。采用迁移测试池法的试样应将注射器插入注入口隔膜，从每个迁移测试池中取出浸泡液，按照特定迁移量的测定方法进行分析。

11.2　总迁移量的测定要求

取 10.2、10.3、10.4、10.5 获得的浸泡液，按照总迁移量的测定方法进行分析。

12　结果表述要求

12.1　一般要求

12.1.1　结果计算和表述应反映食品接触材料及制品在可预见使用情形下实际的接触面积与所接触食品体积（质量）比（*S/V*）。当实际 *S/V* 已知时，应按照可预见使用情形下的最大 *S/V*（如最小包装情况）对迁移试验所得数值进行计算和表述；当实际 *S/V* 未知时，应按照常规的 $6dm^2$ 表面积对应 1kg 或 1L 模拟物对迁移试验所得数值进行计算和表述。婴幼儿专用食品接触材料及制品，应按实际或可预见情形下的容器的实际容量进行计算和表述，以 mg/kg 表示。

12.1.2　结果表述应至少包括迁移试验条件（温度、时间、食品模拟物）以及结果表述所用的 *S/V* 等相关信息。

12.2　总迁移量和特定迁移量

12.2.1　总迁移量结果表示为每千克食品模拟物中非挥发性迁移物的毫克数（mg/kg），或每平方分米接触面积迁移出的非挥发性迁移物的毫克数（mg/dm^2）。对婴幼儿专用食品接触材料及制品，以 mg/kg 表示。

12.2.2　特定迁移量结果表示为每千克食品或食品模拟物中迁移物质的毫克数（mg/kg），或食品

接触材料及制品与食品或食品模拟物接触的每平方分米面积中迁移物质的毫克数（mg/dm^2）。

12.2.3　如果按照实际 *S/V* 进行试验，则以试验中的接触面积和模拟物体积计算结果；如果未按实际 *S/V* 进行试验，则试验结果应按实际 *S/V* 进行换算；如果实际 *S/V* 未知且未按 $6dm^2$ 接触面积对应 1kg 或 1L 食品模拟物的比例进行试验时，试验结果应按照 $6dm^2$ 对应 1kg 或 1L 食品模拟物的比例进行换算。

12.3　盖子、垫圈、连接件等密封制品

如果制品的预期用途已知，按预期密封的容器的实际容量计算，以 mg/L 或 mg/kg 表示，或按预期密封制品和密封容器总的接触面积计算，以 mg/dm^2 表示。如果制品的预期用途未知，以 mg/件（面积）表示。

附录 A
油脂类食品模拟物要求

表 A.1　油脂类食品模拟物要求

脂肪酸碳链名称	6～12	14	16	18∶0	18∶1	18∶2	18∶3
脂肪酸（以甲酯计）（气相色谱面积归一化法）/%	<1	<1	1.5～20	<7	15～85	5～70	<1.5

附录 B
支架和迁移测试池

单位为毫米

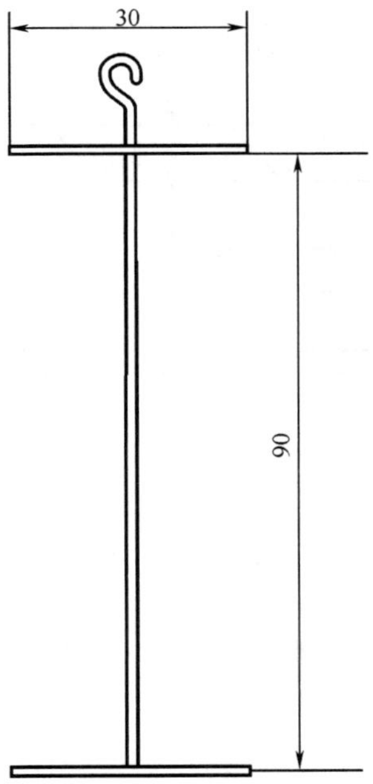

图 B.1　十字形支架

单位为毫米

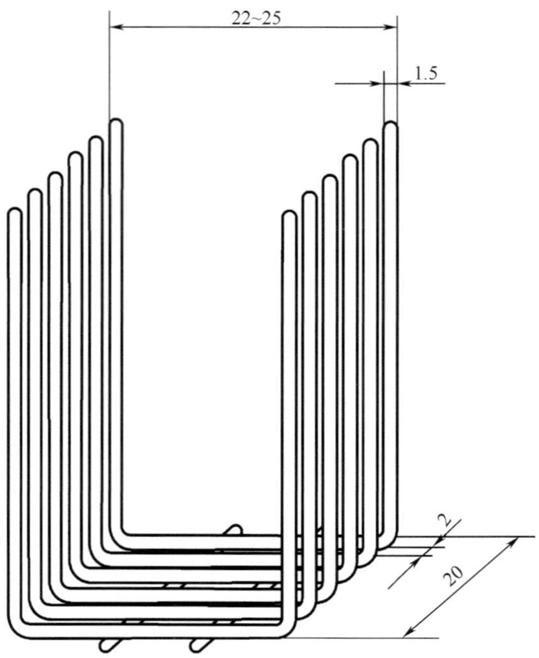

图 B.2　大支架

单位为毫米

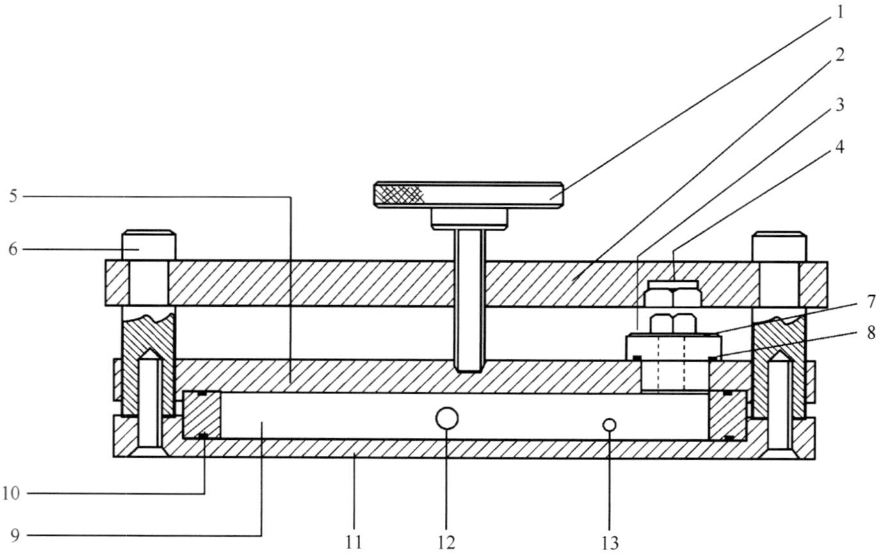

图 B.3　迁移测试池 A

1—夹紧螺钉　2—夹板　3—加注孔塞子　4—隔膜　5—顶板　6—夹紧柱（一对）　7—密封垫片　8—O 形密封圈　9—迁移测试池密封圈　10—O 形圈（一对）　11—基板　12—排液孔　13—热电偶附件

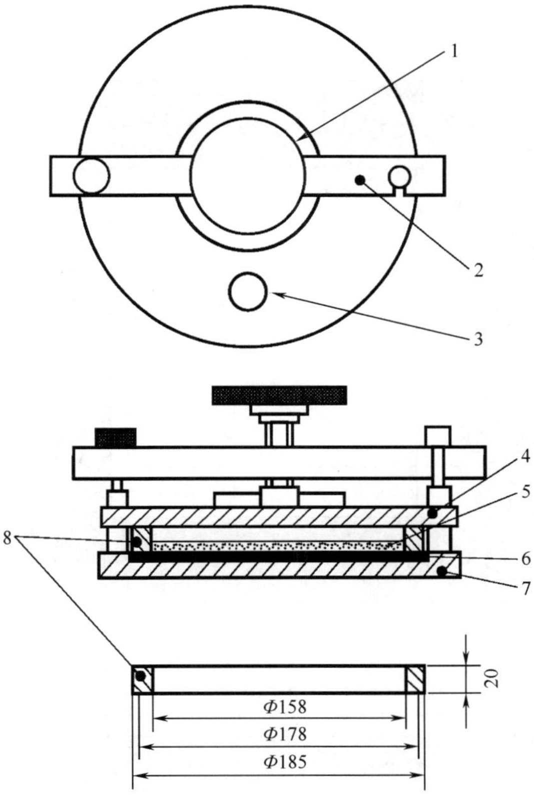

图 B.4 迁移测试池 B

1—夹紧螺钉 2—夹紧柱 3—加注孔塞子 4—盖子 5—食品模拟物 6—橡胶垫 7—基板 8—密封

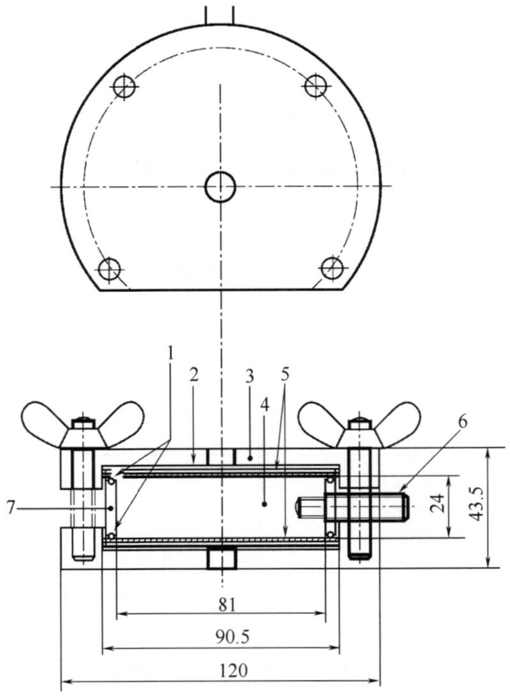

图 B.5 迁移测试池 C

1—密封圈 2—盖子（不锈钢） 3—池体（铝） 4—模拟物 5—试验样品 6—塞子（聚四氟乙烯） 7—环（不锈钢）

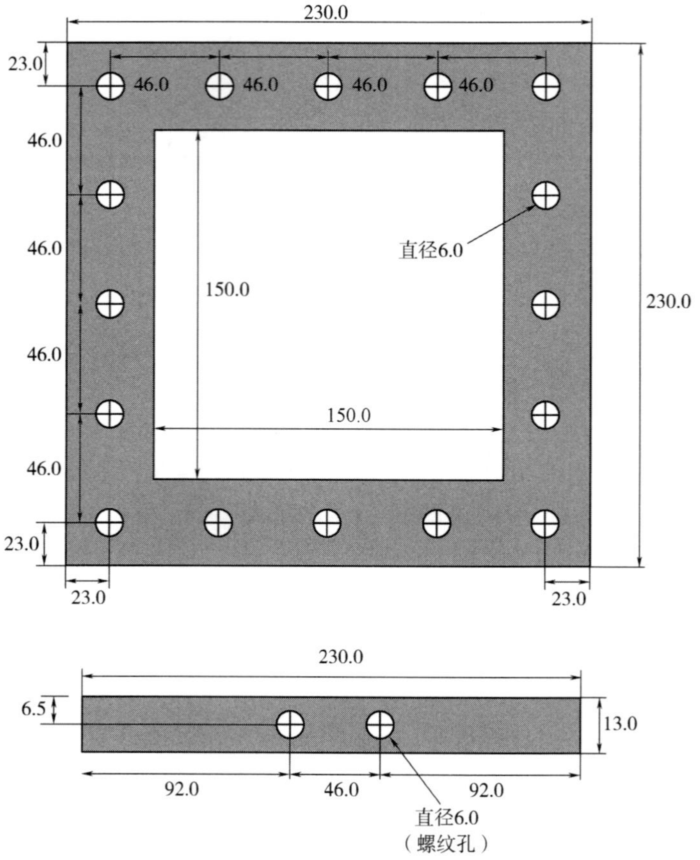

图 B.6　迁移测试池 D

附录 C
迁移试验温度和时间的误差

表 C.1　　**迁移试验温度和误差**

迁移试验温度和误差	迁移试验温度和误差
5℃±1℃	100℃±3℃
20℃±1℃	121℃±3℃
40℃±1℃	130℃±5℃
50℃±2℃	150℃±5℃
60℃±2℃	175℃±5℃
70℃±2℃	

表 C.2 迁移试验时间和误差

迁移试验时间和误差	迁移试验时间和误差
30min+1min	270min+10min
60min+1min	300min+12min
90min+3min	360min+15min
120min+5min	24h+0.5h
180min+7min	48h+0.5h
210min+8min	240h+5h
240min+9min	

附录 D
特殊形状的制品面积测定方法实例

D.1 筷（尾方头圆）：全部浸入模拟物。其面积为长方形面积加圆柱形面积之和。计算公式见式(D.1)。

$$S=A^2+4Ah_1+\pi Dh_2 \tag{D.1}$$

式中 S——面积，单位为平方厘米（cm^2）

A——筷方头边长，单位为厘米（cm）

h_1——筷方形部分长度，单位为厘米（cm）

D——筷圆头直径，单位为厘米（cm）

h_2——筷圆形部分长度，单位为厘米（cm）

π——圆周率，3.14

式（D.1）中各字母意义见图 D.1。

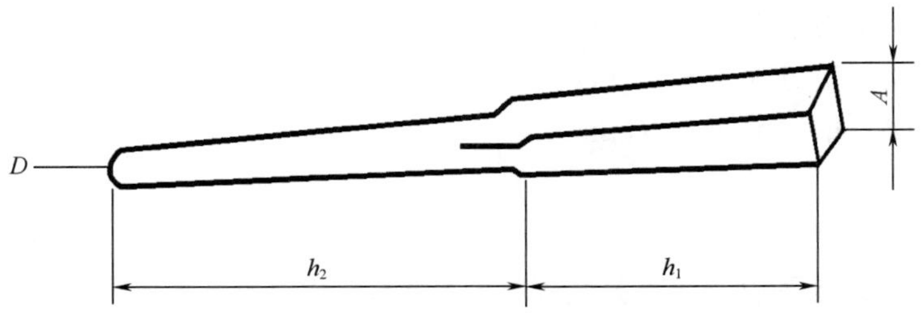

图 D.1 筷

A—筷方头边长 h_1—筷方形部分长度 D—筷圆头直径 h_2—筷圆形部分长度

D.2 奶瓶盖：全部浸入模拟物。其面积为环面积加圆周面积之和的 2 倍。计算公式见式（D.2）。

$$S=2[\pi(r_1^2-r_2^2)+2\pi r_1 h] \tag{D.2}$$

式中 S——面积，单位为平方厘米（cm^2）

r_1——奶瓶盖半径，单位为厘米（cm）

r_2——内孔半径，单位为厘米（cm）

h——奶瓶盖高度，单位为厘米（cm）

π——圆周率，3.14

式（D.2）中各字母意义见图 D.2。

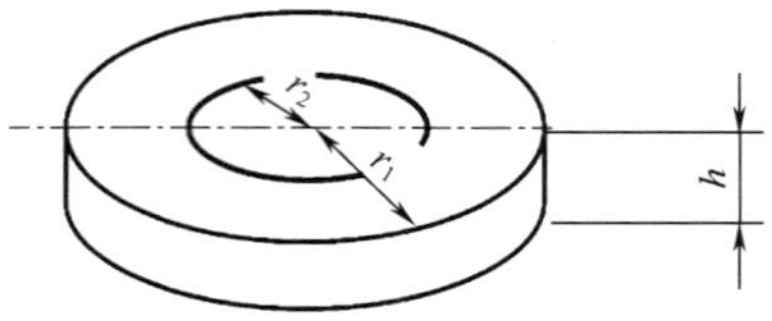

图 D.2　奶瓶盖

r_1—奶瓶盖半径

r_2—内孔半径　h—奶瓶盖高度

D.3　碗边缘：边缘有花饰者倒扣于模拟物，浸入 2cm 深。其面积为被浸泡的圆台侧面积的 2 倍。计算公式见式（D.3）。

$$S=[\pi l(r_1+r_2)]\times 2=4\pi(r_1+r_2) \quad (D.3)$$

式中　S——面积，单位为平方厘米（cm^2）

l——碗浸入模拟物的深度，单位为厘米（cm）

r_1——碗口半径，单位为厘米（cm）

r_2——碗浸入模拟物上层的半径，单位为厘米（cm）

π——圆周率，3.14

式（D.3）中各字母意义见图 D.3。

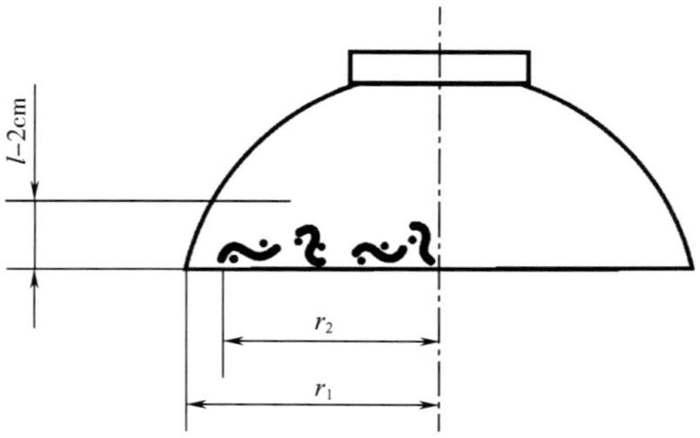

图 D.3　碗边缘

l—碗浸入模拟物的深度　r_1—碗口半径　r_2—碗浸入模拟物上层的半径

D.4　圆柱形杯口边缘：边缘有花饰者倒扣于模拟物，浸入 2cm 深。其面积为浸泡的圆柱体面积的 2 倍。计算公式见式（D.4）。

$$S=2\pi r\times l\times 2=4\pi rl \quad (D.4)$$

式中　S——面积，单位为平方厘米（cm^2）

r——杯口半径，单位为厘米（cm）

l——杯子高度，单位为厘米（cm）

π——圆周率，3.14

式（D.4）中各字母意义见图 D.4。

D.5　汤勺：其面积为球冠面积。计算公式见式（D.5）。

$$S=\pi(r^2+h^2) \quad (D.5)$$

式中　S——面积，单位为平方厘米（cm^2）

r——汤勺半径，单位为厘米（cm）

h——汤勺深度，单位为厘米（cm）

π——圆周率，3.14

全部浸入模拟物时乘以 2。

式（D.5）中各字母意义见图 D.5。

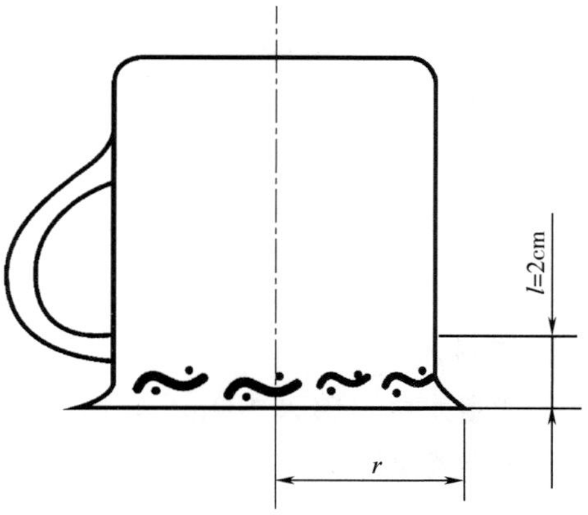

图 D.4　圆柱形杯口边缘

r—杯口半径　l—杯子高度

图 D.5　汤勺

r—汤勺半径　h—汤勺深度

D.6　塑料饮料吸管：全部浸入模拟物。其面积为圆柱体侧面积的 2 倍。计算公式见式（D.6）。

$$S = \pi d h \times 2 \tag{D.6}$$

式中　S——面积，单位为平方厘米（cm^2）

d——直径，单位为厘米（cm）

h——吸管长度，单位为厘米（cm）

π——圆周率，3.14

式（D.6）中各字母意义见图 D.6。

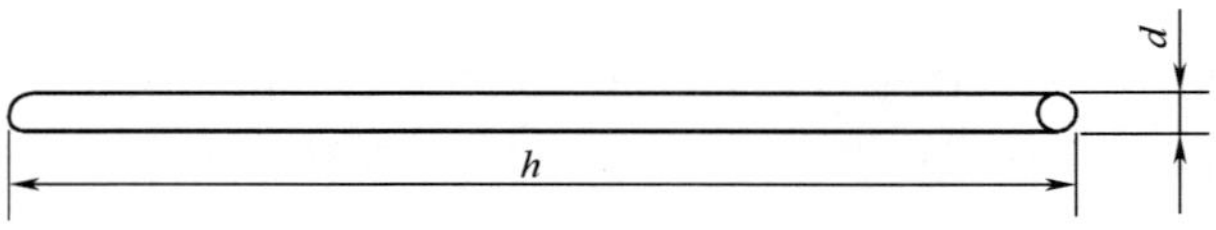

图 D.6　塑料饮料吸管

h—吸管长度　d—吸管直径

（十七）GB31604.48—2016《食品安全国家标准食品接触材料及制品甲醛迁移量的测定》

1　范围

本标准规定了食品接触材料及制品甲醛迁移量的分光光度测定方法。

本标准适用于食品接触材料及制品中甲醛迁移量的测定。

第一法　乙酰丙酮分光光度法

2　原理

食品模拟物与试样接触后，试样中甲醛迁移至食品模拟物中。甲醛在乙酸铵存在的条件下与乙酰丙酮反应生成黄色的 3，5-二乙酰-1，4-二氢二甲基吡啶，用分光光度计在 410nm 下测定试液的吸光度值，与标准系列比较得出食品模拟物中甲醛的含量，进而得出试样中甲醛的迁移量。

3　试剂和材料

除非另有说明，本方法所用试剂均为分析纯，水为 GB/T 6682 规定的三级水。

3.1　试剂

3.1.1　无水乙醇（CH_3CH_2OH）。

3.1.2　无水乙酸铵（CH_3COONH_4）。

3.1.3　乙酰丙酮（$C_5H_8O_2$）。

3.1.4　冰乙酸（CH_3COOH）：优级纯。

3.1.5　氢氧化钠（NaOH）。

3.2　试剂配制

3.2.1　水基食品模拟物：按照 GB 5009.156 的规定配制。

3.2.2　乙酰丙酮溶液：称取 15.0g 无水乙酸铵溶于适量水中，移入 100mL 容量瓶中，加 40μL 乙酰丙酮和 0.5mL 冰乙酸，用水定容至刻度，混匀。此溶液现用现配。

3.3　标准溶液配制

3.3.1　甲醛溶液（37%～40%，质量分数）：0～4℃保存。

3.3.2　甲醛标准储备液：吸取甲醛溶液 5.0mL 至 1000mL 容量瓶中，用水定容至刻度，0～4℃保存，有效期为 12 个月，临用前进行标定（见附录 A），或直接使用甲醛溶液标准品进行配制。

3.3.3　甲醛标准使用液：根据标定的甲醛浓度，准确移取一定体积的甲醛标准储备溶液，分别用相应的模拟物稀释至每升相当于 10mg 甲醛，该使用液现用现配。

4　仪器和设备

4.1　紫外可见分光光度计。

4.2　恒温水浴锅：精度控制在±1℃。

4.3　具塞比色管：10mL（带刻度）。

5　分析步骤

5.1　迁移试验

根据待测样品的预期用途和使用条件，按照 GB 5009.156 和 GB 31604.1 的要求，对样品进行迁移试验。迁移试验过程中至测定前，应注意密封，以避免甲醛的挥发损失。同时作空白试验。

5.2　显色反应

分别吸取 5.0mL 模拟物试样溶液和空白溶液至 10mL 比色管中，分别加入 5.0mL 乙酰丙酮溶液，盖上瓶塞后充分摇匀。将比色管置 40℃水浴中放置 30min，取出后置室温下冷却。

5.3　标准曲线的制作

取 7 支 10mL 比色管，根据迁移试验所使用的模拟物种类，按表 1 分别加入相应甲醛标准使用液，用相应的模拟物补加至 5.0mL，分别加入 5.0mL 乙酰丙酮溶液，盖上瓶塞后充分摇匀。将比色管置 40℃水浴中放置 30min，取出后置室温下冷却。

表 1　　标准工作溶液系列配制

甲醛标准使用液加入量/mL	0	0.5	1.0	1.5	2.0	2.5	3.0
甲醛标准工作系列浓度/（mg/L）	0	1.0	2.0	3.0	4.0	5.0	6.0

将经显色反应后的标准工作溶液系列装入 10mm 比色皿中，以显色后的空白溶液为参比，410nm 处测定标准溶液的吸光度值。以标准溶液的浓度为横坐标，以吸光度值为纵坐标，绘制标准曲线。

5.4　试样溶液和空白溶液的测定

将经显色反应后的试样溶液和空白溶液装入 10mm 比色皿中，以显色后的空白溶液为参比，410nm 处测定试样溶液的吸光度值，由标准曲线计算试样溶液中甲醛的浓度（mg/L）。

6 分析结果的表述

6.1 食品模拟物中甲醛浓度的计算

食品模拟物中甲醛的浓度按式（1）计算：

$$\rho=\frac{y-b}{a} \tag{1}$$

式中 ρ——食品模拟物中甲醛的浓度，单位为毫克每升或毫克每千克（mg/L 或 mg/kg）

y——食品模拟物中甲醛的峰面积

b——标准工作曲线的截距

a——标准工作曲线的斜率

6.2 甲醛迁移量的计算

由 6.1 得到食品模拟物中甲醛的浓度，按 GB 5009.156 进行迁移量的计算，得到食品接触材料及制品中甲醛的迁移量。结果保留至小数点后两位。

7 精密度

在重复性条件下获得的两次独立测定结果的绝对差值不得超过算术平均值的 10%。

8 其他

以高于空白溶液吸光度值 0.01 的吸光度所对应的浓度值为检出限，以 3 倍检出限为方法的定量限。以每平方厘米试样表面积接触 2mL 模拟物计，方法的检出限和定量限分别为 0.02mg/dm^2 和 0.06mg/dm^2。

第二法　变色酸分光光度法

9 原理

食品模拟物与试样接触后，试样中甲醛迁移至食品模拟物中。甲醛在硫酸存在的条件下与变色酸反应生成紫色化合物，用分光光度计在 574nm 处测定试液的吸光度值，与标准系列比较得出食品模拟物中甲醛的含量，进而得出试样中甲醛的迁移量。

10 试剂和材料

除非另有说明，本方法所用试剂均为分析纯，水为 GB/T 6682 规定的三级水或去离子水。所有试剂经本方法检测均不得检出甲醛。

10.1 试剂

10.1.1 无水乙醇（CH_3CH_2OH）。

10.1.2 变色酸（$C_{10}H_8O_8S_2$）。

10.1.3 硫酸：优级纯。

10.1.4 冰乙酸（CH_3COOH）：优级纯。

10.1.5 氢氧化钠（NaOH）。

10.2 试剂配制

10.2.1 水基食品模拟物：按照 GB 5009.156 的规定配制。

10.2.2 硫酸溶液：量取 100mL 硫酸，溶于 50mL 水中，缓慢搅拌，混匀。

注：浓硫酸遇水时会大量放热，且浓硫酸密度大于水，如将水加入浓硫酸中可能会导致暴沸。配制时，须将硫酸沿着烧杯壁缓慢加入水中，并不断搅拌。

10.2.3 变色酸溶液（5mg/mL）：称取 0.500g 变色酸，用适量水溶解，移入 100mL 容量瓶中，用水定容至刻度，混匀后用慢速滤纸过滤，收集滤液待用。此溶液现用现配。

10.3 标准溶液配制

10.3.1 甲醛溶液（37%～40%，质量分数）：0～4℃保存。

10.3.2 甲醛标准储备液：吸取甲醛溶液 5.0mL 至 1000mL 容量瓶中，用水定容至刻度，0～4℃保

存，有效期为 12 个月，临用前进行标定（见附录 A），或直接使用甲醛溶液标准品进行配制。

10.3.3　甲醛标准使用液：根据标定的甲醛浓度，准确移取一定体积的甲醛标准储备溶液，分别用相应的模拟物稀释至每升相当于 10mg 甲醛，该使用液现用现配。

11　分析步骤

11.1　迁移试验

根据待测样品的预期用途和使用条件，按照 GB 5009.156 和 GB 31604.1 的要求，对样品进行迁移试验。迁移试验过程中至测定前，应注意密封，以避免甲醛的挥发损失。

11.2　空白试验

除不与待测样品接触外，按 11.1 步骤进行空白试验。

11.3　显色反应

分别吸取 1.0mL 模拟物试样溶液、空白溶液至 10mL 比色管中，各加入 1.0mL 变色酸溶液，再缓慢加入 8.0mL 硫酸溶液，小心摇动比色管。溶液充分摇匀后，将比色管置 90℃水浴中 20min，立即在冰水浴中冷却 2min，然后取出并恢复至室温。

11.4　工作曲线

取 6 支 10mL 比色管，根据迁移试验所使用的模拟物种类，按表 2 分别加入相应甲醛标准使用液，用相应的模拟物补加至 1.0mL，各加入 1.0mL 变色酸溶液，再缓慢加入 8.0mL 硫酸溶液，小心摇动比色管。溶液充分摇匀后，将比色管置 90℃水浴中 20min，立即在冰水浴中冷却 2min，然后取出恢复至室温。

表 2　　标准工作溶液系列配制

甲醛标准使用液加入量/mL	0	0.20	0.40	0.60	0.80	1.0
甲醛标准工作系列浓度/（mg/L）	0	2.0	4.0	6.0	8.0	10

将经显色反应后的标准工作溶液系列缓慢倒入 10mm 比色皿，以显色后的空白溶液为参比，574nm 处测定标准溶液的吸光度值。以标准溶液的浓度（mg/L）为横坐标，以吸光度值为纵坐标，建立工作曲线。

11.5　试样溶液和空白溶液的测定

将经显色反应后的试样溶液和空白溶液缓慢倒入 10mm 比色皿，以显色后的空白溶液为参比，574nm 处分别测定试样溶液的吸光度值，由工作曲线计算试样溶液中甲醛的浓度（mg/L）。

12　分析结果的表述

12.1　食品模拟物中甲醛浓度的计算

食品模拟物中甲醛的浓度按式（2）计算：

$$\rho = \frac{y-b}{a} \tag{2}$$

式中　ρ——食品模拟物中甲醛的浓度，单位为毫克每升或毫克每千克（mg/L 或 mg/kg）

y——食品模拟物中甲醛的峰面积

b——标准工作曲线的截距

a——标准工作曲线的斜率

12.2　甲醛迁移量的计算

由 12.1 得到食品模拟物中甲醛的浓度，按 GB 5009.156 进行迁移量的计算，得到食品接触材料及制品中甲醛的迁移量。结果保留至小数点后两位。

13　精密度

在重复性条件下获得的两次独立测定结果的绝对差值不得超过算术平均值的 10%。

14 其他

以高于空白溶液吸光度值 0.01 的吸光度所对应的浓度值为检出限，以 3 倍检出限为方法的定量限。以每平方厘米试样表面积接触 2mL 模拟物计，方法的检出限和定量限分别为 0.04mg/dm^2 和 0.1mg/dm^2。

附录 A
甲醛标准储备液的标定

A.1 试剂

A.1.1 氢氧化钠（NaOH）。

A.1.2 盐酸（HCl）：36.0%～38.0%。

A.1.3 碘（I_2）。

A.1.4 碘化钾（KI）。

A.1.5 可溶性淀粉。

A.2 试剂配制

A.2.1 氢氧化钠溶液（40g/L）：称取 40.0g 氢氧化钠，溶于 1000mL 水中。

A.2.2 盐酸溶液（1mol/L）：吸取 8.3mL 盐酸，溶于水并定容至 100mL。

A.2.3 碘溶液（0.05mol/L）：称取 13.0g 碘和 35.0g 碘化钾，溶于 100mL 水中，稀释至 1000mL，摇匀。贮存于棕色瓶中。

A.2.4 硫代硫酸钠标准滴定溶液（0.1mol/L）。

A.2.5 淀粉溶液（10g/L）：称取 1.0g 可溶性淀粉，加少量水调至糊状，倒入 100mL 沸水中调匀，煮沸片刻，此溶液现用现配。

A.3 甲醛标准储备液的标定

吸取 5.0mL 甲醛标准储备液至碘量瓶中，加入 15.0mL0.05mol/L 的碘溶液和 10.0mL40g/L 的氢氧化钠溶液，静置 5min。加入 11.0mL1mol/L 的盐酸酸化，摇匀，用 0.1mol/L 的硫代硫酸钠标准滴定溶液滴定至草黄色，加入 1.0mL 淀粉溶液继续滴定至蓝色消失为终点。同时做试剂空白试验。甲醛标准储备液的浓度按式（A.1）计算：

$$\rho=\frac{(V_1-V_2)\times c\times M\times 1000}{2\times V_3} \tag{A.1}$$

式中 ρ——甲醛标准储备液的浓度，单位为毫克每升（mg/L）

V_1——空白滴定消耗硫代硫酸钠标准滴定溶液的体积，单位为毫升（mL）

V_2——样品滴定消耗硫代硫酸钠标准滴定溶液的体积，单位为毫升（mL）

c——硫代硫酸钠标准滴定溶液的浓度，单位为摩尔每升（mol/L）

M——甲醛的相对分子质量，单位为克每摩尔（g/mol）

1000——单位换算系数

2——碘和硫代硫酸钠反应的摩尔比值

V_3——标定用甲醛标准溶液的体积，单位为毫升（mL）

（十八）QB/T 2763—2006《涂覆镀锡（或铬）薄钢板》

1　范围

本标准规定了涂覆镀锡（或铬）薄钢板的分类、要求、试验方法、检验规则和标志、包装、运输、贮存。

本标准适用于制造食品、饮料容器的、经液体有机涂料涂布并经高温烘烤固化成膜的镀锡（或铬）薄钢板。

2　规范性引用文件

下列文件中的条款通过本标准的引用而成为本标准的条款。凡是注日期的引用文件，其随后所有的修改单（不包括勘误的内容）或修订版均不适用于本标准，然而，鼓励根据本标准达成协议的各方研究是否可使用这些文件的最新版本。凡是不注日期的引用文件，其最新版本适用于本标准。

GB/T 2520　冷轧电镀锡薄钢板

GB 4805　食品罐头内壁环氧酚醛涂料卫生标准

GB 9682　食品罐头内壁脱模涂料卫生标准

3　定义

下列定义适用于本标准。

3.1

同板差

在整张涂覆镀锡（或铬）薄钢板上，各规定部位涂膜厚度差之最大值。

3.2

清漆

用合成树脂制成的透明有机涂料。

3.3

磁漆

在合成树脂中添加粉末颗粒的不透明有机涂料。

4　分类

4.1　按涂料类型分类

4.1.1　清漆涂覆的镀锡（或铬）薄钢板。

4.1.2　磁漆涂覆的镀锡（或铬）薄钢板。

4.2　按涂膜厚度分类

分为 A、B、C 三类涂覆镀锡（或铬）薄钢板。

4.3　按抗性分类

4.3.1　抗酸性涂覆镀锡（或铬）薄钢板。

4.3.2　抗硫性涂覆镀锡（或铬）薄钢板。

4.4　按用途分类

4.4.1　内壁防腐蚀涂覆的镀锡（或铬）薄钢板。

4.4.2　外壁防锈涂覆的镀锡（或铬）薄钢板。

5　要求

5.1　原材料

5.1.1　环氧酚醛型涂料

应符合 GB 4805 的规定。

5.1.2 脱模涂料

应符合 GB 9682 的规定。

5.1.3 其他涂料

应经国家卫生行政部门批准。

5.1.4 镀锡薄钢板

应符合 GB/T 2520 Ⅰ级镀锡薄钢板的规定。

5.2 外观

5.2.1 涂膜应光滑平整，色泽基本一致，无熔锡、无焦化。

5.2.2 涂膜上不应有影响使用的杂质一气泡、砂眼等缺陷。

5.2.3 涂膜上不应有穿透涂膜的擦伤。

5.2.4 素铁面上不应有露铁的支架伤及带料。

5.2.5 留空带的位置和宽度的误差均应小于±1.0mm，留空部位不应带料。

5.3 理化指标

5.3.1 涂膜厚度

涂膜厚度以单位面积的涂膜量表示，涂膜量及同板差应符合表 1 的规定。

表 1　涂膜量及同板差

项目	产品类别		
	A	B	C
涂膜量/（g/m^2）	10.0～12.0	6.1～8.0	4.0～6.0
同板差/（g/m^2）　≤	1.0	0.8	0.6

注：（1）涂膜厚度不在标准之内的产品，同板差按涂膜薄的一类产品的规定执行。

（2）对涂膜厚度有特定要求时，应由供需双方商定，并列入合同。

5.3.2 附着力

应符合表 2 的规定。

表 2　附　着　力

项目	产品类别		
	A	B	C
附着力/级　不劣于	3	2	1

注：涂膜厚度不在标准之内的产品，附着力按涂膜薄的一类产品的规定执行。

5.3.3 抗酸性

5.3.3.1 经试验后涂膜无气泡、无脱落、无变色、无泛白。

5.3.3.2 无抗酸要求的产品，此项指标不作要求。

5.3.4 抗硫性

5.3.4.1 经试验后涂膜无明显硫斑、无脱落。

5.3.4.2 无抗硫要求的产品，此项指标不作要求。

5.3.5 耐蒸煮性

外壁涂覆的产品经试验后涂膜无气泡、无脱落、无变色、无泛白。

5.3.6 耐蚀力

应符合表 3 的规定。

表 3　　　　　　　　　　　　　　耐蚀力

项目	产品类别	
	A	B
耐蚀力/级　　不劣于	1	2

注：用于抗硫的磁漆产品、C类产品及外壁涂覆的产品，此项指标不作要求。

5.3.7 抗冲击性

经试验后，涂膜无密集腐蚀点。

6 试验方法

6.1 样片

供物理化学指标检验用的样片，应用切刀裁取，取样部位和尺寸见图 1。

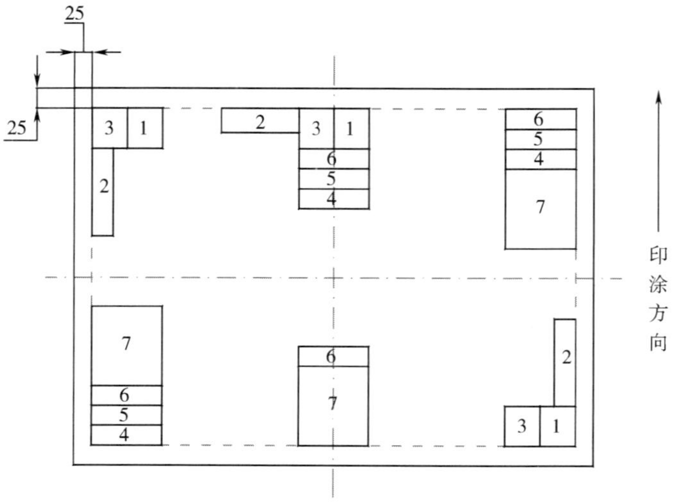

图 1

1—测涂膜厚度（50mm×50mm）　2—测附着力（120mm×30mm）　3—测耐蚀力（50mm×50mm）
4—测抗酸性（100mm×25mm）　5—测抗硫性（100mm×25mm）　6—测耐蒸煮性（100mm×25mm）
7—测抗冲击性（100mm×100mm）

6.2 试验溶液配制

试验溶液采用分析纯试剂、蒸馏水配制。

6.3 外观

目视检查。

6.3.1 光源

至少两支 40W 日光灯。

6.3.2 光源与样品的距离为 750～800mm，检验者的眼睛与样品的距离为 35～400mm 进行目视检查。

6.4 涂膜厚度

采用下列一种方法。

6.4.1 第一法　脱膜称重法（仲裁法）

6.4.1.1 试液溶液

碳酸钠溶液（30～50g/L）称取无水碳酸钠 30～50g，用水溶解并稀释至 1000mL。

6.4.1.2　试验步骤

6.4.1.2.1　样片经丙酮清洁、自然干燥后，用分析天平称重（m_1）。测值精确至 0.1mg。

6.4.1.2.2　将涂覆镀锡薄钢板样片置于 90～95℃ 的碳酸钠溶液（6.4.1.1）中，以样片为阴极，不锈钢薄板为阳极，在 4～6V 直流电压下脱膜。待涂膜完全脱净后，取出样片，迅速水洗、干燥。此时镀锡薄钢板表面不应有黑变。

6.4.1.2.3　将涂覆镀铬薄钢板样片平置，用浸过丙酮的方糖块在涂膜上反复擦拭。当涂膜基本擦除时，再用蘸有丙酮的棉花擦净表面碎屑，自然干燥。

6.4.1.2.4　将脱膜后的镀锡（或铬）薄钢板样片再次称重（m_2）。测值精确至 0.1mg。

6.4.1.3　结果计算

涂膜厚度 X 以单位面积的涂膜量表示，单位为克每平方米（g/m^2），按下式计算。

$$X = \frac{m_1 - m_2}{S} \times 10^6$$

式中　m_1——样片脱膜前的称重值，单位为克（g）

m_2——样片脱膜后的称重值，单位为克（g）

S——样片面积，单位为平方毫米（mm^2）

计算结果表示至小数点后一位。

6.4.1.4　样品的涂膜厚度应是三个样片测值的算术平均值。

6.4.2　第二法　仪器法

用精度为 0.5g/m^2 的电子测厚仪进行测定。

6.5　附着力

6.5.1　样片在螺距为 1.5mm 的划痕仪上，用 90～100r/min 的速度，划出长度为 60～80mm、直径为 10mm 的螺纹线。划线应以穿透涂膜为度。

6.5.2　用毛笔刷去划掉的涂膜。将宽度为 25.4mm 的 3M610 粘胶带，粘贴在螺纹线上，用食指腹平移压紧，并留出 15～20mm 粘胶带作为握持。

6.5.3　在桌面上用手指压住样片的一端，将粘胶带以斜上方向快速从涂膜上撕下。见图 2。

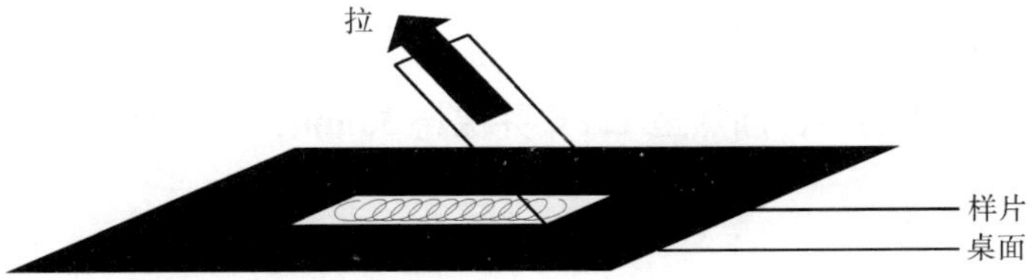

图 2

6.5.4　观察划圈内涂膜被撕下的程度，按表 4 评定附着力。

表 4　附着力评定

附着力/级	涂膜被撕下的面积/%	附着力/级	涂膜被撕下的面积/%
1	0	3　⩽	25
2　⩽	10	4　⩽	50

6.5.5　表面涂有合成蜡的防粘镀锡（或铬）薄钢板，应去除蜡层后按 6.5.1～6.5.4 进行试验和评定。

6.5.6　样品的附着力应是三个样片测值的算术平均值。

6.6 抗酸性

6.6.1 试验溶液

6.6.1.1 醋酸溶液（3%）

量取冰醋酸 30mL，用水稀释至 1000mL。

6.6.1.2 柠檬酸溶液（20g/L）

称取柠檬酸（$C_6H_8O_7 \cdot H_2O$）20g，用水溶解并稀释至 1000mL。

6.6.2 试验步骤

6.6.2.1 将涂覆镀锡薄钢板样片反复折叠成间距为 3mm 的方块，浸没于盛有试验溶液（6.6.1.1）的惰性容器中，加盖密封。试验溶液距容器的盖内面应在 5～7mm。

6.6.2.2 将涂覆镀铬薄钢板样片反复折叠成间距为 3mm 的方块，浸没于盛有试验溶液（6.6.1.2）的惰性容器中，加盖密封。试验溶液距容器的盖内面应在 5～7mm。

6.6.2.3 将试验容器置于高压锅内，加热至 121℃ 并保持 30min，自然降压、冷却后，取出样片，洗净、干燥。观察涂膜状况。

6.7 抗硫性

6.7.1 试验溶液

L 型半胱氨酸盐酸盐（0.5g/L）、磷酸二氢钾（3.6g/L）、磷酸氢二钠（7.2g/L）的混合溶液 称取 L 型半胱氨酸盐酸盐（$C_3H_8NO_2SCl$）0.50g 或 L 型半胱氨酸盐酸盐（$C_3H_8NO_2SCl \cdot H_2O$）0.56g、磷酸二氢钾 3.60g、磷酸氢二钠（$Na_2HPO4 \cdot 12H_2O)_7$20g，分别用水溶解后，混合并稀释至 1000mL。混合溶液应在配制后 4h 内使用。

6.7.2 试验步骤

6.7.2.1 将样片反复折叠成间距为 3mm 的方块，浸没于盛有试验溶液（6.7.1）的惰性容器中，加盖密封。试验溶液距容器的盖内面应在 5～7mm。

6.7.2.2 将试验容器置于高压锅内，加热至 121℃ 并保持 60min，自然降压，冷却后，取出样片，洗净、干燥。观察涂膜状况。

6.8 耐蒸煮性

6.8.1 将样片反复折叠成间距为 3mm 的方块，将 2 个样片浸没于盛有蒸馏水的惰性容器中，另两个样片置于不加水的惰性容器中。

6.8.2 将试验容器置于高压锅内，加热至 121℃ 并保持 30min，自然降压、冷却后，取出样片。观察涂膜状况。

6.9 耐蚀力

6.9.1 试验溶液

柠檬酸（50g/L）、硝酸钠（0.14g/L）、抗坏血酸（0.5g/L）的混合溶液 称取柠檬酸（$C_6H_8O_7 \cdot H_2O$）50g、硝酸钠 0.14g、抗坏血酸 0.50g，分别用水溶解后，混合并稀释至 1000mL。试验溶液应在配制后 4h 内使用。

6.9.2 试验步骤

6.9.2.1 在样片的背面焊上导线，用熔化的蜂蜡涂布样片的背面和边角。

6.9.2.2 将样片浸入试验溶液（6.9.1）中。以直径为 4mm、长度为 10mm 的不锈钢棒为阴极、样片为阳极，接入 15V 直流电源，造成阳极腐蚀。1h 后取出样片，洗净、干燥。观察腐蚀斑的大小和数量。

6.9.3 样片的耐蚀力按表 5 评定。

表 5　　耐蚀力评定

耐蚀力/级	腐蚀程度
0	无腐蚀斑
1	10 个以下长度≤1mm 的腐蚀斑；5 个以下长度为 1～2mm 的腐蚀斑
2	30 个以下长度≤1mm 的腐蚀斑：10 个以下长度为 1～2mm 的腐蚀斑
3	30 个以上长度≤1mm 的腐蚀斑，10 个以上长度为 1～2mm 的腐蚀斑；有长度>2mm 的腐蚀斑

6.9.4　样品的耐蚀力应是三个样片测值的算术平均值。

6.9.5　对某些特定产品，经双方同意，可以采用其他腐蚀介质。

6.10　抗冲击性

6.10.1　试验溶液

硫酸铜溶液（50g/L）　称取硫酸铜（$CuSO_4 \cdot 5H_2O$）50g，用水溶解并稀释至 1000mL。

6.10.2　试验步骤

6.10.2.1　将样片的被测面向下插入冲击仪，以 1kg 重锤从 1m 高度冲下：或将样片冲成直径为 60～90mm 的罐盖。冲制过程中应不损伤钢基板。

6.10.2.2　将冲击样或罐盖浸入硫酸铜溶液（6.10.1）中，30min 后取出样片，洗净、干燥。观察冲击样的半球面或罐盖的腐蚀状况。

7　检验规则

7.1　每批产品应经生产企业的检验部门，按本标准 5.2～5.3 检验合格后方可出厂，并签发产品质量合格证。

7.2　产品按货组进行验收。

7.3　抽样方法

7.3.1　将同时交货、同一规格的产品定为一个货批。

7.3.2　将同一货批的产品按每 20 件定为一个货组。不足 20 件的余数也作为一个货组。

7.3.3　从每一货组中随机抽取一件作为样件。货批不足 20 件的产品应抽取 2 件作为样件。

7.3.4　在样件的上、中、下三个部位，分别、随机抽取 7 张、共 21 张样品。其中 1 张用于理化性能检验，其余 20 张用于外观检查。

7.4　复验

7.4.1　外观

如有一项（或一项以上）的不合格样张数大于或等于 4 张时，应从同一货组中加倍量抽取样品，进行复验。若复验结果仍有一项的不合格张数大于 4 张时，则判该货组外观不合格。

7.4.2　理化指标

检验结果如有一项（或一项以上）指标不合格时，应从同一样件中加倍量抽取样品，进行复验。若复验结果仍有一项不合格时，则判该货组理化指标不合格。

7.4.3　外观和理化指标均合格时，则判该货组为合格。

7.4.4　镀锡（或铬）薄钢铜板本身可能有的缺陷，如锡斑、麻点、白点、水渍，及表面铬含量等不符合标准，不应视为印涂质量的问题。

8　标志、包装、运输、贮存

8.1　每件产品应附有产品检验合格证，合格证上应标明生产厂家、产品名称、规格、生产日期、采用标准编号。

8.2 每件产品外应捆扎牢固，为便于运输应尽可能采用原包装。

8.3 产品装运时应避免碰撞、雨淋及暴晒。

8.4 产品应贮存在通风干燥、清洁的库房内，避免阳光直射。

（十九）QB/T 1877—2007《包装装潢镀锡（铬）薄钢板印刷品》

1 范围

本标准规定了包装装潢镀锡（铬）薄钢板印刷品的术语、要求、试验方法、检验规则及标志、包装、运输、贮存。

本标准适用于平版印刷的镀锡（铬）薄钢板包装装潢印刷品。平版印刷的铝材包装装潢印刷品亦可参照执行。

2 规范性引用文件

下列文件中的条款通过本标准的引用而成为本标准的条款。凡是注日期的引用文件，其随后所有的修改单（不包括勘误的内容）或修订版均不适用于本标准，然而，鼓励根据本标准达成协议的各方研究是否可使用这些文件的最新版本。凡是不注日期的引用文件，其最新版本适用于本标准。

GB/T 1720 漆膜附着力测定法

GB/T 1732 漆膜耐冲击测定法

GB/T 2828.1—2003 计数抽样检验程序 第1部分：按接收质量限（AQL）检索的逐批检验抽样计划

GB/T 9279 色漆和清漆 划痕试验

GB/T 17934 1—1999 印刷技术 网目调分色片、样张和印刷成品的加工过程控制 第1部分：参数与测试方法

GB/T 18720 印刷技术 印刷测控条的应用

CY/T 3—1999 色评价照明和观察条件

3 术语

3.1 印刷单元 printing brank

能够完整反映单个产品全部信息的印刷区域。每个自然印张可以有多个印刷单元。

3.2 轻微划伤 slight scrape

印刷面上损伤光油面而不伤及印刷墨层的划伤。

3.3 印前样 pre-press proof sheet

由打样机或其他方法而非印刷机生产的印刷品。

3.4 付印样 ok print，ok sheet

在印刷生产过程中，挑选出来作为后续印刷作业参考样的印刷成品。

3.5 漆膜 film layer

在镀锡（铬）薄钢板基材上含底涂、印刷墨层和光油的涂层。

4 要求

4.1 外观

4.1.1 印刷而应无明显脏污点、折痕。

4.1.2 每个印刷单元不超过三处、每个自然印张不超过六处0.3mm×20mm的轻微划伤。

4.1.3 文字、线条清晰、完整。条形码印制应符合国家有关规定。

4.1.4 网点应清晰、完整，无重影，不变形。

4.1.5 首批产品颜色与印前样基本符合，后续批次产品颜色与付印样基本一致。

4.2 实地印刷色差

实地印刷色差要求见表1。

表1 实地印刷色差要求

指标	单位	符号	指标值	
			$L>50$	$L\leqslant 50$
同批同色色差	CIE$L*a*b*$	ΔE_{ab}	≤50	$L\leqslant 50$
同张同色色差	CIE$L*a*b*$	ΔE_{ab}	≤40	≤30

4.3 网点印刷

5%网点不丢失，95%网点不并级。50%网点增大值≤25%。

4.4 套印误差

任意2个色版的图像位置误差≤0.2mm。

4.5 光泽度

光泽度≥80°。

注：对于使用亚光油、消光油、皱纹油等特殊效果光油的产品，光泽度指标不按此要求。

4.6 白度

印白工艺的印刷品白度值≥50%，涂白工艺的印刷品白度值≥70%。

4.7 漆膜耐冲击

经高300mm质量1kg自由落体冲击后，冲击处漆膜不出现裂纹。

4.8 漆膜耐加工

耐加工性见表2。

表2 耐加工性要求

试验项目	要求
拉伸法	拉伸后漆膜不脱落（无拉伸工艺的产品无此项要求）
踏平法	踏平后漆膜不脱落（无踏平工艺的产品无此项要求）
卷边法	卷边后漆膜不脱落（无卷边工艺的产品无此项要求）
加热法	加热后漆膜不起泡，不翘起，不开裂（无加热工艺的产品无此项要求）

4.9 漆膜附着力

经胶带撕拉后漆膜脱落程度不低于Ⅱ级。

4.10 漆膜抗划伤

当砝码质量加到600g时，漆膜未被针头划破到基材层。

4.11 耐蒸煮

经蒸煮后漆膜应不褪色，不渗色，不脱落，不起皱，无明显失光。

注：对于不需要蒸煮杀菌的镀锡（铬）薄钢板印刷品，不按此要求。

5 试验方法

5.1 试验条件

5.1.1 温度 (23±2)℃，相对湿度 (60±10)%。

5.1.2 光源按 CY/T 3—1999 的规定。

5.1.3 试样在试验室室温中放置 4h 后测试。

试验取样方法见图 1。

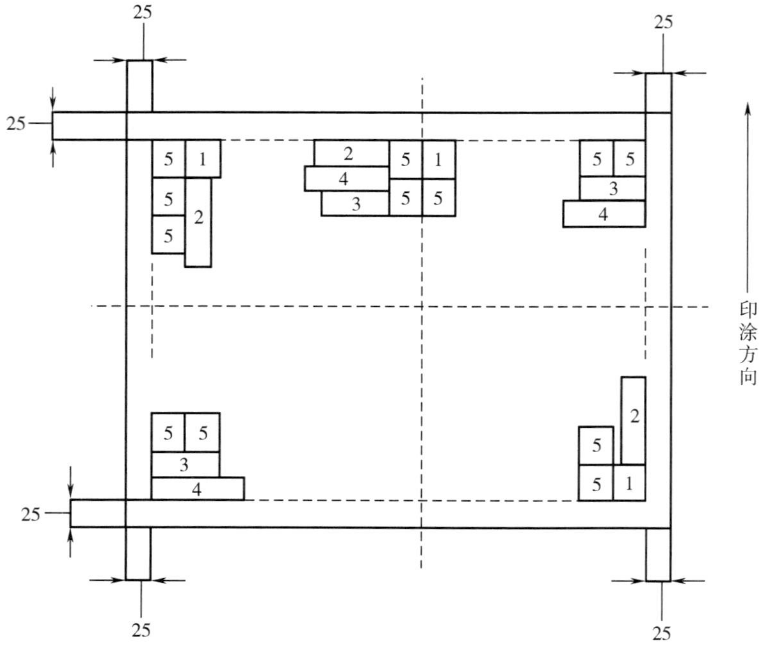

图 1 试样取样方法

1—测漆膜抗冲击性（50mm×50mm） 2—测漆膜耐加工性（根据具体要求） 3—测漆膜附着力（100mm×50mm） 4—测漆膜抗划伤性（125mm×50mm） 5—测漆膜耐蒸煮性（50mm×50mm）

5.2 外观指标测定

5.2.1 试样

将试样置于 5.1.2 规定的光源下。

5.2.2 网点观察

用 25 倍放大镜观察，观察条件按 CY/T 3—1999 的规定。

5.3 实地要求测定

5.3.1 仪器

色度计，测量视场为 2°，光源为 D_{65} 标准光源。

5.3.2 试验步骤

仪器校正后，首先测出标准样张某部位 CIE$L*a*b*$ 均匀色空间的 $L*a*b*$ 值并作为基准，然后测量试样与标准样的同色同部位色差和同张同色色差。

5.4 网点要求测定

5.4.1 仪器

色度计，测量视场为 2°，光源为 D_{65} 标准光源。

5.4.2　试验步骤

将 70 线/cm（175 线/英寸）宽度为 3mm×3mm 或以上的质量检测测控条拷贝到各分色胶片或直接晒板到印版上，测控条按照 GB/T 18720 规定。测试胶片或测控条上 50%网点处的网点百分比 P_1%，待晒版并印制成印刷成品后，测试成品上该信号条 50%网点处的网点百分比 P_2%，$\Delta P\% = P_2\% - P_1\%$即为 50%网点增大值。

5.5　套印误差测定

5.5.1　仪器

25 倍刻度放大镜，精度为 0.01mm。

5.5.2　试验步骤

取 1 张印刷品试样，试样表面必须清洁平整。在 512 光源下，分别测量试样上任两色版的 3 个不同点的图像位置误差，取其平均值。

5.6　光泽度测定

5.6.1　仪器

光泽度计，采用 D_{65}标准光源，60°入射角。

5.6.2　试验步骤

裁取 50mm×50mm 印刷品试样，试样表面必须清洁平整。仪器经校正后，分别测试试样上 5 个不同点的光泽度值，取其平均值。

5.7　白度测定

5.7.1　仪器

色度计。

5.7.2　试验步骤

裁取印白或涂白的部位 50mm×50mm 印刷品试样，试样表面必须清洁平整。仪器经校正后，分别测试试样上 5 个不同点的白度值，取其平均值。

5.8　漆膜耐冲击性测定

5.8.1　仪器

QJC 漆膜冲击器。

5.8.2　试验步骤

裁取 50mm×50mm 印刷品试样，试样表面必须清洁平整，将试样紧贴于冲击枕凹孔处，印刷面朝下。提起冲锤（1kg）至相应高度，使其自由下落。用 4 倍放大镜观察试样被冲击处漆膜裂纹变化情况。

注：若底材被冲破，则测试结果无效。

5.9　漆膜耐加工性测定

试验步骤见表 3。

5.10　漆膜附着力测定

5.10.1　仪器

附着力测定仪、胶带纸。

5.10.2　试验步骤

检查划针针头应无明显磨损且无污物，裁取 100mm×50mm 印刷品试样，并按照 GB/T 1720 规定的方法划出露出基材层的圆滚线，用胶带纸粘贴在圆滚线上，用食指平移压紧，并留出 15～20mm 长的胶带以便握持。将粘胶带参照图 2 方向快速从涂膜上撕下。

表 3　　　　　　　　　　　　　　　　　**耐加工性试验**

试验名称	试验方法
拉伸法	冲压成对角线 120mm、R8mm、深 12mm 的方形试样或直径为 60mm、深 20mm 的筒形试样后直观鉴定
踏平法	将长度为 100mm 的接口踏平后直观鉴定
卷边法	将直径为 60～70mm 的筒形试样内外卷边后直观鉴定
加热法	将 50mm×50mm 的样板放入烘箱内，加温至 70℃，保温 5min 后取出，自然冷却室温后直观鉴定

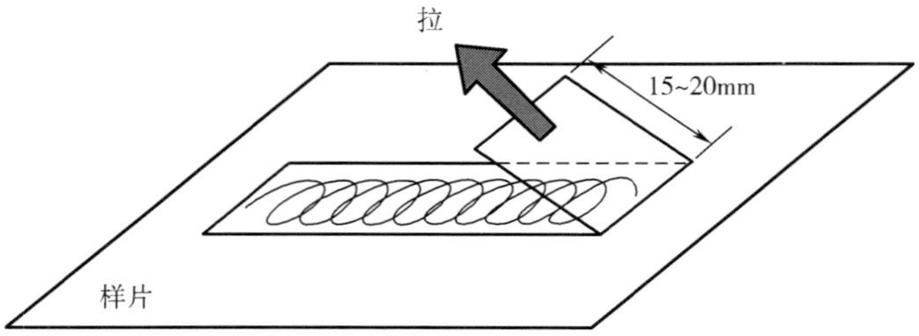

图 2　胶带撕拉示意图

5.10.3　评级方法

观察划圈内涂膜被撕下的程度并评定附着力，评级方法见表 4。

表 4　　　　　　　　　　　　　　　　　**附着力评级**

附着力级别	划圈内涂膜被撕下的面积（3 张测试样平均值）	附着力级别	划圈内涂膜被撕下的面积（3 张测试样平均值）
Ⅰ级	0	Ⅲ级	25%
Ⅱ级	10%	Ⅵ级	50%

5.11　漆膜附着力测定

5.11.1　仪器

划痕测试仪。

5.11.2　试验步骤

检查划针针头应无明显磨伤，且无污物，裁取 125mm×50mm 印刷品试样，印刷面朝上。将划痕测试仪的砝码质量调至 600g，启动机器使其在 3 张不同部位各匀速划动 2 次，观察漆膜是否被划透露底，以 3 张每次都未被划破露底为合格。

5.12　耐蒸煮性测定

试验步骤　裁取印刷品试样 50mm×50mm 试片 12 片，每 2 片为一组，并将每一组的试片在 2 个不同部位各折叠 180°1 次，墨层面叠在一起，取 3 组试样置于蒸馏水中，另 3 组置于水面上。密闭升温至 121℃，恒温 30min 后，自然冷却至室温，取出试片观察墨层变化情况。

注：如果仅进行一种水中或水面上测试，试片只取 6 片。

6　检验规则

6.1　检验分类

6.1.1　产品检验分出厂检验和型式检验。

6.1.2　出厂检验是正式生产的产品在交付给使用者之前的最终检验。

6.1.3　型式检验是对产品质量进行全面考核，即对标准中规定的要求全部进行检验。产品在下列情况之一时，应进行型式检验。

a）新产品或老产品转厂生产的试制定型鉴定；

b）正式生产后，如结构、材料、工艺有较大改变，可能影响产品性能时；

c）正常生产时，定期或积累一定产量后，应周期性进行一次检验；

d）产品停产一年以上，恢复生产时；

e）出厂检验结果与上次型式检验有较大差异时；

f）国家质量监督机构提出进行型式检验要求时。

6.2　检验项目

检验项目见表5。

表5　　　　检验项目

序号	项目名称	要求	试验方法
1	出厂检验	4.1～4.12	5.2～5.12
2	型式检验	4.1～4.12	5.2～5.12

6.3　组批规则和抽样方案

6.3.1　一个检验批可由一个生产批构成，或由符合下列条件的几个生产批构成：这些批是在基本相同的材料、工艺、设备等条件下制造出来的。

6.3.2　产品质量按本标准规定的要求和试验方法、抽样方案按GB/T 2828（逐批检查计数抽样程序及抽样表）的正常检验一次抽样方案，检验水平S-2。

6.3.3　接收质量限B类不合格AQL＝6.5，C类不合格AQL＝10。

6.4　判定规则和复验规则

6.4.1　判定规则见表6。

表6　　　　判定规则

项目名称	技术要求	试验方法	不合格分类	批量大小	样本大小	判定数组 Ac Re
外观	4.1	5.2	C	1201～35000	8	2　3
实地要求	4.2	5.3	C	1201～35000	8	2　3
网点要求	4.3	5.4	C	1201～35000	8	2　3
套印误差	4.4	5.5	B	1201～35000	8	1　2
光泽度	4.5	5.6	B	1201～35000	8	1　2
白度	4.6	5.7	C	1201～35000	8	2　3
漆膜耐冲击	4.7	5.8	B	1201～35000	8	1　2
漆膜耐加工	4.8	5.9	B	1201～35000	8	1　2
漆膜附着力	4.9	5.10	B	1201～35000	8	1　2
漆膜抗划伤	4.10	5.11	B	1201～35000	8	1　2
漆膜耐蒸煮	4.11	5.12	B	1201～35000	8	1　2

6.4.2　抽检不合格时，允许剔除不合格品后，重新检验，抽样方法和接受质量限不变。

7　标志、包装、运输、贮存

7.1　标志

每件包装上应贴有检验合格标签，注明用户单位、产品名称、品种规格、数量、出厂日期、产品等级、生产企业名、检验员代号等。

7.2 包装

根据产品情况和合同要求，捆扎牢固。

7.3 贮存

运输中需轻装轻卸，防潮湿、暴晒、雨淋、重压、倒置、腐蚀气液。

7.4 贮存

贮存环境要干燥、通风、防晒，单件摆放。不得与腐蚀性物质共贮一室。在符合上述贮存条件下，保质期三个月（自出厂之日起）。

特殊产品或特殊要求按用户与厂方订货合同的规定。

（二十）QB/T 2466—1999《镀锡（铬）薄钢板圆形　全开式易拉盖》

1　范围

本标准规定了镀锡（铬）薄钢板圆形全开式易拉盖的技术要求、试验方法、检验规则及标志、包装、运输、贮存。

本标准适用于镀锡（铬）薄钢板圆形全开式易拉盖的制造、使用、流通和监督检验。

2　引用标准

下列标准所包含的条文，通过在本标准中引用而构成为本标准的条文。本标准出版时，所示版本均为有效。所有标准都会被修订，使用本标准的各方应探讨使用下列标准最新版本的可能性。

GB 2520—88　电镀锡薄钢板和钢带

GB 2828—87　逐批检查计数抽样程序及抽样表（适用于连续批的检查）

GB 3526—83　低碳钢冷轧钢带

GB 4805—1994　食品罐头内壁环氧酚醛涂料卫生标准

GB 4806.1—1994　食品用橡胶制品卫生标准

GB/T 14251—1993　镀锡薄钢板圆形罐头容器技术条件

QB/T 3773—99　环氧酚醛型涂覆的镀锡（或镀铬）薄钢板技术条件

3　定义、符号

3.1　定义

本标准采用下列定义。

3.1.1　镀锡（铬）薄钢板全开式易拉盖　Full aperture easy open end of tinplate (or ECCS)

在盖全周均有一定深度的刻痕，并铆有拉环，开启时能沿刻痕完全撕开的镀锡（铬）薄钢板金属盖。其俯视图见图1。

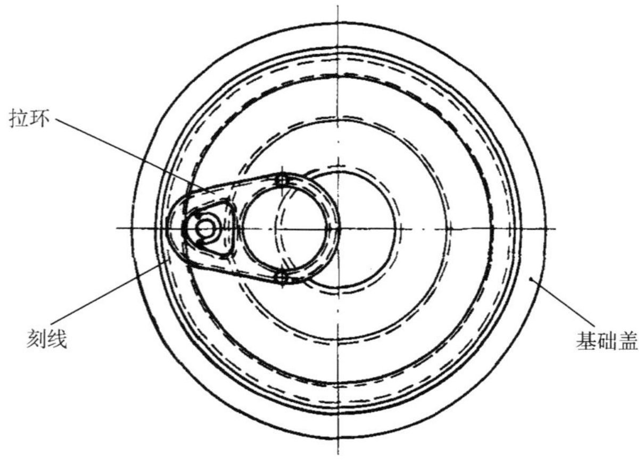

图1　圆形全开式易拉盖俯视图

3.1.2　**内涂膜完整性　Enamel rate**

内涂膜未完全覆盖易拉盖基体而呈现的缺陷（微孔）：以电流值表示。

3.2　**符号**

圆形全开式易拉盖各部位的符号见图2。

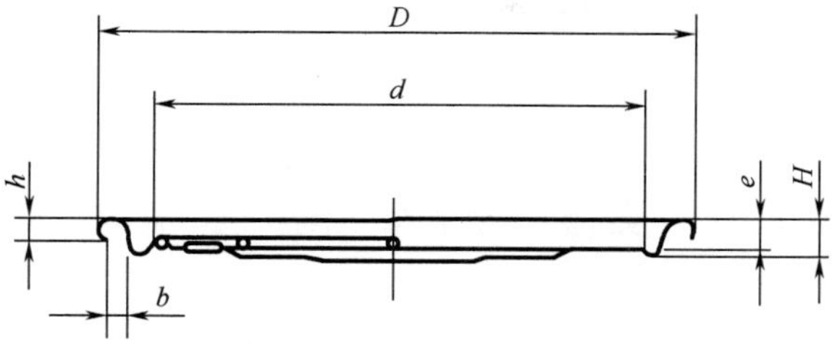

图2　圆形全开式易拉盖各部位的符号

D—钩边外径　*H*—埋头深度　*h*—钩边高度　*e*—平面深度　*b*—钩边开度　*d*—刻线直径

4　技术要求

4.1　原辅材料

推荐使用下列原辅材料。

4.1.1　镀锡薄钢板

应符合GB 2520一级品的规定。

4.1.2　涂覆镀锡（铬）薄钢板

应符合QB/T 3773的规定。

4.1.3　拉环材料

4.1.3.1　铝合金带

应有适当抗拉强度、屈服强度、延伸率及厚度的铝镁系合金带，并经双面涂覆。

4.1.3.2　钢带

应符合GB 3526的规定，并经双面涂覆或镀覆。

4.1.4　密封胶

4.1.4.1　卫生指标应符合GB 4806.1的规定。

4.1.4.2　根据包装产品的特征，选用不同性能的密封胶。

4.1.5　涂料

整板涂布的涂料或补涂料应符合GB 4805的规定；或采用经国务院卫生行政主管部门批准的其他涂料。

4.2　易拉盖外观

4.2.1　盖形完整无缺，钩边无明显皱褶、变形。

4.2.2　盖面清洁、平整，打印及印刷的文字、图案清晰，色泽基本一致。

4.2.3　密封胶干膜均匀、连续，无断胶、堆胶、拖尾，无明显气泡。

4.2.4　密封胶干膜量的分布见图3。

4.2.5　拉环表面光滑，不松动，铆合位置准确，铆钉无裂痕。

4.3　易拉盖规格尺寸应符合表1的规定。

4.4　易拉盖技术参数应符合表2的规定。

4.5　涂膜性能

4.5.1　固化性

按5.9试验后，内涂膜不泛白，不剥离，不脱落；外涂膜无明显失光，不剥离，不脱落，印刷图案无明显褪色：刻痕外补涂膜不泛白、不锈蚀。

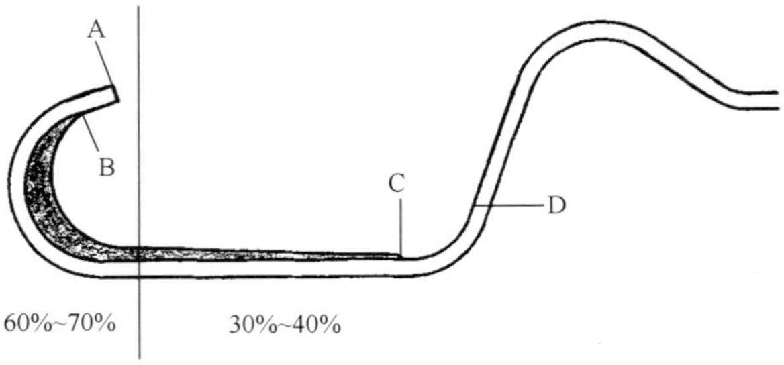

图 3　密封胶干膜量的分布

A—切边　B—密封胶干膜端部　C—密封胶干膜端部　D—盖肩

4.5.2　耐蚀性

按 5.10 试验后，内涂膜不泛白，不剥离，不脱落或无明显硫斑。

4.5.3　耐冲击性

按 5.11 试验后，内外涂膜无密集腐蚀点。

4.6　密封胶干膜性能

4.6.1　有良好的耐水性，按 5.3.2.1 试验后，密封胶干膜不发黏，有弹性，与盖面附着良好，水溶液不混浊。

4.6.2　有良好的耐油性，按 5.3.2.2 试验后，密封胶干膜不发黏，不溶解，与盖面附着良好。

4.6.3　有良好的耐溶剂性，按 5.3.2.3 试验后，密封胶干膜无明显溶胀，与盖面附着良好。

表 1　　　　mm

项目	盖代号						
	202#	209#	211#	212#	300#	307#	401#
直径	52	63	65	70	73	83	99
钩边外径 D	61.70±0.15	72.52±0.15	74.75±0.15	79.14±0.15	82.09±0.15	93.20±0.15	108.80±0.15
刻线直径 d ≥	45.70	55.70	58.80	63.00	66.00	76.00	91.50
钩边高度 h	1.98±0.12					2.05±0.12	
埋头深度 H	4.14±0.10	4.95±0.10		5.06±0.10			
平面深度 e	3.33±0.08	4.10±0.08		3.94±0.08			
钩边开度 b ≥	3.10						
50.8mm 个数*	24～28						

注：*"50.8mm 个数"指叠高为 50.8mm 时，易拉盖的个数。

表 2

项目		盖代号						
		202#	209#	211#	212#	300#	307#	401#
耐压强度，kPa ≥		250	250	250	220	220	220	200
密封胶干膜量* mg		45±10	55±10	60±10	64±10	66±10	78±10	92±10
启破力，N		20～40	20～40	20～40	20～40	20～40	20～40	20～40
全开力，N		45～85	45～85	45～85	45～85	45～85	45～85	45～85
开启可靠性		能顺利开启，开启时拉环不脱落，不断裂						
内涂膜量，g/m^2		9.0						
外涂膜量，g/m^2		4.5						
内涂膜完整性 mA≤	平均值	8						
	个别最大值	15						

注：*"密封胶干膜量"是以密封胶的密度为 1.3kg/L 时的干膜体积换算而得；如密度不等于 1.3kg/L，其干膜量应换算。

5 试验方法

5.1 外观

样盖置于明亮处，用视力目测检验。

5.2 主要尺寸

用精度为 0.01mm 的专用或通用量（仪）具测定。

5.3 密封胶干膜

5.3.1 密封胶干膜量

用感量为 0.0001g 的分析天平，对样盖称量为 m_1，除去密封胶干膜后称重为 m_2，密封胶干膜量 $m=m_1-m_2$。

5.3.2 密封胶干膜性能 根据所包装产品的特征，选用下列一种试验方法。

5.3.2.1 耐水性

样盖浸于 100℃水中煮 20min 后，目视观察密封胶干膜状况。

5.3.2.2 耐油性

样盖浸于 120～130℃植物油浴中 20min 后，目视观察密封胶干膜状况。

5.3.2.3 耐溶剂性

样盖浸于所包装溶剂的密闭容器中，放置 7 天后，目视观察密封胶干膜状况。

5.4 耐压强度

用分度值不大于 10kPa 的耐压强度测试仪，缓慢升压，读取样盖变形泄漏时的指标值。

5.5 启破力、全开力

用分度值不大于 1N 的启破力，全开力测试仪，读取样盖启破瞬间和全开时的指示值。

5.6 开启可靠性

用手以正确方式开启易拉盖。

5.7 涂膜量

用精度为 0.5g/m^2 的电子测厚仪或按 QB/T 3773 规定的方法进行测定。

5.8 内涂膜完整性

用分度值不大于 0.5mA 的涂膜完整性测试仪，在 6.3V 工作电压下，用 2%（m/V）硫酸钠溶液，测量样盖内涂膜 4s 时的电流值。

5.9 涂膜固化性

将样盖浸没在蒸馏水中，加温至 100℃保护 30min，冷却后目测检查。

5.10 耐蚀性

根据内容物的特性及杀菌要求，将样盖浸没在盛有表 3 所列试验溶液的密封容器中，按相应条件试验后，目视检查。

表 3

内容物特性	试验溶液	试验条件
常压杀菌的酸性内容物	2%（*m/V*）柠檬酸溶液	100℃　30min
高压杀菌的含蛋白质内容物	0.3%（*m/V*）硫化钠溶液，以 10%（*V/V*）醋酸调整 pH 至 6.0	121℃　30min
高压杀菌的低酸或其他内容物	2%（*m/V*）柠檬酸溶液	121℃　30min

5.11 耐冲击性

将样盖浸没在 5%（*m/V*）硫酸铜溶液中，30min 后观察腐蚀状况。

6 检验规则

6.1 出厂检验

6.1.1 产品出厂前须经生产厂质量检验部门逐批检验，并签发合格证。

6.1.2 出厂检验项目

易拉盖外观、规格尺寸、耐压强度、密封胶干膜质量及分布、启破力、全开力、开启可靠性、内涂膜完整性、涂膜固化性、耐蚀性。

6.2 型式检验

6.2.1 型式检验每半年进行一次，有下列情况之一时亦应进行。

a）更改主要原辅材料或调整关键工艺；

b）产品长期停产后，恢复生产时；

c）出厂检验结果与上次型式检验有较大差异时；

d）国家质量监督机构提出进行型式检验要求时。

6.2.2 型式检验项目

包括本标准技术要求的全部项目。

6.3 组批

按一次交货的同一规格的产品为一货批。同一货批，经供需双方协商，可分为若干货组，货组应为整数倍的包装件。

6.4 抽样

6.4.1 外观检验抽样

根据 GB 2828，按 S-4 检查水平、正常检查一次抽样方案，在各货组中任意抽样。抽样数量及缺陷分类分别见表 4、表 5。

表 4

批量范围	样本量	不合格分类	合格质量水平 AQL	判定数组 Ac	判定数组 Re
≤35000	50	A类不合格	0.65	1	2
		B类不合格	1.5	2	3
35001～500000	80	A类不合格	0.65	1	2
		B类不合格	1.5	3	4
≥500001	125	A类不合格	0.65	2	3
		B类不合格	1.5	5	6

表 5

不合格分类	缺陷内容
A类不合格	盖破损，钩边严重皱褶变形，未涂密封胶，断胶，涂膜脱落，无拉环
B类不合格	钩边明显皱褶，密封胶堆胶、拖尾、有明显气泡，拉环松动，盖内有明显污染

6.4.2 其余项目检验抽样

在 6.1.2 中，除易拉盖外观外的每一项，均根据 GB 2828，按 S-1 检查水平，正常检查一次抽样方案，合格质量水平为 1.5，在各货组中任意抽样 8 个。

6.5 判定规则

6.5.1 外观检验判定数组见表 4。

6.5.2 其余项目检验判定数组

在 6.1.2 中，除外观检验外的每一项检验的判定数组为 Ac=0、Re=1。

6.5.3 出厂检验判定规则

6.5.3.1 出厂检验项目全部符合本标准，判为合格品。

6.5.3.2 出厂检验如有一项不符合标准，可以加倍抽样复验，复验后仍不符合本标准，判为不合格品。

6.5.4 型式检验判定规则

6.5.4.1 型式检验项目全部符合本标准，判为型式检验合格。

6.5.4.2 型式检验项目有两项不符合本标准，可以加倍抽样复验。复验后有一项不符合本标准，判为型式检验不合格。

6.6 对产品规格、性能和验收有特殊要求时，可由供需双方商定，并列入合同。

7 标志、包装、运输、贮存

7.1 标志

产品包装上应附有产品检验合格证，合格证上应标明生产厂家、产品名称、采用标准号、规格、生产日期、数量等。

7.2 包装

7.2.1 包装材料应清洁、干燥，不得有异味和污染。

7.2.2 产品用中性包装纸袋包装，装袋后再用纸箱或托盘包装。

7.3 运输

运输工具应清洁、干燥，装运时应避免雨淋、曝晒、受潮及损毁。

7.4 贮存

7.4.1 产品应贮存在通风、干燥、清洁的库房内，避免阳光直接照射。

7.4.2 在正常贮存条件下，产品保质期为两年。

（二十一）QB/T 1499—2000《爪式旋开盖》

1 范围

本标准规定了爪式旋开盖的产品规格、型号、分类、技术要求、试验方法、检验规则、标志、包装、运输、贮存的要求。

本标准适用于用镀锡（铬）薄钢板制成，用于饮料、调味品及其他瓶装食品密封包装的爪式旋开盖。

2 引用标准

下列标准所包含的条文，通过在本标准中引用而构成为本标准的条文。本标准出版时，所示版本均为有效。所有标准都会被修订，使用本标准的各方应探讨使用下列标准最新版本的可能性。

GB/T 2520—1988　电镀锡薄钢板和钢带

GB/T 2828—1987　逐批检查计数抽样程序及抽样表（适用于连续批的检查）

GB 4805—1994　食品罐头内壁环氧酚醛涂料卫生标准

GB/T 5009.67—1996　食品包装用聚氯乙烯成型品卫生标准的分析方法

GB/T 5009.69—1996　食品罐头内壁环氧酚醛涂料卫生标准的分析方法

GB 9681—1988　食品包装用聚氯乙烯成型品卫生标准

QB/T 1877—1993　包装装潢镀锡（铬）薄钢板印刷品

3　定义

本标准采用下列定义。

3.1　常规型爪式旋开盖

结构、尺寸都按常规要求的盖。

3.2　突环型爪式旋开盖

密封垫圈注胶槽顶面成环形台阶状的盖。

3.3　中高型爪式旋开盖

盖高为中等程度的高型盖。

3.4　安全钮型爪式旋开盖

盖中央带有圆形真空安全突钮的盖。

3.5　加压杀菌爪式旋开盖

适用于杀菌温度高于100℃的盖。

3.6　常压杀菌爪式旋开盖

适用于沸水杀菌的盖。

3.7　热灌装爪式旋开盖

适用于灌装物料温度高于80℃，密封后不再杀菌的盖。

3.8　实心密封垫圈

采用聚氯乙烯树脂及其他辅料制成的胶，经注胶、烘烤、塑化制成黏结于瓶盖内壁的实心状的密封垫圈。

3.9　发泡密封垫圈

采用聚氯乙烯树脂并加入发泡剂及其他辅料制成的胶，经注胶、烘烤、塑化制成黏结于瓶盖内壁的有微型气孔的密封垫圈。

4　产品规格、型号、分类

4.1　产品规格

产品规格包括公称直径为：30、38、43、48、53、58、63、66、70、82mm的常用爪式旋开盖。

4.2　产品型号

产品型号、名称见表1。

表1

名称	型号
常规型爪式旋开盖（Regular Twist-off Caps）	RTO
安全钮常规型爪式旋开盖（Regular Twist-Button Caps）	RTB
突环型爪式旋开盖（Regular Twist-Step Caps）	RTS
安全钮突环型爪式旋开盖（Regular Step Button Caps）	RSB
中高型爪式旋开盖（Medium Twist-off Caps）	MTO
安全钮中高型爪式旋开盖（Medium Twist-Button Caps）	MTB

4.3 产品分类

4.3.1 按灌装食品的特性分为：抗酸型、抗硫型和抗油型爪式旋开盖。

4.3.2 按灌装食品杀菌方式分为：加压杀菌、常压杀菌和热灌装爪式旋开盖。

5 技术要求

5.1 原辅材料

5.1.1 镀锡（铬）薄钢板

质量要求应符合 GB/T 2520 中Ⅰ组产品规定。

5.1.2 内壁涂料

选用的内壁涂料应不影响食品的风味，其卫生要求应符合 GB 4805 的规定，或选用经国务院卫生行政主管部门批准的其他涂料。

5.1.3 密封胶

选用聚氯乙烯胶，其卫生要求应符合 GB 9681 的规定，其他的胶应符合相应的卫生要求。

5.1.4 外壁涂料

选用耐高温烘烤，耐冲压、耐蒸煮的印铁油墨和涂料。

5.2 爪式旋开盖的规格尺寸

5.2.1 盖的基本结构、尺寸如图 1，其主要规格尺寸按表 2 规定。

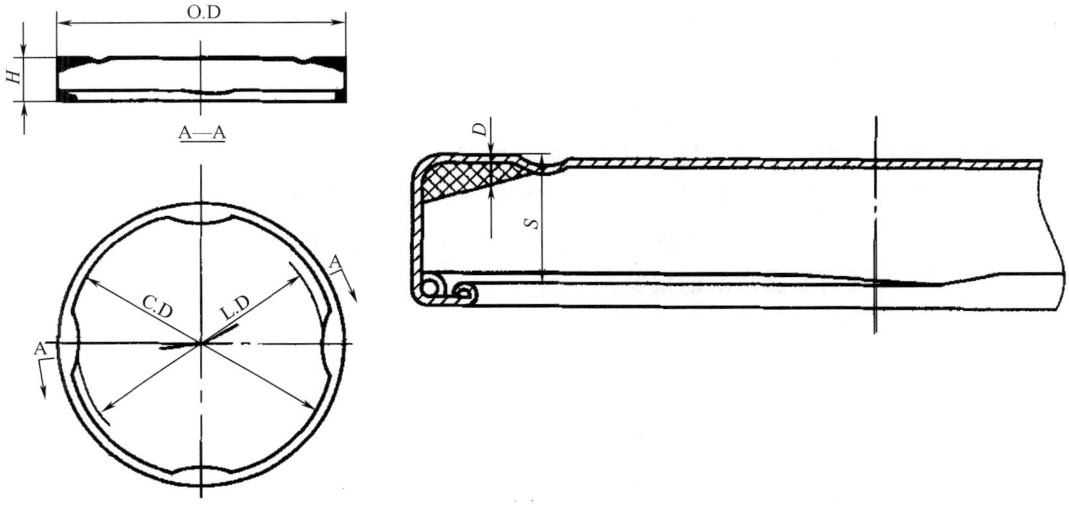

图 1

5.2.2 密封垫圈宽度

规格 30 应不小于 6.6mm；规格 38～82 应不小于 8mm。

5.2.3 密封垫圈厚度偏差

5.2.3.1 实心密封垫圈；每只盖同一圆周上的厚度偏差不大于 0.4mm。

5.2.3.2 发泡密封垫圈；每只盖同一圆周上的厚度偏差不大于 0.45mm。

表 2　　　　　　　　　　　　　　　　　　　　　　　　　　　　　　　　　　mm

<table>
<tr><th rowspan="3">规格</th><th colspan="2" rowspan="2">盖外径
O. D</th><th rowspan="3">盖内径
C. D/
min</th><th colspan="2" rowspan="2">爪直径距
L. D</th><th colspan="2" rowspan="2">盖高
H</th><th colspan="2" rowspan="2">爪高
S</th><th colspan="4">密封垫片厚度 D</th><th rowspan="3">爪数
/只</th></tr>
<tr><th colspan="2">实心</th><th colspan="2">发泡</th></tr>
<tr><th>基本
尺寸</th><th>偏差</th><th>基本
尺寸</th><th>偏差</th><th>基本
尺寸</th><th>偏差</th><th>基本
尺寸</th><th>偏差</th><th>min</th><th>max</th><th>min</th><th>max</th></tr>
<tr><td>30</td><td>33. 55</td><td rowspan="10">±0. 15</td><td>29. 10</td><td>26. 75</td><td rowspan="10">±0. 20</td><td>12. 65</td><td rowspan="10">±0. 30</td><td>11. 50</td><td rowspan="10">±0. 25</td><td rowspan="10">0. 75</td><td rowspan="9">1. 40</td><td rowspan="10">0. 75</td><td rowspan="9">1. 55</td><td>3</td></tr>
<tr><td>38</td><td>42. 05</td><td>37. 60</td><td>35. 20</td><td>9. 65</td><td>8. 60</td><td rowspan="8">4</td></tr>
<tr><td>43</td><td>44. 75</td><td>40. 90</td><td>38. 60</td><td rowspan="2">8. 60</td><td rowspan="2">7. 45</td></tr>
<tr><td>48</td><td>49. 85</td><td>46. 00</td><td>43. 70</td></tr>
<tr><td>53</td><td>56. 25</td><td>52. 40</td><td>49. 35</td><td rowspan="5">9. 70</td><td rowspan="5">8. 50</td></tr>
<tr><td>58</td><td>60. 15</td><td>56. 30</td><td>53. 25</td></tr>
<tr><td>63</td><td>66. 35</td><td>62. 55</td><td>59. 50</td></tr>
<tr><td>66</td><td>69. 25</td><td>65. 45</td><td>62. 40</td></tr>
<tr><td>70</td><td>73. 25</td><td>69. 45</td><td>66. 40</td></tr>
<tr><td>82</td><td>85. 05</td><td>81. 25</td><td>78. 20</td><td>10. 90</td><td>9. 50</td><td>1. 55</td><td>1. 70</td><td>6</td></tr>
</table>

5. 3　爪式旋开盖的外观质量

5. 3. 1　盖形状完整，无明显碰凹皱褶，不得沾有污物。

5. 3. 2　盖的爪应平整，大小基本一致，双层铁皮应卷紧。

5. 3. 3　印刷图案清晰，商标文字正确，其他外观指标应符合 QB/T 1877 的相应要求。

5. 3. 4　图案位置：印刷图案中心点与盖中心点的偏差不大于 1. 2mm。

5. 3. 5　内壁涂膜不允许有暴露镀层的划伤。

5. 3. 6　密封垫圈表面平整，色泽均匀，无缺损。

5. 4　爪式旋开盖的外壁涂膜质量

经试验后涂膜应不褪色，不渗色，不起泡，不脱落，无明显失光。

5. 5　爪式旋开盖的内壁涂膜质量

5. 5. 1　耐腐蚀性：经试验后应无连续或成片的点状腐蚀。

5. 5. 2　耐酸性：经试验后应不变色，不脱落，无腐蚀。

5. 5. 3　抗硫性：经试验后应无明显硫斑，不脱落。

5. 6　爪式旋开盖的密封垫圈质量

5. 6. 1　塑化程度：塑化良好，垫圈不断裂。

5. 6. 2　附着力：垫圈与盖内涂膜及内涂膜与镀锡（铬）薄钢板均应粘接牢固，不移位。

5. 6. 3　抗油性：耐油性良好，密封后应不渗油，不漏油。

5. 7　爪式旋开盖的开启性

徒手较易开启，开启扭力矩见附录 A。

5. 8　爪式旋开盖的真空安全钮

技术要求见附录 A。

6 试验方法

6.1 原辅材料

6.1.1 镀锡薄钢板试验

按 GB/T 2520 的规定。

6.1.2 内壁涂料试验

按 GB/T 5009.69 的规定。

6.1.3 密封胶试验

按 GB/T 5009.67 的规定。

6.2 爪式旋开盖的规格尺寸

6.2.1 仲裁法：盖外径、盖内径、爪直径距、盖高用通规、止规专用量具测量。

6.2.2 常规法：用精度为 0.02mm 的量具或专用量具测量。

6.2.3 爪高测定

将百分表测杆上的专用测头钩入盖爪底部，用瓶盖顶面作为基准面放在测量平台上，测量盖顶面至爪底部的最高距离 S。测试方法见图 2。

6.2.4 密封垫圈厚度测定

用瓶盖顶面作为基准面放在测量平台上用百分表测量。测点至盖外壁的径向距离 d 按表 3 规定，测试方法见图 3，瓶盖应紧贴 V 型定位块旋转一周记下百分表的最大最小读数，测量结果为：

$$D = T_{max}(或\ T_{min}) - t \qquad (1)$$

$$\Delta = T_{max} - T_{min} \qquad (2)$$

式中 D——密封垫圈厚度，mm

t——涂料铁厚度，mm

T_{max}——顶盖面至垫圈的最大尺寸，mm

T_{min}——顶盖面至垫圈的最小尺寸，mm

Δ——密封垫圈同圆周厚度偏差，mm

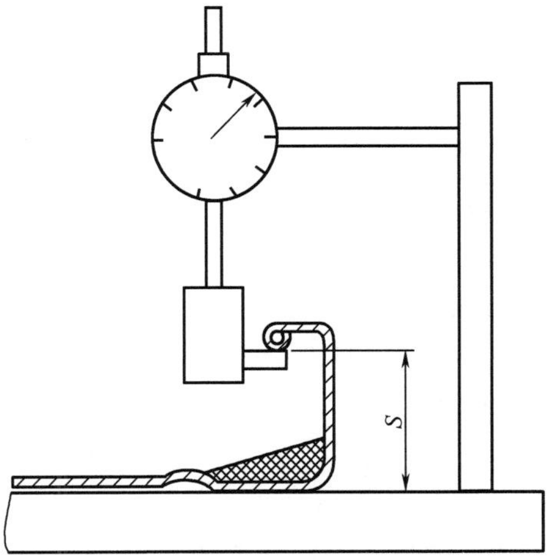

图 2

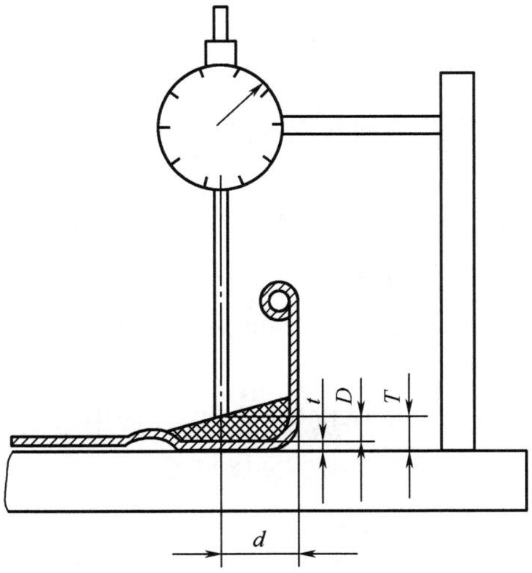

图 3

表 3

规格	d/m
30	4.80
43，48	5.40
38，53，58，63，66，70，82	5.00

6.2.5　密封垫圈宽度测定

用游标卡尺测量盖外壁至垫圈内圆周边的最小距离。见图 4。

6.3　爪式旋开盖的外观质量

6.3.1　采用目测检查

6.3.2　图案位置测定

测量试样左、右（上下）任一对称部位的空白宽度（精确到 0.1mm）b_{max}和 b_{min}，见图 5，测试结果为：

$$a=(b_{max}-b_{min})/2 \tag{3}$$

式中　a——图案位置偏差

b_{max}——最大空白宽度

b_{min}——最小空白宽度

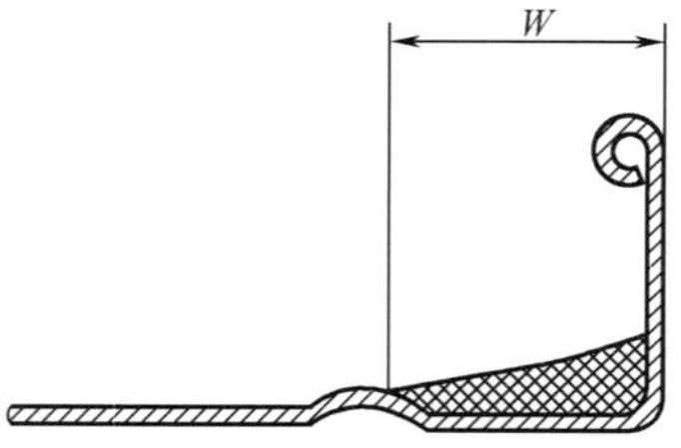

W-密封垫圈宽度,mm。

图 4

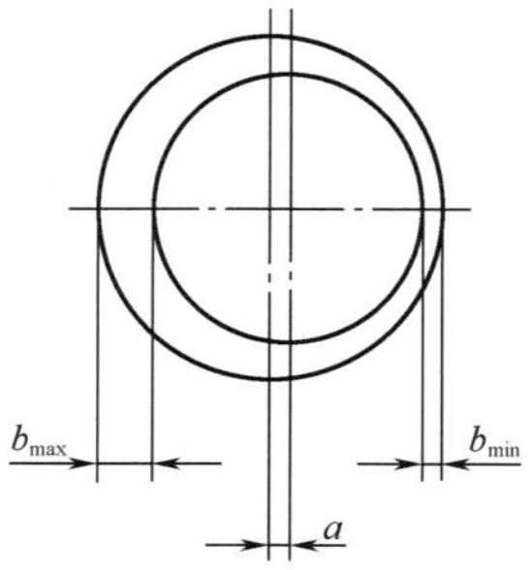

图 5

6.4　爪式旋开盖的外壁涂膜质量

6.4.1　热灌装盖

盖在 85℃热水中保温 30min 后，取出冷却至室温，观察外壁涂膜。

6.4.2　常压杀菌盖

盖在沸水中加热 30min 后，取出冷却至室温，观察外壁涂膜。

6.4.3　加压杀菌盖

盖经 121℃水加热 30min 后，取出冷却至室温，观察外壁涂膜。

6.5　爪式旋开盖的内壁涂膜质量

6.5.1　耐腐蚀性试验

6.5.1.1　将 84mL 浓盐酸（密度 1.19g/cm³）边搅拌边加入到 700mL 蒸馏水中，然后将硫酸铜 200g 溶解于上述酸溶液中。

6.5.1.2　将盖放入硫酸铜盐酸溶液中浸泡 2min 后取出用水冲洗干净，观察内壁。

6.5.2 抗酸性试验

6.5.2.1 抗酸型盖

将2%（m/V）柠檬酸溶液倒入与盖相匹配的样瓶内，其酸溶液的量不小于样瓶容积的90%。盖在沸水中加热30s后，立即与样瓶密封，然后将样瓶倒置于温水中，加热煮沸30min后，冷却至室温，开盖检查盖内壁。

6.5.3 抗硫性试验

6.5.3.1 抗硫型盖

将0.3%（m/V）硫化钠溶液用3%（V/V）乙酸调整pH至6.0，倒入样瓶内，其溶液量不小于样瓶容积的90%。盖在沸水中加热30s后，立即与样瓶密封，然后将样瓶倒置于温水中，经121℃加热30min后，冷却至室温，开盖检查盖内壁。

6.6 爪式旋开盖的密封垫圈质量

6.6.1 塑化程度试验

6.6.1.1 热灌装盖

将85℃以上的热水倒入预热好的样瓶内至瓶颈。盖在沸水中加热30s后，立即与样瓶密封，冷却至室温，开盖观察垫圈。

6.6.1.2 常压杀菌盖

将70℃以上的热水倒入预热好的样瓶内至瓶颈。盖在沸水中加热30s后，立即与样瓶密封，然后将样瓶放入温水中，加热煮沸30min后，冷却至室温，开盖观察垫圈。

6.6.1.3 加压杀菌盖

将70℃以上的热水倒入预热好的样瓶内至瓶颈。盖在沸水中加热30s后，立即与样瓶密封，然后将样瓶放入温水中，经121℃加热30min后，冷却至室温后开盖观察垫圈。

6.6.2 附着力试验

6.6.2.1 热灌装盖

按6.6.1.1方法试验后，观察垫圈。

6.6.2.2 常压杀菌盖

按6.6.1.2方法试验后，观察垫圈。

6.6.2.3 加压杀菌盖

按6.6.1.3方法试验后，观察垫圈。

6.6.3 抗油性试验

6.6.3.1 热灌装抗油型盖

将85℃以上的植物油倒入预热好的样瓶内至瓶颈。盖在沸水中加热30s后，立即与样瓶密封，冷却至室温，倒置于滤纸上24h后观察。

6.6.3.2 常压杀菌抗油型盖

将80℃以上的植物油倒入预热好的样瓶内至瓶颈。盖在沸水中加热30s后，立即与样瓶密封，然后将样瓶放入温水中，加热煮沸30min后，冷却至室温，倒置于滤纸上24h后观察。

6.6.3.3 加压杀菌抗油型盖

将80℃以上的植物油倒入预热好的样瓶内至瓶颈。盖在沸水中加热30s后，立即与样瓶密封，然后将样瓶放入温水中，经121℃加热30min后，冷却至室温，倒置于滤纸上24h后观察。

6.7 爪式旋开盖的开启性测定

6.7.1 热灌装盖

按6.6.1.1方法试验后，用扭力矩测试仪徒手开启盖，并观察开启扭力矩的数值。

6.7.2　常压杀菌盖

按6.6.1.2方法试验后，用扭力矩测试仪徒手开启盖，并观察开启扭力矩的数值。

6.7.3　加压杀菌盖

按6.6.1.3方法试验后，用扭力矩测试仪徒手开启盖，并观察开启扭力矩的数值。

7　检验规则

7.1　产品出厂前由制造单位的检验部门按标准规定逐批进行检验，符合标准要求并附有产品合格证方可出厂。

7.2　以相同材料、相同工艺、相同规格、同一条生产线连续生产的产品为一批。

7.3　产品检验按GB/T 2828正常检查二次抽样方案。

7.4　出厂检验

7.4.1　出厂检验项目为表4中3～11项和13～15项。

表4

<table>
<tr><th>序号</th><th>项目名称</th><th>技术要求</th><th>试验方法</th><th>不合格分类</th><th>检验水平
IL</th><th>合格质量水平
AQL</th></tr>
<tr><td>1</td><td>内壁涂料</td><td>5.1.2</td><td>6.1.2</td><td rowspan="3">A</td><td rowspan="2">—</td><td rowspan="2">全部合格</td></tr>
<tr><td>2</td><td>密封胶</td><td>5.1.3</td><td>6.1.3</td></tr>
<tr><td>3</td><td>塑化程度</td><td>5.6.1</td><td>6.6.1</td><td rowspan="6">S-3</td><td rowspan="6">1.0</td></tr>
<tr><td>4</td><td>附着力</td><td>5.6.2</td><td>6.6.2</td><td rowspan="8">B</td></tr>
<tr><td>5</td><td>抗油性</td><td>5.6.3</td><td>6.6.3</td></tr>
<tr><td>6</td><td>内壁耐腐蚀性</td><td>5.5.1</td><td>6.5.1</td></tr>
<tr><td>7</td><td>抗酸性</td><td>5.5.2</td><td>6.5.2</td></tr>
<tr><td>8</td><td>抗硫性</td><td>5.5.3</td><td>6.5.3</td></tr>
<tr><td>9</td><td>爪式旋开盖的规格尺寸</td><td>5.2</td><td>6.2</td><td rowspan="6">S-4</td><td>2.5</td></tr>
<tr><td>10</td><td>爪式旋开盖的外观质量</td><td>5.3.1
5.3.2
5.3.5
5.3.6</td><td>6.3.1</td><td rowspan="2">4.0</td></tr>
<tr><td>11</td><td>爪式旋开盖的外壁涂膜质量</td><td>5.4</td><td>6.4</td></tr>
<tr><td>12</td><td>镀锡（铬）薄钢板</td><td>5.1.1</td><td>6.3.1</td><td rowspan="4">C</td><td rowspan="4">6.5</td></tr>
<tr><td>13</td><td>印刷图案</td><td>5.3.3</td><td>6.3.1</td></tr>
<tr><td>14</td><td>图案位置</td><td>5.3.4</td><td>6.3.2</td></tr>
<tr><td>15</td><td>爪式旋开盖的开启性</td><td>5.7</td><td>6.7</td><td>S-3</td></tr>
</table>

7.4.2　判定规则

7.4.2.1　判为A类不合格的批产品不得出厂，制造单位应对该产品作全数检验或返工处理，然后再次提交检验，合格后方可出厂。

7.4.2.2　判为B类、C类不合格的批产品，原则上不得出厂，具体处理办法可由供需双方协商解决。

7.5　型式检验

7.5.1　有下列情况之一时，应进行型式检验。

a）更改主要原辅材料或更改关键工艺；

b）产品长期停产后，恢复生产时；

c）国家质量监督机构提出进行型式检验的要求时。

7.5.2　型式检验项目为表4中全部项目。

7.5.3　型式检验用的试样，应从出厂检验合格货批中抽取。

7.5.4　型式检验的判定规则按 7.4.2 规定，并应改进生产，至新的型式检验合格后，方可恢复生产。

7.6　在连续生产过程中，可使用符合 GB/T 2828 规定的转移规则。

8　标志、包装、运输、贮存

8.1　标志

产品包装箱应有制造单位、注册商标、产品名称、规格、数量、采用标准号、生产日期、并附有检验合格标签。

8.2　包装

产品须先用清洁无毒塑料薄膜袋包装，外层用运输包装箱包装，包装箱应紧固。

8.3　运输

运输工具应清洁干燥，运输时应轻装轻卸，防止潮湿、雨雪浸淋和包装污染、破损。

8.4　贮存

产品应贮存在干燥、清洁的库房内，防止受潮、污染、锈蚀，不得与有毒、有害物品存放一起。

8.5　保质期为两年

符合 8.3，8.4 条规定时，产品保质期为两年。

附录 A
（提示的附录）
真空安全钮和开启扭力矩的技术要求

A.1　开启扭力矩技术要求

按 6.7 方法试验后，用钮力矩测试仪徒手较易开启。开启扭力矩在 0.024～0.064MPa 真空度下参考指标见表 A.1。

表 A.1

规格	开启扭力矩/（N·m）	规格	开启扭力矩/（N·m）
30	1.30～2.60	58	2.35～4.70
38	1.64～3.28	63	2.60～5.20
43	1.75～3.50	66	2.70～5.40
48	1.95～3.90	70	2.84～5.70
53	2.20～4.40	82	3.30～6.60

A.2　真空安全钮的技术要求

A.2.1　真空安全钮吸下，弹起真空度的参考限定值见表 A.2。

表 A.2　　MPa

规格	真空度		吸下和弹起值之差/min
	吸下　max	弹起　min	
30	0.051	0.007	0.007
38，43，48	0.044		
53～82	0.040		

A. 2. 2　检验方法

用口径相应的钢制圆形测量杯测量。将盖朝下盖在杯口上，开动真空泵缓慢抽取杯内真空，当盖安全钮被完全吸下时，此时读取压力表上的数值，即为吸下真空度值。然后缓慢释放真空，当安全钮被弹起时，此时压力表上的读数值即为弹起真空度值。

（二十二）BB/T 0019—2013《包装容器　方罐与扁圆罐》

1　范围

本标准规定了容量为 1～5L，横截面为长方形和扁圆形的镀锡薄钢板金属罐（以下简称方罐与扁圆罐）的分类、要求、试验方法、检验规则、标志、包装、运输和储存。

本标准适用于方罐与扁圆罐的制造、使用、流通和监督检验。

2　规范性引用文件

下列文件对于本文件的应用是必不可少的。凡是注日期的引用文件，仅所注日期的版本适用于本文件。凡是不注日期的引用文件，其最新版本（包括所有的修改单）适用于本文件。

GB/T 2520　冷轧电镀锡钢板及钢带

GB/T 2828.1　计数抽样检验程序　第 1 部分：按接收质量限（AQL）检索的逐批检验抽样计划（GB/T 2828.1—2012，ISO 2859－1：1999，IDT）

GB/T 4122.4　包装术语　第 4 部分：材料与容器

GB/T 4857.3　包装　运输包装件基本试验　第 3 部分：静载荷堆码试验方法（GB/T 4857.3—2008，ISO 2234：2000，IDT）

GB/T 4857.5　包装　运输包装件　跌落试验方法（GB/T 4857.5—1992，ISO 2248：1985，IDT）

GB/T 13251　包装　钢桶　嵌入式法兰封闭器

GB/T 17344　包装　包装容器　气密试验方法

3　术语和定义、符号

3. 1　术语和定义

GB/T 4122.4　界定的术语和定义适用于本文件。

3. 2　符合

A_i——内长；

A_o——外长；

B_i——内宽；

B_o——外宽；

H_i——内高；

H_o——外高；

R——罐角的内圆弧半径。

4　分类和结构尺寸

4. 1　分类

4. 1. 1　按其外形分为方罐与扁圆罐两类，规格见表 1。其中方罐按罐角的内圆弧半径（*R*）分为 16mm±2mm 和 30mm±2mm 两种。

表 1　　罐的规格

<table>
<tr><th colspan="2">类别</th><th>公称容量，L</th><th>罐型式图</th></tr>
<tr><td colspan="2">扁圆罐</td><td>2</td><td>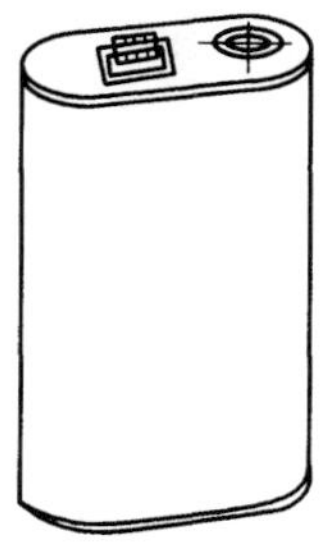</td></tr>
<tr><td rowspan="6">方罐</td><td rowspan="5">R=16mm</td><td>1</td><td rowspan="5">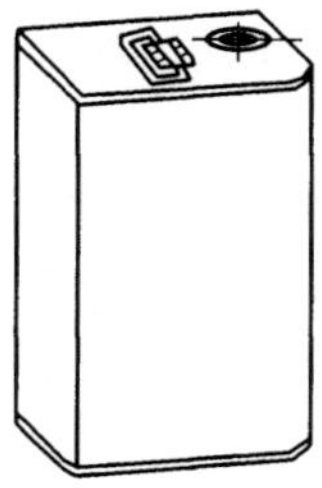</td></tr>
<tr><td>2</td></tr>
<tr><td>3</td></tr>
<tr><td>4</td></tr>
<tr><td>5</td></tr>
<tr><td>R=30mm</td><td>4</td><td>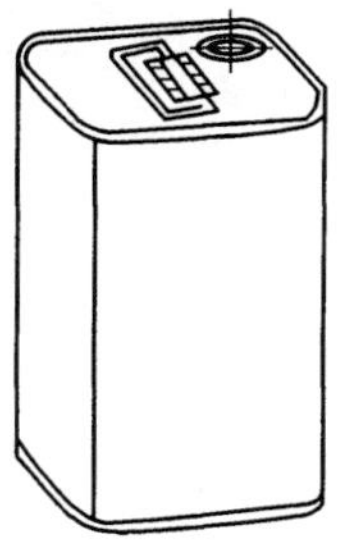</td></tr>
</table>

4.1.2　每类分成Ⅰ级、Ⅱ级和Ⅲ级。Ⅰ级罐适用于盛装危险性较大的货物，Ⅱ级罐适用于盛装危险性中等的货物，Ⅲ级罐适用于盛装危险性较小的货物和非危险货物。

4.2　结构尺寸

4.2.1　扁圆罐结构尺寸见表 2、图 1。

表 2　　扁圆罐结构尺寸　　单位：mm

公称容量，L	A_i		A_o		B_i		B_o		H_i		H_o	
2	尺寸	偏差	尺寸	偏差	尺寸	偏差	尺寸	偏差	尺寸	偏差	尺寸	偏差
	165	±1	168	±1	63	±1	66	±1	232	±1	240	±1

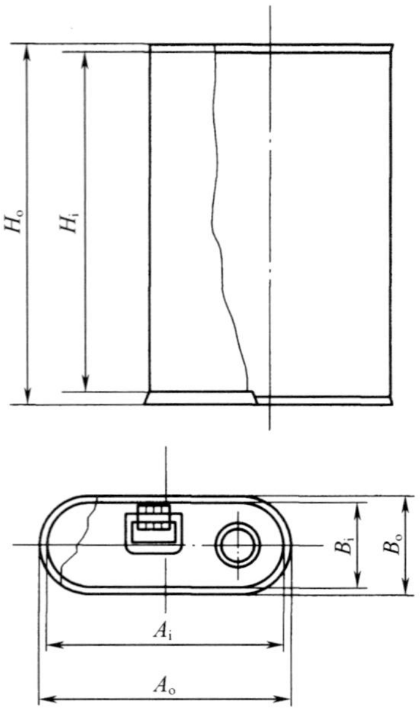

图 1　扁圆罐

4.2.2　方罐结构尺寸见表 3、图 2。

表 3　　　　　　　　　　**方罐结构尺寸**　　　　　　　　　　单位：mm

类别	公称容量，L	A_i		A_o		B_i		B_o		H_i		H_o	
		尺寸	偏差	尺寸	偏差	尺寸	偏差	尺寸	偏差	尺寸	偏差	尺寸	偏差
R=16mm	1	114		117		58		61		172		181	
		110		113		58		61		181		188	
		150		153		84		87		100		107	
	2	128		131		86		89		193		202	
		165		168		103		106		128		135	
		165		168		85		88		168		175	
		165		168		103		106		138		145	
	3	165	±1	168	±1	85	±1	88	±1	224	±1	231	±1
		165		168		85		88		253		261	
		165		168		103		106		210		217	
	4	165		168		103		106		248		255	
		165		168		103		106		253		261	
	5	165		168		103		106		303		310	
R=30mm	4	165		168		118		121		232		240	

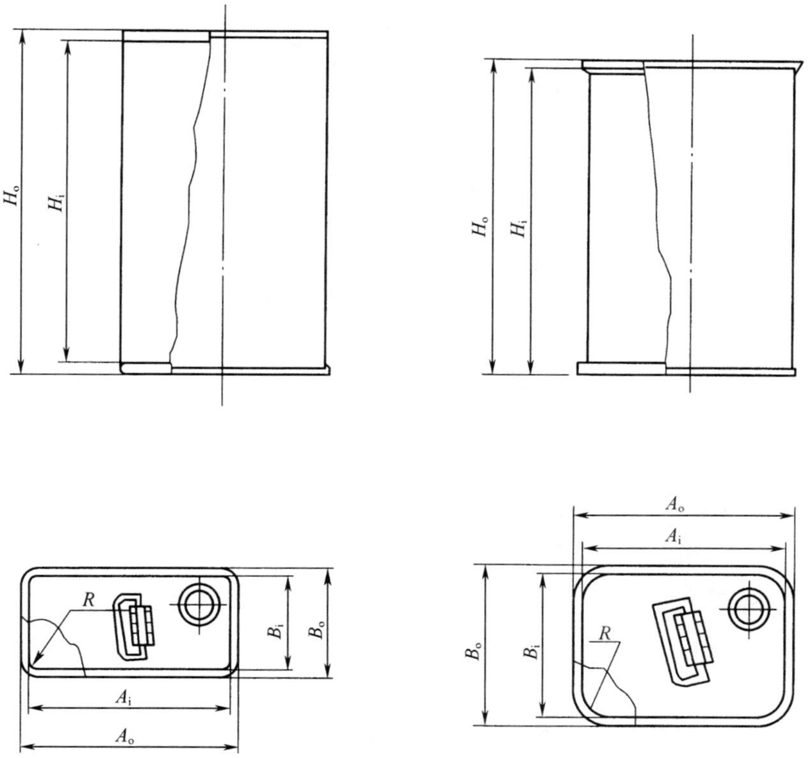

(a) R=16mm (b) R=30mm

图 2 方罐

5 材料和附件

5.1 罐用油墨与涂料的指标应符合国家有关标准的规定。

5.2 罐用密封填料应采用密封性好，与罐内装物相适应的材料。

5.3 镀锡薄钢板的性能指标应符合 GB/T 2520 的规定。

5.4 罐顶部应设置封闭器，封闭器与罐应配合适宜，且应符合 CB/T 13251 的规定。

6 要求

6.1 基本要求

6.1.1 结构尺寸

罐的结构尺寸应优先采用本标准 4.2 的规定，如有特殊规格可由供需双方商定。

6.1.2 外观质量

罐内、外表面应光滑圆整、无明显划伤、无锈蚀。卷边均匀无毛刺和铁舌。焊缝平整均匀无渣。漆膜色泽一致，无起皱、起泡、流挂、露底等明显缺陷。印刷图案文字清晰端正，套印准确。

6.1.3 卫生要求

用于盛装食品、药品和食品添加剂的罐，其密封填料和内涂料必须符合食品安全法及有关的标准和规定。

6.2 性能要求

性能要求见表 4。

表 4　　　　性能要求

<table>
<tr><td rowspan="3">项目</td><td colspan="15">性能指标</td><td rowspan="3">要求</td></tr>
<tr><td colspan="5">Ⅰ级</td><td colspan="5">Ⅱ级</td><td colspan="5">Ⅲ级</td></tr>
<tr><td>1L</td><td>2L</td><td>3L</td><td>4L</td><td>5L</td><td>1L</td><td>2L</td><td>3L</td><td>4L</td><td>5L</td><td>1L</td><td>2L</td><td>3L</td><td>4L</td><td>5L</td></tr>
<tr><td>气密性能，kPa</td><td colspan="5">30</td><td colspan="10">20</td><td>无渗漏</td></tr>
<tr><td>液压性能，kPa</td><td colspan="5">250</td><td colspan="10">100</td><td>无渗漏</td></tr>
<tr><td>堆码负载性能，N</td><td>100</td><td>150</td><td>200</td><td>300</td><td>400</td><td>100</td><td>150</td><td>200</td><td>300</td><td>400</td><td>100</td><td>150</td><td>200</td><td>300</td><td>400</td><td>不破损</td></tr>
<tr><td>提环拉力，N</td><td>30</td><td>60</td><td>90</td><td>120</td><td>150</td><td>30</td><td>60</td><td>90</td><td>120</td><td>150</td><td>30</td><td>60</td><td>90</td><td>120</td><td>150</td><td>不破损</td></tr>
<tr><td rowspan="2">跌落高度，m</td><td colspan="5">1.8</td><td colspan="5">1.2</td><td colspan="5">0.8</td><td rowspan="2">无渗漏</td></tr>
<tr><td colspan="5">$\rho\times1.5$</td><td colspan="5">$\rho\times1.0$</td><td colspan="5">$\rho\times0.67$</td></tr>
</table>

注：(1) 当内装物的相对密度 (ρ) 不超过 $1.2g/cm^3$ 时，跌落高度见本表。

(2) 当内装物的相对密度 (ρ) 超过 $1.2g/cm^3$ 时，跌落高度应根据所装物质的相对密度 (ρ) 计算，并四舍五入，保留一位小数。

7 试验方法

7.1 结构尺寸及外观

尺寸用通用量具检测，用目测检查罐的外观质量。

7.2 气密试验

按照 GB/T 17344 的规定进行试验，达到表 4 要求的试验压力后保持 5min，检查有无渗漏。

7.3 液压试验

在罐顶上打孔，将罐内注满水，把压力表与加压泵连接，并通过连通部件固定在罐顶孔上。开动加压泵往罐内加压，达到表 4 要求的试验压力后关闭阀门，保持压力 5min，检查有无渗漏。

7.4 堆码试验

按照 GB/T 4857.3 的规定，堆码负载见表 4，堆码试验时间为 24h。经试验后，检查罐有无明显变形与破损。

7.5 提环拉力试验

将提环用适当的方法固定，然后在罐身上沿垂直向下方向加负载至表 4 要求的规定值，5min 后检查提环及其与罐体连接部位有无破损。

7.6 跌落试验

按 GB/T 4857.5 的规定，内装物为罐容量 95%的水。将每个样品跌落一次，跌落部位选取焊缝、罐底卷边和焊缝结合部位、罐顶卷边和焊缝结合部位，跌落高度见表 4。跌落后，在罐适当部位钻一小孔，使内外压力平衡，在 5min 后检查有无渗漏。

8 检验规则

8.1 检验分类

检验分为出厂检验和型式检验

8.1.1 出厂检验

本标准 6.1 中结构尺寸、外观质量和 6.2 中气密性能项目为出厂检验项目。

8.1.2 型式检验

8.1.2.1 本标准第 6 章中规定的全部项目为型式检验项目。

8.1.2.2 在下列情况之一时，应进行型式检验：

a) 新产品或老产品转产的试制定型鉴定；

b) 正式生产后，如结构、材料、工艺有较大改变，可能影响产品性能时；

c) 正常生产时，每季度一次；

d）产品长期停产后，恢复生产时；

e）出厂检验结果与上次型式检验结果有较大差异时；

f）国家质量监督机构提出进行型式检验要求时。

8.2 组批

生产厂以每班产量为一批，用户以交货量为一批。检查批应由同型号、同等级、同类别、同容积、同生产条件制造的产品组成。采用GB/T 2828.1抽样方案选择正常检查一次抽样方案。

8.3 抽样方案

8.3.1 结构尺寸、外观质量规定的基本要求，其检查水平为特殊检验水平S-2，接收质量限为6.5，抽取样本数量和合格判定数见表5。

8.3.2 本标准6.2规定的检验项目，其检查水平规定为特殊检验水平S-2，接收质量限为2.5，抽取样本数量和合格判定数见表6。

表5　抽样数和合格判定数

批量范围	正常一次抽样，检验水平为S-2，接收质量限（AQL）为6.5		
	样本数	合格判定数	不合格判定数
1～150	2	0	1
151～35000	8	1	2
35001及以上	13	2	3

表6　抽样数和合格判定数

批量范围	正常一次抽样，检验水平为S-2，接收质量限（AQL）为2.5		
	样本数	合格判定数	不合格判定数
1～35000	5	0	1
35001及以上	20	1	2

8.4 判定规则

8.4.1 出厂检验。

8.4.1.1 本标准6.1.1和6.1.2的结构尺寸与外观质量中的要求应逐项进行检验，其中若有一项不合格，则判定该样品为不合格。当不合格样品数大于或等于表5规定的不合格判定数时，则判定该批产品不合格。

8.4.1.2 对本标准中规定气密试验的要求进行检验，其中若有一项不合格，则判定该样品为不合格。当不合格样品数大于或等于表6规定的不合格判定数时，则判定该批产品不合格。

8.4.2 型式检验。

8.4.2.1 本标准6.1中的要求应逐项进行检验，其中若有一项不合格，则判定该样品为不合格。当不合格样品数大于或等于表5规定的不合格判定数时，则判定该批产品不合格。

8.4.2.2 对本标准6.2中各项检验时，其中若有一项不合格，则判定该样品为不合格。当不合格样品数大于或等于表6规定的不合格判定数时，则判定该批产品不合格。

9 标志、包装、运输和储存

9.1 标志

罐应在其适当部位标示生产厂家、批次等标志。

9.2 包装

罐的包装方式由供需双方协商确定。

9.3 运输

运输过程中应避免碰撞、雨淋、曝晒和污染等。

9.4 储存

应在通风、干燥、清洁的库房内储存，避免其他物品对其发生影响，避免阳光的直接照射。

（二十三）BB/T 0069—2014《包装容器　铝箔易撕盖》

1 范围

本标准规定了铝箔易撕盖的术语、定义、缩略语、分类、材料、要求、试验方法、检验规则、标志、包装、运输和储存。

本标准适用于以镀锡（或铬）薄钢板或铝合金板为基材，经冲压成型的盖圈与封口膜封合而成的，开启时不需要借助其他工具，直接用于撕拉即可开启的盖体（以下简称易撕盖）。用于直接盛装奶粉、咖啡粉、巧克力粉及其他干货的包装容器顶盖的包装。其他类似产品可以参照执行。

2 规范性引用文件

下列文件对于本标准的应用是必不可少的。凡是注日期的引用文件，仅注日期的版本适用于本标准。凡是不注日期的引用文件，其最新版本（包括所有的修改单）适用于本标准。

GB/T 191　包装储运图示标志

GB/T 2520　冷轧电镀锡钢板及钢带

GB/T 2828.1　计数抽样检验程序　第1部分：按接收质量限（AQL）检索的逐批检验抽样计划

GB/T 2918　塑料试样状态调节和试验的标准环境

GB/T 3198　铝及铝合金箔

GB/T 7707　凹版装潢印刷品

GB/T 28118　食品包装用塑料与铝箔复合膜、袋

3 术语和定义

下列术语和定义适用于本标准。

3.1

铝箔易撕盖　aluminum peel-off end

由金属盖圈与铝箔或铝箔复合封口膜封合而成，具有易开启功能的盖。

4 缩略语

OPV——光油；

Al——铝箔；

PE——聚乙烯薄膜；

CPP——流延聚丙烯薄膜；

BOPET——双向拉伸聚酯薄膜；

HSL——热封胶。

5 分类

5.1 产品按盖圈内冲孔形状可分为D型易撕盖、O型易撕盖等，示意见图1。

5.2 产品按封口膜拉柄形状及铆合情况分：普通式易撕盖、铆钉式易撕盖、拉环式易撕盖，示意见图2。

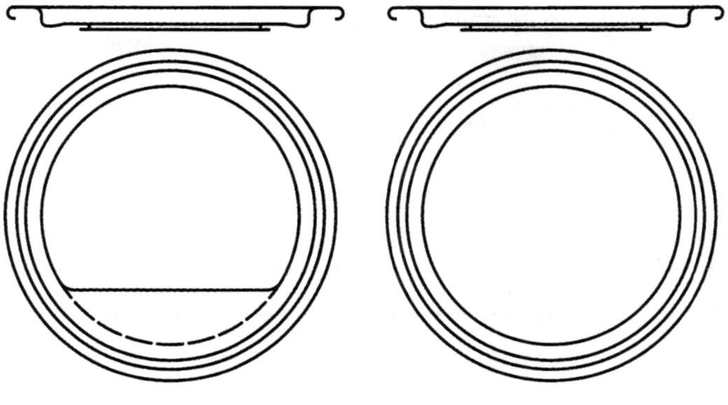

(a) D型易撕盖　　(b) O型易撕盖

图 1　盖圈示意图

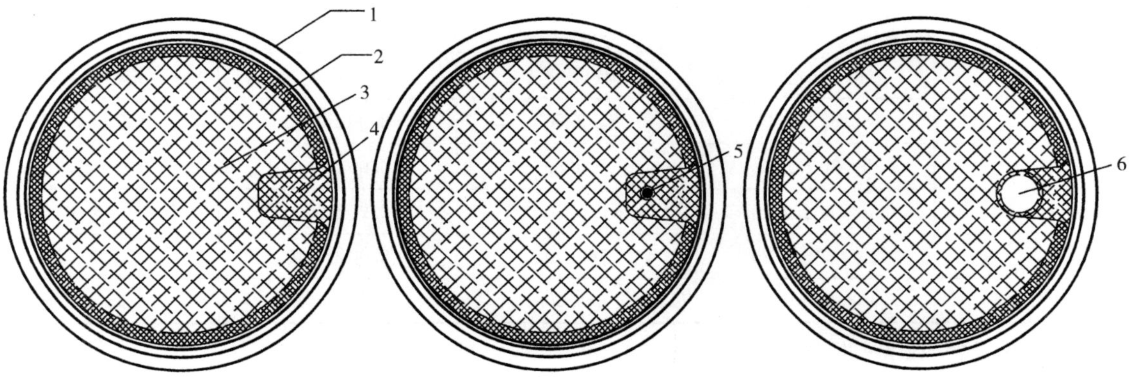

(a) 普通式易撕盖　　(b) 铆钉式易撕盖　　(c) 拉环式易撕盖

图 2　易撕盖示意图

1—盖圈　2—热封部位　3—封口膜　4—普通拉柄　5—铆钉拉柄　6—拉环拉柄

5.3　产品按盖径规格可分为：300 易撕盖、307 易撕盖、401 易撕盖、502 易撕盖、603 易撕盖等。

6　材料

6.1　马口铁盖圈应符合 GB/T 2520 的规定。

6.2　铝合金盖圈和铝箔封口膜应符合 GB/T 3198 的规定。

6.3　铝箔复合材料应符合 GB/T 28118 的规定。

6.4　封口膜结构：

a) OPV/Al/PE 或 CPP；

b) BOPET/Al/PE 或 CPP；

c) OPV/Al/HSL；

d) BOPET/Al/HSL。

7　要求

7.1　外观

7.1.1　结构应完整无缺，无异物及油污，钩边不得有缺口、凹陷、明显皱折及变形。

7.1.2　盖圈应清洁，光滑平整，色泽一致，涂膜完整。

7.1.3　密封胶完整、均匀。

7.1.4 封口膜无明显伤痕、无破裂，花纹清晰完整，拉柄完整，压制良好不上翘。

7.1.5 封口膜的印刷质量应符合 GB/T 7707 的规定。

7.2 尺寸偏差

7.2.1 盖圈主要尺寸偏差，见图 3 和表 1。

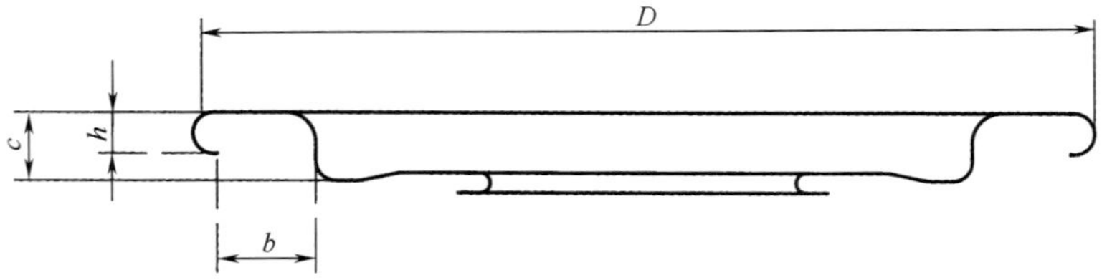

图 3 盖圈主要尺寸示意图

表 1 盖圈的主要尺寸偏差 单位：mm

规格	项目			
	钩边外径 D	钩边开度 b	埋头深度 c	钩边高度 h
300	82.60±0.15	≥3.80	3.00±0.10	1.98±0.15
307	92.80±0.15	≥3.80	3.00±0.10	2.00±0.15
401	108.80±0.15	≥3.80	2.95±0.10	2.05±0.20
502	136.60±0.20	≥3.90	3.00±0.10	2.05±0.20
603	163.50±0.20	≥4.60	3.20±0.10	2.05±0.20

注：其他规格、尺寸及偏差可由供需双方商定。

7.3 易撕盖的物理机械性能应符合表 2 的规定

表 2 易撕盖物理机械性能

项目	要求	项目	要求
启破力	≤25N	开启可靠性	开启过程中，封口膜无破裂，拉柄完整
全开力	≤25N	密封性	不泄漏

7.4 密封胶干膜质量应符合表 3 的规定

表 3 盖圈密封胶干膜质量 单位：mg

规格	要求	规格	要求
300	66±7	502	130±13
307	70±7	603	155±16
401	85±9		

注：密封胶干胶密度为 $1.3mg/mm^3$。

7.5 溶剂残留量、封口膜的卫生性能及微生物指标应符合国家法律法规及相关卫生标准规定。

8 试验方法

8.1 试样的状态调节和试验环境按 GB/T 2918 的规定进行。

8.2 外观质量检验在自然光下目测，应符合 7.1 的规定。

8.3　规格尺寸用专用或通用量具测量，量具最小读数值不大于 0.02mm。

8.4　物理机械性能

8.4.1　启破力和全开力的测定。

a）仪器和设备：开启力测试仪的精度不大于 1N。

b）试验步骤：将易撕盖固定在圆形夹具中、调节夹具到 45°，另一夹具夹住封口膜的拉柄。选定热封强度试验项，试验速度设定为（300±20）mm/min，开启拉力机，读取样盖启破瞬间和全开时的拉力值，即为启破力和全开力。

8.4.2　开启可靠性。用于撕开封口膜，开启时封口膜无破裂，拉柄完整。

8.4.3　密封性的测定。将易撕盖放入试验仪器内（见图 4），夹紧，密闭。易撕盖上装入少量水。接入进气管，开启阀门，调节压力表缓慢升压至 98kPa 并恒压 1min，观察样盖泄漏情况。

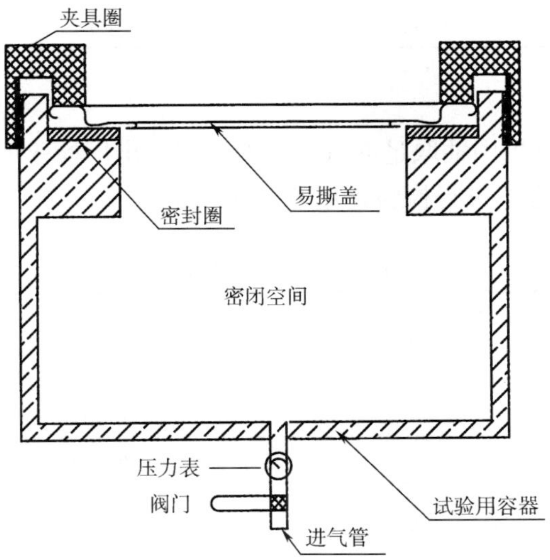

图 4　密封性试验示意图

8.5　密封胶干膜质量的检测。使用精度为 0.001g 的天平，对已注胶并烘干的样盖称重为 m_1，除去密封胶干膜后样盖，称重为 m_2，密封胶干膜质量 $m=m_1-m_2$。

8.6　溶剂残留量的测定、封口膜的卫生指标的测定及微生物检测按国家法律法规及相关卫生标准规定执行。

9　检验规则

9.1　组或批

检验应按货批或货组进行，按一次交货的同一规格的产品为一个货批。同一个货批，经双方协商，可分为若干货组，货组应为整数倍的包装件。

9.2　检验分类

产品的检验分出厂检验和型式检验。

9.2.1　出厂检验

产品交货时应进行出厂检验。出厂检验项目包括产品的外观、尺寸偏差、物理机械性能、密封胶干膜质量（可根据供需双方（或产品）需要协商选定或另外增减）。

9.2.2　型式检验

型式检验为本标准要求中规定的全部项目，有下列情况之一者应进行型式检验：

a）新产品试制定型鉴定时；

b）原材料及工艺有较大改变，可能影响产品性能时；

c）出厂检验结果与上次型式检验有较大差异时；

d）国家质量监督机构提出进行型式检验的要求时；

e）长期停产后，恢复生产时；

f）正常生产时，每半年进行一次检验。

9.2.3 产品外观不合格分类见表 4

表 4 产品外观不合格分类

项目	缺陷内容
A 类不合格	无拉柄，未涂密封胶，涂膜严重脱落，钩边严重皱折，盖内明显污染。封口膜破损，封合不良等
B 类不合格	钩边明显变形，堆胶或断胶、有明显气泡，表面锈蚀等
C 类不合格	涂膜划痕、擦伤但金属不暴露，钩边轻度皱折和变形等

9.3 抽样方案

采取随机抽样方法。在每批中抽取足够试验用的样本。出厂检验项目和型式检验项目按 GB/T 2828.1 中正常检验二次抽样方案进行检验，见表 5 和表 6。

表 5 检查水平和接收质量限

检验项目	检验水平	不合格分类	接收质量限 AQL
外观	S-4	A 类不合格	0.65
		B 类不合格	2.5
外观	S-4	C 类不合格	4.0
尺寸	S-3	C 类不合格	4.0
启破力	S-1	B 类不合格	2.5
全开力	S-1	B 类不合格	2.5
开启可靠性	S-1	A 类不合格	1.0
密封性	S-1	A 类不合格	1.0
密封胶干膜质量	S-1	B 类不合格	2.5
溶剂残留量	S-1	A 类不合格	1.0
卫生指标	S-1	A 类不合格	1.0
微生物	S-1	A 类不合格	1.0

表 6 正常检验二次抽样方案

检查水平	批量范围	接收质量限 AQL	样本数	判定数组 Ac Re
S-1	≥35000	1.0	13	0 1
		2.5	5	0 1
S-3	35001～500000	4.0	20 20	1 3 4 5
	≥500001	4.0	32 32	1 5 6 7

续表

检查水平	批量范围	接收质量限 AQL	样本数	判定数组 Ac Re
S-4	35001～500000	0.65	50 50	0 2 1 2
		2.5	50 50	2 5 6 7
		4.0	50 50	3 6 9 10
	≥500001	0.65	80 80	0 3 3 4
		2.5	80 80	3 6 9 10
		4.0	80 80	5 9 12 13

9.4　判定规则

9.4.1　出厂检验判定规则

出厂检验项目全部符合本标准，判定该批为合格。出厂检验如有一项不符合标准，可以再次抽样复检，复检后仍不符合本标准，判定该批为不合格。

9.4.2　型式检验判定规则

型式检验项目全部符合本标准，判定型式检验合格。型式检验项目有两项不符合本标准，可以再次抽样复检，复检后仍有一项不符合本标准，判为型式检验不合格。

10　标志、包装、运输、储存

10.1　标志

标志应符合 GB/T 191 的规定。出厂产品应有产品合格证，合格证上应标明生产企业名称、产品名称、产品规格、生产编号、生产日期、数量等。

10.2　包装

产品包装上应附有产品合格证和有关标签，产品内包装应用清洁、干燥、无毒、无异味、符合食品卫生的热收缩袋包装。如客户有特殊要求时，双方协商确定。外包装应采用纸箱或托盘包装，用纸箱包装的要封闭箱口，用托盘包装的，需要塑料薄膜包裹，外加捆扎带。

10.3　运输

采用集装箱方式运输，运输工具应清洁、干净、干燥，不允许有异味、污染。用其他方式运输应避免重压、雨淋、受潮、污染及损伤等。

10.4　储存

产品应储存在干燥、通风、清洁的库房内，应防尘、防潮、防污染、防重压。在正常储存情况下（相对湿度≤70%），产品自生产之日起，储存期为一年。

（二十四）BB/T 0073—2017《包装容器　一片式铝质瓶》

1　范围

本标准规定了一片式铝质瓶（以下简称铝瓶）的术语和定义、规格、材料、要求、试验方法、检验规则及标志、包装、运输与贮存。

本标准适用于盛装啤酒或饮料的未经使用的、容积不大于 1000mL 的铝瓶的制造、使用、流通和监督检验。

2　规范性引用文件

下列文件对于本文件的应用是必不可少的。凡是注日期的引用文件，仅注日期的版本适用于本文件。凡是不注日期的引用文件，其最新版本（包括所有的修改单）适用于本文件。

GB/T 2828.1　计数抽样检验程序　第 1 部分：按接收质量限（AQL）检索的逐批检验抽样计划

GB/T 6739　色漆和清漆　铅笔法测定漆膜硬度

GB/T 8452　玻璃瓶罐垂直轴偏差试验方法

GB/T 25164—2010　包装容器　25.4mm 口径铝气雾罐

BB/T 0009　喷雾罐用铝材

3　术语和定义

下列术语和定义适用于本文件。

3.1

一片式铝质瓶　aluminum monobloc bottle

以单片铝材拉伸成型，用于盛装啤酒或饮料的不可重复灌装与封口的包装容器。

4　规格

铝瓶按瓶身直径分为 ϕ35mm、ϕ53mm；ϕ59mm、ϕ66mm 等规格，其他规格可由供需双方商定。

5　材料

铝瓶材质应符合 BB/T 0009 的规定。

6　要求

6.1　外观质量

6.1.1　印刷图文清晰、完整，与样本颜色相符。图文套印准确，印刷主要部位无明显划伤，次要部位轻微划伤不超过 3 处，且面积不大于 0.3mm×20mm。

6.1.2　瓶收颈处不应有裂缝及明显的皱纹、凹陷及机械损伤，瓶体平整。

6.1.3　内涂膜应均匀完整。

6.2　尺寸和偏差

6.2.1　瓶体尺寸

瓶体对应标注见图 1，尺寸和偏差应符合表 1 规定。

表 1　　　　尺寸与偏差　　　　单位为毫米

项目	尺寸	偏差	项目	尺寸	偏差
瓶体外径（OD）	—	±0.2	瓶口卷边高度（CH）	3.85	±0.2
瓶口外径（COD）	26.6	±0.2	瓶高（OH）	—	±0.5
瓶口内径（CID）	20.5	±0.2			

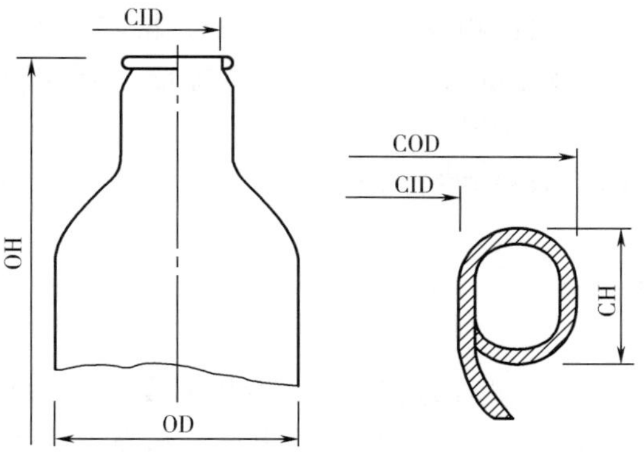

图 1 瓶体主要尺寸示意图

OD—瓶体外径 COD—瓶口外径 CID—瓶口内径 CH—瓶口卷边高度 OH—瓶高

6.2.2 瓶口平行度

瓶口平行度应不大于 0.2mm。

6.2.3 瓶体垂直轴偏差

瓶体垂直轴偏差应不大于 4.0mm。

6.3 涂膜质量

涂膜质量应符合表 2 规定。

表 2 涂膜质量要求

序号	项目	要求	序号	项目	要求
1	内外涂层附着力	涂层不脱落	4	内涂层完整性（电流值）	不大于 30mA
2	外涂层硬度	不小于 2H	5	内外涂层固化试验	内外涂层不脱色
3	耐热试验	内外涂层不脱落、不起皱			

6.4 耐压性能（适用于盛装啤酒或含气饮料的铝瓶）

耐压性能应符合表 3 规定。

表 3 耐压性能要求

序号	项目	要求	序号	项目	要求
1	变形压力	不小于 0.8MPa	2	爆破压力	不小于 1.0MPa

6.5 瓶体轴向承压力

瓶体轴向承压力应小于 2500N。

6.6 卫生要求

铝瓶卫生要求应符合国家法律法规和相关卫生标准的规定。

7 试验方法

7.1 外观质量

自然光或 40W 日光灯光下，距离 0.6m 处目测。划伤面积采用通用量具测量。

7.2 尺寸

7.2.1 瓶口的内径、外径用专用通止规测量或使用精度为 0.02mm 的游标卡尺测量。

7.2.2 瓶身直径、瓶身高度使用精度为 0.02mm 的游标卡尺测量；卷边高度使用精度为 0.01mm 游标卡尺测量。

7.2.3　瓶口平行度使用百分表测量：测量范围 0～10mm，精度 0.01mm。将空瓶体垂直摆放于水平面上，用百分表抵触瓶口，瓶体旋转 360°测量每一点高度，读取最大值与最小值，相减即得出罐口的平行度数值。

7.2.4　瓶体垂直轴偏差按 GB/T 8452 进行测量。

7.3　涂膜质量

7.3.1　内外涂层附着力测试

7.3.1.1　仪器和材料

胶粘带：型号为 3M 810 或同等黏着力胶粘带、专用划线规、划线刀（裁纸刀）。

注：3M 810 胶粘带是适合的市售产品实例。给出这一信息是为了方便本标准的使用者，并不表示对这一产品的认可。

7.3.1.2　测试方法

按 GB/T 25164—2010 中 7.3 进行。

7.3.2　外涂层硬度测试

按 GB/T 6739 进行。

7.3.3　耐热试验

使用恒温水浴箱，将试样放入温度为 68℃±2℃的纯净水中恒温 30min 后取出，检查内外涂膜有无变色、脱落、起泡等现象。若有特殊要求，根据内容物的杀菌工艺要求试验。

7.3.4　内涂层完整性测试

按 GB/T 25164—2010 中 7.7 进行。

7.3.5　内外涂层固化试验

按 GB/T 25164—2010 中的 7.5 进行。

7.4　耐压性能

7.4.1　仪器

爆破压力测定仪：压力范围 0.0～4.0MPa。

7.4.2　测定方法

在样瓶内注满清水，插入密封头，旋（夹）紧后，向瓶内加压逐渐升高至变形压力规定值，保持 10s，观察瓶体有无永久性变形。继续升压至爆破压力规定值，保持 10s，观察瓶体是否爆裂。

7.5　瓶体轴向承压力

7.5.1　仪器

瓶体轴向承压力测定仪器，最小度数值不大于 10N。

7.5.2　测定方法

将空瓶体垂直摆放于轴向承压力测定仪上，逐渐加载，读取瓶体变形的瞬间读数值。

8　检验规则

8.1　产品的检验分出厂检验和型式检验。产品交货时应进行出厂检验。出厂检验项目为 6.1 外观质量、6.2.1 瓶体尺寸、6.3 中的外涂层硬度、内涂层完整性、内外涂层固化试验、6.4 耐压性能。型式检验项目为第 6 章全部内容。

8.2　有下列情况之一时应进行型式检验：

a）新产品或老产品转生产的试制定型试验；

b）当结构、材料、工艺改变，有可能影响产品性能时；

c）正常生产时每半年应进行一次；

d）产品停产半年后恢复生产时；

e）出厂检验结果与上次型式检验有较大差异时；

f）国家质量技术监督机构提出进行型式检验要求时。

8.3　本标准的要求中 6.1、6.2 按 GB/T 2828.1 中正常检验二次抽样方案，6.3、6.4、6.5、6.6 按正常检验一次抽样方案。

8.4　缺陷分类和接收质量限见表 4。

表 4　　缺陷分类和接收质量限

序号	项目	不合格分类	检验水平	接收质量限（AQL）
1	外观（6.1）	C类不合格	S-4	4.0
2	尺寸（6.2）	B类不合格	S-3	1.5
3	内、外涂层附着力（表 2）	B类不合格	S-2	1.5
4	外涂层硬度（表 2）	B类不合格	S-2	1.5
5	耐热试验（表 2）	B类不合格	S-2	1.5
6	内涂层完整性（表 2）	B类不合格	S-2	1.5
7	内外涂层固化试验（表 2）	B类不合格	S-2	1.5
8	变形压力（表 3）	A类不合格	S-2	1.0
9	爆破压力（表 3）	A类不合格	S-2	1.0
10	瓶体轴向承压力（6.5）	A类不合格	S-2	1.0

8.5　根据不同检验水平和抽样方案，判定数分别如下：

a）检查水平 S-4、正常检验二次抽样方案的判定数见表 5。

表 5　　检查水平 S-4、正常检验二次抽样方案

批量	样本	样本量	累计样本量	C类不合格	
				Ac	Re
10000 以下	第一	20	20	1	3
	第二	20	40	4	5
10001～35000	第一	32	32	2	5
	第二	32	64	6	7
35001 以上	第一	50	50	3	6
	第二	50	100	0	10

b）检查水平 S-3，正常检验二次抽样方案的判定数见表 6。

表 6　　检查水平 S-3、正常检验二次抽样方案

批量	样本	样本量	累计样本量	C类不合格	
				Ac	Re
全部	第一	20	20	0	2
	第二	20	40	1	2

c）检查水平 S-2、正常检查一次抽样方案的判定数见表 7。

表 7　　检查水平 S-2、正常检验一次抽样方案

批量	样本量		A类不合格		B类不合格	
	A类	B类	Ac	Re	Ac	Re
全部	13	8	0	1	0	1

8.6　判定规则

8.6.1　出厂检验判定规则：出厂检验项目全部符合本标准，判定该批为合格。

8.6.2　型式检验判定规则：型式检验项目全部符合本标准，判定型式检验合格。

9　标志、包装、运输与贮存

9.1　标志

出厂产品应附有合格证，合格证上应注明制造厂名、产品名称、规格、制造日期、批号、数量和检验标记等。

9.2　包装

采用垫板层叠式包装，层与层之间用纸板或塑料薄片隔开，外部用缠绕膜包装。

9.3　运输

搬运、装卸、运输过程应轻装轻卸，严禁抛掷，防止碰撞，避免雨淋、曝晒及污染。

9.4　贮存

产品应贮存在通风、干燥、清洁处，防止阳光直晒，严禁重压。

（二十五）YS/T 726—2010《易拉罐盖料及拉环料用铝合金板、带材》

1　范围

本标准规定了易拉罐盖料及拉环料用铝合金板、带材的要求、试验方法、检验规则和标志、包装、运输、贮存及质量证明书与合同（或订货单）内容。

本标准适用于卷材辊涂涂层线生产的、供食品包装用的、易拉罐盖料及拉环料用铝合金涂层板材（以下简称涂层板材）、铝合金涂层带材（以下简称涂层带材），以及用于制作该种涂层板、带材的铝合金带材（以下简称基材）。

2　规范性引用文件

下列文件对于本文件的应用是必不可少的。凡是注日期的引用文件，仅注日期的版本适用于本文件。凡是不注日期的引用文件，其最新版本（包括所有的修改单）适用于本文件。

GB/T 228　金属材料　室温拉伸试验方法

GB/T 3190　变形铝及铝合金化学成分

GB/T 3199　铝及铝合金加工产品包装、标志、运输、贮存

GB/T 7999　铝及铝合金光电直读发射光谱分析方法

GB/T 9286　色漆和清漆　漆膜的划格试验

GB/T 16865　变形铝、镁及其合金加工制品拉伸试验用试样

GB/T 17432　变形铝及铝合金化学成分分析取样方法

GB/T 20975（所有部分）　铝及铝合金化学分析方法

3　要求

3.1　产品分类

3.1.1　牌号、状态及规格

产品的类别、牌号、状态及规格应符合表 1 的规定，需方需要其他牌号、状态、规格时，应供

需双方协商确定，并在合同（或订货单）中注明。

表 1

类别			牌号	状态	规格/mm					
					板材			带材		
					厚度[b]	宽度	长度	厚度[b]	宽度	套筒内径
涂层板、带材	盖料	DOS[a] 盖料	5052、5182	H46、H48、H49	0.220～0.500	500.0～1600.0	500～4000	0.22～0.50	20.0～1600.0	300、350、405、505
涂层板、带材	盖料	其他 盖外涂	5052、5182	H46、H48、H49	0.220～0.500	500.0～1600.0	500～4000	0.22～0.50	20.0～1600.0	300、350、405、505
涂层板、带材	盖料	其他 盖内涂	5052、5182	H46、H48、H49	0.220～0.500	500.0～1600.0	500～4000	0.22～0.50	20.0～1600.0	300、350、405、505
涂层板、带材	拉环料	外涂	5052、5182	H46、H48、H49	0.220～0.500	500.0～1600.0	500～4000	0.22～0.50	20.0～1600.0	300、350、405、505
涂层板、带材	拉环料	内涂	5052、5182	H46、H48、H49	0.220～0.500	500.0～1600.0	500～4000	0.22～0.50	20.0～1600.0	300、350、405、505
基材	盖料		5052、5182	H18、H19、H36、H38、H39	—			0.22～0.50	20.0～1600.0	300、350、405、505
基材	拉环料		5052、5182	H18、H19、H36、H38、H39	—			0.22～0.50	20.0～1600.0	300、350、405、505

注：a 经 DOS 液体涂覆处理的盖料。

b 涂层板、带材厚度不包括其表面涂层的厚度。

3.1.2　标记示例

产品标记按产品名称、牌号、状态、规格及标准编号的顺序表示。标记示例如下：

示例 1：

5052 牌号、H19 状态、厚度为 0.250mm、宽度为 900.0mm。套筒内径为 505mm 的基材，标记为：

基材 5052-H19　0.25×900ϕ505　YS/T 726—2010

示例 2：

5052 牌号、H49 状态、厚度为 0.250mm，宽度为 900.0mm，长度为 1200mm 的涂层板材，标记为：

涂层板 5025-H49　0.25×900×1200　YS/T 726—2010

示例 3：

5052 牌号、H49 状态、厚度为 0.250mm，宽度为 900.0mm，套筒内径为 505mm 的涂层带材，标记为：

涂层带 5052-H49　0.25×900 ϕ505　YS/T 726—2010

3.2　化学成分

产品的化学成分应符合 GB/T 3190 的规定。

3.3　尺寸偏差

3.3.1　厚度

产品的厚度偏差应符合表 2 的规定。

表 2　　单位为毫米

厚度	厚度允许偏差	厚度	厚度允许偏差
>0.220～0.300	±0.005	>0.300～0.500	±0.008

3.3.2　宽度、长度

产品宽度偏差和板材长度偏差应符合表 3 的规定。

表 3　　单位为毫米

产品宽度允许偏差				板材长度允许偏差	
盖料		拉环料			
宽度≤1000.0	宽度>1000.0	宽度≤100.0	宽度>100.0	长度≤2000	长度>2000
$^{+1.0}_{0}$	$^{+1.5}_{0}$	±0.2	$^{+1.5}_{0}$	$^{+1}_{0}$	$^{+2}_{0}$

3.3.3　对角线

板材的对角线长度差值不大于 3mm。

3.3.4　不平度

产品的纵向、横向不平度应符合表 4 规定。

表 4

波距/mm	对应波距的波高/mm	任意 1m 长度内允许的波浪个数	波距/mm	对应波距的波高/mm	任意 1m 长度内允许的波浪个数
≤500	≤4	≤3	>500	≤6	≤3

3.3.5　侧边弯曲度

产品在任意 1.5m 长度上的侧边弯曲度应不大于 0.5mm。

3.3.6　端头翘曲高度

任意切取 1.5m 长度时，端头翘曲高度不大于 10mm。

3.3.7　错层、塔形

带材错层不大于 2mm，塔形不大于 5mm。

3.4　力学性能

产品的室温拉伸试验结果应符合表 5 的规定。

表 5

牌号	状态	厚度（t）/mm	室温拉伸试验结果		
			抗拉强度 R_m/（N/mm²）	规定非比例延伸强度 $R_{p0.2}$/（N/mm²）	断后伸长率 A_{50mm}/%
5052	H36/H46	>0.220～0.300	255～305	≥200	≥2
		>0.300～0.500	255～305	≥200	≥3
	H18/H38/H48	>0.220～0.300	≥270	≥210	≥2
		>0.300～0.500	≥270	≥210	≥3
	H19/H39/H49	>0.220～0.300	≥290	≥220	≥2
		>0.300～0.500	≥290	≥220	≥3
5182	H36/H46	>0.220～0.300	265～340	≥270	≥3
		>0.300～0.500	265～340	≥270	≥4
	H18/H38/H48	>0.220～0.300	≥330	≥285	≥3
		>0.300～0.500	≥330	≥285	≥4
	H19/H39/H49	>0.220～0.300	≥340	≥295	≥3
		>0.300～0.500	≥340	≥295	≥4

3.5　涂层性能

3.5.1　DOS 盖料用涂层板、带材的单面 DOS 液体涂层表面密度应为：5～10mg/m²。

3.5.2　盖料用涂层板、带材的涂层表面应涂蜡均匀，单面蜡涂层表面密度应为：40～100mg/m²。

3.5.3 涂层板、带材的涂层性能应符合表 6 的规定。

表 6

项目		盖料		拉环料
		盖外涂	盖内涂	外涂、内涂
涂层表面密度/（g/m^2）		3～6	10～13	3～6
耐溶剂性		>50 次不漏底	—	>50 次不漏底
高温灭菌	121℃，30min 蒸馏	内、外涂层无泛白、失光、剥离、脱落		
耐酸性	121℃，32min 酸蚀	—	内涂层无泛白、失光、剥离、脱落	—
耐硫性	121℃，31min 硫蚀	—	内涂层无泛白、失光、剥离、脱落	—
附着性		1 级	1 级	1 级

3.6 外观质量

3.6.1 基材

3.6.1.1 基材表面不允许有划伤、油斑、油污、条纹、色差、辊印、压花、周期性印痕等影响用户使用的缺陷。

3.6.1.2 允许有个别轻微的、在自然光条件下距板面 1.5m 处目测不明显的、不影响用户使用的缺陷存在。

3.6.1.3 不允许有接头。

3.6.2 涂层板、带材

3.6.2.1 表面不允许有气泡、划伤、漏涂、过烧、油斑、油渍、色差、花斑、辊印、压花、周期性印痕、化学药液等影响用户使用的缺陷。

3.6.2.2 允许有个别轻微的、在自然光条件下距板面 1.5m 处目测不明显的、不影响用户使用的缺陷存在。

3.6.2.3 每批带材有接头的卷数不应大于总卷数的 10%，每卷带材接头数最多 1 个。接头处不允许有松层或错动。接头只能搭接，并在端面做上标记。

4 试验方法

4.1 化学成分

化学成分分析方法可采用 GB/T 20975 或 GB/T 7999，仲裁分析时，应按 GB/T 20975 的规定进行。

4.2 尺寸偏差

4.2.1 尺寸修约

尺寸测量值不允许修约。

4.2.2 厚度

厚度应在距产品侧边不小于 25mm，且距产品端头角部不小于 115mm 处，用精度为 0.01mm 的千分尺或相同精度的测量工具进行测量。测定涂层板、带材厚度时，应扣除该测量处的表面涂层厚度值。

4.2.3 长度、宽度、对角线

用相应精度的工具进行测量。

4.2.4 不平度

4.2.4.1 板材不平度

将板材自由置于平台上，待其平衡稳定时，测量板面与平台间的间隙值，即波高，随后测量对应波距、波数。当一张板片同时存在几个波浪时，应测量其中最大的一个。边缘波浪可用塞尺进行测量。

4.2.4.2 带材不平度

从带材上剪下1个波距以上，且长度为1000～1800mm的一段试样，将试样自由放在平台上，测量试样板面与平台间的间隙值，即波高，随后测量对应波距、波数。

4.2.5 侧边弯曲度

在板材侧边头、尾两端点，或带材侧边任意相距3000mm的两点间拉一直线，再用直尺（或三角尺）测量板或带侧边到直线之间的最大垂直距离。

4.2.6 端头翘曲高度

任意切取1.5m长的板材自由置于平台上，待其平衡稳定时，用精度为1mm的钢卷尺测量板材两端头与平台间的间隙值，即翘曲高度波高。

4.2.7 错层、塔形

错层、塔形采用精度不低于1mm的工具测量。

4.3 力学性能

室温拉伸试验按GB/T 228规定的方法进行。

4.4 涂层性能

4.4.1 涂层表面密度

4.4.1.1 仪器测量法

采用专用涂层测厚仪进行测量。

4.4.1.2 称量法

用电子天平称量已知面积的试样质量，用溶剂或浓硫酸将试样表面涂层去掉后再称量试样质量，涂层去掉前后的试样质量差值与试样面积的比值即为试样的涂层表面密度。

4.4.2 耐溶剂性（MEK）

用至少六层纱布包裹1kg的铁锤，饱蘸丁酮后在试样表面上沿同一直线路径，以每秒钟1次往返的速率，来回擦拭涂层。试验过程中应使纱布保持润湿。将试样用自来水冲洗干净、抹干，检查涂层表面。

4.4.3 高温灭菌

把试样置于高压釜中，加温至121℃，恒温30min后取出，待冷却后目视检查。

4.4.4 耐酸性

将2%（质量分数）的柠檬酸溶液置于密闭容器内，并将试样浸没在该溶液中，随即将密闭容器置于高压釜内，加温至121℃，恒温32min后取出。待冷却后目视检查试样表面。

4.4.5 耐硫性

将0.5%（质量分数）硫化钠溶液（用乳酸将pH调至5.5～6.0）置于密闭容器内，并将试样浸没在该溶液中，随即将密闭容器置于高压釜内，加温至121℃，恒温31min后取出，待冷却后目视检查试样表面。

4.4.6 附着性

按GB/T 9286的规定划格，划格间距为1mm。将黏着力大于10N/25mm的粘胶带覆盖在划格的涂层上，压紧以排去粘胶带下的空气，以垂直于涂层表面的角度快速拉起粘胶带，然后按GB/T 9286浮钮。

4.5 外观质量

外观质量以目视检验。

5 检验规则

5.1 检查和验收

5.1.1 产品应由供方进行检验，保证产品质量符合本标准及合同（或订货单）的规定，并填写质量证明书。

5.1.2 需方应对收到的产品按本标准的规定进行复验。复验结果与本标准及合同（或订货单）的规定不符时，应以书面形式向供方提出，由供需双方协商解决。属于表面质量及尺寸偏差的异议，应在收到产品之日起一个月内提出，属于其他性能的异议，应在收到产品之日起三个月内提出。如需仲裁，供需双方应在需方共同进行仲裁取样。

5.2 组批

产品应成批提交验收，每批应由同一牌号、状态、规格，相同涂层的产品组成。每批的重量不限。

5.3 计重方式

产品均采用检斤计量。

5.4 检查项目

5.4.1 基材每批产品应进行化学成分、尺寸偏差、力学性能、外观质量的检验。

5.4.2 涂层产品每批产品应进行化学成分、尺寸偏差、力学性能、涂层性能（DOS 盖料用涂层板、带材的单面 DOS 液体涂层表面密度及盖料用涂层板、带材的单面蜡涂层的涂覆均匀性和涂层表面密度除外）、外观质量的检验。

5.4.3 首批供货、质量仲裁、工艺发生重大变化、质量监督部门抽检或合同中注明检验时，应进行 DOS 盖料用涂层板、带材的单面 DOS 液体涂层表面密度及盖料用涂层板、带材的单面蜡涂层的涂覆均匀性和涂层表面密度的检验。

5.5 取样

产品的取样应符合表 7 的规定。

表 7

检验项目		取样规定	要求的章条号	试验方法的章条号
化学成分		按 GB/T 17432 的规定进行	3.2	4.1
尺寸偏差		板材每批至少取 3 张进行检验，带材逐卷进行检验	3.3	4.2
力学性能		带材每批取卷数的 2%，但不少于 1 个卷，从每卷上切取 2 个拉伸试样 板材在其涂层卷坯上切取拉伸试样（切取方法同带材），或从每批中取 2%张数（但不少于 2 张）的板材，从每张板材上切取 1 个拉伸试样 拉伸试样应符合 GB/T 16865 的规定	3.4	4.3
涂层性能	涂层重量	带材每批任取 2 卷（不足 2 卷取 1 卷），每卷取 3 个试样/检验项目。试样在涂层带材任意部位切取，其尺寸为 300mm×100mm 板材在其涂层卷坯上切取试样（切取方法同带材），或从每批中取 2%张数（但不少于 3 张）的板材，从每张板材上切取 1 个尺寸为 300mm×100mm 的试样/检验项目	3.5	4.4.1
	耐溶剂性		3.5	4.4.2
	耐高温灭菌		3.5	4.4.3
	耐酸蚀性		3.5	4.4.4
	耐硫蚀性		3.5	4.4.5
	附着性		3.5	4.4.6
外观质量		板材逐张，带材逐卷检测	3.6	4.5

5.6 检验结果判定

5.6.1 化学成分不合格时，产品能区分熔次的判该熔次不合格，其他熔次依次检验，合格者交货。不能区分熔次的判该批不合格。

5.6.2 尺寸偏差不合格时，带材判该卷不合格，板材判该张不合格，其余板材逐张检验，合格者交货。

5.6.3 力学性能不合格时，应另取双倍数量的试样进行重复试验。重复试验结果全部合格，则判该批合格。若重复试验结果仍有不合格项目，则判该批不合格。但允许供方对产品逐张或卷检验，合格者交货。

5.6.4 涂层性能不合格时，应另取双倍数量的试样进行重复试验。重复试验结果全部合格，则判该批合格。若重复试验结果仍有不合格项目，则判该批不合格。

5.6.5 外观质量不合格时，板材判该张不合格，带材判该卷不合格。

6 标志、包装、运输、贮存

6.1 标志

6.1.1 检验合格的板垛上、下三张板材上和每卷带材上应有如下标记：

a）供方技术监督部门的检印；

b）牌号；

c）状态；

d）规格；

e）产品批号。

6.1.2 产品的包装箱标志应符合 GB/T 3199 的规定。

6.2 包装、运输、贮存

板材板间不垫纸包装，需方要求垫纸时，应在合同中注明。带材包装方式应在合同中注明。其他包装、运输、贮存的要求按 GB/T 3199 规定。

6.3 质量证明书

a）供方名称、地址、电话、传真；

b）产品名称；

c）牌号、状态及规格；

d）批号；

e）净重；

f）各项分析项目的检验结果和技术监督部门的印记；

g）本标准编号；

h）包装日期（或出厂日期）。

7 合同（或订货单）内容

订购本标准所列产品的合同（或订货单）内应包括下列内容：

a）产品名称；

b）牌号；

c）状态；

d）规格；

e）重量（或卷/片数）；

f）本标准编号；

g）特殊要求。

附录三　马口铁三片罐罐型规格系列

（一）我国罐型规格系列

1　三片开顶式金属圆罐规格系列（GB/T 10785—1989《开顶金属圆罐规格系列》）

表 1

罐　号	成品规格/mm			计算容积/ cm^3	备　注
	公称直径	内径 d	外高 H		
15267	153	153.4	267	4823.72	
15231	153	153.4	231	4213.83	
15178	153	153.4	178	3197.33	
15173	153	153.4	173	3086.41	
1589	153	153.4	89	1533.98	专用罐型
1561	153	153.4	61	1016.49	专用罐型
10189	105	105.1	189	1587.62	
10124	105	105.1	124	1023.71	
10120	105	105.1	120	989.01	
1068	105	105.1	68	537.88	
9124	99	98.9	124	906.49	
9121	99	98.9	121	883.45	
9116	99	98.9	116	845.04	
980	99	98.9	80	568.43	
968	99	98.9	68	476.29	
962	99	98.9	62	430.20	
953	99	98.9	53	361.00	
946	99	98.9	46	307.29	
8160	83	83.3	160	839.27	
8117	83	83.3	117	604.93	
8113	83	83.3	113	583.13	
8101	83	83.3	101	517.73	
889	83	83.3	89	419.63	
871	83	83.3	71	354.24	
860	83	83.3	60	294.29	专用罐型
854	83	83.3	54	261.59	
846	83	83.6	46	217.99	
7127	73	72.9	127	505.05	

续表

罐　号	成品规格/mm			计算容积/ cm^3	备　注
	公称直径	内径 d	外高 H		
7116	73	72.9	116	459.13	
7113	73	72.9	113	446.61	
7106	73	72.9	106	417.39	
789	73	72.9	89	346.44	
783	73	72.9	83	321.39	
778	73	72.9	78	300.52	
763	73	72.9	63	237.91	
755	73	72.9	55	204.52	
751	73	72.9	51	187.83	
748	73	72.9	48	175.31	
6101	65	65.3	101	314.81	
672	65	65.3	72	221.04	
668	65	65.3	68	207.64	
5133	52	52.3	133	272.83	
5104	52	52.3	104	210.53	
599	52	52.3	99	199.79	
589	52	52.3	89	178.31	
539	52	52.3	39	70.89	

注：(1) 各种罐型的外高允许有±0.3mm公差，有加强筋的大型罐外高允许有±1mm公差；(2) ϕ52.3～ϕ83.5罐内径允许有±0.10mm公差，ϕ98.9～ϕ153.4罐内径允许有±0.20mm公差。

2　冲底圆罐成品规格系列

表 2

罐　号	成品规格/mm			计算容积/ cm^3	备　注
	公称直径	内径 d	外高 H		
201	153	上 153.4 下 132.0	30.0	480.70	替代原 201
202	83	83.3	57	294.29	
203	73	72.9	42	163.00	替代原 202
204	52	52.3	37	73.04	

3　方罐

表 3

罐　号	公称尺寸/mm	空罐成品规格/mm			计算容积/ cm^3	备　注
		内长 L	内宽 b	外高 H		
301	100×88	100.0	88.0	113.0	941.60	方罐
302	145×98	141.5	97.5	49.0	593.24	方罐
303	142×98	141.5	97.5	38.0	441.48	方罐
304	93×47	92.8	46.8	92.0	375.91	方罐
305	95×51	95.0	51.0	82.0	368.22	方罐
306	93×47	92.8	46.8	56.5	220.74	方罐

4 椭圆罐及冲底椭圆罐

表 4

罐　号	公称尺寸/mm	空罐成品规格/mm			计算容积/cm^3	备　注
		内长径 L_1	内短径 L_2	外高 H		
501	145×71	145.2	70.8	46.5	327	椭圆罐
502	145×71	145.2	70.8	35.5	238.18	（长圆罐）
601	160×108	159.5	107.5	37.5	464.60	冲底椭圆罐
602	175×95	175.0	95.0	36.0	430.39	冲底椭圆罐
603	165×91	165.0	90.5	34.5	369.43	冲底椭圆罐
604	126×83	125.5	83.0	31.0	229.07	冲底椭圆罐

5 梯形罐（四面体角锥形罐）

表 5

罐　号	公称尺寸/mm	空罐成品规格/mm			计算容积/cm^3	备　注
		内长 L	内宽 b	外高 H		
701	顶 74×51 底 78×61	74.3 78.0	51.3 61.0	92.0	367.98	

6 马蹄形罐

表 6

罐号	空罐成品规格/mm					实际容量 20℃水/cm^3	备　注
	外长 L_1	两腰最大	内长 L_2	两腰最大　外宽 b	外高 H		
801	193.0	146.5	190.0	143.5	90.0	特测定	
802	165.5	119.5	162.5	116.5	67.0	特测定	
803	165.5	119.5	162.5	116.5	51.0	特测定	
804	147.5	101.5	144.5	98.5	49.0	特测定	
805	126.0	90.0	123.0	87.0	48.0	特测定	

7 易开盖三片罐

表 7

罐代号	内径/mm	外高/mm	标称容积/cm^3
200/200/200×402	50.00/50.00/50.00	140.33	212
200/202/200×504	50.00/52.30/50.00	132.90	275
202/202/202×504	52.30/52.30/52.30	132.90	275
206/211/209×214	57.00/65.30/62.54	73.45	212
206/211/209×309	57.00/65.30/62.54	91.50	275
206/211/209×408	57.00/65.30/62.54	115.20	355
206/211/209×413	57.00/65.30/62.54	121.95	390
206/211/209×413	62.54/65.30/62.54	121.95	390
209/211/209×309	62.54/65.30/62.54	91.50	275

注：罐内径允差±0.15mm，罐外高允差±0.3mm。

8 开顶式金属圆罐适装品种

表 8

罐　号	适装品种	备注
15267	5000g 番茄酱(28%～30%)	
15234	5000g 浓缩柑橘汁、菠萝汁、柚子汁、柠檬汁、蜜饯什锦	
15178	3000g 整、片、碎装蘑菇;2977g 碎蘑菇;2950g 清水笋、冬笋;2750g 干装苹果	
15173	3632g 龙眼酱;3664g 糖水菠萝;3005g 片装清水马蹄;3000g 糖水橘子、番茄酱(28%～30%)、青豆;2950g 清水笋、冬笋、青豆、盐水胡萝卜;2850g 糖水苹果;2840g 片装蘑菇、碎蘑菇;2724g 干装苹果	
1589	全鸡、鸭	专用罐型
1561	1000g 八宝饭	专用罐型
10189	2000g 苹果酱、海棠酱;1588g 午餐肉、火腿午餐肉	
10124	1000g 清蒸猪肉、红烧猪肉、云腿、酸黄瓜	
10120	1000g 番茄酱(28%～30%)	
1065	500g 红烧猪肉、皱油猪蹄、牛舌、白烧鸡、白烧鸭	
9124	850g 青刀豆、原汁整番茄、蘑菇	
9121	850g 糖水橘子、糖水菠萝、糖水苹果、糖水梨、糖水桃子、什锦水果;822g 青豆;800g 原汁整番茄、原汁鲜笋	
9116	1000g 苹果酱、杏子酱、草莓酱、海棠酱;822g 糖水梨、糖水桃子、糖水杏子、糖水苹果、青豆;800g 糖水梨(碎块)、清水笋、冬笋;780g 油焖大头菜;750g 酸黄瓜、盐水胡萝卜	
968	454g 糖水菠萝;397g 烤鹅	
962	500g 山楂酱;400g 菜馅菜叶卷;397g 原汁猪肉、红烧猪肉、红烧扣肉、浓汁猪肉、水晶肴肉、红烧猪腿、红烧元蹄、红烧排骨、咖喱排骨、五香皱肉、午餐肉、火腿午餐肉、浓汁牛肉、红烧牛肉、五香牛杂、浓汁羊肉、白烧鸡、白烧鸭、红烧鸡、红烧鸭、五香鸭、五香鹅、茄汁狗鱼、葱烤鲫鱼;383g 荔浦芋扣肉、去骨鸡、五香鸡翅、去骨鸭;340g 五香猪排、陈皮鸭;312g 酥炸鲫鱼;300g 清蒸对虾;227g 炸子鸡、辣味炸子鸡;170g 五香银鱼	
953	340g 咸牛肉、咸羊肉、午餐羊肉;283g 鲜炸鱼片;198g 熏鱼;184g 油炸禾花雀;227g 豆豉鲮鱼(段装)	
946	274g 片装火腿;256g 油浸鲳鱼、鳗鱼、青鱼;256g 茄汁鲳鱼、鳗鱼、青鱼;250g 红烧猪肉、油浸烟熏鳗鱼	
8160	800g 整装芦笋	
8117	567g 青刀豆;552g 原汁鲜笋、冬笋;550g 清蒸猪肉;500g 红烧猪肉	
8113	700g 糖浆类罐头、草莓酱等果酱罐头;567g 糖水枇杷、糖水李子、糖水芒果、糖水香蕉、糖水荔枝、糖水龙眼、糖水菠萝、糖水杨桃、糖水金橘、糖水梨、糖水桃子、糖水杏子、糖水海棠、糖水山楂、糖水樱桃、糖水苹果、糖水杨梅、清水马蹄;555g 鲜柑橘汁、鲜菠萝汁、鲜柚子汁、盐水胡萝卜;500g 清蒸牛肉、清蒸羊肉;540g 清水笋、清水莲藕;500g 凉拌菜、蒸番茄	
8101	600g 荔枝汁;500g 番茄酱(28%～30%)	
889	227g 花生米	
871	185g 花生米	
860	312g 草莓酱、桃子酱、杏子酱、海棠酱、山楂酱、苹果酱、李子酱、樱桃酱、梨酱、糖浆草莓;280g 午餐肉;256g 红烧猪肉、茄汁猪肉、红烧排骨、豉汁排骨、咖喱排骨、卤猪杂、红烧牛肉;256g 油浸鲭鱼、鲅鱼、鲹鱼、狗鱼、鲤鱼、墨鱼;256g 红烧鲤鱼、鲛鲔鱼、鲸鱼;256g 清蒸墨鱼、酱油墨鱼;227g 纸包鸡、纸包鸭;170g 蒜油榄	
854	312g 龙眼酱、糖浆金橘;240g 火腿蛋、什锦炒饭;235g 红烧猪肉;227g 浓汁猪肉;红烧扣肉、猪舌、卤猪杂、浓汁牛肉、浓汁羊肉、羊舌、红烧鸡、五香鸡肫、红烧鸭、五香鸭肫、清蒸肉、油炸蚝、鲜草菇、雪菜;215g 豆豉鲩鱼、红烧金枪鱼;198g 回锅肉、茄汁墨鱼、酱油墨鱼;170g 油炸禾花雀;142g 猪肉腊肠	
846	185g 油浸金枪鱼	
7127	454g 猪肉香肠	
7116	550g 糖浆李子、糖浆无花果、糖浆梨、糖浆桃子、糖浆杏子、糖浆苹果;540g 蜜饯什锦;425g 猪肉香肠;425g 茄汁鲭鱼、鲅鱼、鲹鱼;425g 糖水梨(生装)、糖水菠萝、425g 青豆、青刀豆、蘑菇、原汁整番茄、盐水胡萝卜、芦笋	
7113	425g 糖水菠萝(沙种)、糖水梨、糖水桃子、糖水杏子、糖水苹果、糖水葡萄、糖水海棠、什锦水果、茄汁黄豆;415g 蘑菇;256g 猪肉腊肠	
7106	500g 浓缩柑橘汁、浓缩菠萝汁、浓缩柠檬汁、470g 浓缩柚子汁;397g 红烧猪肉、红烧猪腿、茄汁黄豆猪肉、香菇猪脚腿、红烧鸡、冬菇鸡、红烧鸭、五香鸭、五香鹅、青豆、油焖笋、蚕豆;354g 四鲜烤麸;315g 鲆鱼	
793	340g 猪肉香肠	
789	397g 椰子酱	

续表

罐　号	适装品种	备注
783	383g 糖浆金橘、柑橘酱、菠萝酱、蜜饯什锦；312g 红烧猪肉、红烧牛肉、冬菇鸡、咖喱鸡、豉油海螺、糖水荔枝、糖水龙眼、糖水杨桃、糖水橘子、糖水金橘；300g 糖水梨、糖水桃子、糖水苹果	
778	340g 菠萝酱、龙眼酱、柑橘酱、西瓜酱、草莓酱、杏子酱、什锦果酱	
763	198g 蘑菇；200g 雪菜	
756	198g 午餐肉	
755	198g 火腿午餐肉、香菜心、什色酱菜；185g 红烧蚝、清汤蚝、红烧蟮、清汤蛏、红烧花蛤；184g 雪菜	
751	185g 香菇肉酱；142g 五香肉丁、五香牛肉丁	
748	142g 猪肝酱、去骨鸡；130g 酱爆肉丁	
6101	284g 青豆、蘑菇；227g 清蒸蚬肉	
672	198g 豉油海螺	
668	198g 番茄酱(22%～24%、28%～30%)；184g 蘑菇；114g 花生米	
5133	250g 各种果汁、芦笋(整装)	
5104	200g 各种果汁、198g 番茄酱(22%～24%)	
599	170g 各种果汁	
589	156g 茄汁鲭鱼；142g 茄汁鲹鱼	
539	70g 番茄酱(28%～30%)	
201	340g 炒米粉丝	
202	270g 原汁蛤贝；185g 清蒸对虾；220g 虾肉	
203	240g 榨菜肉丝	
204	70g 番茄酱(28%～30%)	

9　台湾省圆罐规格系列

表 9

罐型名称	编　号	规格尺寸		内容量		
		罐型代号① $D\times H$	公制 $D\times H$/mm	cm^3	oz②	in②
5kg 罐	603	603×1012	153.50×272.60			
新特一号罐	603	603×907	153.50×239.60			
特一号罐	603	603×812	153.50×222.00	3860.00	135.03	243.73
新一号罐	603	603×700	153.50×177.40	3055.20	106.60	192.41
活盖一号罐	603	603×700	153.50×177.40	3055.20	106.60	192.41
一号罐	603	603×610	153.50×168.80	2874.80	101.82	183.79
一号 B 罐	603	603×408	153.50×114.30	1907.60	67.79	122.37
鲔二号罐	603	603×408	153.50×114.30	1907.60	68.49	121.71
2.5b 奶粉罐	502	502×610	127.30×168.00	2057.60	69.56	126.56
高 404 罐	404	404×700	105.30×177.40	1451.60	52.18	90.34
特二号罐	404	404×307	105.30×87.30	677.20	23.75	42.59
二号罐	401	401×411	99.00×119.10	837.00	29.18	52.68
活盖二号罐	401	401×407	99.00×113.30	863.40	29.18	52.68
1b 奶粉罐	401	401×407	99.00×113.30	826.00	27.92	50.40
二号 B 罐	401	401×400	99.00×101.50	706.80	24.84	44.84
蟹一号罐	401	401×213	99.00×71.50	497.90		
平一号罐	401	401×211	99.00×68.80	455.80	15.97	28.81
鲔一号罐	401	401×205	99.00×59.00	359.80	13.78	24.88
平一号 A 罐	401	401×113	99.00×46.80			

续表

罐型名称	编　号	规格尺寸		内容量		
		罐型代号① D×H	公制 D×H/mm	cm^3	oz②	in②
新特三号罐	308	308×604	88.40×158.30	875.00		
特三号罐	307	307×605	83.40×160.00	812.00	28.37	51.40
三号罐	307	307×407	83.40×113.30	567.00	19.91	35.93
活盖三号罐	307	307×407	83.40×113.30	567.00	19.91	35.93
三号 A 罐	307	307×409	83.40×116.00			
三号 B 罐	307	307×309	83.40×90.50	438.80	15.53	28.03
三号 C 罐	307	307×211	83.40×69.00	330.20	11.06	19.96
三号 D 罐	307	307×306	83.40×85.70	417.20	14.67	26.52
三号 E 罐	307	307×400	83.40×101.20	492.50		
新三号罐	307	307×408	83.40×115.00	558.50		
蟹二号罐	307	307×203	83.40×56.00	267.00		
平二号罐	307	307×201	83.40×52.90	236.40	8.70	15.71
平二号 A 罐	307	307×202	83.40×54.50	247.00		
鲔三号罐	307	307×113	83.40×46.00	189.60	7.40	13.36
平三〇三罐	303	303×110	77.40×41.40			
特四号罐	301	301×605	74.00×160.40			
四号罐	301	301×407	74.00×113.30	447.00	15.63	28.21
活盖四号罐	301	301×407	74.00×113.30	447.00	15.63	28.21
四号 A 罐	301	301×403	74.00×107.00	425.00	14.68	26.48
四号 B 罐	301	301×400	74.00×101.50	389.40	13.77	24.85
五号罐	301	301×303	74.00×81.50	302.40	11.05	19.94
活盖五号罐	301	301×303	74.00×81.50	302.40	11.05	19.94
五号 B 罐	301	301×212	74.00×70.60	261.00	9.26	16.78
六号罐	301	301×205	74.00×59.30	217.60	7.93	14.31
携带罐	301	301×201	74.00×53.00	187.80	6.83	12.33
携带 B 罐	301	301×115	74.00×50.00	179.20		
携带 C 罐	301	301×110	74.00×40.00	120.00		
蟹三号罐	301	301×109	74.00×39.50	118.50		
平三号罐	301	301×105	74.00×34.10	112.20	5.50	9.92
三〇〇号罐	300	300×409	72.80×116.00			
三〇〇号 A 罐	300	300×303	72.80×81.00			
三〇〇号 B 罐	300	300×405	72.80×109.00			
九号罐	214	214×211	71.60×70.00	277.20		
酱菜罐	214	214×211	71.60×70.00	246.20	8.33	15.23
九号 A 罐	214	214×115	71.60×50.00	156.40		
九号 B 罐	214	214×207	71.60×61.50			
二〇安土罐	211	211×614	65.30×175.00			
高七号罐	211	211×510	65.30×142.90	443.00	15.35	27.71

续表

罐型名称	编　号	规格尺寸		内容量		
		罐型代号① $D\times H$	公制 $D\times H$/mm	cm^3	oz②	in②
新七号罐	211	211×413	65.30×122.20			
特七号罐	211	211×408	65.30×115.00	355.00	11.54	20.00
新七号W罐	211	211×413	65.30×122.20			
七号罐	211	211×400	65.30×101.50	309.20	10.71	19.33
七号RW罐	211	211×309	65.30×91.50			
七号A罐	211	211×304	65.30×83.10	249.00	8.43	15.21
七号B罐	211	211×211	65.30×69.90	204.40	7.16	12.92
七号J罐	211	211×313	65.30×96.90	295.40	10.16	18.34
七号M罐	211	211×301	65.30×77.00	228.40	7.96	14.35
八号罐	211	211×201	65.30×52.00			
鲔三号罐	211	211×109	65.30×39.50	104.30	4.08	7.36
二〇九罐	209	209×602	62.20×155.50			
高205号罐	205	205×703	55.40×183.30	425.40	14.26	26.65
一七五g罐	205	205×313	55.40×97.50			
二五〇g罐	202	202×504	52.30×132.80	260.00	8.75	15.80
二〇〇g罐	202	202×402	52.30×104.60	199.40	6.81	12.90
一七五g罐	202	202×313	52.30×97.50			
一五〇g罐	202	202×308	52.30×88.40	172.00	5.07	9.19
三安土罐	202	202×301	52.30×77.00			
小型一号罐	202	202×204	52.30×57.20	107.40	3.53	6.37
小型二号罐	202	202×200	52.30×51.00	92.20	3.11	5.61
小型三号罐	202	202×110	52.30×40.50	68.80	2.46	4.27
高二〇〇号罐	200	200×704	47.30×183.40	301.20	10.21	17.69
高压450mL罐	211	211×604	65.30×158.50	505.20	17.11	30.82
高压300mL罐	211	211×412	65.30×121.00	381.40	12.89	23.27
高压150mL罐	202	211×413	52.30×122.00	237.10	8.01	14.51

注：① 英制表示方法；② 英制单位（对照参考用）。

10　台湾省异型罐规格系列

表10

罐型名称	编号	规格尺寸		内容量		
		罐型代号① $D\times H$	公制 $D\times H$/mm	cm^3	oz②	in②
椭圆一号罐	椭圆	$6^3/8''\times4^{11}/32''\times1^1/2''$	164.20×110.5×38.20	472.30	15.96	28.31
椭圆二号罐	椭圆					
椭圆一号罐	椭圆	$5^1/16''\times3^{25}/64''\times1^7/32''$	128.50×86.00×31.00	229.00	7.74	13.97
方型1号B罐	长方形	$4^5/16''\times3^5/64''\times1^7/8''$	109.50×78.00×22.00	127.80	4.32	7.87
1/4gal方罐	长方形	$4^7/32''\times2^{11}/16''\times6^{49}/64''$	107.00×68.00×172.00	1122.20	35.20	64.46
5gal方罐	四方形	$9^{21}/64''\times9^{21}/64''\times13^{25}/32''$	237.00×237.00×350.00	1883.60	636.50	1149.00
八〇〇g罐		$2^{25}/32''\times2^{59}/64''\times6^{15}/64''$	86.00×73.55×158.50	880.00	29.71	53.65
长圆形罐		$2^{15}/16''\times5^3/16''\times2^3/16''$	106.60×63.00×30.00	340.20	12.00	20.57
角五A罐	长方形		106.60×63.00×30.00			
长圆形罐	马蹄形		123.00×73.30×30.00			
角三B罐	长方形		106.15×74.60×31.50			

注：① 英制表示方法；② 英制单位（对照参考用）。

(二) 国外罐型规格系列

1　美国罐型规格系列①

表 1

名称	尺寸②	装水量(20℃)		适装品种
		容积/oz	质量/g	
2Z 蘑菇罐	202×204	3.60	103	蘑菇
—	202×214	4.85	137	婴儿食品
6Z 罐	202×308	6.08	172	果汁(菠萝汁除外)、蘑菇、番茄酱
—	202×314	6.80	192	柑橘汁和葡萄汁
4Z 甜椒罐	211×200	4.90	139	油橄榄、甜椒
—	211×210	6.75	193	婴儿食品、干豆、细通心面
4Z 蘑菇罐	211×212	7.15	203	蘑菇
8Z 矮罐	211×300	7.93	225	干豆、番茄沙司
8Z 高罐	211×304	8.68	246	水果、果汁、油橄榄、汤类、细通心面、蔬菜
1 号野餐罐	211×400	10.94	310	干豆、酸甘蓝汁、蘑菇、汤类、蔬菜
211 号竖圆罐	211×414	13.56	385	果汁、菠萝、李子(干的)
1 品脱油橄榄罐	211×600	16.95	482	油橄榄
7Z 甜椒罐	300×206	7.60	213	甜椒
—	300×308	11.70	332	干豆
8Z 蘑菇罐	300×400	13.55	385	蘑菇
300 号罐	300×407	15.22	432	芦笋、柑橘片、蔓越橘、干豆、果汁(菠萝汁除外)、甜椒、细通心面
1 号高罐	301×411	16.70	474	水果(菠萝除外)、蔬菜、油橄榄
303 号罐	303×406	16.88	479	干豆、水果(菠萝除外)、玉米片粥、汤类、蔬菜
303 号竖圆罐	303×509	21.86	621	汤类
1 号扁罐	307×203	8.89	252	菠萝
小厨房罐	307×214	12.30	348	干豆
2 号真空罐	307×306	14.71	417	蔬菜(真空包装)
95 号罐	307×400	17.80	504	干豆、青刀豆(整装)
2 号罐	307×409	20.55	583	干豆、水果、玉米片粥、果汁、蔬菜
大型罐	307×510	25.80	731	芦笋、干豆、蘑菇
2 号竖圆罐	307×512	26.4	748	果汁(菠萝汁除外)、汤类
1 夸脱油橄榄罐	307×704	33.20	957	油橄榄
$1^1/4$ 号罐	401×207.5	14.40	409	菠萝
$2^1/2$ 号罐	401×411	29.79	845	干豆、水果、玉米片粥、酸甘蓝汁、油橄榄、甜椒、汤类、蔬菜
3 号真空罐	404×307	23.90	677	甜土豆
3 号竖圆罐	404×700	51.60	1465	各种产品(菠萝除外)
10 号罐	603×700	109.3	3120	各种产品

注：①“A Complete Course in Caning”，供参考；② 表中所列尺寸系外径×外高。各用三位数表示，其中第一位数表示英寸数，第二位数和第三位数表示 1/16in。例：211×400 表示外径为 $2^{11}/16$ (in)；外高为 4in。

2 美国与中国罐型规格对照表

表 2

美国罐型/in	近似中国罐型或公制尺寸/mm		美国罐型/in	近似中国罐型或公制尺寸/mm	
	净含量/g*	公称直径×外高		净含量/g*	公称直径×外高
201×108	70	52×38	307×202	227	83×54
201×400	170	52×99	307×206	312	83×60
201×401	200	52×104	307×306		83×81
201×504	250	52×133	307×400		83×98
211×211	184	65×68	307×401	500	83×101
211×212	184	65×70	307×406	540	83×110
211×300		65×76	307×407	567	83×113
211×400	284	65×101	307×409	567	83×117
300×201	184	73×51	307×605	800	83×160
300×203	198	73×55	401×207	397	99×62
300×206		73×60	401×211	454	99×68
300×302	340	73×78	401×400	655	99×101
300×306	300	73×81	401×409	822	99×116
300×307	312	73×83	401×411		99×119
300×400	375	73×101	401×412	850	99×121
300×403	397	73×106	401×414	850	99×124
300×406	425	73×110	401×508		99×140
300×407	425	73×113	401×700		99×178
300×409	425	73×116	404×309		105×85
301×106		75×36	404×408	1000	105×114
301×411		75×119	404×708	2000	105×189
303×406		82×110	603×408		153×115
307×108		83×38	603×613	2840	153×173
307×111		83×43	603×700	3000	153×178
307×113	185	83×46	603×1015	5000	153×267
307×201		83×52			

注：*净含量因内容物不同而有区别。

3 日本食品罐头规格系列（圆罐）

表 3

罐号	规格尺寸/mm		容积/mL	英制公称值(参考)
	公称内径	罐高		
1 号罐	153.4	177.0	3088	603×700
2 号罐	98.9	121.2	870	401×412.5
3 号罐	83.3	113.2	573	307×407.5
4 号罐	74.0	113.2	453	301×407.5
5 号罐	74.0	81.5	318	301×303.5
6 号罐	74.0	59.3	223	301×205.5

续表

罐号	规格尺寸/mm		容积/mL	英制公称值(参考)
	公称内径	罐高		
7 号罐	65.3	101.3	317	211×400
8 号罐	65.3	52.9	153	211×201.5
1 号平圆罐	98.9	68.8	470	401×211.5
12 号平圆罐	83.3	51.3	240	307×200.5
3 号平圆罐	74	34.7	119	301×106
4 号鲑鱼罐	74	118.8	477	301×411
2kg 鲑鱼罐	153.4	109.3	1864	603×405
1 号蟹罐	98.9	72	494	401×213
2 号蟹罐	83.3	56.1	265	307×203.5
3 号蟹罐	74	39.4	139	301×109
1 号小型罐	52.3	88.6	175	202×308
2 号小型罐	52.3	52.9	100	202×201.5
1 号蘑菇罐	52.3	56.9	105	202×204
2 号蘑菇罐	65.3	69.6	210	211×212
3 号蘑菇罐	74	95.5	378	301×312
4 号蘑菇罐	83.3	142.6	732	307×510
1 号金枪鱼罐	98.9	59.3	398	401×205.5
2 号金枪鱼罐	83.3	45.8	208	307×113
3 号金枪鱼罐	65.3	39.4	109	211×109
2kg 装金枪鱼罐	153.4	114.0	1961	603×408
7 号水果罐	65.3	81.5	249	211×303.5
特殊 7 号罐	65.3	76.0	233	211×300
袖珍型 2 号罐	98.9	36.5	226	401×107
袖珍型 3 号罐	83.3	30.5	125	307×103.5
袖珍型 4 号罐	74	30.5	102	301×103.5
便携式罐	74.0	50.8	188	301×200
3 号竖圆罐	105.1	177.0	1426	404×700
1 号婴儿食品罐	52.3	72.8	141	202×214
2 号婴儿食品罐	52.3	45.8	83	202×113
3 号婴儿食品罐	52.3	36.3	65	202×107
200g 罐	52.3	104.5	208	202×402
250g 罐	52.3	133.1	273	202×504
350g 罐	65.3	122.0	383	211×413
500g 罐	65.3	168.0	536	211×610
650g 罐	74.0	168.0	691	301×610

续表

罐号	规格尺寸/mm		容积/mL	英制公称值(参考)
	公称内径	罐高		
200 号碳酸罐	52.5	104.5	207	202×402
250 号碳酸罐	52.5	133.1	268	202×504
350 号碳酸罐	65.3	122.0	380	211×413
500 号碳酸罐	65.3	167.8	524	211×610

注：(1) 一端卷边封口后的高度为罐高；(2) 测定距底盖 10cm 处的外径，减去板材厚度即为罐的公称内径；(3) 内容积应将罐盖端卷封后，盛满 20℃的水求得。在卷封易拉盖时，罐的内容积应根据罐高作相应调整。罐高超过 104.5mm 时，减少 0～4%，罐高不足 104.5mm 时，减少 2%～12%；(4) 罐的公称内径、罐高及内容积的允许误差见下表：

项目	允许误差	项目	允许误差
公称内径/mm	≤83.3　　±0.1	罐高/mm	±0.5
	≥98.3　　±0.2	内容积/%	±2

4 日本异形罐规格系列①

表 4

罐号	规格尺寸/mm		容积/mL ISO	质量/g AOAC②	适装品种
	内径	外高			
1 号椭圆罐	158.9×106.7	38.5	448.2	428.0	清真、调味和茄汁鱼
1 号椭圆罐	125.7×83.0	31.5	225.2	215.0	清真、调味和茄汁鱼
3 号 B 方罐	106.2×74.6	22.0	120.9	116.0	调味贝类、油浸和烟熏鱼贝类
3 号 C 方罐	106.2×74.6	18.0	84.0		油浸鱼
3 号 E 方罐	106.2×74.6	29.0			蒲烧鱼
5 号 A 方罐	103.4×59.5	30.0	135.0	139.0	蒲烧、茄汁、油浸和烟熏鱼
5 号 C 方罐	103.4×59.5	19.0	71.7		油浸和烟熏鱼贝类
7 号 A 方罐	97.6×46.0	30.0	98.0	97.0	油浸鱼贝类
7 号 C 方罐	97.6×46.0	20.0	61.0		油浸鱼贝类
8 号方罐	122.2×74.8	32.4	233.2		茄汁鲮鱼
9 号方罐	138.7×81.5	31.5			茄汁鳗鱼
特 1 号咸牛肉罐	71.8×74.1 61.1×51.3	90.2			咸牛肉
1 号咸牛肉罐	74.2×59.0 68.0×51.3	85.7	237.6		咸牛肉
2 号咸牛肉罐	68.0×50.3 61.6×41.5	80.5	195.2		咸牛肉
1 号咸牛肉罐	68.0×50.3 61.6×41.5	46.7	101.0		咸牛肉
特大马蹄形罐	143.4×98.9	49.2			片状火腿
大马蹄形罐	121.4×113.4	35.2	279.5		片状火腿

续表

罐号	规格尺寸/mm		容积/mL ISO	质量/g AOAC②	适装品种
	内径	外高			
小马蹄形罐	89.7×84.5	28.0	117.1		片状火腿
200g 方形肉罐	94.0×49.0	66.5			
三明治火腿罐	94.8×67.0	35.2	167.9		
培根方罐	114.5×54.2	35.2			
维也纳香肠罐	68.0×50.5	52.5			
午餐肉方罐	81.5×39.8	71.5			
1 号午餐肉罐	92.5×46.3	92.5			
2 号午餐肉罐	81.3×39.6	71.5			
猪肉火腿罐	97.6×46.0	200.0			
1 号芦笋方罐	86.0×73.5	158.0	934.0		清水芦笋
18L 罐	234.4×234.4	349.0	19250.0		清水蔬菜、果酱
9L 罐	234.4×234.4	173.0	9088.2		清水蔬菜、果酱

注：① 日本缶诘协会“缶诘手帐”供参考；② AOAC 容积公差±1.0%，1 号罐±1.2%，方罐±2%。

5 德国罐型规格系列（德国水果蔬菜及酸性食品罐头罐型标准）

表 5

罐　号	德国工业标准编号	公称直径/mm	无盖罐身高/mm	封罐后容积/mL
1/3 细高罐		47	184	315
1/10 号罐	2011	56	39	80
1/8 号罐	2011	56	50	105
1/2 细高罐	2011	56	184	435
3/10 号罐	2011	66	82	250
1/4 号罐	2011	73	58	210
1/2 号高罐	2011	73	110	425
1/1 细高罐	2011	80	184	885
2/3 号罐	2011	84	115	590
2/3 酸性食品罐	2013	84	116	590
1/2 扁平罐	2011	99	63	425
1/1 号罐	2011	99	119	850
1/1 酸性食品罐	2013	99	119	850
1½号罐	2011	99	173	1275
1/2(高)家用罐	2011	99	229	1700
1/2(商业用罐)	2011	113	178	1700
1⅓酸性食品罐	2013	153	74	1120
2¼酸性食品罐	2013	153	118	1925
3½酸性食品罐	2013	153	175	2975
3½号罐	2011	153	175	2975
5/1 号罐	2011	153	242	4250
5/1 酸性食品罐	2013	153	242	4250
5L 酸性食品罐	2013	230	127	4850
10L 酸性食品罐	2013	230	1250	10000

附录四　相关仪器和产品

（一）中国食品工业协会罐藏食品专业委员会相关仪器

1　KG—2015 型涂膜完整性测试仪（增强型）

KG-2015 涂膜完整性测试仪（增强型）是在 KG-2015 涂膜完整性测试仪基础上，新增了原型仪器不附带的耐蚀力测试电源和脱膜电源，仪器测量重点仍然放在涂膜完整性测量上，但用户根据需要，可以通过切换开关、调整电压及设定计时器等简单操作，将仪器调整为耐蚀力测试模式或脱模模式。与早期的 KG-60 罐内涂膜性能测试仪相比，面板更加简洁美观，仪器使用更加方便快捷，唯一不同点在于 KG-60 型可以同时进行三种模式的试验，而增强型 KG-2015 型仪器（图 1 ）只能单独进行其中一种测试，但仪器体积变小，按键及显示仪表和计时器共用，操作及观察更加简明，更重要的是单路输出使仪器稳定性更高，系涂料铁、马口铁三片罐、铝两片罐罐内涂膜性能测试的新一代专用仪器。

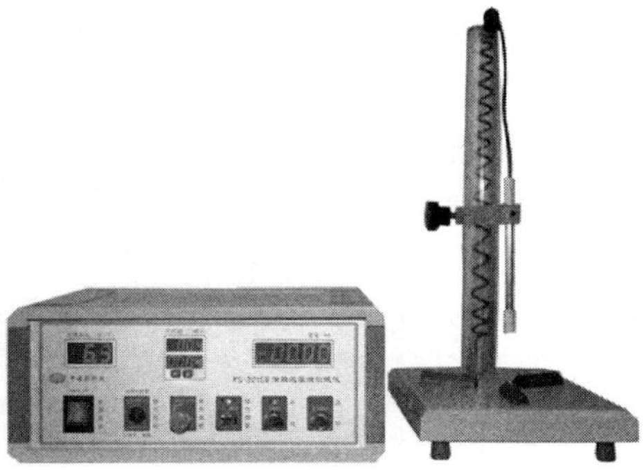

图 1　KG-2015 型涂膜完整性测试仪（增强型）实物

本仪器数显电压、电流、时间各参数；读数准确、稳定性好；时间可随意设定；电压极性可倒置。本仪器有过载、短路保护功能（表 1）。

表 1　KG-2015 型涂膜完整性测试仪（增强型）参数

测试项目	参数与规格
内涂膜完整性	测定电压：6.3V
	测定电流：精确至 0.1mA，数据保持
	测定时间：4s，或自行设定
	电压极性：可倒置
耐蚀力试验	试验电压：1.5～15.0V 可调
	试验时间：1h 至 99min59s 可设定
	电流：额定 1.6V
电解脱膜	试验电压：1.5～15.0V 可调
	电流：额定 1.6A
机箱规格	110 * 280 * 260（高 * 宽 * 深）
测试台：	空罐罐内涂膜专用测试台（如需测试罐盖，需另购罐盖专用测试台）

2　NCA-JL100 空罐检漏仪

本仪器系根据 GB 17590—2008《易开盖三片罐》和 GB 14251—1993《镀锡薄钢板圆形罐头容器》对三片罐的耐压性能和密封性能测试规定而研制的专用检测仪器，集加压检漏和真空检漏两种测试方法于一体，检测范围覆盖所有规格的三片罐。

该仪器通过自动密封加压、自动计时和高精度压力传感显示功能，既大幅度简化手工劳动而提高测试效率，又提高操作的规范化和标准化。适合于试验室小批量试验，也适合于空罐生产线线旁检测。

NCA-JL100 空罐检漏仪（图 2）面板上印有操作步骤，直观方便。

加压检漏：

加盖压力单元可以针对不同的罐径和密封橡胶垫，轻而易举地将加盖压力调整到最佳状态，只要不变更待测空罐规格（直径）和密封橡胶垫，调整一次即可一劳永逸。加盖后测试压力的调整同样只需最初测试时调整一次就可以。当罐内压力达到测试压力设定值时，计时器自动倒计时，当到达设定时间后，测试压力气路自动截止并通过泄气阀迅速降低罐内压力，同时，加盖机构自动复原，并声光提醒测试结束，提示测试人员对仪器进行复位以便下一次测试。

本仪器底部放置与盖形相同的空心垫具，即可进行罐盖底盖的非破坏性耐压试验。

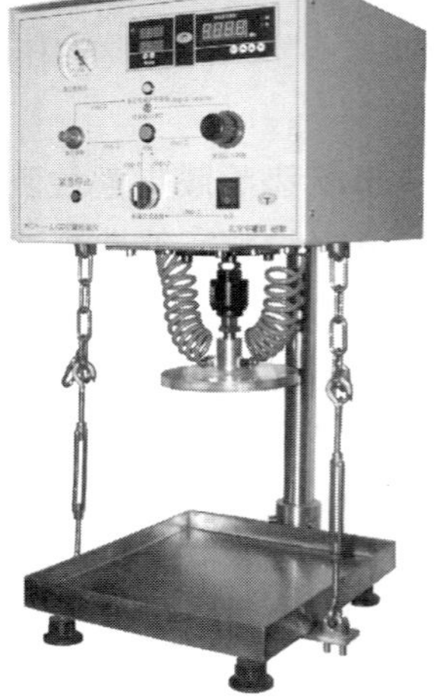

图 2　NCA-JL100 空罐检漏仪实物

真空检漏：

只需将真空检漏接头接在加盖装置下部的接口上，便可以通过主机面板的控制开关和调压阀完成真空检漏测试。真空泵（自备件）电源取自仪器后部，开始测试开关在转换测试气路的同时启动真空泵，而在计时结束后，自动关闭真空泵，因此可避免真空泵空转，同时防止瞬间的高真空度致使空罐罐壁变形内凹。配备的透明有机玻璃盖便于罐内肉眼观察。

本仪器可用于罐身最大真空耐压测定。

3　FSI-SN2015 型镀锡薄板测锡仪

FSI-SN2015 型镀锡薄板测锡仪系原上海中储材料检验有限公司开发的 HVA-101A 型镀锡薄板电解剥离测锡仪的二次研制产品。HVA-101A 型于 2006 年成功面市后深受国内镀锡薄板制造企业、印铁制罐企业、检验检疫机构等用户的好评，是迄今为止同类仪器在国内占有率最高的机型。但由于原研发机构的人员变动和机构改革，2013 年 10 月，上海中储材料检验有限公司正式宣布停产该检测仪器。为了满足市场需求和开展售出仪器的售后服务，同时也为了确保此类国产检测仪器的延续，经过协商，作为原监制单位，现在的中国食品工业协会罐藏食品科技工作委员会于 2014 年 5 月全面继承该仪器的技术、生产、销售及服务，并交由漳州市食品科技应用研究院进行二次开发。2015 年 3 月，该测锡仪商品化研制获得成功，为有别于一代产品，仪器重新命名为“FSI-SN2015 型镀锡薄板测锡仪”（图 3）。为了满足既有 HVA-101A 型仪器的售后服务和报告格式的一贯性，FSI-SN2015 镀锡薄板测锡仪除了对电路板及机箱壳体进行了部分改良外，完全延续 HVA-101A 型的所有性能和功能，各构成单元均可与原型号仪器互相替换。正是由于这一特殊的考虑，打印报告格式完全采用 HVA-101 型的格式。

图 3　FSI-SN 2015 型镀锡薄板测锡仪实物

仪器的主要用途和特点：

FSI-SN2015 镀锡薄板测锡仪是根据 JIS 标准而研制的一种新型智能化测试仪器，本仪器能在固定或流动环境下对镀锡薄钢板（俗称“马口铁”）品质作定量和等级分析。该仪器检测范围广、分析精度高、操作简便、快速环保，具有 LED 数码显示、数据查询、自动打印总镀锡量、纯锡层和合金层含量等功能，其分析准确度符合 GB/T 1838—1995《镀锡钢板（带）镀锡量试验方法》规定，可广泛用于马口铁制造经营、镀锡板制罐和印铁、罐头食品等包装行业及出入境检验检疫部门。

主要技术指标及规格如下：

（1）分析范围：1.1～15.1g/m^2；

（2）分析时间：<3min（单面）；

（3）精密度：CV<3%；

（4）准确度：≤5%；

（5）稳定性：仪器连续工作 10 小时，CV<3%；

（6）显示方式：六位 LED 数字显示数据；

（7）打印输出方式：四针二十四字符黑白打印输出；

（8）供电电源：（220±10%）V（50±1）Hz；

（9）外形尺寸：380mm×265mm×120mm；

（10）净重：7kg。

4　FSI-SN2018 PC 型镀锡薄板测锡仪

FSI-SN 2018PC 型镀锡薄板测锡仪（图 4）由中国食品工业协会罐藏食品科技工作委员会监制、漳州市食品科技应用研究院研制。在 FSI-SN2015 单机版的基础上通过电脑实时采集显示曲线的方式提高了结果准确性能，测量范围覆盖所有镀锡薄板的镀锡量规格。配套的通讯及数据处理软件为用户提供了丰富多彩的存储、调阅、转存、加备注、结果汇总浏览、打印、导出等功能。产品符合 GB/T 2520—2017《冷轧电镀锡钢板及钢带》及 GB/T 1838—1995《镀锡钢板（带）镀锡量试验方法》中库伦法测试技术标准。

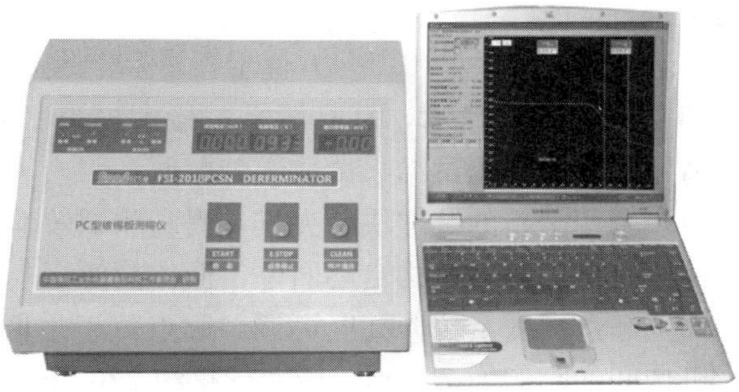

图 4　FSI-SN 2018PC 型镀锡薄板测锡仪实物

5　NCA-NY130 型蒸煮袋食品耐压强度试验机

软包装蒸煮袋作为罐藏食品包装形式之一，以其质轻、易开启、耐高温杀菌且隔氧隔水性能优异而受到生产企业以及消费者的青睐，应用范围不断扩大，产量逐年增加。21 世纪初，国家质检总局发布了 SN/T 0400.10—2002《出口罐头食品检验规程　蒸煮袋食品》，其中规范了蒸煮袋产品的密封性能检测项目，即耐压强度试验、热封强度试验以及跌落试验。多年来，耐压强度试验由于缺乏规范的试验设备，多数检验人员采用重物加压的方式，而对于 40kg 以上的重物，装卸机构即便采用杠杆原理进行撬装撬卸，仍然存在平衡保持及压力方向等问题。

图 5　NCA-NY130 型蒸煮袋食品耐压强度试验机实物

NCA-NY130 软包装蒸煮袋耐挤压试验机（图 5）正是为规范耐压强度试验而设计的一款检测仪器。该试验机以压缩空气为力源，设有四个挡位预设测试挤压力，通过气缸推挤试样，挤压力通过重力传感器实时显示，当推力达到所选挡位的相应设定值后，计时器自动计时，1分钟计时结束后挤压板自动上升回位。

主要技术指标及规格如下：

（1）气源：>6kg/cm^2（自备，一般的空压机最大气压为8kg/cm^2）；

（2）电源：220V市电；

（3）最大测试样品：（宽）255mm×（深）320mm×（高）125mm；

（4）测力传感器精度：0.2%；

（5）预设挡位：四个（20kg、40kg、60kg、80kg）；

（6）推力控制精度：（预设值±0.5）kg；

（7）外观尺寸：（宽）380mm×（深）380mm×（高）610mm；

（8）重量：约45kg。

6　NCA-TM120型数显拉力测试仪

NCA-TM120型数显拉力测试仪（图6）系依据国内相关测试标准，由原中国罐头工业协会技术中心开发研制，适用于软包装热封强度检测等。

本仪器性能特点如下：

（1）电机带动丝杠副完成拉伸动作的设计可保证机器运行匀速平稳；

（2）高精度传感器（0.5%）优于有关标准要求的2%的精度；

（3）大数码管显示，具有清零、最大拉力（峰值）保持、峰值清零的功能，测试结果读取十分方便；

（4）采用全新的试样快装夹具，提高测试效率；

（5）测试后拉伸机构自动回位，操作简便；

（6）起点高度及拉伸高度可调，起点位于最低位置时上下紧固机构间的距离为75mm，最大行程约220mm，可满足多种特殊样品的测试。

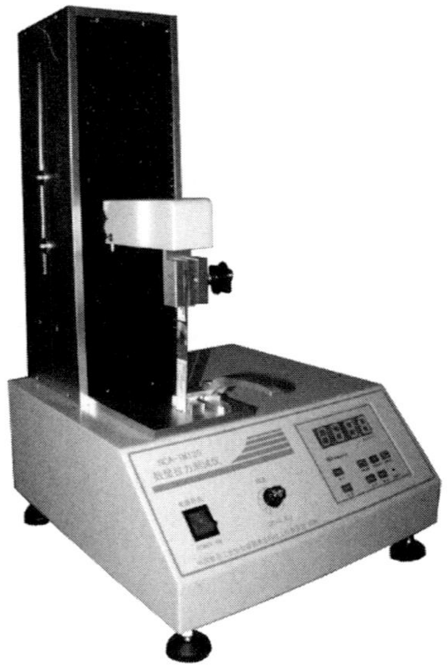

图6　NCA-TM120型数显拉力测试仪实物

主要技术指标及规格如下：

（1）测试范围：0.0～200.0N；

（2）拉伸速度：0～300mm/min连续可调；

（3）传感器精度：0.5%；

（4）拉伸最大行程：220mm；

（5）显示分辨率：0.1N；

（6）电源：AC 220V；

（7）外观尺寸：350mm（*W*）×392mm（*D*）×660mm（*H*）（含地脚40mm）。

7　罐头卷边测微计

罐头卷边测微计（图7）由中国食品工业协会罐藏食品科技工作委员会订制，主要测量各类罐头边缘的宽、高、深；硬质合金测量面；分辨率：公制0.01mm，英制0.001″。测量范围：公制0～13mm，英制0～0.6″，精度0.004mm。

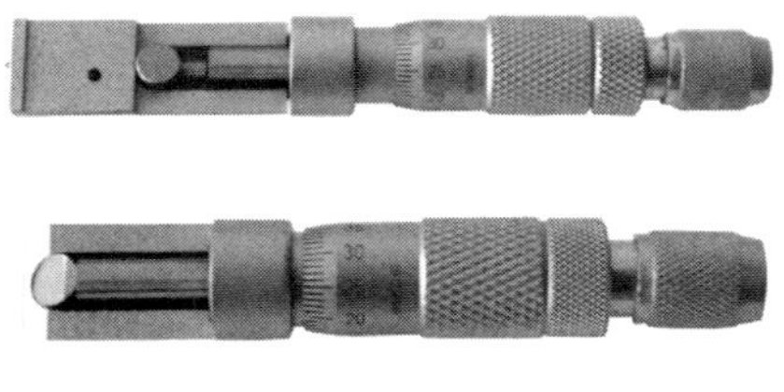

图7　罐头卷边测微计实物

现已由原先的版本做了升级，带棘轮，可微调（如下图）。

A型：普通罐用；可测埋头度。

B型：缩颈罐用。

8 ZGJ-V60 型手持式罐头专用高精度真空检压表

ZGJ-V60 型手持式罐头专用高精度真空检压表（图 8）由中国食品工业协会罐藏食品科技工作委员会监制，检测精度为 1.0，高于普通真空表的 2.5 倍，测量范围为－100～0kPa。

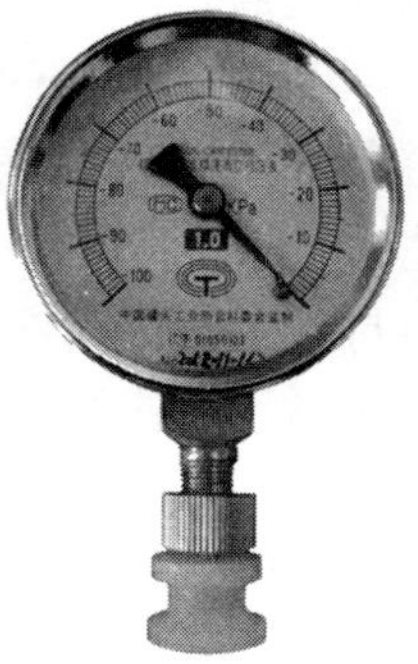

图 8　ZGJ-V60 型手持式罐头专用高精度真空检压表实物

9 ZGJ—CD80 型数显埋头度测定仪

ZGJ—CD80 型数显埋头度测定仪（图 9）主要用于检测马口铁三片罐、两片罐等的罐盖埋头度。进口日本三丰表范围 0～7mm，精度：0.01mm，误差：±0.02mm。

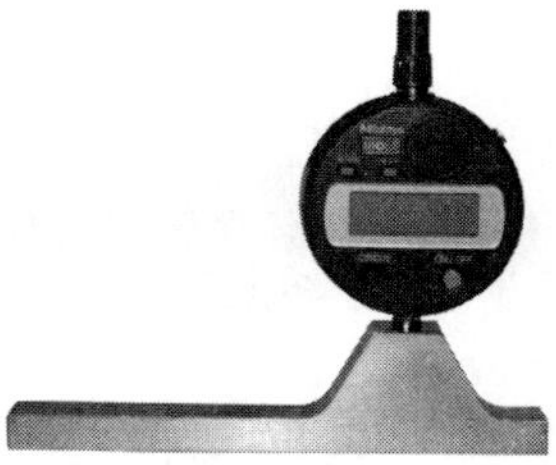

图 9　ZGJ—CD80 型数显埋头度测定仪实物

10 高精度防水食品中心温度计

高精度防水食品中心温度计（图 10）为美国 Delta TRAK 牌，精度 0.5℃，量程为－50～200℃，分辨率为 0.1℃，华氏、摄氏温度自由切换。

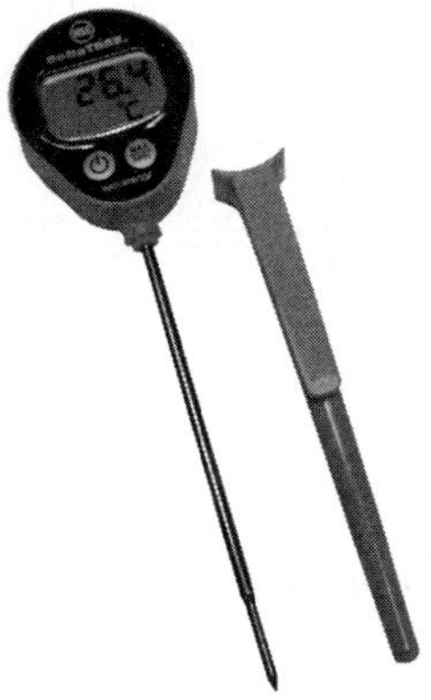

图 10　高精度防水食品中心温度计实物

以上产品价格均包含邮寄费，产品定购、服务联系方式：

电话：010－87194149、87194146　传真：010－87194113　Email：1113207647@qq.com

（二）广东嘉仪仪器集团有限公司产品

1　Seam Sight®-C 全自动卷边投影仪（自动选点）

Seam Sight®全自动卷边投影仪（图 1），只要按下一个“确定”按钮，自动选点，不到“1s”，自动完成测量，高效准确，简单易用，避免人为选点误差。采用最先进的 Golden Lens© 光学系统和镜头，不怕外界光干扰，图像清晰性达到世界领先水平，敢与任何一款卷边投影仪对比。

测量易拉罐的卷封尺寸、紧密度、卷封形态。测量项目：卷边长度、身钩长度、盖钩长度、迭接长度、迭接率%、卷封间隙、身钩搭接率%、盖钩搭接率%、紧密度%、卷封形态。

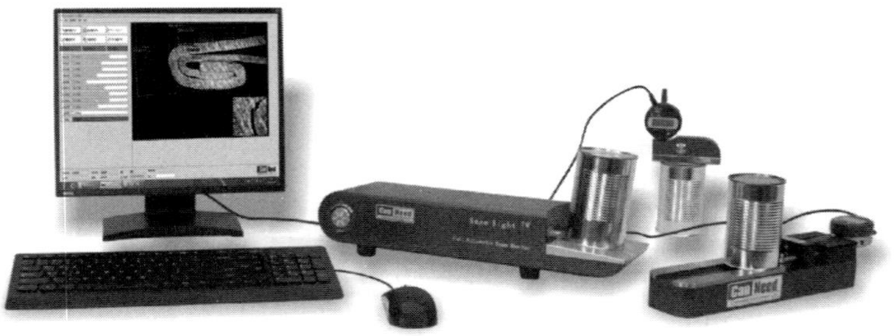

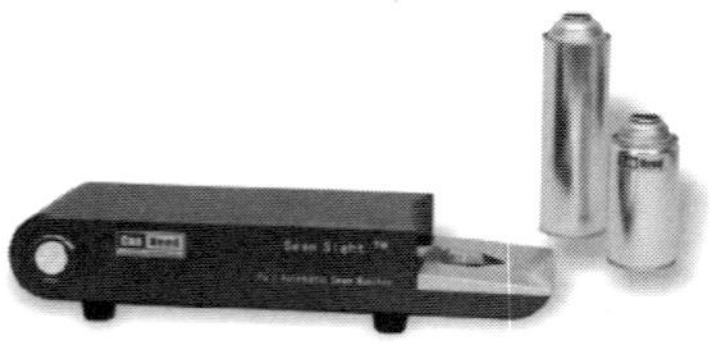

Seam Sight®-A
（适合喷雾罐使用）

Seam Sight®-B
（适合单一罐型使用，可快速定位）

Seam Sight®-D
（适合大罐桶使用）

图 1　Seam Sight®全自动卷边投影仪实物

（1）自动选点，不到“1s”自动完成测量；

（2）采用的 Golden Lens© 镜头，不怕外界光干扰，图像清晰；

（3）只要连接到计算机 USB 接口，无须额外电源供电；

（4）可以测量紧密度；

（5）获得外观专利，全铝外壳，耐用美观；

（6）软件集成 SPC 功能，选购传输器可自动采集三丰数显百分表数据（真实卷边厚度，真实埋头度）；

（7）用户可以自定义报表格式，适合企业自身风格和格式。

具体参数见表 1。

表 1　　Seam Sight®全自动卷边投影仪参数

测量方式	自动选点，不到“1s”，自动完成测量，高效准确
样品尺寸	直径不大于 130mm（Seam Sight®-D 直径不大于 300mm）
放大倍数	出厂设置，放大倍数：60×；选点放大倍数：180×
分辨率	0.001mm

续表

测量范围	放大倍数 60×时，屏幕垂直方向 0.00～3.00mm；屏幕水平方向 0.00～4.20mm 放大倍数 30×时，屏幕垂直方向 0.00～6.00mm；屏幕水平方向 0.00～8.40mm
精度	0.005mm
单位	lnch/mm
语言	多种语言供选择（简体中文，繁体中文，英语，法语，意大利语）
电源	只要连接到电脑 USB 接口，无须额外电源供电
尺寸	L350mm×W140mm×H150mm

2　CanNeed-CSG-200S 埋头度测定仪（带数据输出按钮）

CanNeed-CSG-200S 埋头度测定仪（图 2）用于检测罐盖埋头度，配三丰百分表、调零校准平台、保护片、带数据发送按钮。

另外选购适配器和数据线，允许将检测数据导入计算机或者 SPC 数据采集系统。

适合样品：113～307 盖；

测量范围：0～10mm（还有其他范围供选择）；

分度：0.01mm；

尺寸：L155mm×W95mm×H164mm。

3　CanNeed-STG-200-d 卷边厚度测定仪（数显）

CanNeed-STG-200-d 卷边厚度测定仪（图 3）用于测量卷边厚度。中心高可调，带有角度补偿功能。

可靠的设计及恒定的测量压力和检测角度使得缺少经验的操作人员也能准确地进行测量。自动定位罐体中线，可适用于测量多种罐体。

测量范围：0～6mm（还有其他测量范围供选择）；

分度：0.01mm；

尺寸：L300mm×D60mm×H50mm。

4　CanNeed-FWGd 卷边长度测定仪（数显）

CanNeed-FWGd 空罐翻边宽度测定仪（图 4）用于测量空罐翻边宽度，可靠的设计及恒定的测量压力和检测角度使得缺少经验的操作人员也能准确地进行测量。自动定位罐体中线，可适用于测量多种罐体。

图 2　CanNeed-CSG-200S 埋头度测定仪实物

图 3　CanNeed-STG-200-d 卷边厚度测定仪实物

图 4　CanNeed-FWGd 空罐翻边宽度测定仪实物

测量范围：0～4mm（还有其他测量范围供选择）；

精度：0.01mm；

尺寸：L242mm×W90mm×H125mm。

5 CanNeed-PTT-400 易开罐盖启破力、全开力测试仪

CanNeed-PTT-400 易开罐盖启破力、全开力测试仪（图 5），用于检测易开盖启破力、全开力、拉环旋转力、拉环脱离力。适合测 7 种罐盖（图 6），配备 5 种测量模式，其具体参数见表 2。

表 2　CanNeed-PTT-400 易开罐盖启破力、全开力测试仪参数

检测项目	启破力、全开力、拉环旋转力、拉环脱离力	检测项目	启破力、全开力、拉环旋转力、拉环脱离力
量程	0～100N（还有其他量程）	电源	230V/50Hz
分度	0.1N	尺寸	L420mm×W350mm×H850mm
数据线	RS232C	质量	20kg
单位	N		

图 5　CanNeed-PTT-400 易开罐盖启破力、全开力测试仪实物

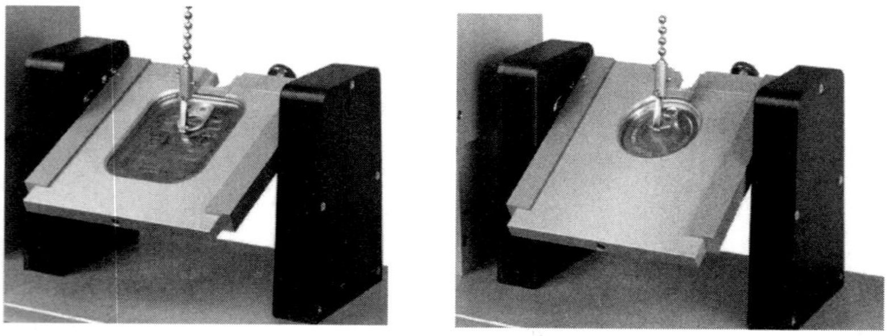

(a)　(b)

适合测量多种罐盖，快速更换夹具

图 6　CanNeed-PTT-400 易开罐盖启破力、全开力测试仪夹具细节

（1）配备不同的直径的夹具可检测不同直径的罐盖；

（2）操作简易，操作人员只需钩住拉环并按下检测按钮即可；

（3）可以选择 CND _ Track 分析软件（图 7），分析整个测试过程受力曲线；

（4）带 RS232C 数据输出，可以向 SPC 发送数据；

（5）采用了 PLC 触摸屏显示控制系统，自动采集数据。

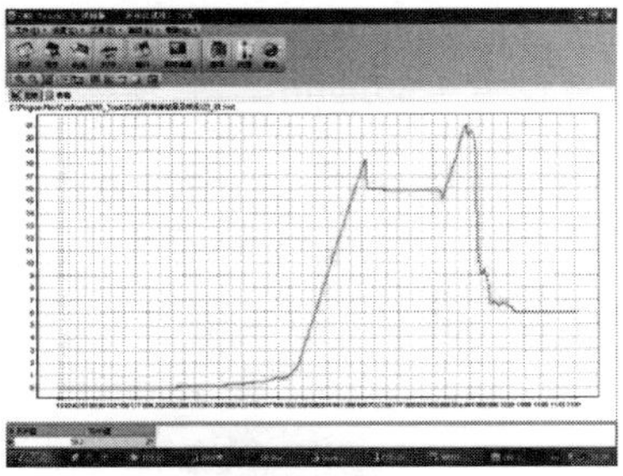

图 7 CanNeed-PTT-400 易开罐盖启破力、全开力测试仪分析软件

6 CanNeed-ELT-100 罐盖耐压试漏仪

CanNeed-ELT-100 罐盖耐压试漏仪（图 8）有两种用途：测定罐盖变形前的耐压力；检查罐盖拉环和铆钉区域是否漏气。

(a) (b) (c)

图 8 CanNeed-ELT-100 罐盖耐压试漏仪实物及其局部

CanNeed-ELT-100 罐盖试漏仪使用方便，仪器每次检测两个罐盖，罐盖被夹具固定和密封，并被施加压力，低压情况下泄漏一般是由于拉环刻线或铆钉处缺陷引起，泄漏点通过在水浴中产生气泡而被观察到；当压力升高到某一压力值，罐盖变形开始泄漏，仪器会在面板上带有记忆指针的压力表上记录当时的压力值。

不同形状和直径的罐盖要求不同的夹具，夹具更换起来相当容易。其具体参数见表 3。

表 3　CanNeed-ELT-100 罐盖耐压试漏仪参数

检测项目	罐盖试漏/耐压力
气源压力	最大 1.0MPa，最小 0.6MPa
最大测试压力	0.6MPa（较小直径罐盖）Ø83mm：0.3MPa，Ø99mm：0.2MPa
尺寸	*L*600mm×*W*400mm×*H*220mm
重量	32kg
溢流水槽尺寸	10L

7 CanNeed-CTG-310 涂膜厚度测定仪

CanNeed-CTG-310 涂膜厚度测定仪（图 9），用于测量金属罐和金属板材的涂膜厚度（单位面积的涂膜重量，单位为 g/m^2）。配置平板检测夹具可以测量平板涂膜厚度，配置罐身检测夹具可以测量罐身涂膜厚度。

（1）为生产节约涂料；

（2）更高的效率；

（3）更优质的涂膜质量。

其具体参数见表 4。

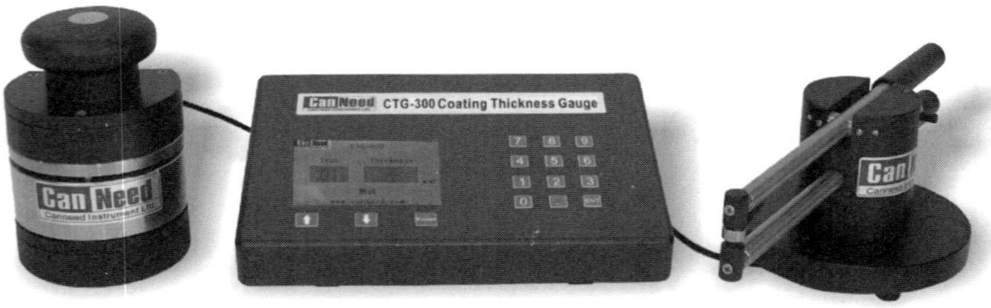

(a)

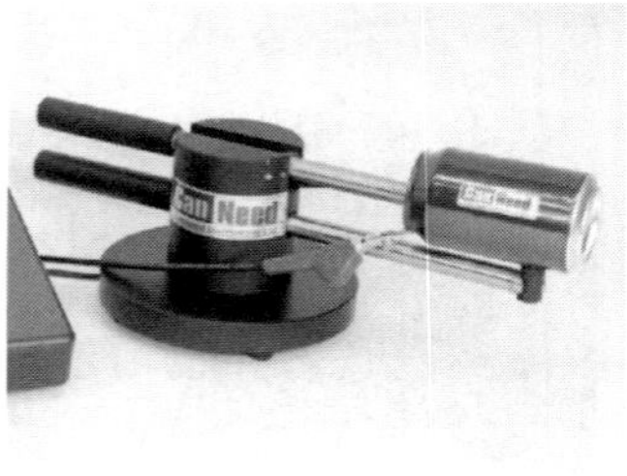

(b)测量2片罐或3片空罐

(c)测量大面积金属板

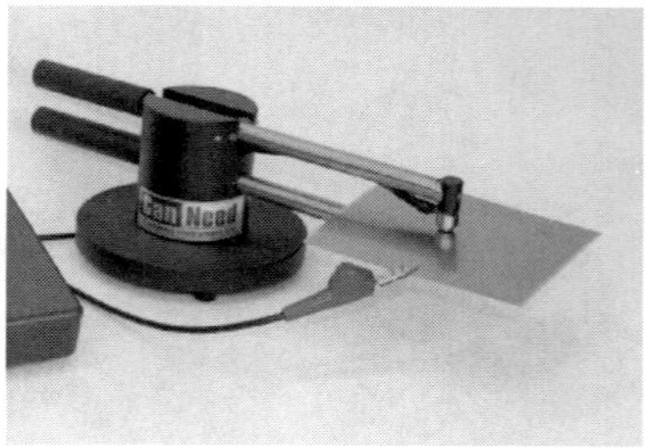

(d)测量小面积金属板

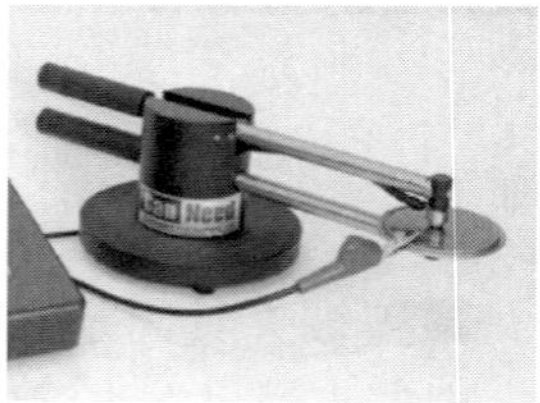

(e) 测量盖子

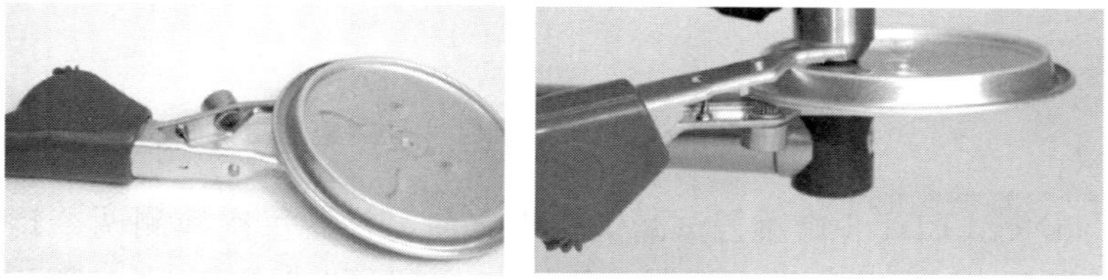

(f) 特殊设计的夹子

图 9　CanNeed-CTG-310 涂膜厚度测定仪实物及操作细节

表 4　CanNeed-CTG-310 涂膜厚度测定仪参数

检测项目	涂膜厚度
量程	0～99.99g/m^2
分度	0.01g/m^2
单位	μm
数据线	RS232
尺寸	主机：L320mm×W230mm×H110mm，罐身支架：L385mm×W184mm×H132mm，重锤：φ132mm×180mm

8　CanNeed-TDE-100 杀菌温度记录仪（罐头 F0 值测定仪）

CanNeed-TDE 杀菌温度记录仪［罐头 F0 值测定仪，图 10（a）］用于记录被测样品杀菌全过程的温度数据。适用各种杀菌设备和测温场合，各种产品和各种包装。

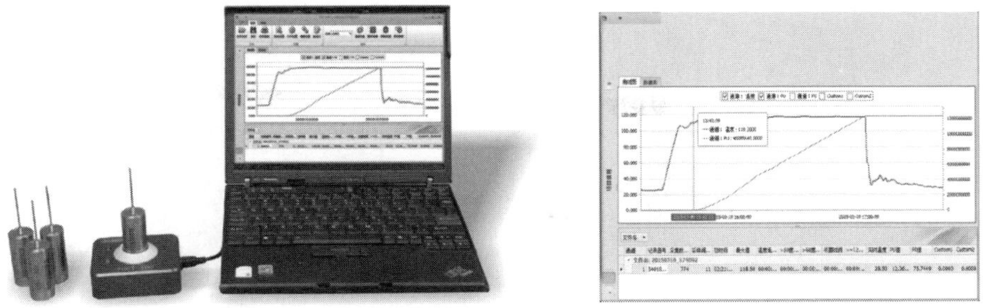

(a) (b)

图 10 CanNeed-TDE 杀菌温度记录仪实物（a）及其软件（b）

用户将温度记录器与被测样品恰当安装连接，一起安放在杀菌设备进行杀菌，温度记录器会记录杀菌全过程的温度数据。杀菌结束，将温度记录器放在“表面接触式”数据传输器上，将温度数据传送到计算机，通过软件 CND-LogSee［图 10（b）］计算 F0 值，可查看、分析、存储、打印温度数据和曲线。

（1）TDE-100-C＊＊温度记录器采用先进的“电磁感应式”通讯方式，无通讯拔插口，采用不锈钢一体式密封设计，密封性能良好；

（2）一个 TDE-100-C＊＊就是一个单独的温度记录仪，几个温度记录器可检测杀菌设备的热分布；

（3）TDET-100 数据传输器采用 USB 接口，电源可以直接由计算机提供，减少了对外部电源的需要；

（4）可以记录样品中心温度、样品外温度曲线，可以将资料另外导出并保存到 Excel；

（5）探针直径小，只有 2mm，灵活性好且能确保快速反应；

（6）体积小，直径仅 25mm，高度仅 55mm，探针长度可根据实际需要定制；

（7）与数据处理器连接时，可直接在处理器的显示屏显示测量结果，不依赖计算机。

其具体参数见表 5。

表 5　　CanNeed-TDE-100 杀菌温度记录仪参数

尺寸	直径 25mm，高度 55mm（探针长度可定制），探针直径 2mm
温度通道	1 个（可以定做 2 个）
温度测量范围	0～135℃
耐受温度	0～150℃
分辨率	±0.05℃
精度	±0.3℃
通讯方式	电磁感应式
承压能力	2MPa
传感器	Pt1000
数据采集间隔	1s 至 8h，可任意设定
记录容量	18000 个值（如果数据采集间隔设为 5s，可以连续记录 25h）
材料	316 不锈钢
电池	高性能锂电池，容量 1000mAh，可更换

3N COATINGS
新理念
新产品
新未来
三新与您携手开创可持续发展的未来！
荣誉证书
荣誉证书
高新技术企业
证书
苏州市三新包装材料科技有限公司
地址：江苏苏州市吴中区迎春南路71号
电话：0512-65686789
传真：0512-65641421

首钢京唐公司地处河北省唐山市曹妃甸工业区，是首钢搬迁调整的重要载体，是国家“十一五”规划的重点项目。目前，首钢京唐公司按照国家循环经济理念设计建设要求，已逐步成为具有国际先进水平的精品板材生产基地和自主创新的示范工厂，成为节能减排和发展循环经济的标志性工厂。

首钢京唐镀锡板事业部

首钢京唐公司镀锡板事业部缘起于首钢高起点、高标准、高要求的建设目标，凭借公司先进的高品质洁净钢炼钢系统、1580mm 和 2250mm 热轧生产线，冷轧工序配备有先进的酸洗连轧联合机组、连续退火机组、两条电镀锡机组、两条横切机组、脱脂机组、罩式退火炉、DCR 机组、重卷机组和包装机组，设备先进、工艺绿色环保。

首钢凯西

首钢凯西钢铁有限公司马口铁分厂配备有电镀铬生产线、横切机组和包装机组。自2013年投产以来，首钢京唐发挥全流程一贯制生产体系和产销研一体化管理优势，马口铁品种覆盖镀锡板和镀铬板，具备 CA 和 BA、一次材和二次材供货条件，已实现向国内外各细分市场龙头企业连续稳定的供货能力，产品规格范围为厚度：0.12~0.55mm，宽度：700~1250mm。

联系方式

首钢京唐钢铁联合有限责任公司

官方网站：www.sgjtsteel.com

镀锡板事业部

电话：0315-8877804

传真：0315-8877806

地址：河北省唐山市曹妃甸工业区

邮编：063200

Enterprise introduction

企业简介

Royal Create packing

常州荣创包装材料有限公司始创于2017年，总资产2000万，坐落于常州市天宁区郑陆镇，占地面积5000平方米，员工60余名。公司现有工程师10人，技术人员12人，配套先进的研发检测设备。

公司主营食品包装粉末生产和研发及粉碎相关产品，是开发、生产、销售、服务为一体的综合性企业。公司宗旨：高效、节能、环保、创新。

本公司前身是生产印铁制罐涂料的专业公司，应国家环保节能要求，致力开发粉末涂料。公司聘请多名专业技术人员，并与高等技术院校高分子材料研究所保持紧密合作，吸收国外涂料优势技术。成功研发金属罐粉末焊缝补涂，并在业界保持良好口碑，年产值达2000万元。

几年来，本公司与TPG德太投资合作粉碎业务，引进德国、日本先进粉碎生产线，可对各类塑料及化学产品进行粉碎加工和混配业务，提供精密粒度分布研磨。公司聘请专业电力、风力、设备等工程师，配备专业技术人员，专业研究各种材料的研磨与混配，年产量5万吨。

公司已通过ISO 9001认证，一直致力于创新发展，在经营品种和生产规模不断扩大的同时，坚持以客户为中心，进一步完善自身的管理机制和模式，以超前的意识、优质的服务立足于市场，始终贯彻“以质量求生存，以创新促发展”作为公司的经营理念。

中国食品工业协会罐藏食品专业委员会

中国食品工业协会罐藏食品专业委员会是隶属于中国食品工业协会的分支机构，拥有丰富的行业技术资源。分布全国各地的行业专家在专委会的协调下，紧紧围绕“技术、质量、信息”三大主题开展相关的工作，全力为用户提供最具权威的技术服务。

质量鉴定检测：

包装材料，马口铁三片罐、两片罐，铝制两片罐，易开盖、旋开盖、皇冠盖等的质量检测；食品、饮料罐内壁常见问题原因分析；罐外印出现的问题原因分析；质量纠纷的仲裁检测等。

仪器开发研制与销售：

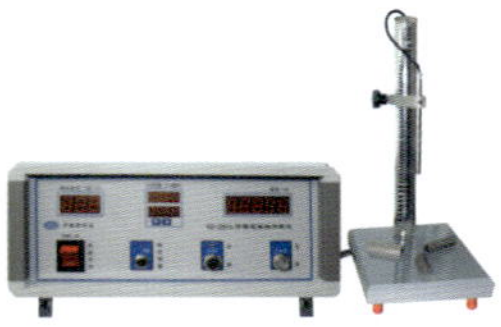

涂膜完整性测试仪

空罐检漏仪

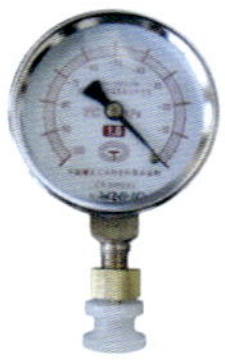

罐头专用真空检压表

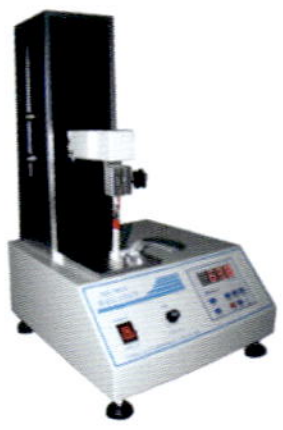

数显拉力测试仪

杀菌釜专用温度计

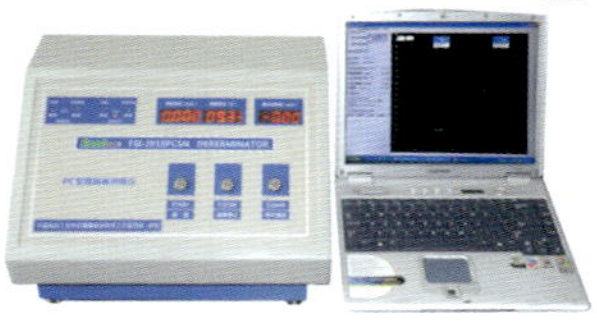

镀锡薄板测锡仪

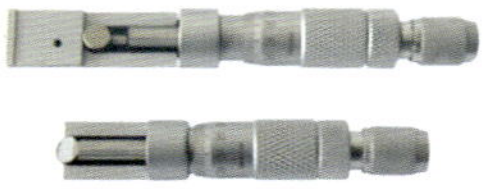

卷边测微计

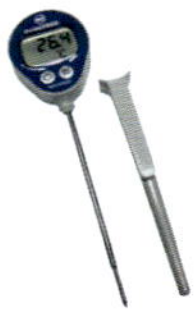

防水中心温度计

数显埋头度仪

专业书籍、杂志编印发行

《罐藏食品》（双月刊）

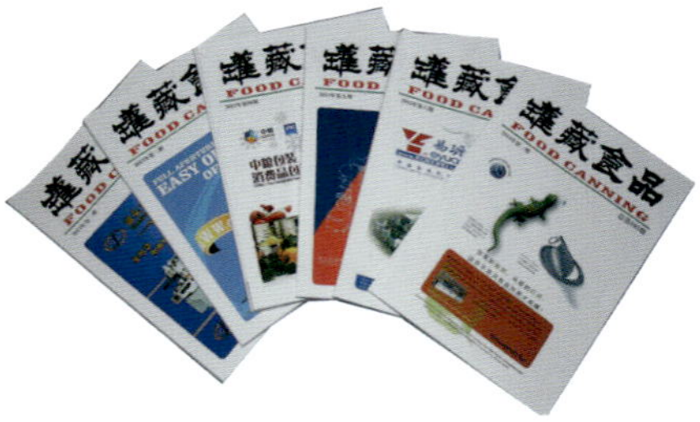

《罐藏食品》是在中国食品工业协会罐藏食品专业委员会指导下编印的专业刊物，面向全国罐头加工企业和相关的配套企业、行业组织、政府有关部门、商业企业、外国使馆商务处、国内外专业读者等发行，内容涉及与罐藏食品相关联的政策法规、行业动态、市场信息、贸易数据分析、技术交流等。

中国食品工业协会罐藏食品专业委员会联系方式

地址：北京市东城区夕照寺中街4号星海宏昌大厦A512室　邮编：100061

电话：010-87194149、87194148、87194146　　传真：010-87194113

电子邮件：foodcanning@126.com

上架建议：食品工业

了解更多...

中国轻工业出版社二维码

ISBN 978-7-5184-2196-1

9 787518 421961

定价：240.00 元

化学药品仿制药一致性评价

技术研讨班会议资料

主办单位：中 国 药 品 监 督 管 理 研 究 会

指导单位：国家药品监督管理局药品审评中心

北京 · 2019 年 11 月 26 日 –27 日